Lynda Gratton
Job Future – Future Jobs

Lynda Gratton

JOB FUTURE –
FUTURE JOBS

Wie wir von der neuen Arbeitswelt profitieren

Aus dem Englischen von Enrico Heinemann

Titel der Originalausgabe:
The Shift. The future of work is already here.
London, HarperCollins Publishers 2011

Bibliografische Information der Deutschen Nationalbibliothek
Die Deutsche Nationalbibliothek verzeichnet diese Publikation in der
Deutschen Nationalbibliografie; detaillierte bibliografische Daten
sind im Internet über http://dnb.d-nb.de abrufbar.

1 2 3 4   15 14 13 12

Alle Rechte der deutschen Ausgabe:
© 2012 Carl Hanser Verlag München
Internet: http://www.hanser-literaturverlage.de
Lektorat: Martin Janik
Herstellung: Stefanie König
Umschlaggestaltung: Brecherspitz Kommunikation GmbH, München,
www.brecherspitz.com
Satz: Kösel, Krugzell
Druck und Bindung: Friedrich Pustet, Regensburg
Printed in Germany
ISBN 978-3-446-43009-9

Für die Enkel meiner Mutter Barbara
– Der regenerativen Generation –

Carla, Max, Christian, Frankie, Dominic, Hunter, Freddie, Tilly,
Jasmine, Eve und Summer

INHALT

VORWORT
DIE ARBEIT VON MORGEN
BEGINNT HEUTE

Alles begann mit einer typischen Teenager-Frage. Am Frühstückstisch unterbrach mein ältester Sohn Christian meinen Gedankenfluss. Er war 17 Jahre alt, hatte gerade die Schule abgeschlossen und erwog wohl seine Zukunft.

»Ich will unbedingt Journalist werden«, sagte er zu seinem Bruder und mir.

Nach diesem Denkanstoß meinte der zwei Jahre jüngere Dominic: »Und ich überlege mir Medizin.«

Beide Aussagen klangen so unsicher, dass ich sie eher als Fragen auffasste.

Als Professorin einer Fakultät für Wirtschaft, die zudem seit nahezu drei Jahrzehnten Unternehmen berät, betrachte ich mich sozusagen als Expertin in Fragen zur Arbeitswelt. Andererseits war mir natürlich auch klar, dass sich meine Söhne als Jugendliche kaum für meine Meinung interessieren dürften. Aber an diesem geschäftigen Morgen fiel mir auf, dass ich wenigstens einen Standpunkt zur Zukunft der Arbeit brauchte. Die Frage hieß: Wie sah ich die Zukunft? Ich musste feststellen, dass ich trotz meiner jahrelangen Beratertätigkeit für Unternehmen und meinen Forschungen nur eine Reihe unausgegorener und veralteter Vorstellungen parat hatte, zusammen mit ein paar Häppchen unvollständiger Daten, die hoffnungslos veraltet waren.

Die Frage meiner Söhne beschäftigte mich die nächsten Monate über. Und ich stellte fest, dass mir immer mehr Menschen Fragen zur Zukunft ihrer Arbeit stellten. So wollte einer meiner besten Wirtschaftsstudenten von mir wissen, wie er seine berufliche Laufbahn so gestalten könne, damit sie sich mit einer Vaterschaft vereinbaren lasse. Es sei ihm wichtig, so erklärte er mir, mehr Zeit für ein Kind zu haben, als sein Vater für ihn gehabt hatte. Andere wollten wissen, wo sich ihnen die besten Berufschancen böten, auf welche Kompetenzen sie sich konzentrieren und welche Berufswege sie einschlagen sollten. Die Manager in meinen Schulungen fragten sich dagegen, wann sie in Ruhestand gehen, was sie mit 65 Jahren tun und wie sie an ein Sabbatjahr kommen sollten. Was sollten sie ihrer Firma sagen? Dann veranstaltete mein Forschungsteam, zusammen mit Kollegen bei Unilever, ein Projekt mit Kindern unter zehn Jahren. Wir befragten die Sprösslinge zu ihren Vorstellungen zur Arbeit. Sie redeten über Roboter, transhumane Menschen, Computer und die Erderwärmung. Obwohl noch keine zehn, spielten sie bereits solche Zukunftsszenarien durch. Und zudem wurde ich mit der Besorgnis der Personalmanager konfrontiert, die ich an der London Business School fortbilde. Sie glaubten, dass ihre Unternehmen zu hierarchisch und bürokratisch strukturiert seien, um sich schnell genug auf künftige Trends einstellen zu können.

Zum Teil führte ich diese Befürchtungen und Fragen auf die globale Rezession von 2009/2010 zurück, die alle zutiefst verunsicherte. Deren Auswirkungen spürte ich sogar in meinem Unterricht. Im Jahr 2000 hatten mein Kollege Sumantra Ghoshal und ich vier Unternehmen für ausführliche Fallstudien ausgewählt. Die Ergebnisse wollten wir für Kurse an der London Business School und überall auf der Welt verwerten. Die ausgewählten Firmen gehörten damals zu den fünf bedeutendsten ihres Sektors und genossen allgemein hohes Ansehen. Aus dem Bankwesen wählten wir die Royal Bank of Scotland (RBS), aus der Industrie BP, aus dem Investmentbanking Goldman Sachs und aus dem Technologiebereich Nokia aus. Mitte 2010 fuhr die RBS dann einen der größten Verluste in der Geschichte des Bankwesens ein. BP verursachte eine Ölkatastrophe im Golf von Mexiko und erhielt wegen seines Führungsstils eine Rüge des US-Senats. Und gegen Goldman Sachs liefen Ermittlungen der Regulierungsbehörde, die mit einer empfindlichen Strafzahlung endeten. Allein Nokia kam ungeschoren davon, auch wenn das Unternehmen verglichen mit dem mächtigen Apple-Konzern einen geradezu ärmlichen Aktienkurs und Börsenwert auswies. Und ich hatte natürlich auch noch bis 2009 an der London Business School das Lehman Centre geleitet. Allmählich verspürten selbst die Gelehrten im Elfenbeinturm die Winde des Wandels.

Als ich vor Managern von Nokia und Reuters über die bevorstehenden technischen Entwicklungen, vor Kollegen bei Shell über die kommenden Herausforderungen auf dem Energiesektor und vor anderen Hochschulangehörigen über die wachsende Skepsis und Besorgnis der Beschäftigten redete, wurde mir allmählich klar, dass ich hier mit mehr konfrontiert war als nur mit den Auswirkungen einer Rezession. Während meiner zweimal pro Jahr stattfindenden Besuche in Indien und Afrika erlebte ich mit, dass sich diese Kontinente veränderten, wie ich es noch nie erlebt hatte. Mir dämmerte, dass wir uns hier nicht mehr im Rahmen des Üblichen bewegten. Vielmehr erlebten wir einen echten Wandel, der sich zu einem Umbruch auswachsen konnte. Und ich war auf die Fragen, die auf mich zukamen, schlecht vorbereitet.

Ich brauchte einen Standpunkt, der besser durchdacht und fundierter war als die vagen und oberflächlichen Vorstellungen, die ich mir bislang zur Zukunft der Arbeit machte. Die Fragen, die hier an mich herangetragen wurden, waren von entscheidender Bedeutung. Arbeit ist und war von jeher einer der prägendsten Aspekte unseres Lebens. In der Arbeitswelt lernen wir Freunde kennen, bekommen Anregungen und fühlen uns besonders kreativ und innovativ. Aber in ihr lauern auch die größten Frustrationen, der meiste Ärger und das Gefühl fehlender Wertschätzung. Arbeit ist für uns selbst als Individuen, für unsere Familie, unsere Freunde, unsere Gemeinschaften und unsere Gesellschaft sehr wichtig.

Mir wurde zudem klar, dass viele der als selbstverständlich geltenden Aspekte der Arbeitswelt der letzten 20 Jahre – Arbeitszeit von 9.00 bis 17.00 Uhr, die Loyalität zu einem einzigen Unternehmen, Zeit für die Familie, freie Wochenenden, ein bekannter fester Kreis von Kollegen – allmählich im Verschwinden begriffen sind. Und was an ihre Stelle tritt, ist gar nicht absehbar.

Trotz der Ungewissheit und der Schwierigkeit, die Zukunft fassbar zu machen, wollte ich wie die Leute, die mir diese Fragen stellten, Antworten haben. Und Sie, der Leser, wollen natürlich auch welche. Diese Antworten müssen nicht endgültig sein, aber zumindest eine Anschauung, eine Grundvorstellung von den Fakten und Zahlen der Zukunft geben, eine einigermaßen zusammenhängende Sicht, die sich mit uns und unseren Überzeugungen deckt. Der Leser und ich, meine Kinder und die Menschen, die uns nahestehen, wollen wissen, was sie von der künftigen Arbeitswelt zu erwarten haben, damit sie sich auf sie einstellen können.

Um besser zu verstehen, welche tief greifenden Veränderungen uns erwarten, versuchte ich mir ein möglichst detailliertes Bild davon zu machen, wie sich Arbeit in Zukunft weiterentwickeln wird. Ich befasste mich mit so alltäglichen Detailfragen wie: Womit werden sich meine Freunde, meine Kinder und ich 2025 beschäftigen? Was erlebe ich bei meiner Arbeit um 10.00 Uhr morgens? Wen treffe ich beim Mittagessen? Welche Aufgaben werde ich erledigen? Welche Fähigkeiten werden zunehmend gefragt und geschätzt sein? Wo werde ich leben? Wie bringe ich Freunde und Familie mit der Arbeit unter einen Hut? Wer wird mich bezahlen? Wann gehe ich in den Ruhestand?

Auch wollte ich mehr darüber wissen, ob sich unsere Einstellungen und Bestrebungen in Zukunft ändern werden. Fragen wie: Was beschäftigt mich bewusst bei der Arbeit? Welche Art Tätigkeit will ich haben? Welche Hoffnungen werde ich hegen? Was wird mir schlaflose Nächte bereiten? Was will ich für mich und für die, die nach mir kommen?

Meine Fragen zielten auf die alltäglichen Ereignisse und flüchtigen Momente in unserem Denken und Streben, die Ihr Arbeitsleben, das Ihrer Kollegen, Ihrer Kinder und Ihrer Freunde mitbestimmen werden. Diese wichtigen Fragen lassen ein feinkörniges Bild von unserem künftigen Arbeitsalltag erstehen.

Ich erkannte bald, dass es auf diese vordergründig einfachen Fragen keine eindeutigen Antworten gibt. Schon früh bei meinen Überlegungen ahnte ich, dass man sein Arbeitsleben nicht so beschreiben kann, als würde es sich auf einer geraden Linie von der Vergangenheit durch die Gegenwart weiter in die Zukunft entwickeln. Zukunft erschien vielmehr als eine Reihe von Möglichkeiten; zu ihr führten verschiedene Wege, zwischen denen man sich entscheiden konnte. Aber die Frage blieb: Wie ließen sich diese Möglichkeiten und verschiedenen Wege am besten beschreiben?

Meine Mutter versteht sich hervorragend darauf, Patchwork-Decken zusammenzuschneidern. In meiner Kindheit nähte sie Stoffe zusammen, die sie über Jahre gesammelt hatte. Manche waren gebraucht, andere hatte sie geschenkt bekommen, und wieder andere hatte sie neu gekauft. Der Stapel in ihrer Truhe wuchs über die Jahre immer höher. Alle paar Monate zog sie die Stoffe zur eingehenden Begutachtung heraus.

In den verschiedenen Stoffresten suchte sie nach einem sinnvollen Muster. Nachdem sie einige Reste ausgesondert hatte, machte sie sich ans Werk und überlegte, wie sich die verbliebenen am besten zu einer Decke zusammenfügen ließen. Als groben Entwurf legte sie die Teile auf dem Schlafzimmerboden aus und heftete sie mit groben Stichen aneinander. Nach letzten Änderungen nähte sie dann alles in mühseliger Kleinarbeit zusammen.

Meine Arbeit an diesem Buch zur Zukunft der Arbeit erinnert mich an dieses Vorgehen meiner Mutter. Ich hoffe, ich kann in ihm positive Anstöße geben, ohne die Zukunft allzu rosig zu malen oder übertriebenen Optimismus zu verbreiten. Und hoffentlich stellt es die Dinge anschaulich dar, ohne belehrend zu wirken. Bei seiner Abfassung bin ich den gleichen Weg gegangen wie meine Mutter, wenn sie eine Decke nähte. Ich habe über die Jahre viele Gedankensplitter gesammelt und manches von Freunden entlehnt. In jüngerer Zeit brachte ich viele kundige Leute auf der ganzen Welt zusammen, um von ihren Erkenntnissen und Vorstellungen zu profitieren. Und in all diesen Splittern suchte ich dann nach Mustern. Einige sonderte ich aus und andere blieben im Spiel. Wie meine Mutter ihre Stoffreste fügte ich die Teile in einer langen Arbeitsphase schließlich zusammen. Das Ergebnis – dieses Buch – ist ein Gesamtbild zur Zukunft der Arbeit.

Ich bin zutiefst überzeugt, dass das Ausmaß der Veränderungen, die wir in diesem Jahrzehnt durchlaufen, viele der als gesichert erscheinenden Annahmen darüber, was wir für künftigen beruflichen Erfolg benötigen, infrage stellen werden. Es wäre vermessen und gefährlich, vor den augenblicklichen Veränderungen die Augen zu verschließen. Es wäre naiv zu glauben, dass das, was gestern funktioniert hat, auch morgen noch funktioniert. Damit würden wir unsere eigene Zukunft und die der uns Anvertrauten gefährden. Die Zukunft der Arbeit vorherzusagen und die Weichen für ein Arbeitsleben zu stellen, das Erfüllung und Nutzen bringt, gehört zum Kostbarsten, das Sie sich selbst und den Ihnen wichtigen Menschen gönnen können. Machen Sie sich dazu bald Ihre Gedanken.

EINFÜHRUNG
DIE ZUKUNFT DER ARBEIT VORHERSAGEN

Warum jetzt?

Wir durchleben augenblicklich einen so bedeutsamen Umbruch, wie er am Ende des 18. und am Anfang des 19. Jahrhunderts stattgefunden hat. Damals traten Teile der Welt in den langen Prozess der Industrialisierung ein. Beginnend mit Großbritannien zwischen circa 1760 und 1830,[1] veränderten sich die damals bekannten Arbeitsformen: was, wo, wie und wann gearbeitet wurde. Die jetzt anstehenden Veränderungen werden ebenso groß sein, auch wenn ihr Ergebnis heute natürlich noch nicht vollständig absehbar ist.

Um eine Vorstellung vom Tempo dieser Veränderungen zu bekommen, müssen wir uns die Zeit zwischen 1760 und 1830 näher ansehen. In weniger als 100 Jahren – also in nur vier Generationen – hat sich die Alltagswirklichkeit jedes Arbeiters im Vereinigten Königreich grundlegend und unumkehrbar verändert. Von diesem Wandel durch Industrialisierung, der die ganze Welt erfasste, waren zunächst nur Europa und später Nordamerika betroffen. Vor dieser Zeit war Arbeit – ob Feldarbeit, Weberei, Glasbläserei oder Töpferei – ein Handwerk, das weitgehend im häuslichen Umfeld stattfand und bei dem altbewährte ausgefeilte Techniken zum Einsatz kamen. Ab Ende des 18. Jahrhunderts entwickelten sich diese mit dem Vormarsch des industriellen Sektors weiter und sprengten schließlich die Grenzen einer rein handwerklichen Fertigung.

In der Rückschau auf die letzten 200 Jahre, die einen Großteil dieser Entwicklung abdecken, zeigt sich das Tempo, in dem sich diese »Revolutionen« im Arbeitsleben vollzogen. Die industrielle Revolution veränderte das Arbeitsleben anfangs nur schrittweise und relativ langsam: Die Wirtschaft und die Produktivität wuchsen nur um gut 0,5 Prozent pro Jahr. Obwohl uns die »finsteren teuflischen Mühlen« als das Leitmotiv dieser Zeit in Erinnerung blieben, machte die damalige Textilproduktion in Großbritannien häufig weniger als sechs Prozent der gesamten Wirtschaftsleistung aus. Tatsächlich war das Wachstum während dieser scheinbaren Revolution verglichen mit modernen Standards gering.[2] Es handelte sich eher um eine Evolution, die nicht auf bahnbrechende Weise, sondern durch schrittweise Veränderungen verlief. Sie beruhte eher auf einer Serie kleiner Verbesserungen als auf einer Reihe massiver Innovationen. Der damaligen Bevölkerung dürfte diese Zeit nicht als ein gewaltiger Umbruch erschienen sein. Dessen tatsächliches Ausmaß wird erst in der Rückschau über einen großen Zeitraum hinweg erkennbar.

In Zentrum jeder Revolution in der Arbeitswelt stehen zwangsläufig Veränderungen in der Energienutzung. Echte Innovationen bei der Güterfertigung oder bei Dienstleistungen sind das Ergebnis der Erschließung neuer oder eine radikal verbesserte Nutzung alter Energiequellen. Obwohl sich die erste industrielle Revolution auf das Arbeitsleben auswirkte, war sie keine Energierevolution. Die damalige Verlagerung von der Landwirtschaft zur Fabrikation war so gesehen eigentlich nicht innovativ: Das Handwerk blieb die wichtigste Quelle der Produktionstätigkeit. Die bescheidenen Wachstumsraten am Ende des 18. und am Anfang des 19. Jahrhunderts spiegeln dies wider.

Die echte Revolution im Arbeitsleben der Menschen setzte erst gegen Mitte oder am Ende des 19. Jahrhunderts ein, als britische Wissenschaftler anders als ihre Zeitgenossen auf dem europäischen Festland experimentelle Wege beschritten. Eine Kultur der Innovation entstand, bei der Unternehmer und Industrielle rasch Ideen zu einer organisatorischen und technischen Umstrukturierung aufgriffen, die dann das Arbeitsleben veränderten. Eine neue Schicht praktisch orientierter Wissenschaftler trat mit brillanten Leistungen hervor. Ein Ingenieurwesen und eine Kultur der Innovation entstanden.[3] Den eigentlichen Wandel in der Arbeit brachte eine Revolution im

Energiesektor, bei der Dampfmaschinen in das noch rudimentäre Fabrikwesen einzogen. Erst als sich die Wissenschaft mit einer aufkommenden Kultur der Technik verband, hielt eine neue Energiequelle – der Dampf – Einzug in die Produktionsstätten.

In den 50 Jahren nach Ende des 19. Jahrhunderts hatte sich eine echte Revolution im Arbeitsleben vollzogen. Die Entstehung einer Ingenieurschicht sorgte für eine Professionalisierung der praktischen Wissenschaften und für ein institutionelles Streben nach Innovation. Damit veränderte sich auch das Arbeitsleben der Menschen in Großbritannien und später in der entwickelten Welt: Arbeit wurde straffer organisiert und stärker spezialisiert. Die Arbeitsteilung und die Hierarchisierung der Arbeitsabläufe nahmen zu.

Ein Fordismus im Embryonalstadium entstand, bei dem der Ingenieur zum Organisator der Wirtschaftstätigkeit aufstieg und der Handwerker unterging. Der Entwurf einer Fabrik wurde so wichtig wie die in ihr eingesetzte Technik, verkörperte er doch das Gefüge der Arbeitsorganisation. In dieser zweiten industriellen Revolution entwarfen die Ingenieure neue Fabriken, in denen die Beschäftigten der Serienproduktion eingegliedert wurden. Die Arbeiter verloren ihre Selbstbestimmung und wurden so austauschbar wie die von ihnen gefertigten Teile.

Bei einem Blick auf die heutige Arbeitswelt und auf die kommenden Jahrzehnte zeigt sich eine potenzielle Umkehrung dieses Trends weg von der Hierarchie und den austauschbaren, allgemeinen Fähigkeiten hin zu einer erneuten horizontalen Zusammenarbeit und einer zunehmenden Spezialisierung der Fertigkeiten.

Dabei wird deutlich, dass das gegenwärtige Ausmaß der Veränderung so groß ist wie alles, was in der Vergangenheit zu beobachten war. Und vorangetrieben wird diese Veränderung einmal mehr von einer veränderten Nutzung von Energie (in dem Fall von Rechnerleistung). Erneut gibt es Perioden des langsameren und des schnelleren Wandels, und wieder hängen die Veränderungen von einer Reihe neuer Fähigkeiten und einer aufstrebenden Schicht qualifizierter Beschäftigter ab.[4]

Wie wir noch sehen werden, sind die Auswirkungen dieser industriellen Revolution allerdings eher global als lokal, und sie verlaufen noch rasanter und vollziehen einen ebenso radikalen Bruch mit der

Vergangenheit. Erkennbar ist, dass unsere Welt auf dem Gipfelpunkt einer kreativen und innovativen Entwicklung steht, die das Arbeitsleben von Menschen auf der ganzen Welt verändern wird.

Sich eine Zukunft zusammenschneidern

Die anstehenden Veränderungen sind gewaltig. Angesichts ihrer Größenordnung müssen wir uns fragen, was wir tun können, damit wir sie richtig einschätzen und dafür sorgen, dass wir und die uns Nahestehenden in den kommenden Jahrzehnten das Beste aus ihnen machen können. Die Geschichte von meiner Mutter, die eine Decke schneiderte, diente mir als Bild für die Aufgabe, vor der wir alle stehen, wenn wir uns auf die Zukunft vorbereiten. Wenn ich mir das Kommende vorzustellen versuche, füge ich sozusagen Teile zusammen, die für mein Leben wichtig sind. Diese Aufgabe ist so komplex, dass ich mich bisweilen überfordert fühle. Ähnlich muss es auch meiner Mutter zu Beginn ihrer Arbeit ergangen sein. Ich frage mich, ob sich der Versuch, Prognosen über unser Arbeitsleben in Jahr 2020, 2025 oder sogar 2050 zu wagen, überhaupt lohnt. Aber je mehr ich mich mit dieser komplexen Materie auseinandersetzte, desto mehr fühlte ich mich in diesem Unternehmen bestätigt. Es lohnt sich deshalb, weil Sie, ich und unserer Angehörigen ein realistisches Bild von der Zukunft brauchen: Damit wir Weichen stellen und richtige Entscheidungen treffen können.

Sehen wir es so: Ich bin gegenwärtig 55 Jahre alt, lebe statistisch gesehen noch bis in die Mitte meiner 80er und könnte sogar weit über 90 Jahre alt werden. Meine beiden Söhne sind 16 und 19 Jahre alt und haben vielleicht eine Lebensspanne von über 100 Jahren vor sich. Wenn ich bis in meine 70er arbeite, schreiben wir das Jahr 2025, und wenn auch meine Söhne bis in dieses Alter arbeiten, sind sie bis ins Jahr 2060 berufstätig. Machen Sie diese Rechnung an dieser Stelle für sich selbst und für Ihre Angehörigen auf.

Natürlich müssen nicht alle Entscheidungen für Ihr künftiges Arbeitsleben schon jetzt getroffen werden. Im Fall meiner Söhne erwarte ich beispielsweise, dass sie sich in den nächsten 50 Jahren an neue Gegebenheiten anpassen und sich weiterentwickeln. Das habe auch ich in meinem Berufsleben getan. Aber wäre es nicht hilfreich, wenn man ein Bild von der Zukunft, Modelle für künftige Existenzen und Szenarien für Weichenstellungen hätte? Sie könnten Orientierung und Anregungen geben. Dabei brauchen wir dies nicht nur für unsere unmittelbare persönliche und lokale, sondern auch für unsere fernere und für die globale Zukunft.

Wenn meine Kinder, Sie und ich ein realistisches Bild von der Zukunft »benötigen«, heißt dies freilich nicht, dass wir auch eines bekommen können. Prognosen zu technischen und gesellschaftlichen Entwicklungen sind bekanntermaßen unzuverlässig, und zwar so sehr, dass manche sie aus unseren Planungen und Vorbereitungen auf die Zukunft am liebsten verbannen würden. Ich glaube indes, dass es trotz der großen methodischen Schwierigkeiten irrig wäre, auf Vorhersagen ganz zu verzichten.[5]

Versuche, von der Zukunft ein realistisches Bild zu zeichnen, sind deshalb so wichtig, weil wir sie nicht mehr einfach aus der Vergangenheit ableiten können. Ich kann keine direkte Verbindungslinie vom Arbeitsleben meines Vaters zu meinem künftigen ziehen. Und auch meine Söhne können sich anhand meines Arbeitslebens kein Bild von ihrem machen. Ich behaupte nicht, dass sich alles verändern wird. Einige Aspekte der Arbeit werden sicher gleich bleiben. Welche dies sein werden, müssen wir hier ebenfalls herausfinden. Wie der Science-Fiction-Autor William Gibson in einem berühmten Wort sagte: »Die Zukunft ist bereits da, aber eben ungleichmäßig verteilt.«[6]

Zukunft aus Vergangenheit abzuleiten, war nicht immer so schwierig. Den Großteil der Menschheitsgeschichte über galt das Alltagsleben – mit wenigen Ausnahmen – mit Blick auf seine materiellen, technischen und wirtschaftlichen Voraussetzungen als unveränderlich. Dies veränderte sich allerdings grundlegend seit dem 18. Jahrhundert mit Beginn der industriellen Revolution, als einige der als unbezwingbar geltenden Naturkräfte dank Wissenschaft und rationaler Überlegung plötzlich beherrschbar wurden.[7]

Die letzten sechs Generationen trieben einen Wandel voran, der rasanter verlief und einschneidender war, als ihn die Menschheit in den vorigen 5000 Jahren ihrer dokumentierten Geschichte erlebt hatte.[8] Wenn die Weltwirtschaft so schnell wie im letzten halben Jahrhundert weiterwächst, betragen die weltweiten Vermögens-

werte im Jahr 2050 – bis dahin sind meine Kinder so alt wie ich
jetzt – das Siebenfache der heutigen. Bis dahin werden vermutlich
neun Milliarden Menschen auf dem Globus leben. Und auch der
durchschnittliche Wohlstand könnte dramatisch steigen.[9]

Die Frage meiner Söhne zu ihrer künftigen Arbeit hat deshalb so
großes Gewicht, weil sie im Zeitalter eines Umbruchs leben, der so
einschneidend ist wie der am Ende des 19. Jahrhunderts. Die Triebfeder des damaligen Wandels war der Vormarsch der kohlebe-
feuerten Dampfmaschine. Diesmal wird der Wandel nicht von einer
einzigen Kraft vorangetrieben, sondern von einem komplexen Zusammenwirken von fünf Faktoren: von der Notwendigkeit einer
Wirtschaft, die mit weniger fossiler Energie auskommt, von rasanten
technischen Entwicklungen, einer voranschreitenden Globalisierung, einer steigenden Lebenserwartung mit einem einhergehenden
demografischen Wandel und bedeutenden gesellschaftlichen Veränderungen. Alle diese Faktoren werden einen Großteil von dem,
was wir mit Blick auf die Arbeit für selbstverständlich halten, grundlegend verändern.

Dramatisch verändern werden sich nicht nur unsere alltäglichen
Arbeitsbedingungen und -gewohnheiten, sondern auch unser Bewusstsein mit Blick auf die Arbeit in der Weise, wie einst das industrielle Zeitalter das Bewusstsein unserer Vorfahren veränderte. Die
industrielle Revolution schuf einen Markt für Massengüter, der auch
das menschliche Gehirn so geprägt hat, dass Konsumbedürfnisse
und das Streben nach Wohlstand und Eigentum wuchsen. Die
augenblickliche Frage lautet, wie sich das Konzept Arbeit im Zeitalter wachsender Technisierung und Globalisierung weiterentwickeln
wird.

Für jüngere Menschen wird sich ihre Arbeit zwangsläufig wohl auf
unabsehbare Weise verändern, und wir Älteren im Arbeitsleben werden in Beschäftigungsverhältnissen stehen, die wir uns jetzt kaum
vorstellen können. Diese neue Welle des Wandels wird wie die vorangegangenen auf den Errungenschaften der Vergangenheit aufbauen und schrittweise als ein Prozess verlaufen, der einige bedeutende Entwicklung mit sich bringt, die bislang noch nicht absehbar
sind. Es geht um den Vormarsch der Globalisierung, der Industrialisierung und der Technisierung. Aber wie in der Vergangenheit werden diese Veränderungen auch qualitativ Neues bringen – neue

Industrien auf der Basis erneuerbarer Energien, neue Entwicklungen im Internet und neue Denkweisen über Arbeit.[10]

Tatsächlich sind Zukunftsprognosen immer nur bis zu einem gewissen Grad zuverlässig. Verschiedene Aspekte zur Zukunft der Arbeit lassen sich mit unterschiedlichen Graden an Zuverlässigkeit und Präzision vorhersagen. So ist beispielsweise einigermaßen zuverlässig prognostizierbar, dass Computer schneller, Materialien stärker und dank des medizinischen Fortschritts mehr Krankheiten heilbar werden, sodass wir länger leben. Andere Aspekte der Zukunft wie Migrationsströme, die globalen Temperaturen oder die politischen Entwicklungen in einzelnen Staaten sind schlechter vorherzusagen. Auch ist es schwieriger, zu prognostizieren, wie sich zwischenmenschliche Beziehungen verändern oder menschliche Sehnsüchte weiterentwickeln werden.

Angesichts der Unwägbarkeiten, die in meiner Zukunft und der meiner Kinder liegen, bin ich gut beraten, meine Zukunftspläne flexibel zu gestalten und Ideen zu verfolgen, die innerhalb eines breiten Spektrums an Möglichkeiten tragfähig sind. Mit anderen Worten: Angesichts der Unabsehbarkeit von Zukunft ist es klug, Strategien zu entwickeln, um unvorhergesehene Ereignisse zu bewältigen. Ebenso wichtig ist freilich auch, dass wir uns bemühen, unsere Prognosen zur Zukunft zuverlässiger zu machen: Denn wie ich zeigen werde, können wir manche Tücken, die in unseren Planungen lauern, durch Umsicht vermeiden und Gelegenheiten besser nutzen, wenn wir sie früher erkennen.

Wenn wir etwas über die Zukunft wissen, können wir uns besser auf sie einstellen, anderen bessere Ratschläge geben und selbst bessere Entscheidungen treffen. Das gilt für uns wie für unsere Familie, unsere Freunde, unser Umfeld oder unser Unternehmen. Und diese Entscheidungen betreffen die beruflichen Fähigkeiten, die wir ausbauen wollen, die Gemeinschaften und Netzwerke, in die wir uns verstärkt einbringen wollen, und die Unternehmen und Organisationen, mit denen wir eine Zusammenarbeit suchen.

Ein Forschungsverbund zur Zukunft der Arbeit

Trotz meiner drei Jahrzehnte langen Erfahrungen in der Arbeitswelt empfinde ich Prognosen zur Zukunft der Arbeit nach wie vor teuflisch schwierig. Deswegen habe ich den Forschungsverbund *Future of Work* mit dem Ziel gegründet, die Ideen und das Wissen um dieses Thema auf der ganzen Welt anzuzapfen. Die Forschungsarbeit findet alljährlich seit 2009 statt und wird jedes Jahr auf einen noch stärker globalisierten und vielfältigeren Kreis ausgeweitet.

Mein Forschungsteam und ich befassen uns jedes Jahr zunächst mit den *fünf Faktoren*, die die Zukunft der Arbeit am meisten beeinflussen werden (das sind Technologie, Globalisierung, Demografie und Langlebigkeit, Gesellschaft und natürliche Ressourcen). Anschließend tragen wir zu ihnen jeweils *Fakten und Zahlen* zusammen und präsentieren sie den Mitgliedern des Forschungsverbundes. Dessen Gründung ist wohl eines der spannendsten Experimente, das bei der Zusammenarbeit zwischen Unternehmen, akademischen Forschern und Führungskräften je unternommen wurde. Der Verbund schafft so eine Art »Weisheit der vielen«, wie diese Akkumulation von Wissen durch Gruppen genannt wurde. 2009 nahmen an ihm beispielsweise über 200 Einzelpersonen teil, darunter Mitarbeiter von über 21 Unternehmen und Organisationen weltweit. Vertreten waren unter anderem die südafrikanische Bank Absa, Nokia, Nomura, die indische Tata Consulting Group, Thomson Reuters, das Arbeitsministerium Singapurs und die beiden Nichtregierungsorganisationen Save the Children und World Vision. 2010 stieg die Anzahl der teilnehmenden Unternehmen auf 45, von denen 15 aus Asien stammten, so SingTel in Singapur, Wipro, Infosys und Mahindra & Mahindra aus Indien sowie Cisco und Manpower aus den USA.

Die Forschungsarbeit startete intensiv 2009 an der London Business School. An diesem Punkt legten wir die Zahlen und Fakten zu den genannten fünf Faktoren Führungskräften vor und baten sie, auf ihrer Grundlage Abläufe eines Arbeitsalltags von Menschen aus dem Jahr 2025 zu konstruieren. Diese Übung wiederholten wir anschließend mit einem deutlich erweiterten Kreis an Teilnehmern in Singapur und Indien. Die entstandenen Alltagsabläufe dienten dann als Blaupausen für die Szenarien, die ich an hinterer Stelle in diesem Buch schildern werde. Obwohl reine Fiktionen, liegt ihre Bedeutung darin, dass sie aus verschiedenen Vorstellungen und Wissen zu einem Ganzen zusammengewachsen sind. Es sind natürlich keine Prognosen für das Jahr 2025. Sie illustrieren vielmehr die verschiedenen Arten, wie und auf welch unterschiedliche Weise man sich Zukunft vorstellen kann, und offenbaren so die Fülle an Möglichkeiten, die unsere Zukunft bereithält.

Nachdem das Forschungsteam und die Mitglieder des Forschungsverbundes *Future of Work* die Alltagsabläufe konstruiert hatten, führten sie die Diskussion über die Zahlen und Fakten sowie über die Zukunftsszenarien in ihren Unternehmen und Organisationen weiter. Die Gedanken aus diesem erweiterten Umfeld – also die aus über 30 Ländern – brachten sie in den darauffolgenden Monaten wieder in die ursprüngliche Diskussionsrunde ein. Bis dahin konnten wir über ein gut strukturiertes Portal im Internet virtuell zusammenarbeiten und die Beiträge in monatlich stattfindenden virtuellen Seminaren diskutieren. Später folgte eine Reihe von Workshops in Europa und Asien. Parallel dazu unterzog ich einige meiner ursprünglichen Gedanken in dem wöchentlichen Blog http://www.lyndagrattonfutureofwork einer Prüfung. Die diskutierten Ideen, Einsichten und Besorgnisse flossen in die geschilderten Szenarien ein und verschafften der Diskussion gedankliche Tiefe. Sie bilden auch die Grundlage für die persönlichen Überlegungen, die Ihnen in der folgenden Erörterung begegnen werden.

Die Wege in die Zukunft

Als wir die Zukunft eingehender betrachteten, zeichnete sich immer deutlicher ab, dass es nicht einen, sondern viele Wege in die Zukunft gab. Wir alle können uns einen Weg in die Zukunft ausmalen, der allein durch die negativen Aspekte der fünf zukunftsbestimmenden Faktoren geprägt ist. Dabei heraus kommt eine Zukunft der Isolation, der Zersplitterung, des Ausschlusses und des Narzissmus. Sie nenne ich die *Vorgezeichnete Zukunft*, in der die genannten fünf Faktoren über alle Handlungsmöglichkeiten die Oberhand gewonnen haben. In den entsprechenden Alltagsszenarien sehen wir Menschen, die in einem Bereich ihres Lebens vielleicht sehr erfolgreich waren, es aber versäumten, in einer wichtigen Frage in positiver Richtung aktiv zu werden, oder die nur auf eine gradlinige oder scheinbar naheliegende Art aktiv wurden. In dieser Vorgezeichneten Zukunft ist niemand gerüstet, um gemeinsam mit anderen Dinge zu bewegen oder den Status quo zu verändern. In ihr findet der Umgang mit gegenwärtigen Problemen ohne Beständigkeit und ziemlich planlos statt: Das Handeln hinkt den Ereignissen hinterher.

Es gibt aber auch eine Zukunft, in der die positiven Aspekte der fünf Faktoren so verarbeitet werden, dass ein eher gestaltetes Ergebnis herauskommt. Es sind Berufs- und Lebensgeschichten, in denen Zusammenarbeit eine Schlüsselrolle spielt, in denen Wahlmöglichkeiten und Wissen genutzt werden und in denen aktives Handeln für mehr Ausgeglichenheit in der Arbeit sorgt. In diesen Szenarien einer *Gestalteten Zukunft* experimentieren Menschen mit Arbeitsweisen, lernen rasch voneinander und greifen wechselseitig ihre guten Ideen auf. In ihnen können die Faktoren, die Arbeit verändern, zu Chancen – ja zu Verheißungen einer besseren Zukunft – umgemünzt werden. Diese Zukunft kann dann entstehen, wenn Menschen aktiv Entscheidungen treffen, klug abwägen und in der Lage sind, die Konsequenzen ihrer Entscheidungen zu tragen. In ihr können sie harmonischer mit anderen zusammenarbeiten, mehr Wertschätzung erfahren, höhere Fähigkeiten entwickeln und die verschiedenen Bereiche des tätigen Lebens authentischer unter einen Hut bringen.

Die Alltagsabläufe, die anhand beider Wege geschildert werden, spiegeln Möglichkeiten wider: Sie geben uns ein Mittel an die Hand, um die Zukunft zu erkunden und sich eine eigene zu konstruieren. Dazu eine Warnung: Diese Szenarien sind keinesfalls Prognosen zu dem, was sich automatisch einstellen wird. Sie beruhen vielmehr auf der Einsicht, dass jeder eigene Überzeugungen hat und Entscheidungen trifft, die ihn auf sein eigenes Gleis setzen. Sie offenbaren unterschiedliche Zukunftsmöglichkeiten, die plausibel und zugleich mit Herausforderungen verbunden sind.

Den richtigen Weg einschlagen:
Sich neu orientieren

Wir alle entscheiden uns wohl lieber für die Gestaltete als für die Vorgezeichnete Zukunft. Aber wie stellen wir sicher, dass wir den richtigen Weg einschlagen? Die Erkundungsfahrt, die ich unternommen habe und zu der ich Sie einlade, wird dafür sorgen, dass Sie Ihre innere Straßenkarte für die Zukunft hinterfragen. Das habe auch ich getan. Mit Straßenkarte meine ich die Grundausrichtung, die unsere bisherigen Entscheidungen und Weichenstellungen gesteuert haben. Die Frage lautet: Haben Sie die richtige Karte, und sind Sie auf dem richtigen Weg?

Um dies beurteilen zu können, braucht man möglichst viele Informationen und Kenntnisse darüber, wie sich Dinge in Zukunft entwickeln werden. Mein Forschungsteam und ich haben uns mit richtigen Wegen eingehend auseinandergesetzt und werden Ihnen anhand der geschilderten Szenarien die entsprechenden Fakten vorlegen. Nach meinem Eindruck müssen wir anhand der präsentierten Alltagsabläufe, der Zahlen und Fakten sowie der Szenarien unsere Vorstellungen überprüfen und uns drei wichtige Fragen stellen:

- Welche bahnbrechenden oder weniger bewegenden Ereignisse könnten sich auf mich und mein persönliches Umfeld stark auswirken?
- Welche Faktoren werden mein Arbeitsleben am stärksten beeinflussen und wie könnten sie konkret aussehen?
- Was müsste ich dann in den nächsten fünf Jahren tun, um sicherzustellen, dass ich auf dem richtigen Weg bin, um mir eine sichere berufliche Zukunft aufzubauen, vor allem angesichts der kommenden turbulenten Zeiten?

Mit diesem Buch verfolge ich ein klares Ziel. Es soll Sie dabei unterstützen, eine eigene Vision von Ihrer Zukunft zu entwickeln und einen eigenen Weg zu finden, um sich eine gesicherte berufliche Existenz aufzubauen. Dazu müssen Sie sich eingehend mit den Zahlen und Fakten zur Zukunft auseinandersetzen, die möglichen Szenarien und Alltagsabläufe durchspielen, damit Sie sehen, was für Sie von Bedeutung ist. Und Sie müssen sich bewusst machen, welche Aspekte in Ihrem persönlichen Umfeld wichtig sind, wenn Sie Ihre Chancen nutzen wollen. Danach können Sie Ihre Denkmodelle und Vorstellungen zur Zukunft unter die Lupe nehmen und nach einem Weg suchen, der Ihnen ein zukunftssicheres, sinnvolles und wertvolles Berufsleben sichert.

Welche Annahmen müssen beim Aufbau eines zukunftsfesten Berufslebens infrage gestellt werden? Und was bedeutet dies für die Art, wie wir unser künftiges Arbeitsleben gestalten? Ich sage voraus, dass wir mit Blick auf unsere Vorstellungen drei Neuorientierungen brauchen, wenn wir für die kommenden zwei Jahrzehnte ein erfüllendes und wertvolles Arbeitsleben gestalten wollen.

Zunächst müssen wir unsere Vorstellung hinterfragen, dass allgemeine Fähigkeiten besonders nützlich sein werden. Ich bin klar davon überzeugt, dass in einer globalisierten Welt, in der potenziell fünf Milliarden Menschen Zugang zur weltweiten »Rechnerwolke« haben, das Zeitalter der Generalisten vorbei ist. Stattdessen prognostiziere ich für die Zukunft, dass Sie »meisterhaftes Können in Serie« – so nenne ich es – brauchen, um echten Mehrwert zu schaffen. Sie müssen erkennen, was in Zukunft nützliche Fähigkeiten und Tugenden sein werden, und in diesen Kompetenzbereichen herausragende Fähigkeiten entwickeln. Und dabei müssen Sie ausreichend flexibel bleiben, um sich durch Wechsel und Wandel andere Bereiche zu erschließen, in denen Sie ebenfalls ein meisterhaftes Können entwickeln können. Dies ist auch deshalb wichtig, weil der Selbstvermarktung und der Beschaffung von Referenzen in einer immer undurchschaubareren Welt entscheidende Bedeutung zukommen wird.

Als Zweites müssen wir unsere Vorstellungen dazu hinterfragen, welche Bedeutung dem Individualismus und der Wettbewerbsfähigkeit beim Aufbau von Arbeitsbiografien und Karrieren zukommen soll. Angesichts einer Welt, in der Zerrissenheit und Isolation zunehmen, werden der Anschluss an andere, die Zusammenarbeit und der Aufbau von Netzwerken meiner Ansicht nach von zentraler Bedeutung sein. Bei diesen Netzwerken kann es sich um die Gruppe handeln, die einen in komplexen Aufgaben mit Rat unterstützt, um die Vielzahl der Menschen, denen man Ideen und Anregungen verdankt, und sogar um die privaten, herzlichen und innigen Beziehungen, die maßgeblich für Entspannung und Ausgeglichenheit sorgen. Wichtig ist, dass in einer zusehends virtuellen Welt belastbare, vielfältige und emotionale Bindungen nicht mehr als selbstverständlich gelten können. Sie müssen vielmehr aufgebaut und gestaltet werden.

Und wenn wir die fünf Faktoren, die in den kommenden zwei Jahrzehnten unser Arbeitsleben bestimmen werden, und die entworfenen Zukunftsszenarien betrachten, wird eines schließlich deutlich: Wir müssen uns sehr genau überlegen, welche Art Berufsleben wir anstreben. Folgen wir dem althergebrachten Muster, bei dem es vor allem um Konsum und Masse geht? Oder ist es an der Zeit, eingehend über Kompromisse nachzudenken. Sollten wir nicht mehr auf die Menge und Qualität von Erfahrungen und auf ein ausgeglichenes Leben setzen anstatt auf unersättlichen Konsum?

Wir können uns alle ein sehr klares Bild davon machen, mit welchen Herausforderungen wir konfrontiert werden und welche Kompromisse wir in Erwägung ziehen müssen. Natürlich liegen unsere Zukunft und die der uns Nahestehenden zumeist im Dunkeln. Das heißt aber keineswegs, dass wir alles dem Zufall überlassen müssen. Ich bin überzeugt, dass wir mit guter Vorbereitung unsere Erfolgschancen steigern können. Dazu müssen wir uns eingehend mit den fünf Faktoren befassen, die unsere Welt verändern werden. Wir können uns wappnen, indem wir mögliche Zukunftsszenarien entwerfen, die uns als Grundlage für unsere Entscheidungen und für ein Verständnis von deren Konsequenzen dienen können. Und wir bereiten uns auch auf die Zukunft vor, wenn wir erkennen, dass einige unserer lieb gewordenen Vorstellungen irrig sind. Wir müssen unser Denken und Handeln gründlich verändern, wenn wir die Weichen für unser künftiges Arbeitsleben stellen. So sind wir besser gerüstet, wenn wir uns eine spannende berufliche Zukunft voller Spaß aufbauen wollen, die für uns und andere Wert schafft.

TEIL I DIE FAKTOREN, DIE IHRE ZUKUNFT BESTIMMEN

1 DIE FÜNF FAKTOREN DER ZUKUNFT

Wer die Zukunft verstehen will, muss bei den fünf Faktoren ansetzen, die unsere Welt in den kommenden Jahrzehnten verändern werden. Und mehr noch: Er muss sich diese Faktoren sehr genau anschauen, denn das wirklich Interessante steckt häufig in den Details. Für mich bedeutete es eine aufregende Erkundungsfahrt, als ich die folgenden 32 Teilaspekte zu diesen Faktoren von überall auf der Welt zusammengetragen habe. Tatsächlich empfand ich nach dem Aufstehen am Morgen beim Recherchieren und Schreiben noch nie so viel Spannung. Meine Ergebnisse haben mich fasziniert, überrascht und neugierig gemacht. Ich hatte keine Ahnung, dass in China allein im Jahr 2010 45 Flughäfen in Bau waren. Oder dass Kenia das Zentrum für Innovationen beim Geldtransfer via Mobiltelefon ist. Oder dass 2025 über fünf Milliarden Menschen dank mobiler Geräte miteinander verbunden sein werden. Anhand solcher Fakten und Zahlen möchte ich Ihnen ein eingehenderes Verständnis dafür vermitteln, wie sich unser Arbeitsleben verändern wird. Sie werden Ihnen auch dabei helfen, beim Aufbau Ihres künftigen Arbeitslebens Entscheidungen zu treffen und andere zu beraten. Beim Sammeln und Zusammenstellen dieser 32 Teilaspekte ließ ich mich auch davon leiten, dass wir hier eher global als lokal denken müssen. Und eher historisch als momentan und eher im Weitwinkel als aus einer engen Perspektive heraus.

Einen globalen Blickwinkel einnehmen

Ein Problem beim Verständnis der Zukunft besteht darin, dass sich die gegenwärtigen Forschungen und Veröffentlichungen zur technischen Entwicklung, zur Entwicklung der Ölversorgung oder zur Globalisierung größtenteils auf eine Region konzentrieren – typischerweise auf die USA oder Europa. Das ist auch sinnvoll, da die begrenzte Aussagekraft ja bekannt ist und über den Geltungsbereich der jeweiligen Studie von vornherein Einigkeit herrscht.

Ein regionaler Blickwinkel passt freilich nicht zur Zielsetzung dieses Buchs. Ich war in der Vergangenheit sehr erfreut, dass meine Bücher überall auf der Welt gelesen wurden, und hoffe darauf, dass auch dieses Buch eine entsprechende Resonanz findet. Folglich ist mir besonders daran gelegen, allen Lesern überall auf der Welt das Gefühl zu geben, dass sie einbezogen sind. Aber ein globaler Blickwinkel ist nicht nur mit Rücksicht auf den Leser notwendig. Wohl mehr denn je in der Geschichte der Menschheit ist Zukunft eine »Gemeinschaftssache«, die sich nur aus der globalen Perspektive erschließt. So kann man sich beispielsweise unmöglich vorstellen, wie fossile Energien in Zukunft genutzt werden und wie sich dies auf die Arbeitswelt auswirkt, wenn man keine Vorstellung von der künftigen Wirtschaftsentwicklung Chinas hat. Und um zu begreifen, wie sich unser künftiges Konsumverhalten entwickelt, braucht man eine Ahnung davon, wie der durchschnittliche Arbeiter in den USA vornehmlich Geldrücklagen bildet.

Aus beiden Gründen brauchen wir folglich eine weltumspannende Perspektive. Ich bin mir bewusst, dass in den 32 Teilaspekten, die ich im Folgenden beleuchte, viele Regionen fehlen. Hätte ich alle kurz berücksichtigt, wäre dieses Buch zu einer Enzyklopädie geraten und wäre nicht mehr so flüssig lesbar gewesen, wie ich es angesichts dieses wichtigen Themas für notwendig halte. Folglich wählte ich einen globalen Blickwinkel, konzentrierte mich aber auf bestimmte Regionen mit Entwicklungen, die ich für besonders interessant halte.

Der historische Rückblick

Es mag seltsam erscheinen, in einem Buch über die Zukunft oft in die Vergangenheit zu blicken. Natürlich gibt es Bücher, die sich streng auf das Kommende konzentrieren. Aber ich halte die Rückschau in die Vergangenheit für unverzichtbar, um eine genauere Vorstellung von der Zukunft der Arbeit zu gewinnen. Die historische Perspektive kann ein Gefühl für die Dynamik und das Tempo von Entwicklungen vermitteln und gleichzeitig aufzeigen, dass manches in der Geschichte schon einmal da war. Wie wir gesehen haben, finden sich in der zweiten industriellen Revolution der 1870er-Jahre und im Wandel der Produktion um die 1930er-Jahre Ansätze der künftigen Entwicklung in der Arbeitswelt. Auch glaube ich, dass ein bestimmtes Wissen um die Vergangenheit tiefere Einsichten in die Zukunft allgemein vermitteln kann. Dies gilt insbesondere mit Blick auf gesellschaftliche Trends einschließlich der Veränderungen bei den Familienstrukturen und beim Konsumverhalten.

Den übergeordneten Zusammenhang sehen

Bei der Erörterung der folgenden 32 Teilaspekte werde ich bis weit über die Grenzen der Arbeitswelt hinausgehen. Wir werfen einen Blick auf die Art, wie wir gelebt haben und in der Zukunft vielleicht leben werden, auf unsere Familienstrukturen und Konsumgewohnheiten, auf Ölpreise und das Vertrauen in Institutionen. Zu diesem Überblick habe ich mich entschlossen, weil man Arbeit nicht ohne ihren übergeordneten Zusammenhang betrachten kann. Arbeit findet im Umfeld von Familien, von Erwartungen und Hoffnungen statt. Und ebenso im Umfeld von Gemeinschaften und wirtschaftlichen und politischen Strukturen.

Bei der Zusammenstellung dieser Teilaspekte fühlte ich mich erneut an die Handarbeit meiner Mutter erinnert. Sie sammelte über die Jahre aus vielen Quellen Stoffreste, aus denen sie eines Tages ein Muster entwarf. Ich muss zugeben: Das Bild vom Zusammenschneidern einer Patchwork-Decke fasziniert auch deshalb, weil ich selbst

Stoffe sammle, obwohl ich eine schlechte Näherin bin. Ich kehre von keiner Reise ohne irgendwelche Stoffe zurück, sei es Besticktes aus Seoul, Seide aus Mumbai oder Bastgeflechte aus Tansania. Ich besitze sogar ein Körbchen aus verwobenen Piniennadeln von Aborigines. Und auch meine Informationen sammle ich auf Reisen und in Gesprächen mit Menschen unterwegs zusammen. Ich lasse es mir nicht nehmen, Asien, Afrika und Amerika jedes Jahr einen Besuch abzustatten.

Als Professorin der Wirtschaftswissenschaften genieße ich bei diesem Unternehmen ein gewaltiges Privileg: Ich muss meine Vorstellungen nicht verkaufen wie bei der Beratung von Firmen. Und ich kann meine persönliche Meinung offen äußern, wie ich es als Managerin eines multinationalen Konzerns wohl nicht könnte. Ich habe den Eindruck, dass mir die Menschen offen begegnen und mir ihre Hoffnungen und Ängste anvertrauen. Und als größtes Privileg genieße ich als Professorin den Luxus, dass ich mir zum Nachdenken und Schreiben Zeit nehmen kann. Gerade das erwies sich hier als entscheidend. Wie Sie feststellen werden, ist die spannende Aufgabe, auf die ich mich eingelassen habe, so komplex, dass sie nur mit Zeit und Überlegung zu bewältigen war. Nur so konnte ich zu den gesammelten Teilaspekten einen Standpunkt entwickeln und sie in ein Gesamtbild einfügen.

Um Ihnen in diesem Labyrinth aus Informationen die Orientierung zu erleichtern, habe ich die Zahlen und Fakten zur Zukunft in fünf große Rubriken unterteilt: Technologie, Globalisierung, Demografie und Langlebigkeit, Gesellschaft sowie Energieressourcen. Auch wenn diese Einteilung eher oberflächlich ist – die Fakten hätten auch anders kategorisiert werden können –, so erscheint sie mir als Ausgangspunkt sinnvoll.

Ich habe jeden dieser übergeordneten Bereiche in fünf bis acht Unteraspekte unterteilt. Alle Aspekte folgen einer inneren Logik und sprechen für sich. Sie verraten beispielsweise, wie stark die westliche Welt altert, dass sich die Entwicklungsländer zu einer treibenden Kraft der Innovation entwickeln oder dass es die Weltbevölkerung vom Land in die Städte zieht. Ich habe diese einzelnen Aspekte gewählt, weil ich glaube, dass sie für Ihre Zukunft, die Ihrer Kinder oder Ihrer Gemeinschaft wichtig werden können. Wie Sie mit diesen 32 Teilaspekten umgehen, wenn Sie Ihren persönlichen Standpunkt zur Zukunft schaffen, müssen Sie selbst entscheiden.

Schauen wir uns nun die fünf Faktoren der Zukunft der Arbeit und deren Teilaspekte genauer an.

Der Faktor Technologie

Technik spielte bei der Ausgestaltung von Arbeit und den Abläufen im Arbeitsleben von jeher eine entscheidende Rolle. Wir können auf unser Arbeitsleben von 2025 oder sogar von 2050 nur dann einen Ausblick wagen, wenn wir einiges darüber wissen, wie sich die Techniken kurzfristig weiterentwickeln werden, und spekulieren, was sich langfristig daraus ergeben könnte.

Technik war von jeher ein Hauptantrieb beim langfristigen Wirtschaftswachstum der Länder. Sie hat die Größe der Weltbevölkerung, die Lebenserwartung der Menschen und die Ausbildungschancen beeinflusst. Der technologische Wandel hat unseren Arbeitsalltag und unsere Kommunikationsmittel verändert und wird dies weiterhin tun. Technik wird auch über das unmittelbare Arbeitsleben hinaus weitreichende Folgen haben: für das menschliche Miteinander, für die Erwartungen, die an Kollegen gestellt werden, und sogar für unser Bild vom Menschen. Man muss kein bedingungsloser Verfechter des technischen Determinismus sein, um zu erkennen, dass das technische Potenzial – über sein komplexes Zusammenwirken mit den Menschen, Institutionen, der Kultur und der Umwelt – maßgeblich die Grundregeln bestimmt, nach denen die Spiele der menschlichen Zivilisation gespielt werden.[1]

Das bedeutet freilich nicht, dass die technischen Erfahrungen der Menschen im Jahr 2025 überall auf der Welt dieselben sein werden. Es gab – und das wird fraglos so bleiben – große Unterschiede und Veränderungen beim Einsatz von Technik, da sich technische Entwicklungen nicht isoliert, sondern abhängig von ihrem Umfeld vollziehen, sei es kultureller, wirtschaftlicher oder ethischer Art. Auch ist der Einsatz einer bestimmten Art Technik keineswegs unvermeidlich oder durch ein bestimmtes Entwicklungsmuster festgelegt. Einige technische Entwicklungen werden die Arbeit revolucionicrn, wäh rend sich andere nur langsam, aber stetig als Neuerungen durchsetzen. Vielleicht wird es in Zukunft, wie schon in der Vergangenheit, große Wenden geben, an denen sich Technologien auseinanderentwickeln, sodass die Geschichte in verschiedenen Regionen unterschiedliche Wege mit einem jeweils anderen Ausgang einschlägt.

Die Rechnerwolke, das Technologienetz, das die Mittel bereitstellt, mit denen Menschen auf der ganzen Welt Zugriff auf elektronische Ressourcen erhalten, ist so ein Fall. Technisch wird es in den nächsten Jahrzehnten für jedermann möglich werden, via Internet auf eine gewaltige Informationsfülle zuzugreifen. Dennoch werden in manchen Ländern und Regionen zu gewissen Zeiten Streitigkeiten um die Sicherheit und den Zugang die Nutzung der Rechnerwolke deutlich begrenzen. Aber trotz dieser wahrscheinlichen Unterschiede bei der Nutzung, den Auswirkungen auf das Wachstum und dem jeweiligen Umfeld ist klar, dass der technische Fortschritt auf breiter Front anhalten wird.

Für diejenigen, die sich auf die Erkundungsreise in die Zukunft gemacht haben, stellt sich die Frage, was wir von dieser breit angelegten Entwicklung zu erwarten haben und wie sie sich auf unser tägliches Arbeitsleben 2025 und später auswirken könnte. Die folgenden zehn Teilaspekte zur technologischen Entwicklung sind in die Alltagsszenarien eingeflossen, die im Anschluss vorgestellt werden:

1. **Die technischen Fähigkeiten haben sich exponentiell vervielfacht:** Ein höchst wichtiger Antrieb des technischen Fortschritts war die rasante und stetige Senkung der Kosten von Rechnerleistung. Wir können davon ausgehen, dass diese Entwicklung anhält und dafür sorgt, dass immer komplexere technische Anwendungen in relativ günstigen Handgeräten verfügbar werden.

2. **Fünf Milliarden Menschen erhalten Anschluss:** Vor dem Hintergrund dieser Kapazitäten erhalten Milliarden Menschen Anschluss an den übrigen Globus. Dies wird in den Megastädten der Welt wie in den ländlichen Gebieten der Fall sein. Die Größenordnung dieser Vernetzung ermöglicht die Entstehung eines »globalen Bewusstseins«, wie man es bislang noch nie erlebt hat.

3. **Die Rechnerwolke wird allgegenwärtig:** Die sich rasch entwickelnde Technologie schafft eine globale Infrastruktur, die Dienst-

leistungen, Anwendungen und Ressourcen bereitstellt. Jeder mit einem Computer oder Handgerät kann diese Bereitstellungen auf Minutenbasis »mieten«. Dank dieses enormen Potenzials gelangt Hightech in jeden Winkel der Welt.

4. **Stetige Produktivitätszuwächse:** Die Technik hat die Produktivität ab Mitte der 1990er-Jahre angekurbelt. Wir können erwarten, dass die Zuwächse in diesem Bereich dank einer Hightech-Kommunikation, die fast zum Nulltarif zu haben ist, weiterhin anhalten. Bei dieser zweiten Welle der Produktivitätssteigerung spielen interessanterweise weniger die Techniken selbst als vielmehr die organisatorischen Aktiva wie Kultur, Kooperation und Teamwork die wichtige Rolle.

5. **Die soziale Teilhabe nimmt zu:** Eine entscheidende Frage mit Blick auf die Zukunft der Arbeit betrifft eine Prognose, wie die Menschen mit diesem nie da gewesenen Grad an Vernetzung, dieser Speicherfähigkeit und diesen produktiven Möglichkeiten umgehen. Für die nächsten beiden Jahrzehnte können wir erwarten, dass das Weltwissen digitalisiert wird – mit einem exponentiellen Anwachsen der nutzergenerierten Inhalte, der Anwendungen für die »Weisheit der vielen« und des Einsatzes der interaktiven Produktverbesserung.

6. **Das Weltwissen wird digitalisiert:** Bildungseinrichtungen, öffentliche Organisationen und Regierungsstellen drängen stark darauf, das Weltwissen in digitaler Form verfügbar zu machen. Man kann davon ausgehen, dass dies tief greifende Auswirkungen insbesondere auf diejenigen haben wird, denen der Zugang zu öffentlichen Bildungseinrichtungen versperrt ist.

7. **Megakonzerne und Mikrounternehmen tauchen auf:** Die technologischen Fortschritte führen zu immer komplexeren Arbeits- und Geschäftsumfeldern. Dabei entstehen weltumspannende Megakonzerne, gleichzeitig aber auch industrielle Ökosysteme mit Millionen wertschöpfender Mikrounternehmer und Partnerschaften.

8. **Allgegenwärtige Avatare und virtuelle Welten:** Immer mehr Arbeit wird virtuell erledigt, da sich die Beschäftigten auf der ganzen Welt miteinander vernetzen. Ihre virtuellen Stellvertreter – Avatare – spielen bei der Bewältigung dieser virtuellen Arbeit eine zentrale Rolle.

9. **Der Aufstieg kognitiver Assistenten:** Gleichzeitig agieren Instrumente, die Aufgaben bündeln und Prioritäten setzen – zum Beispiel kognitive Assistenten –, als Puffer zwischen der immer gewaltigeren Informationsflut und den Bedürfnissen der Arbeitenden bei der Organisation ihres Wissens und ihrer Aufgaben.

10. **Technik ersetzt Jobs:** Ein Großteil der Produktivität der kommenden Jahrzehnte speist sich aus Robotern, die in der Arbeitswelt eine Schlüsselrolle spielen – von der Herstellung von Produkten bis zu Pflegeleistungen einer immer stärker alternden Gesellschaft.

Diese zehn Teilaspekte des Faktors Technologie werden die Lebens- und Arbeitswelt der Zukunft bestimmen. Wie wir in den nachfolgenden Szenarien noch sehen, stehen technische Entwicklungen nicht nur im Zentrum der Schattenseite der Vorgezeichneten Zukunft, die Zersplitterung und Isolation kennzeichnen. Sie sind auch Teil einer Gestalteten Zukunft, in der kreative Zusammenarbeit und soziale Teilhabe die Norm sind. Überlegen Sie sich vor dem nächsten Schritt, welche Teilaspekte Sie am stärksten betreffen, welche Sie aussondern können und welche in der Aufzählung nicht vorkamen, obwohl Sie sie für wichtig halten.

Der Faktor Globalisierung

Die Art Arbeitsplatz, die fast das ganze 20. Jahrhundert hindurch vorherrschte, ermöglichte Produzenten und Verkäufern eine recht entspannte Existenz. Wenn ich an meine erste richtige Stelle – als Psychologin für British Airways – zurückdenke, erinnere ich mich an eine Welt, die sich größtenteils in relativ stabile Märkte untergliederte. BA hatte bei der Passagierbeförderung in Großbritannien ein Beinahemonopol, und wenn das Unternehmen entgegen den Erwartungen Verluste einfuhr, sprang als Eigner der britische Staat ein. Ich erinnere mich, dass ich um 9.00 Uhr ins Büro kam, in der Personalkantine auf der anderen Seite des Flughafens eine Stunde Pause machte, meinen Schreibtisch um 17.30 Uhr verließ und gemächlich nach Hause fuhr. Arbeit am Wochenende wurde nicht erwartet, wir hatten gute Urlaubsregelungen, und natürlich profitierte ich von stark verbilligten Flugtickets. Und erst die betriebliche Altersvorsorge bei British Airways!

Ihre schiere Größe und stabile Märkte (die oft durch Monopole, Oligopole und Regulierungen gestützt wurden) schützten Großunternehmen wie British Airways vor unliebsamer Konkurrenz. Wer in einer kleineren Firma arbeitete, trat nur mit anderen lokalen Dienstleistern oder Industrien in den Wettbewerb. Das Augenmerk der Firmen lag auf der Produktion oder Bereitstellung von Waren und Dienstleistungen, die einen vertretbaren Preis und eine einigermaßen akzeptable Qualität haben mussten. Forschungs- und Entwicklungsabteilungen gab es zwar, aber sie zielten tendenziell nur auf marginale Verbesserungen ab. Und dank Einheitsgewerkschaften, die die Löhne für ganze Industrien aushandelten, waren die Personalkosten kalkulierbar.[2]

Das heißt freilich nicht, dass sich die nationale Wirtschaftstätigkeit auf einer einsamen Insel abspielte. Von jeher gab es eine wirtschaftliche Integration und Handel in und zwischen den Nationen. Die Globalisierung mag uns als ein neues Phänomen erscheinen, weil wir Geschichte eher aus lokaler Sicht betrachten. Tatsächlich waren die Regionen seit Jahrtausenden in komplexen Geflechten aus Handelsbeziehungen untereinander verbunden.[3] Für den Beginn dieser globalen Verbindungen lässt sich schwer ein genaues Datum angeben, da sie von Faktoren wie Zuwanderung, verbesserten Verkehrswegen und einer Ausweitung des Handels abhingen. Unabhängig von der Antwort sind die Kräfte, die über die Grenzen des Lokalen hinausstreben, schon seit sehr langer Zeit am Werk.

Dagegen setzte die Globalisierung im Gegensatz zur globalen Geschichte erst nach dem Zweiten Weltkrieg ein: nach den Abkommen von Bretton Woods von 1944, mit denen die Gründung echter Institutionen für den Welthandel beschlossen wurde.[4] Vor 1944 beschränkten Transportkosten, Kommunikationsprobleme und staatlicher Protektionismus den internationalen Warenverkehr. Später wurde der Gütertransport zusehends billiger. Die technische Entwicklung beschleunigte in den meisten Teilen der Welt den Informationsaustausch. Und staatliche Handelsbarrieren fielen. Mit der zunehmenden Globalisierung des Angebots an Waren und Dienstleistungen stiegen auch die Ansprüche der Verbraucher. Statt sich nur bei Versorgern vor Ort einzudecken, nutzten sie in vielen Ländern ein wachsendes Angebot an Waren. Als Ergebnis dieser Ära der Liberalisierung wuchs das Handelsvolumen im produzierenden Gewerbe zwischen 1950 und 2010 um das 60-Fache.[5]

Für einen genaueren Blick darauf, wie die Kräfte der Globalisierung unsere Arbeit in den kommenden Jahrzehnten beeinflussen werden, habe ich zu ihr acht Teilaspekte ausgewählt, die meiner Meinung nach bedeutsam sind. Sie werden in die an hinterer Stelle geschilderten Alltagsszenarien zur Zukunft einfließen.

1. **Erreichbarkeit rund um die Uhr in der globalen Welt:** Seit den 1940er-Jahren haben politischer Wille, Motivation und technische Innovationen gemeinsam die Mittel bereitgestellt, um sich in die Welt einzuklinken – und damit die Globalisierung immer stärker vorangetrieben.

2. **Die aufstrebenden Volkswirtschaften:** Den wohl bedeutendsten Beitrag zur Globalisierung seit 1990 lieferten China und Indien in Asien sowie Brasilien in Südamerika mit ihrem Eintritt in die internationale Welt der Produktion und des Handels. Mit ihren großen Binnenmärkten und einer wachsenden Entschlossenheit, Waren und Dienstleistungen zu exportieren, schrieben diese aufstrebenden Märkte die Regeln des globalen Handels um.

3. **Jahrzehnte des Wachstums in China und Indien:** Nach Ende der Kulturrevolution in China und der Liberalisierung der Märkte in Indien erfuhren beide Länder ein massives Wirtschaftswachstum, gespeist von Binnenmärkten, die gemeinsam weit über zwei Milliarden Verbraucher versorgen, und von der Kapazität, als »Abwicklungsstelle« und »Produktionsstätte« der Welt zu fungieren. Und da sich beide Länder in der Wertschöpfungskette weiter nach vorn arbeiten, wachsen auch die globalen Ambitionen ihrer lokalen Unternehmen.

4. **Sparinnovationen:** Die Schwellenländer, die einst als Hersteller der im Westen entwickelten Innovationen galten, besetzten verstärkt eine weltweite Führungsposition bei den kostengünstigen und sparsamen Innovationen, die inzwischen auch in den westlichen Industrieländern vermarktet werden. Dies wirkt sich in den kommenden Jahrzehnten stark auf die Globalisierung technischer Entwicklungen aus.

5. Die globalen Zentren der Bildung: Die Zahlen bringen es an den Tag: In Indien und China lebten 2010 insgesamt 2,6 Milliarden Menschen. Nach den Vorhersagen werden die dortigen Bevölkerungen bis 2020 auf 2,8 und bis 2050 auf drei Milliarden Menschen anwachsen. Beide Länder werden mit Blick auf die Talentpools der Welt eine Schlüsselrolle spielen. Die Trends zu naturwissenschaftlichen und technischen Studiengängen und Investitionen lokaler Unternehmen in Ausbildung schaffen dort ein gewaltiges Reservoir an Ingenieuren und Wissenschaftlern. Immer mehr Firmen auf der Welt werden ihre Fachkräfte in China und Indien rekrutieren.

6. Die Welt verstädtert sich: Seit 2008 leben mehr Menschen in urbanen Zentren als in ländlichen Gebieten. Dieser Trend wird anhalten. Gleichzeitig ziehen»Innovationscluster« überall auf der Welt überproportional viele hoch talentierte und qualifizierte Menschen an. In den Megastädten der Welt, die häufig von riesigen Slums umgeben sind, lebt ein immer größerer Anteil der Weltbevölkerung.

7. Weiterhin Blasen und Crashs: Booms und Krisen kennzeichnen seit Jahrhunderten das Wirtschaftsleben. Den Erwartungen nach werden sie die Welt auch in den kommenden Jahrzehnten in Atem halten. Derweil wächst in vielen entwickelten Ländern das Bedürfnis, Ausgaben zu kürzen und die Rücklagen bedeutend zu erhöhen.

8. Eine regionale Unterklasse tritt hervor: Die Unterprivilegierten leben bislang noch vornehmlich in bestimmten Regionen wie Afrika südlich der Sahara. Angesichts einer immer stärker vernetzten und globalisierten Welt steht zu erwarten, dass diese Unterklasse auch in den Industriestaaten und den Schwellenländern eine immer größere Rolle spielt. Diese weltweite Klasse zeichnet sich dadurch aus, dass sie sich in den globalen Markt der beruflichen Fähigkeiten nicht einbringen kann oder dass Qualifikationen oder Motivationen fehlen, sich ins Heer der Dienstleister einzureihen, die sich um eine wachsende und immer älter werdende städtische Bevölkerung kümmern.

Seit den 1950er-Jahren bildete die Globalisierung eine der prägenden Kräfte, die unsere Arbeitswelt bestimmten. Anhand der beschriebenen Teilaspekte lässt sich ersehen, dass ihre Rolle in Zukunft wachsen wird – mit den positiven Gesichtspunkten, dass ein immer globalerer Markt für Talente und Arbeit entsteht, aber auch mit dem negativen Gesichtspunkt, dass der Konkurrenzdruck und die Zersplitterung zunehmen.

Der Faktor Demografie und Langlebigkeit

Dieses Thema beschäftigte die Mitglieder des Forschungsverbundes *Future of Work* mehr als jedes andere. Wir erkannten rasch, dass Technik auch in Zukunft alles verändern wird, dass die natürlichen Ressourcen zur Neige gehen und der Kohlendioxidausstoß reduziert werden muss. Dennoch galt das eigentliche Augenmerk der Teilnehmer am Forschungsverbund zur Zukunft der Arbeit dem demografischen Wandel und der steigenden Lebenserwartung – aus dem einfachen Grund, dass dies uns selbst, unsere Kinder und Freunde unmittelbar betrifft. Wo werden die Kinder geboren und wie lange werden sie leben? Welches Verhältnis werden die vier lebenden Generationen zueinander haben? Werden sie sich lieben oder hassen? Demografie und Arbeit sind eng miteinander verknüpft. Wenn wir uns ein fundiertes Bild von der Zukunft der Arbeit machen wollen, müssen wir uns mit den Zahlen und Fakten zur Demografie eingehend auseinandersetzen. Drei Schlüsselaspekte dazu werden die kommenden Jahre mitbestimmen: die Kohorten (Generationen), die Geburtraten und die Langlebigkeit.

Kohorten sind Menschen, die um die gleiche Zeit zur Welt kamen und deshalb ähnliche Haltungen und Erwartungen haben. Sie wachsen oft mit gleichen Erziehungspraktiken auf und teilen als Jugendliche und junge Erwachsene die gleichen Erfahrungen. Diese Zeit ist für den Erwerb einer moralischen und politischen Orientierung besonders wichtig. Gemeinsame Erfahrungen bringen »Generationskennzeichen« hervor. Diese sind wichtige Anhaltspunkte dazu, wie sich eine Generation verhalten wird, wenn sie in Positionen von Entscheidungsträgern aufrückt und vermehrten Zugang zu Ressourcen bekommt.

Um 2010 gab es unter der erwerbstätigen Bevölkerung noch vier verschiedene Generationen: die Traditionalisten (geboren um 1928 bis 1945), die Babyboomer (geboren zwischen 1945 und 1964), die Generation X (geboren um 1965 bis 1979) und die Generation Y (geboren um 1980 bis 1995). Hinzu kommt die Generation Z (geboren nach 1995). Die Traditionalisten übten ihre Hauptwirkung auf die Organisation des Arbeitslebens zwischen 1960 und 1980 aus. 2010 waren alle über 65 Jahre alt und stellten noch fünf bis zehn Prozent der Arbeitskräfte. Zwischen 2010 und 2025 wird die erdrückende Mehrheit dieser Generation aus dem Erwerbsleben ausgeschieden sein. Dennoch ist zu erwarten, dass ein Teil ihres Vermächtnisses im organisatorischen Leben fortbesteht: Diese Generation hat einst den Großteil der Praktiken und Abläufe geprägt, und diese wirkten noch Jahrzehnte nach.

Die kommenden Jahrzehnte werden in vielerlei Hinsicht vom Handeln der größten demografischen Gruppe bestimmt werden, die die Welt je gesehen hat: von den Babyboomern. Allein in den USA kamen zu ihrer Zeit um die 77 Millionen Kinder zur Welt. Derweil wurden in vielen europäischen Ländern pro Kalenderjahr bis zu 20 lebende Kinder pro 1000 Einwohner geboren, eine Geburtenrate, die fast das Fünffache der von 2010 beträgt. In diesem Jahr waren die damals Geborenen in ihren 50ern und 60ern. Im Jahr 2025 werden die meisten aus dem Erwerbsleben ausgeschieden sein – und mit ihnen ein gewaltiges Reservoir an taktischem Wissen und Knowhow. Glaubt man einigen Kommentatoren, entfällt mit ihnen auch ein Großteil des Wohlstandes für die nächsten Generationen. Und wichtiger noch: Mit dem Ausscheiden dieser starken demografischen Gruppe aus der Arbeitswelt werden weniger Menschen ihre Plätze einnehmen, weil die Geburtenraten nach den 1960er-Jahren in den entwickelten Staaten und in vielen Schwellenländern deutlich gesunken sind. Dies hat weitreichende Folgen: Den Unternehmen, denen Wissen verloren geht, droht zudem ein ernsthafter Fachkräftemangel.

Die Mitglieder der nächsten Generation (X) waren 2010 Mitte 40 und werden 2025 Anfang/Mitte 60 sein. 2010 stehen sie auf der Höhe ihrer Erwerbskraft und sehen ihre Kinder aufwachsen. Diese Generation wuchs in einer Zeit der wirtschaftlichen Ungewissheit auf. Sie erlebte den Vietnamkrieg, die Ölkrise von 1973, den Fall der Berliner Mauer, die Dotcom-Blase und die Krise um die Geiselnahme im Iran mit. Alles hat dazu beigetragen, dass ihre Erwartung, lange bei einem Arbeitgeber beschäftigt zu sein, gesunken ist.[6] Auch stieg unter ihren Eltern die Scheidungsrate deutlich. 1950 gingen noch 26 Prozent der Ehen in den USA in die Brüche, um 1980 waren es schon 48 Prozent.[7] In ihrer Zeit zogen Computer in die Haushalte ein. Sie spielten erstmals Videospiele und wurden an das entstehende Internet angeschlossen.[8] Während die Babyboomer an eine Welt künftigen positiven Wachstums glaubten, blickten die Mitglieder der Generation X in eine andere Zukunft. In konkreten Zahlen ausgedrückt, verdienten die Männer der Generation X in den USA 2004 zwölf Prozent weniger als ihre Väter im gleichen Alter 1974.[9] Und dabei mussten sie mehr in ihre Ausbildungen investieren, in einen Arbeitsmarkt eintreten, der mit Babyboomern gesättigt war, und sich in einer schwächelnden Weltwirtschaft behaupten.

Um 2025 werden die Angehörigen der Generation Y (geboren um 1980 bis 1995) zwischen 30 und 45 Jahre alt sein und in einer entscheidenden Phase ihres Erwerbslebens stehen. Sie wuchsen als erste Generation mit – noch unausgereiften – PCs, mit Internet, sozialen Medien und digitalen Technologien auf. Viele nahmen regen Anteil an der damaligen rasanten technischen Entwicklung, sodass sie jetzt mit den modernen Geräten und Plattformen vertraut sind und sie begeistert nutzen. Die zunehmende Nutzung von E-Mails sowie von sozialen Netzwerken wie Facebook und Twitter haben ihr Sozialverhalten und ihre Einstellungen geprägt. Sie unterhalten sich online mit Freunden und spielen mit anderen Mehrspieler-Online-Rollenspiele (MMORPGs) wie *World of Warcraft* oder *Second Life*.

Die Angehörigen der Generation Z standen 2005 in ihrem ersten Lebensjahrzehnt und werden um 2025 um die 30 Jahre alt sein. Ab 2020 werden sie eine wachsende Rolle im weltweiten Wirtschaftsleben spielen. Von einigen als »Re-Generation« und von anderen als Internetgeneration bezeichnet, werden sie häufig über ihre Vernetzung definiert.[10] Es ist ziemlich unklar, wie sie sich als Kohorte entwickeln werden, aber über ihre frühen Erfahrungen ist einiges bekannt. Die Generation Z wird als erste inmitten der hier diskutierten Trends herangewachsen sein. Die Herausforderungen und Chancen, die wir beschrieben haben, werden ihr Bewusstsein, ihr Sein und ihr Verhalten deutlich prägen.

Derweil zeigen sich mit Blick auf die Geburtenraten überall auf der Welt komplexe demografische Muster. Die Industriestaaten altern schnell und reproduzieren sich kaum noch. Um 2050 wird dort eine von drei Personen von Altersbezügen leben – mit einer Vielzahl gewaltiger Auswirkungen, insbesondere darauf, wohin die Gelder eines Landes fließen. So sagt in den USA der Haushaltsausschuss des Kongresses voraus, dass die Ausgaben für Renten- und Pensionsansprüche von zehn Prozent des Bruttoinlandsprodukts 2010 auf 16 Prozent bis 2035 steigen werden.

Die bald in Rente gehenden Babyboomer sind hauptsächlich ein Phänomen der Geburtenraten der Nachkriegsjahre. Nach ihrer Zeit gingen die Raten im Großteil der entwickelten Welt beständig zurück, gemeinschaftlich bedingt durch ein gestiegenes Bildungsniveau bei den Frauen, persönlichen Entscheidungen und einer verbesserten Gesundheitsvorsorge für Kinder. China führte 1979 die staatlich verordnete »Einkindpolitik« ein, die die Geburtenrate von durchschnittlich 5,8 auf 1,7 Kinder pro Familie drastisch gesenkt hat. Diese Verringerung ist allerdings kein weltweites Phänomen. Den Erwartungen nach werden die Geburtenraten in vielen Regionen der Dritten Welt wie Subsahara-Afrika oder dem ländlichen Indien weiter hoch bleiben. Ein deutliches Gefälle in diesem Bereich wird sich auf die Verfügbarkeit von Arbeits- und Fachkräften und auf die Migrationsströme auswirken, die für die kommenden Jahrzehnte zu erwarten sind.

In Europa sorgen niedrige Geburtenraten, höhere Lebenserwartungen und eine vielfach geringe Zuwanderung dafür, dass die erwerbstätige Bevölkerung rasch altert. Bis 2050 wird das geschätzte Durchschnittsalter der Europäer von 37,7 auf 52,3 Jahre steigen.[11] In manchen Ländern stellt sich das Problem besonders krass dar. Von den Italienerinnen sind beispielsweise 25 Prozent kinderlos. Weitere 25 Prozent haben nur ein Kind.[12] Um das gegenwärtige Verhältnis zwischen Erwerbstätigen und Ruheständlern aufrechtzuerhalten, muss Italien Schätzungen zufolge entweder das Rentenalter auf 77 Jahre heraufsetzen oder jährlich 2,2 Millionen Zuwanderer aufnehmen.[13]

Gleichwohl zeigen sich bei der Demografie und der Langlebigkeit von allen Zukunftsfaktoren die größten Unterschiede mit Blick auf die Region und das Umfeld, sodass sich weltweit ein höchst widersprüchliches Bild ergibt: Während die Geburtenraten in Italien fallen, steigen sie in Äthiopien. In Schweden ist die Lebenserwartung gestiegen, während sie in der ehemaligen Sowjetunion gefallen ist. Was die demografischen Gruppen angeht, so ist beispielsweise klar, dass die Angehörigen der Generation Y in Boston nach erfüllender Arbeit und Entfaltungsmöglichkeiten streben, während sie in Schanghai, wenn sie qualifiziert sind, für 1000 Dollar mehr im Jahr gerne ihr Unternehmen wechseln. Als Konsequenz daraus lautet der vorrangige Vorbehalt beim demografischen Faktor, dass hier Fälle zu unterscheiden sind. Dies gilt es klar im Blick zu behalten, wenn Sie sich eine Vorstellung von Ihrer künftigen Arbeit oder von der anderer machen wollen.

Einige Faustregeln helfen beim Verständnis und bei Prognosen zu den Trends der demografischen Entwicklung und der verlängerten Lebenserwartung.[14] Zu den Kennzeichen der Generation Y lässt sich feststellen: Je größer ihr Wohlstand und je sicherer der Arbeitsplatz ihrer Angehörigen ist, desto eher entsprechen deren Anschauungen dem Stereotyp ihrer Generation. Das bedeutet: Die Gebildeten und Qualifizierten der Generation Y in Mumbai ähneln in ihren Bestrebungen und Zielen denen der Qualifizierten im Silicon Valley, haben aber ganz andere Vorstellungen als ihre Gleichaltrigen in den Slums von Mumbai.[15] In den Zukunftsszenarien wurden die folgenden vier Teilaspekte zur Demografie verarbeitet:

1. **Der Aufstieg der Generation Y:** Um 2025 wird diese Generation ihre Bedürfnisse und Hoffnungen am Arbeitsplatz geltend machen. Sie strebt nach einem ausgeglichenen Verhältnis zwischen Arbeit und Privatleben und nach interessanter Arbeit. Es steht zu erwarten, dass diese Bestrebungen das Konzept von Arbeit, die sich neu formierenden Organisationsstrukturen und Arbeitsbedingungen tief greifend verändern werden.
2. **Die steigende Lebenserwartung:** Einer der wohl wichtigsten Aspekte für die kommenden Jahrzehnte ist die außergewöhnliche Ausweitung des Erwerbslebens: Millionen von über 60-Jährigen, die weiterarbeiten wollen, werden sich in die Arbeitswelt weiterhin einbringen können.
3. **Manchen Babyboomern droht Altersarmut:** Die längere Lebenserwartung versetzt Millionen Menschen auf der Welt in die Lage, weiterhin einen Beitrag zur Produktivität zu leisten. Die Herausforderung besteht darin, für sie Arbeitsplätze bereitzustel-

len. Wir können erwarten, dass ein bedeutender Anteil in die Reihen der Armen der Welt tritt.

4. **Die weltweite Migration nimmt zu:** Da die Menschen nach besseren Ausbildungschancen und höher bezahlter Arbeit streben, steigt der Zustrom in die Städte und in bestimmte Länder in den kommenden Jahrzehnten weiter. Zu erwarten steht ebenso, dass Pflegekräfte und Betreuer aus den Schwellenländern verstärkt in die entwickelten Länder einwandern werden.

Der Faktor Demografie und Langlebigkeit wird unsere Arbeit insofern positiv beeinflussen, als wir länger leben und gesund bleiben und bis in unsere 80er produktiv arbeiten können. Möglich ist auch, dass der Vormarsch der Generation Y, die kooperativer und produktiver heranwuchs, das Klima in den Betrieben und im Erwerbsleben positiv beeinflusst. Zudem ist zu erwarten, dass sich die klügsten Köpfe dank liberaler Zuwanderungsregeln vermehrt den Kreativclustern in der Welt anschließen können. Die demografische Entwicklung hat freilich auch eine Schattenseite. Wegen der steigenden Lebenserwartung fehlt Millionen Menschen auf dem Globus eine ausreichende Altersvorsorge, die eine Lebensspanne von 90 bis 100 Jahren abdeckt. Sie werden darum kämpfen müssen, sich Arbeit zu sichern. Und wenn die fähigsten Köpfe zu den Kreativclustern abwandern, zerbrechen Familien und Gemeinschaften. Isolation könnte zu einem Leitmotiv der Zukunft werden.

Der Faktor Gesellschaft

Es wäre irrig, sich vorzustellen, dass wir Menschen dieselben blieben, während sich die Technik um uns rasant weiterentwickelt, die Welt sich globalisiert und die Demografie sich wandelt – dass uns dies alles zusetzt, aber im Kern unangetastet lässt. Die Menschheit hat sich in der Vergangenheit verändert und wird sich in Zukunft verändern. Die Frage ist, wie sich diese Veränderungen äußern. Blicken wir in die Zeit der industriellen Revolution zurück: Gewaltige Menschenmassen wanderten vom Land zur Fabrikarbeit in die Städte ab und machten Erfahrungen, die ihre Wahrnehmung von ihrem Leben und ihrer Gemeinschaft veränderten. Sie entwickelten ein neues Denken über sich und andere und hegten neue Hoffnungen und Wünsche mit Blick auf ihre Arbeit.[16]

Aber solche Veränderungen sind nicht eindeutig vorhersagbar. Wo es um menschliche Verhaltensweisen und Bestrebungen geht, ist die Zukunft schwer zu fassen. Wir wollen uns treu bleiben und selbstbestimmt leben … zugleich aber in einer regenerativen Gemeinschaft leben. Wir begeistern uns für Technik und Vernetzung, sehnen uns aber auch nach Trost und Zeit für uns selbst. Mit diesen Paradoxen werden die Arbeitenden in den kommenden Jahrzehnten zunehmend konfrontiert sein.

Allerdings besteht der faszinierende Aspekt der Vergangenheit, Gegenwart und Zukunft gerade darin, dass das menschliche Streben trotz veränderter Rahmenbedingungen im Kern gleich bleibt. Wie der US-Psychologe Abraham Maslow die zurückliegenden Jahre beschrieb: Wir wollen Sicherheit für uns und unsere Angehörigen. Wir wollen Wertschätzung und zu einer Gemeinschaft gehören. Wir brauchen Erfüllung und Befriedigung bei der Arbeit. Und manche wollen auch das Gefühl der »Selbstaktualisierung«, wie er es nennt: das Gefühl, dass wir unser Bestes geben und unser Potenzial ausschöpfen.[17] Dieses Grundschema bestimmte von jeher das Leben von Menschen, ihren Familien und Gemeinschaften. Verändert haben sich nur die Rahmenbedingungen, die uns die Technik, die Vernetzung und unsere materiellen Güter setzen.

Ich habe meinen jungen Sohn Dominic einmal nach Tansania mitgenommen. Dort verbrachte er eine Zeit im Nationalpark Masai Mara bei den Massai. Wir standen auf einem Hügel über der Savanne und redeten mit einem jungen Massai-Krieger über sein Leben. Das Klingeln eines Mobiltelefons unterbrach unser Gespräch. Der Krieger zog aus seinem Beutel ein Handy heraus und redete so angeregt hinein wie Menschen überall auf der Welt. Nach dem Telefonat fragte ich ihn, mit wem er geredet habe.

»Mit meinem Bruder«, antwortete er. »Er ist heute Morgen mit den Ziegen losgezogen, um eine Weide zu finden. Er hat mich angerufen, um mir zu sagen, dass er nach drei Stunden Marsch durch den Busch schließlich frisches Gras für die Ziegen gefunden hat.«

Die technischen Rahmenbedingungen haben sich geändert, aber

die Krieger sorgen sich wie vor Jahrhunderten immer noch um ihre Herden.

Die folgenden sieben Teilaspekte werden bei der Gestaltung der Arbeit der Zukunft eine bedeutende Rolle spielen:

1. **Familien werden neu strukturiert:** Überall auf der Welt werden die Familienverbände kleiner und immer öfter »neu strukturiert«: Die Patchwork-Familie – aus Stiefeltern und Stiefgeschwistern – tritt an die Stelle der traditionellen Familie.

2. **Der Vormarsch der Reflexivität:** Mit einer neuen Familienstruktur und Kollegenkreisen, die immer vielfältiger werden, denken die Menschen vermehrt über sich selbst, über ihre Prioritäten und über ihre Lebensgestaltung nach. Dies ist auch wichtig, um Chancen zu erkennen und die Tatkraft und den Mut aufzubringen, um schwierige Entscheidungen zu treffen und notwendige Kompromisse zu schließen.

3. **Die Rolle starker Frauen:** In den kommenden Jahrzehnten werden Frauen in Betrieben, Unternehmensführungen und allgemein in Organisationen eine wichtigere Rolle erfüllen. Sie werden Führungsetagen der Konzerne erobern. Dadurch werden sich die Erwartungen von Frauen, die Arbeitsanforderungen und auch die häuslichen Beziehungen zwischen Mann und Frau verändern.

4. **Der Mann für Beruf und Familie:** Immer mehr deutet darauf hin, dass auch Männer ihre Rolle und ihre Wahlmöglichkeiten verändert wahrnehmen. Angesichts der Konsequenzen, die die Entscheidung ihrer eigenen Väter für sie hatte, entscheiden sich immer mehr Männer dafür, Beruf und Zeit für die Familie in ein besseres Gleichgewicht zu bringen.

5. **Wachsendes Misstrauen in Institutionen:** Vertrauen bestimmt das Verhältnis des Einzelnen zu seiner Gemeinschaft und seinem Arbeitsumfeld. Es basiert auf einer Einschätzung, ob andere zuverlässig Erwartungen erfüllen. In der entwickelten Welt ist das Vertrauen in Führungsfiguren und Institutionen offenbar geschwunden. In den kommenden Jahrzehnten könnte es weiter abnehmen.

6. **Der Niedergang des Glücks:** Ein besonders überraschender Aspekt des Arbeitslebens besteht darin, dass mit steigenden Lebensstandards – ab einem gewissen Niveau – das Lebensglück

abzunehmen scheint. Der Trend zu immer mehr Konsum deutet nicht drauf hin, dass sich dieser Negativtrend umkehrt.

7. **Die Freizeit wird vermehrt passiv gestaltet:** Ein wichtiges Kennzeichen der Industrialisierung der Arbeit war eine deutliche Zunahme von Freizeit. In den 2010er-Jahren wurde ein großer Teil davon passiv auf Fernsehkonsum verwendet. In den kommenden Jahrzehnten könnte allerdings ein Zuwachs an virtueller Teilhabe für einen bedeutenden »kognitiven Überschuss« sorgen, der für produktivere Aktivitäten verwendet werden kann.

Diese Teilaspekte des Faktors Gesellschaft wirken auf den ersten Blick trostlos. Eine Zukunft zerrissener Familien, des Vertrauensverlusts, des allgemeinen Unglücklichseins, des wachsenden und unbefriedigenden Konsums und eines schlecht ausbalancierten Verhältnisses zwischen Arbeit und Freizeit. Bei der Konstruktion der Szenarien zu einer Vorgezeichneten Zukunft spielen diese Teilaspekte gewiss eine Schlüsselrolle, wenn es um die Themen Isolation und Zersplitterung geht. Andererseits könnte sich der Faktor Gesellschaft auch als der positivste von allen erweisen, da er am stärksten von persönlichen Verhaltensweisen und eigenen Entscheidungen abhängt. Wie wir anhand der Szenarien für die positive, die Gestaltete Zukunft sehen werden, beinhalten diese düsteren Aspekte auch Schimmer der Hoffnung: Neu zusammengesetzte Familien sind offener für das Anderssein. Die Generation Y wird bei der Arbeit stärker auf Kooperation setzen. Und Frauen werden sich in den Führungsetagen des Jahres 2025 deutlich mehr Gehör verschaffen.

Der Faktor Energieressourcen

Wie wir in Zukunft arbeiten, hängt von unserem Zugang zu Energie ab, und auch davon, wie sich unser Umgang mit Energie auf unsere Umwelt auswirkt. Von allen fünf Faktoren, die wir im Forschungsverbund *Future of Work* betrachtet haben, löste dieser am meisten Besorgnis und das Gefühl der Ohnmacht aus. Viele spürten eine Bedrohung: die Angst vor immer höheren Energiekosten und einem sich zuspitzenden Klimawandel.

Diese Faktoren kamen mit der industriellen Revolution ins Spiel und gewannen seither rasant an Bedeutung. Für viele Regierungen, Unternehmen und Privatpersonen ist klar, dass sich unser Energieverbrauch schädlich auf die Umwelt auswirkt. Diese zentrale Herausforderung dreht sich um den Gegensatz zwischen Kurzfristigkeit und Langfristigkeit, ein Thema, auf das wir mehrfach stoßen werden, wenn wir uns mit den fünf Faktoren der Zukunft befassen. Natürlich liegen uns die Umwelt und die Zukunft unseres Planeten am Herzen, aber dabei geht es durchweg um Fragen auf lange Sicht. Kurzfristig gibt es für viele Menschen, Unternehmen und sogar Staaten keinen unmittelbaren Anreiz, ihre Politik, ihre Zielsetzungen oder ihre Lebensweise drastisch umzustellen, um einige der prognostizierten Entwicklungen zu vermeiden, die wir anhand der harten Fakten betrachten werden. Wie viele der Teilnehmer an der Diskussion um die Zukunft der Arbeit bemerkten, erscheinen die Auswirkungen des Klimawandels wie eine ferne Fiktion, die ihre alltäglichen Entscheidungen kaum beeinflusst. Doch dies wird sich bis 2025 wahrscheinlich ändern. Es steht zu erwarten, dass Themen, die sich um Energienutzung und den Klimawandel drehen, bis 2030 ins Zentrum der Arbeitsagenda rücken. Bis dahin werden viele Auswirkungen des Schwunds an fossilen Energieträgern und des Klimawandels im Arbeitsleben der Menschen auf der ganzen Welt spürbar werden.

Am Forschungsverbund *Future of Work* wirkte auch der Konzern Shell Oil mit. Er entwarf Szenarien, wie die Energieressourcen im Jahr 2050 aussehen werden, für uns ein besonders nützlicher Ausgangspunkt, um eine detaillierte Sicht der Dinge zu entwickeln. An diesen Szenarien arbeitete eine Forschergruppe des Konzerns mit Experten von überall auf der Welt bereits seit über 30 Jahren und veröffentlichte die Ergebnisse alle paar Jahre. 2008 erschienen die beiden Szenarien, die ihrer Ansicht nach die Entwicklungen zur Energienutzung in den nächsten 50 Jahren am realistischsten beschreiben. Berücksichtigt sind dabei die verschiedenen Grade an Reformen und politischen Fortschritten, die technische Entwicklung und das mögliche Engagement von Regierungen, Industrie und Gesellschaft. Der interessante Aspekt der Szenarien besteht darin, dass beide zu umsetzbaren Schlussfolgerungen gelangen. Sie sind vorsichtig optimistisch, ohne die schwerwiegenden Fakten auszublenden.

Beide Szenarien zur künftigen Energienutzung konfrontieren uns damit, dass eine Energiewende notwendig ist und unmittelbar bevorsteht. Wir können entweder das gegenwärtige Energiekonzept fortführen und es den jeweiligen neuen Herausforderungen anpassen oder schon jetzt ein neues entwickeln, das lokale, regionale und globale Netzwerke in eine neue internationale Architektur der nachhaltigen Energiebewirtschaftung einbezieht. Während das erste Szenario – das *Scramble-Szenario* für einen »rücksichtslosen Wettkampf« – auf den Aktivitäten beruht, mit denen Regierungen ihren künftigen nationalen Energiebedarf zu decken versuchen, ist das zweite (das *Blueprint-Szenario* für »geplante Entwicklung«) die Konsequenz einer von der Basis ausgehenden Koalition, bei der Einzelpersonen, Unternehmen und Institutionen zusammenarbeiten, um neue Energiequellen zu erschließen und zu bewirtschaften.

Beim ersten Szenario konkurrieren in den kommenden Jahrzehnten die Regierungen weltweit gegeneinander, um sich an den schwindenden Energieressourcen einen möglichst großen Anteil zu sichern. Eher auf nationale Interessen pochend als auf Kooperation bedacht, versuchen sie dabei, den Energiebedarf der Verbraucher im Inland zu decken. Dabei bleiben die Energiepreise hoch, während die bestehenden Infrastrukturen der Energiegewinnung verstärkt unter Druck geraten. Bei diesem Szenario bleibt der Wohlstand über die 2010er- und 2020er-Jahre erhalten, aber das Gerangel des rastlosen Konkurrenzkampfs um Ressourcen lässt die Schere zwischen Arm und Reich weiter aufgehen. Ein Großteil der Zugewinne an Energie entsteht dadurch, dass die Kohle eine Renaissance erlebt. Multilateralen staatlichen Institutionen fehlt der Einfluss, um mit Förderungen einen weltweiten Sektor für saubere Energie entstehen zu lassen. Stattdessen fließen inländische Investitionen in den Ausbau der Kernkraft und die Nutzung von Biotreibstoffen, die die endlichen Kohlereserven einmal ersetzen sollen. Kurzfristig gelingt es so, das Wirtschaftswachstum über die 2020er-Jahre hin aufrechtzuerhalten.

Aber auf lange Sicht (nach den 2020er-Jahren) fällt die Bilanz dieses Scramble-Szenarios immer düsterer aus: Die Regierungen stoßen bei der herkömmlichen Energieversorgung an immer neue Grenzen und reagieren mit Lösungen, die häufig kurzfristig nützlich, aber auf lange Sicht schädlich sind. Kohle schadet dem Klima, die Erzeugung von Atomstrom produziert radioaktiven Abfall, und der Anbau von Pflanzen für Biotreibstoffe verbraucht Ackerflächen, die für die Erzeugung von Nahrungsmitteln gebraucht würden. Dabei steigen die Preise für Energie ins Unerschwingliche. Als Konsequenz weiten die Regierungen im Kampf um Ressourcen das existierende Beschaffungssystem um 2025 bis an die Grenzen aus. Am Ende werden bei der Produktion, dem Verbrauch und der Mobilität drastische Maßnahmen notwendig, um eine Versorgung aufrechtzuerhalten. Die Staatsführungen Chinas und Indiens, die ihre Wirtschaften weiter modernisieren, können solche Restriktionen nur schwer umsetzen. In Europa und Amerika üben eine CO_2-Steuer und die Überwachung des Kohlendioxidausstoßes von Privatpersonen und Unternehmen Druck auf die Menschen aus, zu Hause zu arbeiten und ihre Energieverbräuche zu senken. Erst wenn die Staaten, Unternehmen und Privatpersonen in diese Sackgasse geraten, unternehmen sie substanzielle Schritte zum Aufbau eines neuen Energiesektors. Anstatt schon früher zu kooperieren, setzten die Regierungen auf Konkurrenz und müssen jetzt erkennen, welches gewaltige Unternehmen ihnen bevorsteht. Sie müssen nicht nur komplett ihre Energieversorgung umstrukturieren, sondern auch noch die Folgen der Verschwendungswirtschaft – den Klimawandel – bewältigen.

Dagegen zeigt das Blueprint-Szenario, welche Vorteile es hat, dem Klimawandel und den Energieproblemen eher früher (vor 2020) als später zu begegnen. Das Eintreten dieses Szenarios setzt voraus, dass der dringende Handlungsbedarf erkannt wird und die notwendigen Informationen fließen. Es beruht auf dem pragmatischen Handeln gut koordinierter Koalitionen, die um die Gefahren der Erderwärmung wissen und sich rasch bemühen, eine sichere und nachhaltige Energieversorgung aufzubauen. Zu diesen Koalitionen gehören Unternehmen mit wechselseitigen Energieinteressen, Städte und Regionen, die ihren künftigen Energiebedarf kennen, und zahlreiche Institutionen, die darauf hinarbeiten, den Kohlendioxidausstoß zu verringern. Dabei spielen das allgemeine Wissen um die gefährlichen Folgen der Klimaveränderungen und erste Erfolge bei Experimenten um den Aufbau neuer Infrastrukturen eine Schlüsselrolle. Das Umdenken bei Produktionsweisen und beim Lebensstil findet auf nationaler und regionaler Ebene rasch Nachahmer. In dem Maß, in dem immer mehr Menschen die Gefahren eines hohen CO_2-Ausstoßes für die Umwelt und die Lebensgrundlagen erkennen, geraten die Regierungen, auch die der Schwellenländer, verstärkt unter Druck, mehr für Projekte zur Emissionsverringerung zu tun. Der Emissionshandel schafft Anreize, in die Senkung des CO_2-Ausstoßes zu investieren, und ermöglicht für die traditionellen Sektoren einen zeitlichen Puffer, um sich an die neuen Gegebenheiten anzupassen.

In diesem Szenario schaffen die Planungen dieser vielfältigen Akteure rasch eine Kultur der Nachhaltigkeit und tragen dazu bei, dass ein tragfähigerer internationaler Konsens entsteht. Dieser mindert die Reibungsverluste und Unwägbarkeiten, die ansonsten weithin einen Ansatz untergraben würden, der auf Einzelinitiativen beruht und von der Basis ausgeht. Um ihre technische Spitzenposition zu halten, läuten zahlreiche Hightech-Länder eine Ära der mutigen politischen Entscheidungen ein und setzen Anreize, um neue leistungsfähige Infrastrukturen zu schaffen. So entstehen innovative Unternehmen, die beim Export von CO_2-reduzierenden Techniken und Systemen zu globalen Marktführern aufsteigen. Derweil schließen sich China und Indien verschiedenen internationalen Abkommen an, die für Technologietransfers sorgen und eine energieeffiziente Zukunft sicherstellen. In den ländlichen Gebieten Afrikas verschaffen billige und leistungsfähige Windturbinen und Solarmodule den Menschen einen erschwinglichen Zugang zu Energie. Damit gewinnt auch die Elektromobilität an Bedeutung. Obwohl die Kosten für den Aufbau der neuen Infrastruktur eingepreist werden, bleibt Energie langfristig bezahlbar und verbilligt sich in dem Maß, in dem die Technik zur Gewinnung von Wind- und Solarstrom effizienter wird.

Beide Szenarien – Scramble und Blueprint – sind keine extremen Gegensätze und könnten sich beide durchaus erfüllen. Dennoch sind sie grundlegend verschieden. Das erste beruht auf Realitätsverweigerung und Konkurrenzdenken, während das andere auf Realismus und Kooperation basiert. In beiden wird versucht, sich den harten Fakten des Klimawandels zu stellen, ohne das Wirtschaftswachstum zu opfern. Die folgenden drei Teilaspekte des Faktors Energie wirken sich auf die Zukunft der Arbeit am stärksten aus:

1. **Die Energiepreise steigen:** In den kommenden Jahrzehnten gehen die leicht erschließbaren Energiequellen der Welt zur Neige. Derweil wächst in Ländern wie China und Indien der Hunger nach Energie gewaltig: Die Kosten für Strom, Treib- und Brennstoffe schnellen in die Höhe. Als eine unmittelbare Auswirkung muss der Transport von Gütern und Personen deutlich verringert werden.
2. **Umweltkatastrophen treiben Menschen in die Flucht:** Der Zusammenhang zwischen CO_2-Emissionen und steigenden Temperaturen löste schon 2010 Besorgnis aus. Bereits damals gerieten weltweit Ökosysteme durcheinander, stiegen Meeresspiegel und veränderten sich die Windverhältnisse. Hitzewellen und Dürren traten vermehrt auf. Dies alles löste Fluchtwellen aus.
3. **Eine Kultur der Nachhaltigkeit zeichnet sich ab:** Eine Auswirkung der schwindenden Vorräte an leicht erschließbaren Energiequellen könnte ein neuerliches Interesse an Nachhaltigkeit sein: Die Menschen leben energieeffizienter und schränken verschwenderischen Konsum ein. Diese Kultur der Nachhaltigkeit könnte sich tief greifend auf die Arbeitswelt auswirken.

Wenn wir uns fragen, wie sich die Entwicklung im Energiesektor auf die Arbeitswelt der Zukunft auswirken wird, scheinen die negativen Seiten deutlich zu überwiegen. Doch die kommenden Herausforderungen lassen sich auch in einem positiven Licht betrachten. Der Aufbau eines neuen Systems der Energieversorgung könnte schwächelnde Wirtschaften beleben, für mehr Gleichheit sorgen und Innovationen befördern. Er könnte bis zu einem gewissen Grad eine ähnliche Revolution bedeuten wie die vom Ende des 19. Jahrhunderts. Die Kultur der Nachhaltigkeit könnte so große Bedeutung erlangen wie einst die Kultur der Technisierung im viktorianischen Großbritannien. Der Geist der Kooperation beeinflusst möglicherweise Geschäftspraktiken und staatliche Maßnahmen, wobei er auch jenseits des Energiesektors für mehr Transparenz und Integration sorgt. Auf diese Szenarien deuten bereits die anderen Zukunftsfaktoren hin. Der Faktor Technik bringt es mit sich, dass fünf Milliarden Menschen miteinander vernetzt sein und so einen »kognitiven Überschuss« erzeugen werden, der zur Antriebskraft einer Graswurzelbewegung wird, die das Blueprint-Szenario tatsächlich umsetzt. Und wie auch der Faktor Demografie zeigt, herrscht in der Generation Y – der führenden in der Welt von 2025 – ein großes Bewusstsein für die Herausforderungen, die sich mit Blick auf die künftige Energieversorgung und die Schonung der Umwelt stellen. Wohl mehr als jede Generation vor ihr ist sie in der Lage, die Fähigkeit zu Kooperation und menschlicher Solidarität zu entwickeln, die zur Umsetzung des Blueprint-Szenarios dringend benötigt wird.

Die eigene Zukunft der Arbeit gestalten

Sie haben nun einen Blick auf die 32 Teilaspekte geworfen, die die fünf Faktoren ausmachen, welche Ihr Arbeitsleben in den kommenden Jahrzehnten bestimmen werden. Jetzt lautet die Aufgabe, anhand dieser Teilaspekte ein Bild von Ihrer persönlichen Zukunft der Arbeit zu entwerfen. So erkennen Sie Ihre Chancen und Wahlmöglichkeiten besser.

Bei diesen Teilaspekten besteht die Herausforderung darin, sie auf sich selbst zu beziehen und aus ihnen ein Szenario für die persönliche Zukunft zusammenzusetzen. So wie meine Mutter aus Stücken Stoff eine Decke zusammennähte, müssen Sie dabei zunächst auswählen und aussondern. Einige Aspekte werden Sie gleich zu Anfang beiseitelegen, zu anderen werden Sie überrascht Fragen haben, und wieder andere werden Sie so begeistern, dass Sie sie unbedingt verwenden wollen. Nachdem Sie die Teilaspekte gesichtet haben, können Sie nach möglichen Mustern suchen und eine Struktur entwerfen, die auf Ihre Lebensverhältnisse und Werte passt. Die Teilaspekte lassen sich in den folgenden Schritten zu einem persönlichen Szenario verarbeiten:

- **Aussondern:** Beim Schneidern einer Patchwork-Decke ist besonders wichtig, welche Stücke Stoff man besser weglässt. Dies gilt auch beim Entwurf eines Szenarios für die eigene Zukunft. Ein Blick auf die Teilaspekte zur Zukunft verrät Ihnen, welche Sie auf Anhieb aussondern können. Vielleicht halten Sie die angegebenen Daten für falsch oder wissen, dass sie für Sie belanglos sein werden. Oder vielleicht passen sie einfach nicht in Ihr Bild von der Zukunft. Sondern Sie beliebig viele Aspekte aus.

- **Ergänzen:** Wenn Sie die Aspekte durchgehen, werden Sie einige neugierig machen und den Wunsch wecken, mehr über sie zu erfahren. Wenn wir uns den Alltagsszenarien aus der Zukunft zuwenden, liefere ich zu allen Teilaspekten weitere Einzelheiten, Hinweise und Quellenangaben, die Sie interessieren können.
- **Entdecken und sammeln:** Wenn Sie diese Gedanken zu einem Ganzen zusammenfügen, stellen Sie vielleicht fest, dass Stücke fehlen, auf die ich bei meiner Suche nicht gestoßen bin. Dieses Gefühl hatte ich auch bei meiner Sammlung an Stoffen. Ich habe jahrelang davon geträumt, die prachtvollen Seidenstoffe Varanasis mit ihrem legendären Glanz in Augenschein zu nehmen. Aber dazu musste ich nach Nordindien an den Ganges reisen. Das schaffte ich erst nach Jahren, aber kaum war ich dort angelangt, begutachtete ich erst einmal diese Stoffe. Ich bin sicher, dass Sie beim Betrachten der gesammelten Teilaspekte etwas Fehlendes finden werden und sich die Mühe machen wollen, die Lücke zu füllen. Ich wäre begeistert, wenn Sie mir Ihr Ergebnis unter www.theshiftbylyndagratton mitteilen würden. Ihre Entdeckung muss ich unbedingt sehen.
- **Sortieren:** Ich habe Ihnen die Teilaspekte einfach danach kategorisiert, welche Bedeutung sie für die fünf Faktoren zur Zukunft der Arbeit haben. Vielleicht finden Sie für sich eine bessere Möglichkeit, sie zu sortieren. Vielleicht wollen Sie sie lieber danach einordnen, wie interessant sie für Sie selbst sind, bis zu welchem Grad sie Ihre persönliche Zukunft prägen werden oder wie sie Ihre Heimatregion beeinflussen werden.
- **Nach Mustern suchen:** Dies ist wohl die kreativste Phase bei der Herstellung einer Patchwork-Decke. Sie haben unpassende Stücke ausgemustert, diejenigen, die Sie für besonders wichtig halten, ergänzt und sie nach eigenen Kriterien sortiert. Jetzt ist die Zeit innezuhalten und nachzuschauen, ob sich ein Muster ergibt. Bei den Teilaspekten der Zukunftsfaktoren stehen Sie vor der Aufgabe, ein Muster zu finden, das Ihnen einleuchtet und sich mit Ihren Vorstellungen zu Ihrer Zukunft deckt. Erst nach dieser Phase können Sie sich die Weichenstellungen erarbeiten, um sicherzustellen, dass Ihr Arbeitsleben und Ihre Laufbahn zukunftsfest werden.

Ich erinnere daran, dass ich diese Aufgabe bereits den Mitgliedern des Forschungsverbundes *Future of Work* gestellt habe. Ich forderte sie auf, anhand der genannten Teilaspekte einen Tag im Leben eines Beschäftigten des Jahres 2025 zu konstruieren. Viele der Szenarien fielen düster aus. Sie spiegelten die Befürchtungen und Besorgnisse wider, die die Zukunftsfaktoren bei den Teilnehmern auslösten. Wie wir sehen werden, drehten sich diese vor allem um die Themen Zersplitterung, Isolation und Ausgrenzung. Mit ihnen befassen wir uns als Nächstes im Einzelnen. Nach der Präsentation der Szenarien gehe ich genauer auf die Einzelaspekte ein, die in die Szenarien eingeflossen sind.

Nachdem die Teilnehmer vornehmlich negative Szenarien – im Sinne einer Vorgezeichneten Zukunft – entworfen hatten, kehrten wir zu den erörterten Teilaspekten zur Zukunft zurück mit der Aufgabe, sie neu zu ordnen und zu eher positiven Szenarien zu verarbeiten – zu dem, was ich eine Gestaltete Zukunft genannt habe. Die Ergebnisse zeigten dann, wie die Teilaspekte der fünf Faktoren der Zukunft auch dafür sorgen können, dass neue Arbeit entsteht: die einer Zukunft, in deren Zentrum kreative Zusammenarbeit, soziale Teilhabe, Mikrounternehmertum und kreative Existenzen stehen.

Als ersten Anstoß beim Nachdenken über Ihre eigene berufliche Zukunft empfehle ich denjenigen, die gut Englisch können, meine Website www.theshiftbylyndagratton.com. Hier können Sie das Arbeitsbuch *Future of Work Workbook* herunterladen. In einer Reihe von Kurzvideos gehe ich zudem auf die Zukunftsfaktoren und Trends näher ein. Bei der Gelegenheit können Sie auch einen monatlichen Newsletter anfordern, der Sie über unsere Arbeit auf dem Laufenden hält.

TEIL II DIE SCHATTENSEITE: DIE VORGEZEICHNETE ZUKUNFT

Eine einzigartige subtile Kombination aus diesen zahlreichen Aspekten der fünf Zukunftsfaktoren bildet den Rahmen, in dem Sie Ihr künftiges Arbeitsleben leben. Manche werden als bestimmenden Faktor die Technik, andere die Demografie oder die Globalisierung ansehen. Für die meisten von uns wird sich dieser Rahmen allerdings nicht aus einem, sondern aus einer Kombination mehrerer Faktoren zusammensetzen. Aus verschiedenen solcher Kombinationen konstruierten die Mitglieder unseres Forschungsverbundes unterschiedliche Szenarien zu Beschäftigten im Jahr 2025. Dabei handelt es sich natürlich um Fiktionen, die aber aufschlussreich sind, weil sie verdeutlichen, wie die verschiedenen Zukunftsfaktoren ineinandergreifen und sich wechselseitig bedingen. Sie geben uns eine echte Vorstellung davon, wie Menschen 2025 ihre Arbeitswelt erleben werden.

So das Szenario um Jill: Ihr hektisches und zersplittertes Leben steht für eine Welt, in der die Technik und die Globalisierung Erreichbarkeit rund um die Uhr verlangen. Sie lässt ihr keine Zeit, sich zu besinnen, zu beobachten, nachzudenken oder Dinge gar spielerisch anzugehen.

Und so das Szenario um Rohan und Amon, die in Mumbai und Kairo vordergründig erfolgreiche Existenzen leben. Aber die Fassade hat Risse. Dahinter kommt ein Leben im Minutentakt ohne spontane menschliche Begegnungen und mit wenig familiären Bindungen zum

Vorschein. Beide sind in einer Welt gefangen, die sich zusehends verstädtert und in der persönliche Kontakte wegen hoher Energiekosten nur virtuell stattfinden. Durch die Auflösung der Familienbande und durch schwindendes Vertrauen geraten sie in die Isolation und Einsamkeit.

In den USA stoßen wir auf Briana, die über geringe Qualifikationen und wenig Ehrgeiz verfügt. Sie gehört zu den Armen, wie es sie in allen Städten der Welt gibt. Ständige ökonomische Blasen und Crashs bestimmen ihr Arbeitsleben. Sie ist das Opfer einer Entwicklung, bei der gering qualifizierte Beschäftigung immer stärker durch Technik ersetzt wird. Sie erlebte die Sparpolitik in der westlichen Welt und das Anwachsen einer Unterklasse, die in überalternden Städten festsitzt.

Die Erfahrungen dieser Figuren vermitteln uns eine realistische Vorstellung davon, wie die fünf Faktoren unsere Zukunft bestimmen und zusammenwirken, Einfluss nehmen und Impulse schaffen werden. Durch die Augen der Beschäftigten unserer Zukunft entdecken wir, mit welchen Paradoxen sie konfrontiert werden, welche Entscheidungen sie treffen und welche Sorgen und Ängste sie drücken. Wie ihre Welt hat auch unser künftiges Arbeitsleben Licht- und Schattenseiten, die von äußeren Umständen und eigene Entscheidungen abhängen werden.

Aber ihr Leben hat – wie zu erwarten – nicht nur finstere Aspekte: So arbeitet Rohan als hoch qualifizierter Chirurg in Mumbai, der in seiner Kernkompetenz herausragende Fähigkeiten entwickelt hat. Und Jill verfügt über einen Kreis von Freunden, den ich »das Aufgebot an Unterstützern« nennen werde und die ihr Leben gewaltig bereichern. Das Wichtige an diesen Zukunftsszenarien besteht darin, dass sie Berufsleben beleuchten, in denen Dinge fehlen oder unausgewogen sind. An ihrem Beispiel können wir eine Verbindungslinie von der Vergangenheit in die Zukunft ziehen und feststellen, wie sich solche Mängel ergeben können.

Wenn Sie über diese Szenarien nachdenken, stellen Sie sich folgende Fragen:

- Haben Sie in Ihrem Arbeitsleben bereits Erfahrungen mit einigen dieser künftigen Phänomene? Spüren Sie ihre Auswirkungen schon jetzt?

- Erscheinen sie für andere in der Zukunft plausibel? Und welche Triebkräfte stecken hinter diesen Phänomenen?
- Was bedeuten sie für Ihr Arbeitsleben und das Leben anderer?

Die letzte Frage dreht sich um die Themen Entscheidungen und deren Folgen, um alte Vorstellungen und die Abkehr von ihnen. Sie führt direkt zu den drei Neuorientierungen, die ich für entscheidend halte, um sinnvolle Arbeit für die Zukunft zu schaffen. Ein Beispiel ist die Neuorientierung vom oberflächlichen Generalisten zum Meister oder höher qualifizierten Beschäftigten. Dies ist das Kernproblem im Szenario um Briana. Oder die Neuorientierung von der Isolation zur Vernetzung, eine Umstellung, die Rohan und Amon versäumt haben. Oder die Neuorientierung vom unersättlichen Konsum, der die Grundlage von Jills Existenz bildet, zu einem ausgewogeneren Leben, in dessen Zentrum Sinn und Erfahrungen stehen.

Diese vier Alltagsszenarien veranschaulichen, was wir uns unter der Vorgezeichneten Zukunft vorstellen können. Diese stellt sich ein, wenn wichtige Entscheidungen versäumt werden. Wenn Sie die Szenarien beim Lesen erschrecken, können Sie Wichtiges lernen: dass man sich über sein künftiges Arbeitsleben ernsthaft Gedanken machen, althergebrachte Vorstellungen infrage stellen und manchmal drastische Veränderungen vornehmen muss

2 ZERSPLITTERUNG: EINE WELT IM DREIMINUTENTAKT

Jills Alltag

6.00 Uhr an einem kalten Morgen in London im Januar 2025. Das Piepsen des Weckers reißt Jill aus dem Schlaf. Kaum blickt sie aus den Augen, wird sie auf die 300 Mitteilungen aufmerksam, die auf ihrem Bildschirm an der Wand erscheinen. Während der Nacht über teilten ihr Kollegen, Freunde, Auftraggeber und Interessenten auf der ganzen Welt ungeduldig Ideen mit, fragten Informationen an und baten in dringenden Angelegenheiten um ihre Meinung. Kaum ist sie dem Bett entstiegen, erkennt sie im Dämmerlicht, dass der erste Anruf mit 3-D-Darstellung eingeht. Die nächsten zehn Minuten beschäftigt sich Jill mit ihrem Avatar – ein unverzichtbares Hilfsmittel für die in zwei Stunden beginnende Konferenz, deren Teilnehmer über die Welt verstreut sind und die klare Anweisungen brauchen.

Um 7.00 Uhr ist Jill mit ihrem kognitiven Assistenten verbunden. Er erstellt ihre Termine für den Tag und hat für die anstehenden Telefon- und Videokonferenzen Vorbereitungen getroffen. Ihre erste Konferenz führt sie mit Kollegen im Büro in Peking, die sie ungeduldig erwarten. Während sie ihnen die nächsten 30 Minuten über am Telefon zuhört, arbeitet sie – gelobt sei die Stummschaltung des Mikros! – weitere 30 Mitteilungen ab. Die nächsten 50 Minuten über wirft sie – noch immer im Schlafzimmer – kurze Blicke in die nächtlich eingegangenen Mitteilungen, informiert ihren Avatar und arbeitet an einem Projekt, das für die Gruppe höchst wichtig ist.

Um 10.00 Uhr verschlingt Jill, noch im Pyjama, einige Happen ihres Frühstücks, verschiebt Bitten von Kollegen um Feedback und loggt sich in ihre Worksite ein, um zu sehen, ob über Nacht Aufträge eingegangen sind. Die nächste Stunde führt sie Telefonkonferenzen mit Kunden, verhandelt und legt Lieferzeiten fest. Am Schreibtisch isst sie ein Sandwich und führt ein letztes Gespräch mit den Ansprechpartnern in Mumbai, ehe diese offline gehen. Dank kürzlich entwickelter Technik tauchen sie zu Jills Begeisterung gestochen scharf in 3-D auf dem Bildschirm auf. Um 14.00 Uhr ist ihr Team in Boston aufgestanden und gespannt, ihre Meinung zu einem Geschäft zu erfahren, das sie abgeschlossen haben: Das Team in Schanghai muss eingebunden werden, also erklärt sie sich bereit, die chinesischen Kollegen am nächsten Morgen zu informieren.

Um 11.00 Uhr nimmt Jill den Zug ins Bürozentrum, das circa 16 Kilometer von ihr entfernt eingerichtet wurde. Genutzt wird es von allen Beschäftigten des Unternehmens, die in der Nähe wohnen und mit anderen in einer Büroumgebung zusammenarbeiten wollen. Im Zug verbringt Jill die nächsten 15 Minuten mit ihrem Taschencomputer. Sie beantwortet weitere Mails und ruft Mitglieder ihres Teams an. In Johannesburg gibt es ein vertracktes Problem: Die Kollegen brauchen unbedingt ihren Rat, wie sie mit Verkäufen umgehen sollen. Um 11.30 Uhr trifft Jill im Bürozentrum ein. Nach einem kurzen Blick findet sie einen unbesetzten Bildschirmarbeitsplatz, grüßt Kollegen, entdeckt zwischen bekannten auch neue Gesichter und loggt sich ein.

Ihr Chef Jerry will unbedingt die täglichen Verkaufszahlen durchsprechen. Um 15.00 Uhr wird sie in sein Büro bei ihm zu Hause in Los Angeles durchgestellt. Da vor Ort noch früher Morgen ist, erscheint sein Avatar: Keiner will bei der Arbeit im Schlafanzug gesehen werden. Das Gespräch verläuft recht positiv: Einer von Jills wichtigsten Kunden ist ein Telekommunikationsunternehmen mit Sitz in Ruanda. Sie stehen in Verhandlungen für eine wichtige Order an Chips für Handgeräte. Jill hat den Kunden schon früher am Tag erreicht und konnte Jerry über den Stand der Dinge und die zu erwartenden Erträge bereits informieren. Jetzt will Jerry auch Jills Ansicht darüber wissen, wie die Märkte in Patagonien und Peru am besten aufzubauen seien. In den letzten beiden Jahrzehnten waren Essar in Kenia und MTN in Südafrika Marktführer auf ihrem Gebiet und setzten besonders geschickt Anreize, damit ihre Kunden ihre Geldtransfers über Mobiltelefone abwickeln. Inzwischen boomt das Geschäft. Dann will Jerry von Jill wissen, wie sich die Erfahrungen in Kenia auf die stetig wachsenden Märkte in Chile und Argentinien übertragen lassen. Er plant eine Zusammenarbeit mit einem chinesischen Telekommunikationsriesen, der in diesen Ländern stattliche Investitionen tätigt.

Um 16.00 Uhr ist das Gespräch mit Jerry zu Ende. Vor dem Team-Briefing um 16.30 Uhr wirft Jill einen letzten Blick in ihre Mitteilungen. Bei dieser Gelegenheit kontaktiert sie die Mitglieder ihres US-Teams und befragt sie nach ihrer Ansicht zur Lage in Ruanda. Einige haben sich in die Bürozentrale im Zentrum von Phoenix begeben und für die nächsten 30 Minuten den Telepräsenzraum gebucht. Jill wartet einen Augenblick, bis die Leitung frei ist, und wird zu ihrer Gruppe durchgestellt. Ton- und Bildqualität sind wie immer erstklassig. Sie bekommt einen lebensechten Eindruck davon, was man im Team in Phoenix von dem Projekt hält. Um 17.00 Uhr ist die Konferenz vorbei. Jill schnappt ihre Tasche, eilt zum Bahnhof und fährt mit dem Zug nach Hause. Wie jeden Mittwoch – ein eingespieltes Ritual – wird sie daheim zu Abend kochen. Um 18.00 Uhr macht sie im lokalen Supermarkt die Besorgungen und schließt gegen 18.30 Uhr ihre Wohnungstür auf.

Ein Augenblick der Stille: Essen auf dem Tisch, Gespräch mit der jungen Tochter und eine große Tasse Kaffee.

Um 22.00 Uhr sitzt sie im Arbeitszimmer und fährt den Rechner für die Videokonferenz mit Peking hoch. Sie will jemanden aus ihrem Team erreichen, bevor dort der Tag richtig losgeht: Jerry denkt an eine engere Partnerschaft mit der chinesischen Telecom. Jill will die Meinung einer Kollegin hören, wie dies am besten zu bewerkstelligen wäre. Um 22.20 Uhr ist die Konferenz zu Ende. Nach einer letzten Tasse Kaffee setzt sich Jill zu den Abendnachrichten vor den Fernseher. Gebannt starrt sie auf die lodernden Brände in Russland und die Überschwemmungen, die Pakistan immer schlimmer verwüsten. Bevor ihr die Augen zufallen, sieht sie als letztes Bild Aktivisten von Greenpeace, die den Schutz des letzten verbliebenen Stücks Regenwald in Amazonien fordern …

Willkommen in der zersplitterten Welt, in der scheinbar kein Arbeitsablauf länger als drei Minuten dauert. Hier konkurrieren diejenigen, die Arbeit haben, dauernd mit anderen überall auf dem Globus darum, den Interessen von Auftraggebern zu dienen.

Halten Sie Ihre Welt bereits für zersplittert? Wahrscheinlich werden Sie schon jetzt alle drei Minuten bei Ihrer Arbeit unterbrochen.[1] Wenn Sie das Gefühl haben, dass die Technik schon jetzt Ihr Leben kontrolliert, dann machen Sie sich darauf gefasst, dass es im Jahr 2025 noch schlimmer wird. In der globalen Welt ist alles so stark miteinander vernetzt, dass Erreichbarkeit rund um die Uhr die Regel ist. In dieser Welt stehen fünf Milliarden Menschen über elektronische Handgeräte miteinander in Verbindung und können mit Ihnen jederzeit Kontakt aufnehmen wollen. Stellen Sie sich vor: Weder Rast noch Ruh, niemals Zeit zur Besinnung. Immer angeschlossen, immer eingeklinkt, immer online.

Diese Zersplitterung von Arbeit setzte um das Jahr 2000 ein. Damals hatte eine halbe Milliarde Menschen Zugang zum Internet, als Schreibtischcomputer und E-Mail-Anschlüsse täglich Hunderte von Botschaften ins Postfach schwemmten und als Ihr Mobiltelefon Sie bereits bei jeder Gelegenheit störte.

Rückblick in die Vergangenheit: ein noch nicht zersplitterter Tag 1990

Erinnern Sie sich an eine Zeit, als die Arbeit noch an einem Stück hing? Vielleicht hat der Autor Jared Diamond recht, wonach die Zersplitterung zur »schleichenden Normalität« wurde.[2] Demnach hat diese sich so langsam in unser Arbeitsleben eingeschlichen, dass wir ihre schmerzhaften Auswirkungen kaum bemerkten. Als Folge davon akzeptieren wir eine Entwicklung, gegen die wir, wäre sie plötzlich eingetreten, heftig rebelliert hätten.

Mich erinnert dies an die Geschichte vom Frosch: Wirft man einen Frosch in einen Kessel mit kochendem Wasser, springt er sofort wieder heraus. Setzt man ihn dagegen in kaltes Wasser und erhitzt es langsam, bemerkt er den sanften Temperaturanstieg gar nicht und wird schließlich bei lebendigem Leib gekocht.

Haben wir uns an diese »schleichende Normalität« so sehr gewöhnt, dass wir blind geworden sind für die Auswirkungen, die sie auf unser jetziges und mehr noch auf unser künftiges Arbeitsleben hat? Überprüfen wir diesen Gedanken. Versuchen wir, einen Arbeitstag vor der Zeit der Zersplitterung zu rekonstruieren. Blenden wir kurz anstatt in die Zukunft vor in die Vergangenheit, ins Jahr 1990, zurück: Mobiltelefone waren damals selten. Abgesehen von denen an der US-Westküste hatten nur die wenigsten Büros – und zu Hause niemand – einen Internetanschluss.

Um die damaligen Verhältnisse nachzuvollziehen, muss man entweder in seinen Erinnerungen kramen (ich bin dazu in der Lage) oder sie sich von jemandem schildern lassen, der vor 20 Jahren schon berufstätig war. Dabei kommt es auf die Details an. Soweit ich mich noch erinnere, hat sich für mich ein typischer Arbeitsalltag im Jahr 1990 ungefähr so abgespielt:

Ich war damals als Chefberaterin in einer in Großbritannien niedergelassenen Consulting-Firma tätig: Nach dem Aufwachen am Morgen esse ich mit meinem Mann Frühstück und höre mir im Radio die Nachrichten an. Um 8.00 Uhr gehe ich zur Arbeit. Um 9.00 Uhr sitze ich am Schreibtisch. Meine Sekretärin geht mit mir die Post durch, die am Morgen eingegangen ist. 20 Schreiben sind es durchschnittlich an jedem Morgen. Ich diktiere der Sekretärin meine Antworten. Ab 10.00 Uhr verbringe ich zwei Stunden mit der Ausarbeitung eines Vorschlags für einen Kunden. Mein handschriftliches Manuskript wird anschießend abgetippt. Um 12.30 Uhr gehe ich mit Bürokollegen auf ein kurzes Mittagessen in ein Pub.

Um 13.30 Uhr sitze ich wieder am Schreibtisch und bereite mich auf zwei Treffen mit meinem Team vor. Um 15.00 Uhr fahre ich im Taxi zur Zentrale eines multinationalen Konzerns, um potenziellen Kunden Vorschläge zu präsentieren. Gegen 16.30 Uhr bin ich zurück im Büro und zeichne die Briefe ab, die ich meiner Sekretärin am Morgen diktiert habe. Nach zwei weiteren Telefonaten gehe ich den Vorschlag durch, der inzwischen abgetippt zurückgekommen ist. Ich nehme einige Änderungen vor und schicke ihn zu den Schreibkräften zurück. Um 17.30 Uhr leert sich allmählich das Büro. Ich trommle ein paar befreundete Kollegen zusammen, mit denen ich auf ein kurzes Glas in ein Pub gehe. Um 18.30 Uhr trete ich den Heimweg an und esse mit meinem Mann um 19.30 Uhr zu Abend.

Wenn ich zu Hause ankam, war mein Arbeitstag zu Ende. Vielleicht hatte ich ein oder zwei Schreiben zum Lesen mitgenommen, was aber selten vorkam. Geschrieben habe ich dort aber bestimmt nichts: Ich hatte zu Hause nicht einmal eine Schreibmaschine, und einen Computer schon gar nicht. Meine Arbeit blieb zwangsläufig auf die Bürostunden beschränkt. Und mit Kunden habe ich sicher auch nie nach 18.00 Uhr geredet. Sie hatten von mir keine Privatnummer, und Mobiltelefone gab es kaum.

Ich möchte die Vergangenheit nicht verklären: Ich könnte der Schilderung hinzufügen, dass das Klima an meinem Arbeitsplatz sexistisch war. Als erster weiblicher Chefberater galt ich als eine Exotin. Und wir lebten ziemlich ungesund. Wir rauchten ständig im Büro und tranken zum Mittagessen und jeden Abend Alkohol. Mir geht es hier nicht um Nostalgie. Der Rückblick in die Vergangenheit hilft uns vielmehr dabei, uns vorzustellen, wie die Zukunft in zehn oder 20 Jahren aussehen könnte. Er vermittelt uns eine gute Vorstellung von den möglichen Geschwindigkeiten, Rhythmen und Abläufen eines Arbeitsalltags.

Bevor wir diesen Tag im Jahr 1990 hinter uns lassen, bitte ich Sie, den geschilderten Alltag daraufhin zu betrachten, was damals fehlte. Habe ich mich mit Freunden kurzfristig zu einem Treffen am Abend verabredet? Nein, denn ich hatte ja kein Mobiltelefon, und bei der Arbeit riefen sie mich nicht an. Folglich planten wir Treffen lange im Voraus und änderten Kleinigkeiten in letzter Minute. Hatte ich engen Kontakt zu Kunden? Ja: Mangels Internet trafen wir uns persönlich, redeten am Telefon oder schrieben uns. Und schließlich: Knüpfte ich Kontakte zu Kunden auf der ganzen Welt? Ja und nein. Tatsächlich hatte ich einen in Südafrika. Wir schrieben uns, faxten uns und telefonierten miteinander. Dreimal jährlich reiste ich nach Pretoria und blieb zwei Wochen. Diese Dauer galt für einen »Überseetrip« damals als angemessen.

Worauf ich hinauswill: Im Gegensatz zu Jills Alltag war meiner nicht zerrissen. Wäre jemand mit der Stoppuhr neben mir gestanden, hätte er festgestellt, dass ich für jede Tätigkeit im Durchschnitt eine halbe Stunde aufwendete. Wenn ich einem Kunden Vorschläge unterbreitete, konnte ich mit ihm zwei Stunden lang ungestört sprechen. Täglich gingen nur 20 Schreiben ein, die ich nach dem Lesen erst am nächsten Tag beantwortete. Keiner erwartete sofort eine Antwort. Und wenn es zu lange dauerte, konnten wir uns herausreden: »Der Brief ist wohl bei der Post verloren gegangen!« Internet gab es nicht. In meinem Büro stand nicht einmal eine Schreibmaschine. Tippen war Sache meiner Sekretärin und der Schreibkräfte, alles Frauen.

Das Jahr 1990 habe ich deshalb für unser Erinnerungsexperiment ausgewählt, weil es in vielerlei Hinsicht den Beginn einer extremen Zersplitterung der Arbeit markiert. In den nachfolgenden zehn Jahren begannen die Kräfte der Technisierung und Globalisierung, die Arbeit in immer kleinere Stücke zu zerreißen. Um das Jahr 2000 und im folgenden Jahrzehnt wurde diese Fragmentierung erst so richtig spürbar. 2006 zum Beispiel schrieb der bekannte Autor Stefan Klein *Zeit. Der Stoff, aus dem das Leben ist. Eine Gebrauchsanleitung.*[3] Gleichzeitig wandte sich die Wissenschaft der Zersplitterung der Zeit zu. 2008 brachte eine Gruppe von Forschern von Australien bis Finnland das Buch *Discretionary Time: A New Measure of Freedom* (Frei verfügbare Zeit: Ein neues Maß der Freiheit) heraus. Es dokumentiert den Zeitdruck, den Menschen überall auf der Welt verspüren.[4] Die Arbeit ist in einen Prozess der Zersplitterung eingetreten, der sich im letzten Jahrzehnt rasant beschleunigt hat. Und alles deutet darauf hin, dass der Trend in den kommenden Jahrzehnten anhält.

Da sich die zunehmende Zersplitterung »schleichend« und nicht augenblicklich vollzog, verhalten wir uns alle wie der gekochte Frosch. Hätte man mich 1990 abrupt in mein Leben von 2010 versetzt, wäre ich über das Ausmaß seiner Zersplitterung sicher verblüfft und wahrscheinlich entsetzt gewesen. Aber die Entwicklung verlief so langsam, dass ich wie alle anderen kaum dagegen aufbegehrt habe.

Bei der Betrachtung von Jills Alltag denke ich an die Zersplitterung in meinem Umfeld, an meine Lehrprogramme und die Führungskräfte, die nach Ende meiner Schulung sofort zum Mobiltelefon greifen – obwohl wir doch aufgezeigt haben, wie wichtig Überlegung und konzentrierte Ruhe für einen Lernprozess sind. Oder an meine Kinder, die fernsehen, Facebook-Einträge aktualisieren und auf ihrem Computer einen Film verfolgen – alles zur selben Zeit.

In den letzten 20 Jahren schritt die Fragmentierung in unserer Welt stetig weiter voran. Das Szenario von Jills Alltag lässt ahnen, dass die Zersplitterung in den kommenden 20 Jahren für viele zunehmen wird. Leben Sie schon in einer zersplitterten Welt? Wenn dem so ist oder so sein wird, müssen Sie sich fragen, welche Folgen eine solche Zersplitterung haben kann.

Wenn Ihr Arbeitsleben zersplittert

Hat die Zersplitterung in unserem Leben, die in Zukunft zunehmen wird, eine Bedeutung? Die Globalisierung und Technisierung zerreißt das Leben in den entwickelten Ländern und zusehends auch in den Schwellenländern. Worin besteht das echte Problem bei dieser Zersplitterung? Was kommt dabei zu kurz? Wenn wir über unser gegenwärtiges Arbeitsleben nachdenken, können wir annehmen, dass Überlastung und Zeitdruck in den kommenden Jahrzehnten weiter zunehmen werden. Wie wirkt sich dies aus? Ich glaube, Zersplitterung, Überlastung und Zeitdruck werden unser Konzentrationsvermögen, unsere Beobachtungsgabe und unsere Lernfähigkeit verringern. Vielleicht wird das Arbeitsleben unserer Kinder hektischer, einseitiger und weniger spontan und spielerisch.

Der konzentrierte Erwerb meisterhafter Fähigkeiten geht verloren

Wenn unsere Arbeitszeit zersplittert, geht das zuerst zulasten echter Konzentration. In ihrem Leben, das in kleine Bruchstücke zersplittert ist, hat Jill weder Zeit noch Gelegenheit oder Geduld, um in einem Teilbereich meisterhafte Fähigkeiten zu entwickeln. Sie kann sich nicht darauf konzentrieren, jenes herausragende Können zu erwerben, das ihr den Aufstieg in eine höhere Liga ermöglichen würde. Wie ich später zeigen werde, ist dies für zukünftigen Erfolg aber entscheidend. Jill erfüllt ihre Aufgaben zweifellos gut, aber eben nicht ausgezeichnet. Dass ihr herausragende Fähigkeiten fehlen, liegt an ihrem Leben im Dreiminutentakt. Um meisterhafte Fähigkeiten zu entwickeln, braucht man Zeit und Konzentration. Und Jill fehlt beides.

Die Bedeutung der beiden Faktoren zeigt eine Studie des Psychologen Daniel Levitin zu Menschen mit besonderen Qualifikationen.

Levitin befasste sich mit dem Leben von »Komponisten, Basketball-spielern, Romanschriftstellern, Eiskunstläufern ... und genialen Verbrechern«.[5] Obwohl sie in völlig unterschiedlichen Bereichen brillierten, so fand Levitin heraus, hatten alle etwas gemein. Sie hatten sich darauf konzentriert, ihre Fähigkeiten über lange Zeiträume hin weiterzuentwickeln. Tatsächlich stellte er fest, dass 10 000 Stunden Praxis die gemeinsame Grundlage sind, auf der meisterhaftes Können erworben wird. Übertragen auf Jills Leben bedeutet dies, sie müsste sich zehn Jahre lang drei Stunden am Tag auf eine Sache konzentrieren. Natürlich strebt Jill nicht danach, eine Konzertpianistin oder Romanschriftstellerin der Weltklasse zu werden. So viel Konzentration auf eine Sache wäre also übertrieben. Aber um in ihrer Arbeitswelt wirklich gebraucht zu werden, benötigt sie eine Form besonderen Könnens. Aber im Augenblick kann sie kaum mehr als drei Minuten bei einer Sache bleiben, geschweige denn drei Stunden.

Wenig Gelegenheit, aus Beobachtung zu lernen

Aber nicht nur die Konzentration auf eine Sache leidet. In einem so zersplitterten Arbeitsleben wie dem Jills mit Abläufen im Dreiminutentakt geht auch die Gelegenheit verloren, sich einfach hinzusetzen und andere, die besser sind, bei ihrer Tätigkeit zu beobachten.[6] Dies aber ist wichtig, entwickeln wir doch gerade anhand der Beobachtung anderer, die weiter sind, ein Gespür für die subtilen Verbesserungen in ihrer Tätigkeit, die wir auf die eigene Arbeitspraxis übertragen können.[7]

Ich entdecke dies am Beispiel des Erwerbs didaktischer Fähigkeiten. An der London Business School müssen neue Hochschulassistenten Wirtschaftsstudenten im ersten Studienjahr unterrichten. Sie müssen schlimme Erfahrungen machen. Sie verschätzen sich im Zeitplan, überziehen den Unterricht und treiben die Studenten auf die Barrikaden. Sie pfuschen bei den Prüfungsbewertungen, nehmen die falschen Notenskalen und handeln sich das Misstrauen der Prüflinge ein. Sie stopfen ihre Folien so voll, dass jeder Betrachter den Überblick verliert. Die Liste der möglichen Anfängerfehler ist endlos. Damit sie die schlimmsten vermeiden, geben wir ihnen eine

Liste mit Tugenden und Lastern für den Unterricht an die Hand. Obwohl hilfreich, deckt sie aber nicht alle Probleme ab. Schärft man einem Hochschulassistenten ein, auf den Zeitplan zu achten, konzentriert er sich zwar darauf, spricht aber möglicherweise so leise, dass er in den hinteren Reihen nicht mehr verstanden wird. Bei unserer Betreuung haben wir die Erfahrung gemacht, dass eine Lehrkompetenz in Wirtschaft in vielen Stunden des Feinschliffs erworben werden muss. Sie umfasst einen großen Anteil an »stillem« Wissen, also einem Können, das sich nicht in zehn Punkten beschreiben lässt, sondern tief im Unterbewusstsein Wurzeln schlagen muss. Irgendwann erkannten wir, dass diese Neulinge am besten lernten, wenn sie einfach andere beim Unterrichten beobachteten und dabei sehr genau hinschauten, wie diese vorgingen. Dabei geht es nicht um eine gezielte Nachahmung. Wir wollen bestimmt nicht, dass alle demselben Unterrichtsstil frönen. Aber die sorgfältige Beobachtung stieß bei den neuen Hochschulassistenten einen tief greifenden Lernprozess an, bei dem sie ihren eigenen Unterrichtsstil entwickelten. Dazu mussten sie sich ganz auf die Sache konzentrieren, mehrere Stunden am Stück nur zuschauen, ohne E-Mails zu checken oder Probeprüfungen zu korrigieren!

Die Ausbildung von Meisterhaftigkeit steht im Zentrum der ersten Neuorientierung, die meiner Ansicht nach für ein künftiges erfolgreiches Arbeitsleben entscheidend sein wird. Die Herausforderung besteht darin, dass die Entwicklung von Meisterhaftigkeit oft auf subtile Weise geschieht und Zeit braucht. Wenn unser Leben stärker zersplittert – und das wird zwangsläufig so sein –, verlieren wir die Möglichkeit, konzentriert andere zu beobachten, die mehr können als wir selbst. Wenn sich Jill in ein zersplittertes Arbeitsleben fügt, kann sie ihre Möglichkeiten, wichtige und wertvolle Fertigkeiten und Fähigkeiten zu entwickeln, nur suboptimal nutzen. In ihrem zerrissenen Arbeitsalltag fehlt ihr stets die Zeit, um Grundfertigkeiten bis zur Meisterhaftigkeit weiterzuentwickeln. Und nur selten beobachtet sie andere ausreichend konzentriert, um die oft feinen Nuancen zu erkennen, auf die es beim meisterhaften Können ankommt.

Die zunehmende Globalisierung, gepaart mit den immer ausgefeilteren technischen Entwicklungen lässt unser Arbeitsleben zunehmend zersplittern, sodass die Möglichkeiten für Beobachtung und

Konzentration auf der Strecke bleiben. Unsere Entscheidungen, worauf wir unsere Zeit verwenden und unsere Energien und Ressourcen konzentrieren, sind mit Blick auf unseren zukünftigen Erfolg entscheidend. Über eine Neuorientierung hin zur Meisterhaftigkeit können wir hier einen Ausgleich finden. Bleiben wir auf der alten Linie, werden wir wie der Frosch im langsam erhitzten Wasser am Ende durchgegart. Am Ende dieses Kapitels über die zersplitterte Zukunft möchte ich noch auf einen Aspekt des Arbeitslebens hinweisen, der ebenfalls verloren gehen könnte: Spontaneität und Spiel.

Die Kreativkraft von Spontaneität und Spiel bleibt auf der Strecke

Als ein besonders spannender Aspekt wird die Zukunft außergewöhnliche Möglichkeiten für Kreativität und begeisterte Produktivität bieten. Darum geht es in gewissem Sinn bei der dritten Neuorientierung. Dieser Aspekt bildet den Antrieb von vielen in den Alltagsszenarien, die an hinterer Stelle zu einer zuversichtlicheren Darstellung der Zukunft geschildert werden. Aber hierin liegt der Haken. In einer zersplitterten Zeit, in der jeder Augenblick zählt, gehen Möglichkeiten verloren, kreativ zu werden, zu spielen und spontan zu sein. Verlangt werden Soforterfolge und ein Lernen im Turbogang. Wer nur drei Minuten zur Verfügung hat, braucht Lektionen, die klar, schnell und in komprimierter Form verabreicht werden, und augenblickliche Ergebnisse.

In einer zersplitterten Arbeitszeit leiden Spontaneität und Spiel. Als Kind war ich begeistert davon, wie die Kochbuchautorin Elizabeth David die Zubereitung eines südländischen Gerichts schilderte.[8] Einführend beschrieb sie die Zutaten, wie sie aussahen, rochen und wo sie herkamen. Sie handelte auf vier Seiten eine Tomatensuppe ab, beginnend mit dem Gang zum Markt, dem Auswählen der Tomaten sowie dem Enthäuten und dem Entfernen des Inneren. Dem allen widmete sie eine ganze Seite. Am Ende schilderte sie dann die eigentliche Zubereitung der Suppe. Als ich die Beschreibungen las, fühlte ich mich aus dem kalten Nordengland, wo ich aufwuchs, nach Südfrankreich mit seinen würzig riechenden Märkten versetzt. Ich war bis dahin noch nie ins Ausland gereist und begann zu träumen.

Ähnliche Erfahrungen werden amerikanische Leser gemacht haben, die auf Julia Childs eigenwillige Kochbücher gestoßen sind.[9] Man erinnere sich an ihre Beschreibungen zur Zubereitung französischer Klassiker wie *Poularde à la d'Albufera* – vom Kauf des Hühnchens auf dem Markt bis zum Augenblick, in dem es von den genießenden Gästen verzehrt wird. Julia Child und Elizabeth David haben mit guter Laune, Geduld und Hingabe ihre kulinarischen Reisen illustriert und diese den Novizen unter den Köchen auf einfühlsame Weise nahegebracht. Dazu mussten sie sich Zeit nehmen. Julias Anweisungen zur Zubereitung von *Poularde à la d'Albufera* nehmen über sechs Seiten ein, weitaus mehr als ein gewöhnliches Kochrezept. Aber diese ausführlichere, behutsame und anrührende Beschreibung nimmt den Leser auf eine Weise mit, wie es ein Rezept in zehn Schritten niemals vermöchte.[10]

Das Problem besteht darin, dass in den Dreiminutenepisoden, die Jills Welt untergliedern, für so viel Beschaulichkeit kein Platz ist. In Jills Welt werden präzise und knappe Anweisungen über spontane und eindringliche Schilderungen stets die Oberhand behalten. Wer hat schon noch Zeit, sich so ausgiebig mit *Poularde à la d'Albufera* zu befassen?

Wer hat überhaupt noch Zeit, so ein Gericht selbst zu kochen? Und was hat dies mit der Zukunft der Arbeit zu tun? Dieser Klassiker der französischen Küche ist gewissermaßen ein Bild für meisterhaftes Können. Die Aufgabe ähnelt der eines Hochschulassistenten, der stundenlang geduldig andere, die mehr können, beim Unterrichten beobachtet. Oder den vielen Stunden, in denen man geduldig seine Erfahrungen sammeln muss, wie ein Bericht verfasst, eine Präsentation vorbereitet oder ein Team geleitet wird.

Bis 2025 werden sich die Aufmerksamkeitsspannen bei der Arbeit stark verkürzen. Menschen wie Jill und andere in ihrem Umfeld werden bei ihrer immer stärker zersplitterten Arbeit so häufig unterbrochen werden, dass sie praktisch keine Möglichkeit mehr haben, Fähigkeiten bis zu dem Grad an Meisterhaftigkeit weiterzuentwickeln, der für Erfolg so wichtig sein wird.

In dieser fragmentierten Welt geht neben Konzentration, Beobachtung und Spontaneität auch das Spielerische unter. In der Zersplitterung bleibt weniger Zeit, mit anderen zu scherzen, an einer lieb gewordenen Idee zu feilen, von der wir nicht unbedingt wissen, ob sie auch Ergebnisse abwirft, weniger Zeit für Spielerisches, für Spaß und Freude bei der Arbeit. Mit der zunehmenden Automatisierung der Arbeitswelt erstarren die Grenzen zwischen dem, was Arbeit und was Spielerei ist. Wenn die zeitlichen Abläufe gestrafft werden und die Arbeit stärker zersplittert, endet die Freiheit zum Spielen. Würde man Jill danach fragen, ob sie bei ihrer Arbeit auch spielen kann, würde sie laut loslachen. Wo jeder Augenblick zählt, wo Hunderte E-Mails beantwortet werden müssen und wo weitere schon unterwegs sind, steht spielen auf der Prioritätenliste an hinterster Stelle.

Und doch war eine Zeit lang bekannt, wie wichtig Spielerisches für den Aufbau von Kreativität und für die Förderung neuer Ideen und Modelle ist. Ein Problem für die Zukunft der Arbeit besteht darin, dass die Verdichtung der Zeit dem Spiel keinen Raum mehr lässt. Wie meine Kollegen Babis Mainemelis und Sarah Ronson gezeigt haben, stellt sich spielerisches Verhalten dann ein, wenn wir meinen, dass uns Zeit und ein Freiraum zur Verfügung stehen, wenn wir das Gefühl haben, dass wir in unserem Tun flexibel sind und keinen Zwängen unterstehen.[11] Aus diesem Stoff werden Spiele gemacht. Spielen ist wichtig, weil wir unsere Arbeit mehr lieben, wenn wir sie als Spiel begreifen. Wer in der Werbung oder im Bereich Design arbeitet, weiß, dass das freie Spiel der Fantasie und des Vorstellungsvermögens den Kern der Innovation bildet. Für Berater und Forscher wie mich ist das Spielerische in der Erkundung und im Hinterfragen das Zentrum der Wertschöpfung. Und Mathematiker oder Theoretiker sehen spielerische Problemlösungen als das eigentlich Spannende ihres Berufs an. Kann man sich für die Gegenwart und die Zukunft eine schönere Arbeit vorstellen als eine, von der man sagen kann, sie sei ein Hobby, für das man Geld bekommt? Man baut einfach »Luftschlösser« – erkundet neue Ideen und kombiniert alte nach Lust und Laune neu miteinander, mit anderen Worten: Man spielt. Dazu braucht man freilich Zeit und das Gefühl, sich nicht dauernd auf Unterbrechungen gefasst machen zu müssen.

Und beides geht durch die Zersplitterung der Arbeit in Zukunft verloren. Wer ständig voll präsent ist, kann die Grenzen zwischen Arbeit und Freizeit nicht mehr als fließend betrachten und sich Anregungen für die Arbeit oder neue Erkenntnisse zur Problemlösung beispielsweise auch in der Oper, im Theater oder bei einem

Sportereignis holen. Die beste Art kreativer Arbeit liegt für die Zukunft darin, die Unterscheidung zwischen Arbeit und Spiel aufzuheben. Die dankbarsten Jobs werden die sein, in denen die Arbeit zugleich Leidenschaft und Hobby ist und umgekehrt.

Wir leben schon heute in einer zersplitterten Welt. Aber mit einer Technisierung, die die meisten Menschen auf dem Globus miteinander verbindet, und einer Globalisierung, die immer häufiger Bereitschaft sieben Tage die Woche rund um die Uhr erfordert, wird sich das Problem der Zersplitterung zwangsläufig weiter verschärfen.

Die Kräfte, die zur Zersplitterung führten

Die zunehmende Zersplitterung der Arbeit bleibt nicht folgenlos. Sie führt zur Unfähigkeit, die Aufmerksamkeit, Konzentration und Kreativität aufzubringen, die für die Weiterentwicklung vom oberflächlichen Generalisten zum Meister in Serie so dringend benötigt werden. Wir müssen folglich nachvollziehen, warum die Arbeit immer stärker zersplittert und wie die Splitter wieder zusammengefügt werden können.

Bei einer Beschreibung des Arbeitslebens 2025 haben wir zunächst einen Blick darauf geworfen, wie sich die Technik auf Jills Arbeitsalltag 2025 im Vergleich zu meinem im Jahr 1990 auswirkt. Dank des exponentiellen Wachstums der technischen Kapazitäten und der Entwicklungen in der Rechnerwolke kann sich Jill aus dem Internet hochleistungsfähige Programme herunterladen. Gleichzeitig unterstützen sie Avatare und kognitive Assistenten und prägen ihren Arbeitsalltag. Aber die Zersplitterung ihrer Arbeit ist nicht nur der Technisierung, sondern auch der Globalisierung geschuldet. Hektisch müht sie sich ab, um Verbindung zu Zeitzonen zu halten, die sich von Peking bis Los Angeles erstrecken. Sie lebt in einem Universum, das rund um die Uhr sieben Tage die Woche vernetzt ist, mit Kollegen und Kunden, die über die gesamte, immer stärker industrialisierte Welt verstreut sind.

Faktor Technologie: Die technischen Fähigkeiten sind exponentiell gewachsen

Ein Arbeitsalltag wie der Jills 2025 ist deshalb so zersplittert, weil er in seiner Breite und Tiefe durch Kommunikation und Information bestimmt wird.

Zugrunde liegen dabei die außergewöhnlichen Rechnerleistungen, die im vorangegangenen Jahrzehnt exponentiell gewachsen sind.[12] Tatsächlich blieb es bei den Zeiträumen der Verdoppelung der Schaltkreise pro Mikrochip, während die Preise für diese alljährlich weiterhin dramatisch fielen. 1975 kostete beispielsweise ein einzelner Transistor noch 0,028 Dollar, 1980 waren es nur noch 0,0013 Dollar und im nächsten Jahrzehnt nur noch 0,00002 Dollar. Die Entwicklung nach dem sogenannten mooreschen Gesetz, wonach sich die Komplexität integrierter Schaltkreise in regelmäßigen Abständen verdoppelt, zeigte im Jahr 2010 keinerlei Anzeichen einer Verlangsamung. Wir können prognostizieren, dass auch in Zukunft immer mehr Transistoren auf immer kleinere Mikrochips gepackt werden, die immer weniger kosten. Die Rechnerleistung wird in exponentiellen Raten weiterwachsen.

Die Zerrissenheit von Jills Arbeitsleben wurde ebenso verursacht durch die Entwicklung der modernen elektronischen Handgeräte, die sie überallhin begleiten. Deren Leistungsfähigkeit ist mit einem kurzen Zeitraum der Verdoppelung (wenige Jahre) exponentiell weiter gewachsen. 2010 verfügte ein Telefon schon über die Rechnerleistung eines Mac-Computers aus dem Jahr 2000. Die Geräte, die Jill bei sich trägt, verfügen über die gleiche Rechnerleistung und Fähigkeiten wie die modernsten Bürorechner, die ich 2010 benutzte. Jill kann ihren Rechner an den Abenden, an denen sie nicht mit anderen online in Kontakt steht, zur Verarbeitung der Terabytes an Daten nutzen, die der Teilchenbeschleuniger Large Hadron Collider des Forschungszentrums CERN an diesem Tag abgeworfen hat. Oder sie kann mit dem Datenstrahl von der Marsstation in Verbindung treten, um mit Millionen anderer das Universum nach fremdem Leben zu durchsuchen.

Eine wachsende Leistungsfähigkeit und fallende Kosten eröffneten diesen Maschinen immer neue Einsatzbereiche: vom Simultanübersetzen über die lebensechte Darstellung von Jills persönlichem Avatar bis zur Erstellung komplexer Leistungsmodelle für ihre Kunden. Vielleicht wird schon 2025 jeder Ziegelstein, jedes Stück Stoff und jeder Lebensmittelartikel einen eingebauten Minicomputer enthalten. Das bedeutet, dass die Flut der Daten, die in die Büros und Wohnungen strömen, außergewöhnlich anschwellen wird. Aber nicht nur Rechnerleistung hat das Leben der Zukunft zersplittert, sondern auch die Örtlichkeiten und Geschwindigkeiten des Herunterladens von Daten.

Faktor Technologie: Die Rechnerwolke wird allgegenwärtig

Jill ist in der Lage, zu jeder Zeit und an jedem Ort hochkomplexe Daten und Programme herunterzuladen. Schon 2010 hatten die meisten Regionen der Welt einen Grad an Vernetzung erreicht, der es Fischern in Indien oder Webern in Tansania ermöglichte, mit anderen zu reden und auf Informationen zuzugreifen. In den nachfolgenden Jahrzehnten beschleunigte sich dieser Trend mit immer schnelleren und leichter verfügbaren Verbindungen ins Internet und dem Zugang zu Bandbreiten, dank derer die Telepräsenz und 3-D-Übertragungen in Jills Arbeitsalltag einzogen. Dahinter stecken rasante Entwicklungen in der Rechnerwolke, die Anfang der 2000er-Jahre als eine Infrastruktur für Fachwissen, Steuerung und Technik begannen. Diese sollte alles zu einer einzigen »Wolke« vernetzen. 2010 waren bereits Dienstleistungen, Anwendungen und Ressourcen über das Internet verfügbar, auch wenn die Unternehmen von der Rechnerwolke relativ selten Gebrauch machten, die Entwicklungen noch nicht voll ausgereift waren und zahlreiche Sicherheitsbedenken bestanden.

Diese Bedenken wurden in den nächsten beiden Jahrzehnten ausgeräumt, sodass sich die globale Reichweite der Wolke bis 2025 vergrößert hat und immer komplexere Dienstleistungen verfügbar wurden. Dies ermöglichte es Hunderttausenden unabhängiger Programmierteams, ihre Ideen auf ganz ähnliche Art zu entwickeln, wie 2010 Anwendungen für das iPhone entwickelt worden waren. Jill schätzt an der Wolke ganz besonders, dass sie alltagstauglich auf Abruf reagiert und es ihr ermöglicht, ihre Ressourcen mit denen ihrer Kollegen zu bündeln. Sie muss die von ihr benutzte physische Infrastruktur und die heruntergeladenen Anwendungen nicht selbst besitzen, sondern kann sie nach Bedarf gegen Gebühr mieten.

Auch hat die Rechnerwolke endlose Möglichkeiten für Menschen auf der ganzen Welt geschaffen, auf gebündelte Ressourcen zuzugreifen. Unter anderem deshalb sind Avatare und 3-D-Darstellungen zum Standard geworden. Um einen Avatar zu nutzen oder in einer 3-D-Darstellung ihres Büros zu arbeiten, muss sich Jill nur in die gewaltige Rechnerleistung einklinken, die in der Wolke auf Abruf bereitsteht.

Man beachte, dass die Zersplitterung von Jills Arbeitsleben durch eine Technologie entstand, die sie sich selbst angeschafft hat und die sie zu Hause und in ihrer Bürozentrale nutzt. 2010 sind die Grenzen zwischen persönlicher und betrieblicher Nutzung von Technik dadurch fließender geworden, dass sich immer mehr Menschen eigene Technik für zu Hause anschaffen. Schon 2010 investierten Beschäftigte mehr in Technik, als ihnen ihr Unternehmen stellte.[13] Wie die meisten Kollegen hat sich auch Jill Technik für zu Hause und unterwegs angeschafft.

Faktor Technologie: allgegenwärtige Avatare und virtuelle Welten

In der Zeit vor der Zersplitterung der Arbeitswelt konnte man noch abschalten, wenn man »offline« war. Dagegen ist man 2025 rund um die Uhr erreichbar und erhöht seine Präsenz durch Avatare, also grafische Stellvertreter, und virtuelle Welten. Eingesetzt hat diese Entwicklung 2008, als Xbox Live die Xbox-360-Avatare herausbrachte, die als emotionale Stellvertreter des Spielers beim Kommunizieren mit anderen Spielern agierten. Die Spieler gestalteten die physische Erscheinung ihrer Avatare, steckten sie in Kleider, die sie auf Online-Märkten kauften, und ließen sie mit den Avataren anderer Spieler auf der ganzen Welt virtuell interagieren. Ursprünglich nur auf Online-Spiele beschränkt, breitete sich der Einsatz von Avataren auf alle Lebensbereiche aus. So nutzt Jill ihren Avatar als die primäre Schnittstelle zwischen den virtuell vernetzten Leuten, mit denen sie zusammenarbeitet. Sie hat ihren Avatar so gestaltet, dass er einer zweidimensionalen Darstellung von ihr möglichst nahekommt. In den Online-Spielen, die sie spielt, nutzt sie fantasievollere Avatare, während sie bei der Arbeit ein ihr möglichst ähnliches Aussehen einsetzt.[14]

Eine Art Zusammenarbeit mit ihren Kollegen findet an einem virtuellen Arbeitsplatz statt, eine grafische Darstellung, an dem sich alle Kollegen virtuell versammeln können. Wenn sie sich morgens einloggt, kann sie gleichsam virtuell durch ein Büro spazieren und nachschauen, wer bereits eingetroffen ist. Ihr virtueller Terminplan verrät ihr, für wann Gruppensitzungen auf dem Programm stehen, sodass sie sich einklinken und über ihren Avatar oder in einer 3-D-Telepräsenz in Echtzeit mit ihren Kollegen reden kann.

In einer virtuellen Umgebung zu lernen und zu arbeiten ist für Jill zur Normalität geworden, seitdem sie 2015 ein Studium an einer virtuellen Universität aufnahm. Sie schrieb sich online ein und lernte die Lehrkräfte und Kommilitonen online kennen. Doziert wurde über eine virtuelle Plattform mit minimalen Kosten vor einem weltweiten Publikum.

Faktor Technologie: der Vormarsch kognitiver Assistenten

Die erste Unterbrechung, die Jill an diesem kalten Morgen 2025 erfährt, kommt von ihrem kognitiven Assistenten oder Alfie, wie sie ihn nennt. Alfie begleitet sie seit mehreren Jahren. Er kennt ihre liebsten Arbeitsgewohnheiten, führt Buch über ihre Bekannten, überprüft ihre interne Kommunikation auf interessante Unbekannte hin und registriert ihre täglichen Arbeitszeiten, die beim Arbeitgeber nach Stunden abgerechnet werden. Mit den Jahren hat Alfie gelernt, wie sie arbeitet und wie ihre Arbeit am besten organisiert werden kann, und zwar immer exakter, sodass sich Jill beim Großteil ihres Tagesablaufs ganz auf ihn verlässt. Er überprüft ihren Kohlendioxidverbrauch, erinnert sie daran, wenn ihr CO_2-Budget zur Neige geht, und sorgt dafür, dass die Reisen, die sie beruflich unternehmen muss, nicht zu einer Überschreitung führen. Angesichts der zu jedem Augenblick eingehenden Fülle an Informationen hilft ihr Alfie, ihre täglichen Aufgaben zu bewältigen, Prioritäten zu setzen und ihre wöchentlichen Ziele zu erreichen. Alfie ist einzigartig: Diese Maschine erstellt auf der Grundlage künstlicher Intelligenz eine Logik, die ganz an Jills Umfeld und Arbeitsrhythmen angepasst ist und die sich weiterentwickelt, wenn sich bei ihr neue Vorlieben herauskristallisieren.[15]

Ist Alfie so etwas wie ein Mensch? Jill wird darauf antworten, dass sie nicht mehr ohne ihn auskommt, so sehr hilft er ihr dabei, ihr hochgradig zersplittertes Arbeitsleben zusammenzuhalten. Und Alfie ist nicht allein. Über den Globus verstreut sammeln Milliarden kognitive Assistenten Informationen, überwachen das Verhalten von Menschen wie Jill und werden je nach deren Vorlieben aktiv. Diese massenhaft auftretenden Computer sind in immer stärkerem Maß in der Lage, selbständig zu lernen und neues Wissen zu generieren, ohne dass sie auf menschliche Unterstützung angewiesen sind. Jahrzehntelang haben sie die unermesslichen Inhalte des Internets gescannt und »kennen« buchstäblich jedes Stückchen öffentlich zugänglicher Information, jede wissenschaftliche Entdeckung, jedes Buch, jeden Film und jede öffentliche Äußerung von Menschen.

Faktor Globalisierung: Erreichbarkeit sieben Tage die Woche rund um die Uhr

Jill lebt in einer Welt, die niemals schläft. Kollegen in vielen Zeitzonen warten darauf, sich mit ihr kurzschließen zu können – in einer Welt der 24-Stunden-Bereitschaft. Die am deutlichsten erkennbare Kraft, die für die Zersplitterung ihrer Welt verantwortlich ist, war die Rechnerleistung zusammen mit einem hohen Grad an Vernetzung. Hinter ihnen steht allerdings eine immer stärker globalisierte und konkurrierende Welt, die Jill und ihre Kollegen gewaltig unter Druck setzt, auf Anforderungen schnell und akkurat zu reagieren.

Der Zusammenschluss der verschiedenen Zeitzonen auf der Welt begann so richtig ab den 1990er-Jahren, als die Märkte weltweit zu einem echten globalen Ganzen zusammenwuchsen. Ab dieser Zeit erlebten Schwellenländer wie China und Indien, Brasilien und Südkorea ein gewaltiges Wachstum. Tatsächlich trugen die Schwellenländer 2009 zur Hälfte des globalen Wirtschaftsaufkommens bei und sorgten 2010 für den Großteil des globalen Wachstums. 2010 wuchsen die sechs größten aufstrebenden Volkswirtschaften – die »Big Six« Brasilien, China, Indien, Mexiko, Russland und Südkorea – um 5,1 Prozent. In den nächsten zwei Jahrzehnten wird von Staaten wie Ägypten, Nigeria, der Türkei, Indonesien und Malaysia eine zweite Welle wirtschaftlicher Aktivitäten ausgehen.

Um sich das ganze Ausmaß der Globalisierung vor Augen zu führen: 1995 waren in der *Fortune* Global 500, der Liste der 500 umsatzstärksten Unternehmen der Welt, nur 20 Konzerne aus Schwellenländern vertreten. 2010 waren es bereits 91 Unternehmen.[16] Im Jahr 1990 war der Vorläufer von ArcelorMittal, einem Unternehmen, für das Jill oft arbeitet, noch ein unbekannter Stahlproduzent aus Indonesien. Bis 2010 stieg das Unternehmen zur größten Stahlfirma der Welt auf und wird sich 2025 zu einem der größten Mischkonzerne entwickelt haben, dessen Geschäftsbereiche von Stahl über Telekommunikation bis hin zur Chipherstellung reichen.[17] Die geballten Kräfte der Technologie – die Rechnerwolke (Cloud Computing), die Mobilkommunikation und das Collaborative Computing, also die Zusammenarbeit von in- und externen IT-Systemen – haben zusammen mit dem Wirtschaftswachstum der Schwellenländer das Potenzial, bei der Globalisierung und der Rund-um-die-Uhr-Bereitschaft in der Arbeitswelt einen Wendepunkt herbeizuführen. Jedes Jahr treten Millionen neuer Verbraucher und Mikrounternehmer in die globale Wirtschaft ein, sogar aus den entlegensten ländlichen Gebieten. Für die kommenden Jahrzehnte ist absehbar, dass sich die Wirtschaftsmacht der Welt weg von den entwickelten Ländern des Westens und Japans auf eine immer größere Gruppe von Ländern und Regionen verteilen wird.[18]

Wie viele Erwerbstätige im Westen verbringt auch Jill einen großen Teil ihres Tages damit, Klienten, Lieferanten und Kunden in Asien zu kontaktieren. Zu seinem Wachstum angetrieben wird dieser boomende Markt allein schon durch die schiere Größe der dort lebenden Bevölkerung. 2010 lebten in den stärker entwickelten Regionen (darunter Europa, Nordamerika, Australien und Japan) 1,2 Milliarden Menschen. Dagegen waren es in den Entwicklungs-

und Schwellenländern (darunter China, Indien, Afrika und Lateinamerika) 5,7 Milliarden Menschen.[19] Prognosen zufolge werden die
entwickelten Regionen der Welt bis 2030 einen Bevölkerungszu-
wachs um 44 Millionen und die Schwellen- und Entwicklungsländer
um 1,3 Milliarden Menschen haben. Die letzte Zahl übertrifft die der
gesamten Bevölkerung der entwickelten Welt. Im Jahr 2025 wird
man in Jills Arbeitswelt wissen, dass die 1,3 Milliarden Menschen in
den stärker entwickelten Regionen der Welt binnen fünf Jahren
gegenüber den sieben Milliarden Menschen in den schwächer entwickelten klar an Bedeutung verlieren werden.[20]

Wie bekommt man die Splitter wieder zusammen?

Was benötigen Sie, um einem zersplitterten Arbeitsleben wieder
mehr Kontinuität zu geben? Was ist notwendig, damit es wieder
mehr Gelegenheit zu nachhaltiger Konzentration, für eine konzentrierte Vertiefung von Kenntnissen und mehr Chancen für Spontaneität und Spiel bietet? Wie können Sie ein Arbeitsleben so gestalten,
dass es Sie nicht vollständig auslaugt und Sie sich Energien und
Talente bewahren können?

Natürlich können Sie die Uhr nicht zurückdrehen. 1990 herrschte
am Arbeitsplatz noch schlichte Technik, und die Globalisierung
steckte in den Kinderschuhen. Eine Antwort auf die Herausforderungen der Zukunft könnten technische Entwicklungen wie die kognitiver Assistenten sein. Diese könnten die Splitter des Arbeitslebens wieder dadurch zusammenfügen helfen, indem sie einen darin
unterstützen, Prioritäten zu bilden und sich auf Wichtiges zu konzentrieren.

Auch können Sie Ihre Lebensverhältnisse nicht einfach umkrem-
peln. Falls Sie nicht gerade auf eine einsame Insel ziehen, bleiben Sie
immer Teil der globalen Wirtschaft. Immer mehr Menschen werden
Sie und andere zu kontaktieren versuchen. Und die Technik wird an
die Produktivität und an Ergebnisse immer höhere Anforderungen
stellen. Dafür, wie ein Arbeitsleben wieder mehr Zusammenhang
erhalten kann, gibt es also kein Patentrezept. Es muss hauptsächlich

von innen kommen: Man muss sich seine Wahlmöglichkeiten klarmachen und bereit sein, die Konsequenzen seiner Entscheidungen
zu tragen.

Ich glaube, dass es drei zukunftsweisende Neuorientierungen
gibt, mit denen Sie verhindern können, dass die Kräfte der Zersplitterung Ihr künftiges Arbeitsleben vollends zerreißen.

Die erste Neuorientierung besteht darin, sich bewusst ein Arbeitsleben aufzubauen, das auf meisterhaftem Können beruht. Darunter
verstehe ich eine Laufbahn, die auf Hingabe und das Sichkonzent-
rieren auf eine Sache setzt. Es sei daran erinnert, dass es 10 000
Stunden braucht, um eine Fertigkeit bis zur meisterhaften Beherrschung zu erlernen. Dazu müssen Sie mit Willenskraft den Versu-
chungen der Zersplitterung widerstehen und viel Zeit für Ausbildung, Lernen und Übung aufbringen.

Die zweite Neuorientierung beruht auf der Einsicht, dass das
Gegenteil von Zersplitterung nicht Isolation bedeutet. Es geht
darum, sich für die Zukunft ein Berufsleben aufzubauen, indem man
sich auf sich selbst konzentriert, aber enge Beziehungen zu anderen
unterhält. Solche Beziehungen erleichtern die Arbeit und gestalten
sie kooperativer. Als eine wichtige Lehre für die Zukunft müssen wir
wohl alle begreifen, dass wir uns im Leben auch deshalb verzetteln,
weil wir zu viel alleine zu erledigen versuchen, anstatt uns starke
Netzwerke zu schaffen, die uns einige Lasten von den Schultern
nehmen können. Ihre Beziehungen zu anderen bilden ein entschei-
dendes Gegengewicht zu den Kräften der Zersplitterung, denn ein
starker Rückhalt von Menschen, die Sie mögen und unterstützen,
kann Ihnen helfen, sich abzugrenzen und Zeit für sich zu gewinnen.

Aber die wohl geeignetste Antwort auf ein immer stärker zersplittertes Arbeitsleben ist die letzte Neuorientierung: die Abkehr vom
unersättlichen Konsumenten zum leidenschaftlichen Produzenten.
Dabei geht es im Grunde um die Art, wie Sie Ihr Arbeitsleben bewältigen, und Ihre Bereitschaft, klare Entscheidungen zu treffen, sich
deren Konsequenzen zu stellen und dabei Ihren freien Willen auszuüben. Bezogen auf Jills Arbeitsalltag: Musste sie den Anruf um
7.00 Uhr morgens oder den um 22.00 Uhr wirklich annehmen?
Musste sie wirklich allein am Schreibtisch zu Mittag essen? Musste
sie tatsächlich Hunderte von E-Mails durchgehen? Die Faktoren, die
auf ihr künftiges Arbeitsleben einwirken werden, drängen sie in Rich-

tung solcher Entscheidungen. Und sie machen Jills Art der Arbeit immer mehr zur Norm. In einer globalen, hoch technisierten und vernetzten Welt gibt es immer, jederzeit und überall viel zu tun. Und solche Fragen der Entscheidungen und Prioritäten werden noch brisanter angesichts der Erwartung, dass Jill und viele andere im Jahr 2025 bis in ihr siebtes Lebensjahrzehnt hinein arbeiten werden. Sie alle haben keinen Sprint, sondern einen Marathon vor sich.

Klar ist, dass die Gestaltung Ihres Arbeitslebens in den kommenden Jahrzehnten immer stärker von eigenen Entscheidungen abhängen wird. Wenn ich an mein Arbeitsleben zurückdenke, fällt mir ein, dass ich 1990 keine wirklich schwierigen Entscheidungen treffen musste. Die damalige Arbeitswelt, in der die Technik gerade erst Einzug hielt und die Globalisierung eben erst aufkam, war deutlich weniger hektisch. Wenn Sie der »schleichenden Normalität« der Zersplitterung entkommen wollen, müssen Sie erkennen, was sie ist: ständiger Druck ohne Grenzen, die Sie schützen. Diese Fragen werden wir im Zusammenhang mit der dritten zukunftssichernden Neuorientierung – die zu einem durchdachteren und überlegteren Aufbau seines Berufslebens – noch erörtern. Aktiv kluge Entscheidungen fällen, sich deren Konsequenzen klarmachen und sich der Art Dilemmas stellen, mit der Jill konfrontiert wird – dies alles wird eine immer größere Rolle spielen. Nur so kann man Grenzen setzen, die Menschen wie Jill und Sie vor den immer größeren Anforderungen einer rundum vernetzten Welt schützen.

3 ISOLATION: QUELLE DER EINSAMKEIT

Rohans Alltag

Verlassen wir Jill und ihr immer stärker zerrissenes Leben und begeben uns auf die andere Seite des Globus ins Zentrum der indischen Metropole Mumbai, wo am gleichen Morgen, später nach Ortszeit, der indische Gehirnchirurg Rohan online geht. Obwohl ein hoch qualifizierter Experte, erfährt auch er eine Schattenseite des Arbeitslebens in der Zukunft:

Nach dem Erwachen am Morgen geht er in sein Büro in der Wohnung und bereitet seinen Arbeitstag vor. Man mag erwarten, dass Rohan viel Zeit im Krankenhaus bei Kollegen und im Kontakt mit Patienten zubringt. Stattdessen hält er sich während seiner Arbeitszeit wie viele Spezialisten im Jahr 2025 zumeist im häuslichen Büro auf. Binnen einer Stunde nach dem Erwachen hat er auf Technik aus der Rechnerwolke zugegriffen und lädt die für den heutigen Tag benötigte hoch entwickelte Software für bildgebende Verfahren herunter. Dazu bucht er drei Stunden Nutzung.

Um 11.00 Uhr ist er zu seinem Einsatz bereit. Er leitet heute ein Chirurgenteam, das in China eine besonders knifflige Operation durchführt. Es hat Rohan Anfang der Woche kontaktiert und um seine Expertise gebeten: Bei dem Eingriff soll eine Sickerblutung im Gehirn einer jungen Frau gestoppt werden. Rohan aktiviert das Telepräsenzgerät. Binnen Sekunden erscheinen auf seinem Bildschirm gestochen scharf die Mitglieder des Operationsteams und die junge Patientin, die anästhesiert auf dem OP-Tisch liegt. Während die Kollegen ihr den Schädel öffnen, richtet Rohan die Kamera an der Seite so aus, dass er auf seinem Monitor die Stelle der Blutung klar in 3-D erkennen kann. Er aktiviert den Roboterarm mit den Instrumenten und dringt sanft in die Gehirnmasse ein. Rohan erteilt seine Anweisungen an das Team in seiner Muttersprache Hindi, worauf für die Chirurgen automatisch eine Übersetzung in Kantonesisch eingespielt wird. Dank der 2020 eingeführten Programme zum Simultandolmetschen müssen internationale Experten keine Fremdsprachen mehr erlernen und treiben dies nur noch als Hobby.

Die nächste halbe Stunde über arbeitet sich das Chirurgenteam geschickt zur Blutungsstelle vor. Da es sich um eine relativ kleine Gefäßleckage handelt, lässt sich der Blutfluss rasch stoppen. Nach einer Stunde ist das Werk vollbracht, sodass die chinesischen Chirurgen den herausgenommenen Teil des Schädels wieder einsetzen können. Der Eingriff ist offenkundig erfolgreich verlaufen. Gut gelaunt lässt sich Rohan anschließend zum Mittagessen im hellen Esszimmer seiner Wohnung nieder.

Um 14.00 Uhr ist er bereit, sich mit einem zweiten Operationsteam zusammenzuschließen. Mit ihm wird er am Nachmittag arbeiten. Die Chirurgen sitzen in Chile und hatten ihn in einem besonders schwierigen Fall um Rat gebeten. Sie werden am nächsten Tag einen jungen Mann mit einem Hirntumor operieren. Die nächsten Stunden über entscheidet Rohan anhand der übertragenen 3-D-Bilder – diesmal vom Gehirn des jungen Mannes –, mit welcher Strategie die Operation bewältigt werden soll. So vergehen über drei Stunden, in denen sich Rohan anhand der übertragenen Bilder des Tumors mit den Kollegen eingehend bespricht. Um 18.00 Uhr fühlt sich das Chirurgenteam schließlich ausreichend gerüstet, um die Operation am nächsten Tag in Angriff zu nehmen.

Rohans Zeit reicht gerade noch für ein kleines Abendbrot, bevor er sich mit Kollegen im Great Ormond Street Hospital in London kurzschließt. Besprochen werden muss der Fall eines kleinen Jungen, der diese Woche mit Verdacht auf Hirntumor eingeliefert worden ist. Rohan ist auf die Behandlung junger Patienten spezialisiert und gibt sehr gerne mit besten Wünschen Empfehlungen für die anstehende Operation. An ihr wird er sich zwar nicht beteiligen, sie aber verfolgen, damit er einem jungen Mitglied des Chirurgenteams ein Feedback geben kann.

Um 23.00 Uhr ist Rohan reif für sein Bett. Morgen erwartet ihn ein hektischer Tag mit einer Nachuntersuchung an dem jungen Patienten in Chile und der Beobachtung des Eingriffs in London. Er blickt auf eine hektische Woche zurück und stellt fest, dass er seine Wohnung so gut wie nicht verlassen hat.

Amons Alltag

Auch Amon in Kairo verlässt in dieser Woche seine Wohnung nur selten. Er arbeitet als Freiberufler an komplexen IT-Projekten. Kaum ist er erwacht, befragt er als erste Aktion des Tages seinen virtuellen Agenten. Dieser scannt die Welt in jeder Minute des Tages auf mögliche passende Aufträge für ihn durch. Anhand eines exakten Profils von Amons gegenwärtigen Fähigkeiten und seinem Wissensfundus filtert er geeignete Projekte heraus. Und er weiß auch einiges über Amons Vorlieben – wann und für welche Art Kunden er gerne arbeiten möchte.

An diesem Morgen hat der virtuelle Agent für Amon eine Reihe verschiedener Auftragsangebote zusammengestellt. Ein Getränkelieferant in Brasilien will für sein Serviceteam ein Programm schreiben lassen, das er bis in drei Tagen braucht. Ein anderes Auftragsangebot stammt von einem malaysischen Unternehmer, für den Amon bereits gearbeitet hat. Er benötigt ein hochkomplexes Stück Software, für dessen Entwicklung er 2000 Euro bezahlen würde. Die nächste Stunde schaut sich Amon zwei weitere Angebote an, die ihm sein virtueller Agent vorgelegt hat. Amon weiß, dass er in den nächsten zwei Tagen reagieren muss, wenn er bei den Ausschreibungen mitbieten will.

Die nächste Stunde über erstellt er eine Kalkulation, wie viel Zeit ihn ein Projekt kosten würde, und legt fest, wie viel er für den Auftrag mindestens verlangen müsste. Am Vormittag ist die Entscheidung gefallen, dass er für die Getränkefirma in Brasilien arbeitet. Am Spätnachmittag ist er bereits am Programmieren und arbeitet in den nächsten sechs Stunden im virtuellen Büro des Projekts, hinterlässt Mitarbeitern eine Nachricht und chattet mit einem Programmierkollegen. Um 17.00 Uhr ist er bereit, an einer Telefonkonferenz des Projektteams teilzunehmen. Jetzt ist er voll in Fahrt und stellt fest, dass er das Projekt sogar noch am gleichen Tag abschließen könnte, wenn er bis in die Nacht arbeitet. Als er damit fertig ist, aktualisiert er an diesem Abend noch sein persönliches Profil, indem er den soeben fertiggestellten Auftrag für den brasilianischen Kunden hinzufügt.

Amon ist ein Wanderer zwischen den Welten. Er nimmt Programmieraufträge von Kunden entgegen, denen er noch nie begegnet ist, arbeitet mit Teamkollegen, deren Namen er nicht kennt, und bedient Firmen, die am anderen Ende der Welt sitzen.

Aber wie Rohan hat auch er ein interessantes Arbeitsleben. Beide haben mit Aufgaben zu tun, die sie gerne erfüllen und in denen sie sich weiterentwickeln können. Sie lieben ihre Arbeit, genießen sie wie ein Hobby und gehen ganz in ihr auf.

Aber man bemerkt unschwer das Defizit in ihrem Arbeitsalltag. Beide kommen so gut wie nie mit realen Menschen in Kontakt. Sie haben zwar den ganzen Tag mit Leuten zu tun – Rohan mit seinen Chirurgenkollegen in China und Amon mit dem brasilianischen Team –, aber nur vermittelt über kognitive Assistenten, Avatare, 3-D-Darstellungen und Videokonferenzen. Beide begegnen Menschen in ihrem Arbeitsalltag sehr selten persönlich. Amons bester »Freund« ist sein virtueller Agent – ein Computerprogramm.

Beide sind nicht alleine. Es ist durchaus möglich, dass bis 2025 ein Großteil unseres Arbeitslebens nur noch virtuell und ohne Kontakte von Angesicht zu Angesicht abläuft. Diese virtuellen Kontakte könnten natürlich durchaus so erfrischend sein wie reale, aber daran zweifle ich. Wenn reale Kontakte aus dem Arbeitsleben verschwinden, gehen spontane Kontakte und sämtliche Chancen verloren, die in persönlichen Begegnungen schlummern: Diese können die Arbeit bereichern und dafür sorgen, dass die Arbeit das Leben bereichert.

Rückblick in die Vergangenheit: ein Tag mit spontanen Begegnungen 1990

Um das Ausmaß dieser Entwicklung zu verdeutlichen, wiederholen wir das Erinnerungsexperiment zum Arbeitsalltag 1990, diesmal aber nicht unter dem Aspekt der Zersplitterung, sondern mit Blick auf die menschliche Interaktion. In der Rückschau sehe ich meine damalige Beratertätigkeit diesmal als eine Serie geselliger Gespräche an. Interessant ist dabei, dass ich den Großteil meines Arbeitstages in einem Büro mit Kollegen verbrachte. Ich hatte zwar einen eigenen Raum, konnte aber bei einem Blick durch den Flur andere in Büros arbeiten sehen. Am Arbeitsplatz herrschte eine offene Atmosphäre, in der man mit anderen leicht in Kontakt kam. Wir waren nicht alle Freunde: Ich konnte einige Kollegen nicht ausstehen, und das beruhte wohl auf Gegenseitigkeit, und zudem herrschten politisches Gerangel, Machtkämpfe und Hierarchien. Das alles konnte sehr lästig sein, aber die Menschen waren real. Bei der Beschreibung meines Tagesablaufs habe ich ein Treffen mit einem potenziellen Kunden am Nachmittag erwähnt – wieder eine Begegnung zum Anfassen, bei der wir eine oder zwei Stunden lang redeten. Am Spätnachmittag traf sich unser Team im Pub. Dort besprachen wir die Ereignisse des Tages, tauschten Klatsch aus und setzten die grandiosen Machtspiele fort.

Auch wenn der Arbeitstag zuweilen frustrierend, langweilig und sogar lästig sein konnte, habe ich mich dort niemals einsam gefühlt. Am Arbeitsplatz kam man leicht mit Menschen in Kontakt. Rohan und Amon haben ebenfalls Arbeitskollegen, die sie gut kennen und denen sie vertrauen. Aber sie kommen mit ihnen nur selten unmittelbar und real in Kontakt.

Was im Arbeitsleben Rohans und Amons fehlt, ist die Möglichkeit, den Kopf in eine geöffnete Tür zu stecken, »Hallo« zu sagen oder den Flur entlangzuschlendern und jemanden dazu anzustiften, noch einen Kaffee zu trinken. Oder eine Gruppe Leute kurzerhand zu einem Curry-Gericht am Ende der Straße einzuladen.

Der Tod spontaner Kontakte

Vielleicht wird dieser Verlust der einfachen Kontaktmöglichkeiten, die für das Arbeitsleben 1990 so typisch waren, zu einer Schattenseite der künftigen Arbeitswelt werden. In der Vergangenheit, der Gegenwart und wohl auch in Zukunft hatten und haben zwischenmenschliche Beziehungen für uns große Bedeutung. Für viele von uns ist ihr Verhältnis zu Kollegen wichtiger als jeder andere Aspekt ihrer Arbeit.[1] Nicht überraschend lautet eine der häufigsten Antworten auf die Frage, was einen an seinem Arbeitsplatz hält:»Ich bin mit einem/r Kollegen/in befreundet.«[2] Und ebenso wenig überraschend deuten die Ergebnisse von Längsschnittstudien, die Forscher der Harvard Medical School zur Gesundheit und zum Glück im Leben an Tausenden von Probanden durchgeführt haben, in dieselbe Richtung: Die Glücklichsten im Leben sind nicht die Reichsten oder Erfolgreichsten. Vielmehr fanden die Forscher durchgehend heraus, dass der bedeutendste Einzelfaktor beim Glücklichsein darin bestand, wie viele gute Freunde die Befragten im Leben hatten. Dagegen knüpfte sich Einsamkeit an einen schlechten Gesundheitszustand und erwies sich interessanterweise sogar als ansteckend, insofern sie sich rasch auf andere ausbreitet. Deshalb wurden leicht zu knüpfende gute und entspannte Freundschaften als ein Schlüsselelement für die seelische Gesundheit und Zufriedenheit beschrieben.[3]

Ich kann mir nicht vorstellen, dass sich daran bis 2025 etwas ändern wird. Immerhin waren wir die gesamte Menschheitsgeschichte hindurch intensiv soziale und in Gemeinschaften organisierte Wesen. Allerdings könnten sich die Kräfte der Technik und der Globalisierung auf eine nie da gewesene Weise auf diese natürliche Geselligkeit auswirken.

Was bedeutet es für Rohan, Amon und Milliarden andere, die 2025 mit Mitmenschen zumeist im Cyberspace interagieren, anstatt reale Kontakte zum Anfassen zu pflegen? Die einfache Antwort lautet: Wir wissen es nicht. Vielleicht passt sich die Menschheit an diese Cyberbeziehungen so sehr an, dass sie dieselben positiven Effekte haben wie heute Beziehungen von Angesicht zu Angesicht. Immerhin wurde der Sony-Roboter AIBO bei frühen Experimenten wegen seiner äußeren Gestaltung und seines typischen Verhaltens eines Haushundes als Gefährte und Spielkamerad rasch akzeptiert. Schon 2010 kann man in Hongkong und Japan bereits »virtuelle Freundinnen« auf sein 3G-Mobiltelefon herunterladen. Im Cyberspace und in Chatrooms ist ein gigantisches Geflecht aus menschlichen Beziehungen herangewachsen. Für die Zukunft können wir uns vorstellen, dass Avatare nicht nur die Hauptstütze des Sexgeschäfts, sondern auch eine logische Entwicklung für einen Einsatzbereich sein

werden, der von Callcentern bis zur Finanzberatung reicht.[4] Ein
Ergebnis fortschreitender Technik besteht vielleicht darin, dass wir
Menschen die Fähigkeit entwickeln werden, virtuelle Beziehungen
zu Avataren als Ersatz für reale aus Fleisch und Blut zu akzeptieren.
Vielleicht entwickelt sich die Technik, wie manche vorhersagen,
auch dahin gehend weiter, dass bis 2025 Gehirnimplantate unabhängig vom Umfeld positive zwischenmenschliche Gefühle erzeugen.[5]

Dennoch gehe ich davon aus, dass bis 2025 keine dieser »transhumanen« Anpassungen stattgefunden haben wird. Vielmehr steht
zu befürchten, dass direkte menschliche Kontakte am Arbeitsplatz
langsam, aber sicher verschwinden werden – und dass Isolation und
tiefe Vereinsamung die Folge sein könnten.

Eine Schattenseite der Zukunft ist eine Arbeitswelt in Isolation.
Fortschritte bei der Entwicklung bildgebender Verfahren, 3-D-Über-
tragungen und virtuelle Technologien haben in Verbindung mit Entwicklungen in der Rechnerwolke dafür gesorgt, dass die modernsten Hightech-Apparate und -Verfahren in die Wohnungen von
Menschen wie Rohan und Amon Einzug gehalten haben. So müssen
sie nicht mehr in ein Büro gehen, um auf Informationen zuzugreifen,
sind diese doch vollständig auf ihren Handgeräten oder am Heim-
computer abrufbar. Sie führen eine virtuelle und globale Existenz.
Ihre Kunden, Patienten und Arbeitsteams leben über den ganzen
Globus verstreut. Ihre Kollegen sitzen nicht im benachbarten Büro-
abteil, ja womöglich nicht einmal in derselben Stadt, derselben
Region oder im selben Land.

Ihre Kollegen sind zwar keine Fremden: Rohan wird über die Chirurgen in China, mit denen er zusammenarbeitet, wahrscheinlich
viel erzählen können. Immerhin hat er dieses Team bei spezialisierten Operationen über ein Jahr lang geleitet und zweimal je eine
Woche mit ihnen zusammen verbracht. Während der Kontakte in
dieser Zeit hat er erfahren, wem er zuweilen blind vertrauen kann,
auf wen er ein Auge haben muss und wer nach der Operation am
meisten Nachbereitung braucht. Er beobachtet sie als Berufskollegen mit scharfem Blick auf ihre Stärken und Schwächen hin, und
einigen von ihnen hat er sogar schon Ratschläge für Bereiche außerhalb des Operationssaals gegeben. Er kennt sie ausgezeichnet und
würde einige als Freunde bezeichnen.

Dennoch sind Rohans Beziehungen zu Arbeitskollegen wie die Amons häufiger virtueller als direkter Natur. Früher reiste er zu Konferenzen um die Welt und lernte andere Spezialisten auf seinem Gebiet kennen, aber die Kohlendioxidsteuer auf Flugtickets sorgt jetzt dafür, dass diese nur noch elektronisch vermittelt stattfinden. Er teilt einfach seinem Avatar mit, wen er kennenlernen möchte. In seinem Heimatkrankenhaus haben nur wenige Kollegen eine ähnliche Spezialisierung, sodass er dort kaum Zeit verbringt. Und Amons Arbeitsleben spielt sich sogar fast ausschließlich virtuell ab. Er arbeitet die gesamte Zeit zu Hause und hat die Programmierer, mit denen er regelmäßig zusammenarbeitet, niemals real getroffen.

Arbeit und Familie

Unsere Kontakte am Arbeitsplatz sind ein wichtiger Teil des Beziehungsgeflechts in unserem Leben. Aber eben nur ein Teil. Viele sehen die Familie als Ersatz für mangelnde Kontakte am Arbeitsplatz an.

Bei der Arbeit und im häuslichen Leben schäumen unsere Tatkraft und unsere Gefühle zuweilen über.[6] Arbeit und Freizeit sind selten hermetisch gegeneinander abgeschottet und beeinflussen sich gegenseitig. Häufiger greifen Stimmungslagen von einem Bereich auf den anderen über, oder die Netzwerke und Kompetenzen des einen machen sich auch im anderen Bereich bemerkbar.[7]

Dieses Übergreifen vom einen auf den anderen Bereich ist gelegentlich positiv. Wenn wir uns zu Hause in der Familie entspannt, als wir selbst und geliebt fühlen, treten wir mit dieser positiven Grundstimmung auch in unseren Arbeitsalltag ein. Und diese emotionale Basis hilft uns maßgeblich dabei, mit Stress und den Belastungen des Arbeitslebens fertigzuwerden. Dieses positive Übergreifen kann auch in anderer Richtung verlaufen. Statt des Familienlebens, das als emotionaler Kraftspender wirkt, greifen positive Erfahrungen aus der Arbeit auf den häuslichen Bereich über. Wir verlassen die Arbeit und treten positiv gestimmt und heiter in die häusliche Sphäre ein. Am Arbeitsplatz können wir uns nützliche Netzwerke aufbauen, neue Fähigkeiten entwickeln und Kenntnisse vertiefen – Kompetenzen und Verbindungen, die wir am Abend auch mit nach Hause nehmen.

Natürlich kann dieses Übergreifen zwischen beiden Sphären auch negativ ausfallen. Wenn wir uns am Arbeitsplatz ärgern, nicht genügend Anerkennung finden und aufgerieben werden, nehmen wir diese negativen Gefühle ebenfalls nach Hause mit. Dort wirken sie sich verheerend auf unsere Zufriedenheit aus. Und umgekehrt kann so ein Zyklus der Unzufriedenheit auch im häuslichen Bereich starten, wenn wir dort Verunsicherung, Schuldgefühle oder Überforderung spüren, wenn wir Ansprüchen nicht genügen. Diese Emotionen und Gefühle bringen wir dann in die Arbeit mit ein.[8]

Es gibt auch ein Übergreifen mit Blick auf die Art, wie Beziehungen entwickelt werden. In den letzten Jahrzehnten wurden sie nämlich verstärkt »ausgehandelt« und ausgearbeitet. Dies spiegelt zum Teil die wachsende wirtschaftliche Unabhängigkeit von Frauen sowie tief greifende Veränderungen in den Geschlechterrollen wider. Dabei ist bedeutsam, dass wir in dem Maß, in dem wir in der häuslichen Sphäre mehr Beziehungsarbeit leisten, auch am Arbeitsplatz aktiver an der Gestaltung von Beziehungen mitwirken. Wenn künftige Generationen zunehmend geschickter darin werden, ihre Beziehungen mit Partnern auszuhandeln, können wir erwarten, dass sie auch fähiger und faktisch stärker inspiriert sein werden, ihre Beziehungen mit Kollegen, Führungskräften und Unternehmen in Verhandlungen aktiv zu gestalten.

Arbeit und häusliches Leben sind auch auf konkretere Weise eng miteinander verbunden. Wenn man für die Arbeit dauernd auf Reisen ist, wirkt sich das auf die Familie ebenso aus, wie wenn man sehr früh aus dem Haus geht und spätabends zurückkehrt. Und natürlich werden Entscheidungen darüber, wo man arbeiten will, auch mit Blick darauf getroffen, wie sie sich auf die Familie und die Beziehung zu ihr auswirken.

Wenn wir uns also ein realistisches Bild von der Zukunft der Arbeit machen wollen, müssen wir uns auch damit auseinandersetzen, wie sich das häusliche Leben und die Familie in den kommenden Jahrzehnten verändern werden.

Dieses Unternehmen ist weniger schwierig, als es auf den ersten Blick erscheint: Denn das »Haus« und die »Familie« haben schon seit der industriellen Revolution einen Wandel durchlaufen, der in vielerlei Hinsicht kommende Veränderungen ahnen lässt.

Rückblick in die Vergangenheit: Wandel in den Familienstrukturen

Um eine Vorstellung vom Ausmaß der zurückliegenden Veränderungen im Familienleben zu gewinnen, muss man im eigenen Stammbaum nur zwei Generationen zurückgehen. Stellen Sie sich die folgenden Fragen: Wir viele Kinder hatten meine Großeltern? Wie viele meine Eltern? Haben sie oder ihre Eltern sich scheiden lassen? Wie sieht die gegenwärtige Familienstruktur aus?

Was meine beiden Großmütter – Annie Evans und Minnie Stanwell – betrifft, so kamen beide aus Familien mit sieben Kindern. Der Erste Weltkrieg bedeutete eine Zäsur in ihrer Kindheit. Als Folge blieben in beiden Familien mehrere Schwestern ledig, weil ihre Verlobten im Krieg gefallen waren. Die Verheirateten brachten weniger Kinder zur Welt als ihre Eltern: Annie hatte zwei Kinder, darunter meine Mutter Barbara, während Minnie nur meinen Vater David gebar. Keines der Geschwister meiner Großeltern ließ sich scheiden. Zwar wurde bei uns über einige Ehen, die schwierige Phasen durchliefen, viel geklatscht, aber im Großen und Ganzen gingen die Familienmitglieder durch dick und dünn miteinander. Erst in meiner Generation begann sich die Familienstruktur aufzulösen. Von den vier Kindern meiner Eltern Barbara und David hielt nur eine Schwester ihrer ersten Beziehung die Treue. Die anderen drei ließen sich scheiden und gründeten neue Familien.

Vielleicht herrscht in den Ehen in Ihrer Familie mehr Beständigkeit. Falls dem so ist, dann gehören sie eher einer Minderheit an. In weiten Teilen der Welt sind Scheidungen inzwischen eher die Regel als die Ausnahme. Sogar in Ländern wie Indien, in denen Scheidungen oft noch verpönt sind, beginnen sich die traditionellen Vorstellungen vom Eheleben aufzulösen.

Schauen wir uns näher an, wie Rohan und Amon die Beziehungen zu den Mitgliedern ihrer Familien gestalten, insbesondere, wenn sie ihre tägliche Arbeit beendet haben. Wie die Mehrheit der Menschen 2025 leben beide in Metropolen, fernab ihrer Eltern und der Freunde aus ihrer Kindheit. 2025 ist die Größe der Familien, auch die in Indien, deutlich geschrumpft. Amon hat eine Schwester und Rohan einen älteren Bruder, der vor einigen Jahren nach Brasilien ausgewandert ist und dort ein Unternehmen im Internethandel gegründet hat. An Geburtstagen erscheinen sie zum Gratulieren in 3-D auf dem Bildschirm, haben sich aber seit Jahren nicht mehr real getroffen. Weder Amon noch Rohan wohnt in der Nähe der Eltern. Rohan hat ihnen und seiner Heimatstadt Jaipur den Rücken gekehrt, als er sein Studium an der Mumbai Medical School aufnahm. Auch Amon verließ seine Heimatstadt wegen seiner Ausbildung.

Wie Amon und Rohan geht es auf dem Globus vielen. Ihre Eltern leben weit von ihnen entfernt. Könnten sie nicht einfach zu ihren Söhnen ziehen? Die Frage führt zu einem weiteren Grund, warum Amon und Rohan ihre Eltern so selten sehen: Die ältere Generation spürt die Auswirkungen mehrerer demografischer Trends: Obwohl schon Ende der 60er/Anfang der 70er, arbeiten ihre Eltern in mehr oder weniger großem Umfang weiter und sind auch deshalb an ihren Standort Hunderte, ja Tausende Kilometer von den Söhnen entfernt gebunden. Rohans Eltern sind Mitte 60 und arbeiten beide Vollzeit. Seine Mutter unterrichtet an der örtlichen Grundschule, während sein Vater ein Familiengeschäft betreibt. Das Gleiche gilt für Amons Eltern. Sie haben sich in seiner Kindheit scheiden lassen. Seine Mutter ist in ihre Heimatstadt Luxor in Südägypten zurückgekehrt, während sein Vater zu seiner weitläufigen Familie in Kanada gezogen ist. Beide sind jetzt fast 70 Jahre alt, aber noch immer berufstätig.

Wenn Rohan seine Avatar-Station schließt und Amon seinen Computer ausschaltet, sind beide allein. Ihre Familien sind weit weg, wie auch die Arbeitskollegen und alten Freunde. Sie leben in Isolation mit ganz wenigen menschlichen Kontakten.

Ein echtes Problem, das sich aus dieser ständigen Erosion an realen (statt virtuellen) Beziehungen ergibt, könnte 2025 folglich darin bestehen, dass der positive Energiefluss vom häuslichen auf den Arbeitsbereich verebbt – und mit ihm die Widerstandsfähigkeit gegen arbeitsbedingten Stress. Ich glaube, wenn wir die Gesundheit und das Wohlbefinden Rohans und Amons unter die Lupe nähmen, würden wir auf Ängste und vielleicht sogar auf Depressionen stoßen.

Die Kräfte, die in die Isolation führten

Rohans und Amons Arbeitsleben wirken auf den ersten Blick interessant und sinnstiftend und sind es in vielerlei Hinsicht tatsächlich. Schauen wir allerdings unter die Oberfläche und betrachten ihre Tätigkeiten im Zusammenhang mit ihrem gesamten Leben, wird das Ausmaß der Mankos deutlich. Und dies betrifft nicht nur diese beiden. Wir können prognostizieren, dass auf der ganzen Welt Milliarden von Menschen ein Arbeitsleben in Isolation bestreiten werden. Wie kam es zu dieser Entwicklung?

Einige Hinweise dazu geben schon ihre Lebensgeschichten. Rohan und Amon leben in einer der vielen Megastädte der Welt von 2025. Wie Milliarden anderer in den letzten 100 Jahren wanderten sie aus ländlichen Gebieten in die urbanen Ballungsräume ab. Urbanisierung ist ein Faktor der Isolation. Als ein weiterer Hinweis sind bei beiden Familienmitglieder ausgewandert. Amons Vater ging nach Kanada, Rohans Bruder nach Brasilien. Der massenhafte Exodus spielte ebenfalls eine Rolle dabei, dass die für eine stabile Zwischenmenschlichkeit so wichtigen Familienbande zerrissen sind. Aber nicht nur die globalen Kräfte der Urbanisierung und Migration beeinflussten Rohans und Amons Leben. Ebenfalls eine Rolle spielen die steigenden Kosten von Elektrizität und Treibstoff. Zwei Jahrzehnte zuvor wäre Rohan noch persönlich zu den Kollegen nach China geflogen, und Amon hätte seine Auftraggeber in Brasilien besucht. Aber inzwischen sind die ökologischen Kosten des Kohlendioxidausstoßes in den Blickwinkel gerückt. Mit dem Siegeszug der virtuellen Technologien bleiben beide so lieber zu Hause, anstatt zu pendeln oder zu anderen zu fliegen.

Aber in der Erwerbsgesellschaft von 2025 hat sich ein noch tieferer Wandel vollzogen, wie sich an den Lebensgeschichten Rohans und Amons ablesen lässt. Als wohl auffälligstes Kennzeichen trat an die Stelle der traditionellen Familienstruktur, mit der Rohans und Amons Großeltern aufwuchsen, eine neue, in der Scheidungen eine weitaus größere Rolle spielen. Amons Eltern hatten sich scheiden lassen. Sein Vater hat in Kanada erneut geheiratet, sodass er nun drei Stiefgeschwister in Toronto hat. Aber der Umbruch geht tiefer. Ein Teil der Einsamkeit und Isolation von Rohan und Amon ist wohl der Tatsache geschuldet, dass sie Mitglieder einer globalen Gesellschaft sind, in der allenthalben Misstrauen herrscht. Amon kennt das zynische Gebaren in der Welt des großen Geschäfts und hat sich unter anderem deshalb für die Selbständigkeit entschieden – um nicht den »Bonzen« die Taschen zu füllen. Rohan arbeitet als Arzt zwar in dem Beruf, der in der Welt am meisten Vertrauen genießt, misstraut aber wie Amon den staatlichen Stellen und sorgt sich um Korruption und Filz.

Ein weiteres generell verbreitetes Gefühl in den Gesellschaften, in denen Rohan und Amon leben, ist tiefe Unzufriedenheit. Rohan stellt sie an seinen Patienten fest, und Amon kennt selbst die stille Verzweiflung, die ihn manchmal befällt. Viele Forscher fragen sich nach den Ursachen des allgemeinen Unbehagens, wobei als ein Grund darauf verwiesen wurde, dass in der Freizeit zu viel Fernsehen konsumiert wird.

Diese Zutaten ergeben zusammen ein besonders wirkungsvolles Rezept für ein Leben in Isolation. Der Faktor Globalisierung steuert die Zutaten Urbanisierung und globale Migration bei. Vom Faktor Kohlendioxid und natürliche Ressourcen stammen als Zutat die steigenden Energiekosten, die das Reisen erschweren und Anreize zu virtueller Arbeit setzen. Der Faktor Demografie sorgt mit für die Umstrukturierung der Familie, durch die viele natürliche Bindungen zerreißen, die gegen Einsamkeit feien. Und schließlich steuert der Faktor Gesellschaft drei Zutaten bei: ein schwindendes Vertrauen, einen Schwund an Zufriedenheit und vermehrten Fernsehkonsum. Dieses toxische Gebräu könnte bis 2025 Milliarden Menschen ein Leben und Arbeitsleben in der Isolation bescheren.

Faktor Globalisierung: Die Welt wird städtisch

Ein besonders wichtiger Antrieb bei der Ausbreitung der Isolation war das explosive Wachstum der Städte und urbanen Ballungsräume überall auf der Welt. Im Jahr 1800 lebten ganze drei Prozent der Weltbevölkerung in Stadtgebieten. Bis 1900 stieg dieser Anteil auf 14 Prozent. Aber schon bis 1950, als die Babyboomer zur Welt kamen, kletterte er auf 30 Prozent. Im Verlauf nur weniger Jahrzehnte wuchs er auf außergewöhnliche 50 Prozent an. Und bis jetzt deutet nichts auf ein Nachlassen dieses Trends hin. 2010 lebten in vielen westlichen Ländern bereits über 75 Prozent der Bevölkerung in städtischen Räumen.

Das städtische und das ländliche Leben prägen verschiedene Arten von Gemeinschaften und Rhythmen. Mitte des 19. Jahrhunderts lebten die meisten Menschen in Europa und Amerika auf dem Land auf kleinen Bauernhöfen oder in Dörfern. Die typische Familie erzeugte einen Teil ihrer Nahrungsmittel selbst, hielt Vieh und tauschte Überschüsse auf dem Markt gegen Waren ein, die sie selbst nicht herstellte. Vielleicht sind Sie wie ich begeistert von den Romanen von Jane Austen oder Henry James, die ein lebendiges Bild der Enge und Geborgenheit des Lebens im 19. Jahrhundert geben. Jane Austens Emma und Henry James' Isabel kommen gelegentlich sogar in die Stadt. Dabei sei allerdings daran erinnert, dass in den 1860er-Jahren London noch 3189000, New York 813000 und Boston 177000 Einwohner hatten. Und wären diese Protagonistinnen auf Entdeckungsreise gegangen, wären sie auf ein Bombay oder Schanghai gestoßen, in dem nur ungefähr 600000 beziehungsweise 700000 Menschen lebten.

In der westlichen Welt änderte sich dies um 1870, als eine Fülle von Innovationen beim Transport, der Erzeugung von Energie und der Massenfabrikation ein bemerkenswertes industrielles Wachstum generierte, das die Menschen in die Städte zog. Als große Chronisten dieser Wanderungsbewegung beschrieben Charles Dickens in Großbritannien und Émile Zola in Frankreich die damalige Aufbruchsstimmung mitsamt dem sich ausweitenden Elend. Zwischen 1870 und 1900 verdreifachte sich New Yorks Bevölkerung von 942000 auf 3,4 Millionen Menschen. Die Londoner Einwohnerschaft verdoppelte sich von 3,841 Millionen auf 6,507 Millionen Menschen. In Asien wuchs Bombay (das heutige Mumbai) von 645000 auf 813000 und Schanghai von 600000 auf ungefähr eine Million Einwohner an. Im Jahr 2008 neigte sich die Waage von einer bislang mehrheitlich ländlichen zu einer mehrheitlich städtischen Weltbevölkerung. Schätzungen zufolge soll die Anzahl der Einwohner städtischer Regionen bis 2030 auf fast fünf Milliarden steigen.[9] In China hielten sich die städtische und die ländliche Bevölkerung 2010 noch ungefähr die Waage, während der 54-prozentige Anteil im ländlichen China natürlich einen deutlich geringeren Beitrag zum Bruttoinlandsprodukt leistete.

Die Abwanderung in die Städte bedeutet für immer mehr Menschen eine Entwurzelung. Sie leben in Metropolen, in denen sie fast nur von Fremden umgeben sind, und dies oft in Stadtvierteln weitgehend ohne Gemeinsinn und ohne gemeinschaftliche Aktivitäten. Diese Entwurzelung führt in eine Isolation, die allerdings nicht nur durch die Abwanderung in Städte entsteht. Auch andere Migrationsmuster prägen unser Verhältnis zur Arbeit und zu unserem Arbeitsumfeld.

Faktor Demografie: Die globale Migration steigt

Die Isolation, die viele Beschäftigte 2025 spüren, entstand aus der Entwurzelung von Familien und Gemeinschaften. Menschen wandern besseren Arbeitsmöglichkeiten nach oder fliehen vor Kriegen und Naturkatastrophen. Wanderbewegungen gibt es natürlich schon seit 600 000 Jahren, als erstmals Vertreter der Spezies Homo sapiens von Afrika aus durch Eurasien zogen. Seither machten sich Menschen immer wieder auf den Weg, um neue Siedlungsräume zu erschließen, bestehende zu erobern oder sich anderen anzuschließen.[10] Seit dieser Zeit hat sich das Tempo der Migration als Folge der wirtschaftlichen und technischen Entwicklungen beschleunigt. Große Wirtschaftsvorhaben spielen dabei oft eine ebenso große Rolle wie politische oder ökologische Krisen. Die Bildung von Kolonien in der Antike, der transatlantische Sklavenhandel und die Massenauswanderung von Europa in die Neue Welt trugen alle bedeutend zur gegenwärtigen Verbreitung kultureller Einflüsse über den Globus bei. Auch wenn die Richtungen und Stärken künftiger Migrantenströme nicht vorhersagbar sind, so können wir prognostizieren, dass Wanderbewegungen zunehmen werden. Die tatsächliche Größenordnung wird von Umweltkatastrophen (steigende Meeresspiegel, verheerende Erdbeben, Dürrekatastrophen), von politischen Faktoren (Kriege) und technischen Entwicklungen (Erfindungen, die Arbeitsplätze wegrationalisieren) abhängen.

Dabei spielt die grenzüberschreitende Migration eine bedeutende Rolle. So wanderten 1965 beispielsweise 2,5 Prozent der Weltbevölkerung (um 75 Millionen Menschen) in ein anderes Land aus. 2010 waren es bereits drei Prozent der Weltbevölkerung – in realen Zahlen um die 214 Millionen Menschen.[11] Und dieser Trend soll den Erwartungen nach anhalten, da der Anteil an Migranten an der Weltbevölkerung weiter steigt. Die Wanderbewegungen innerhalb von Landesgrenzen, so vom Land in die Städte oder von einer Stadt in die andere, hatten im letzten Jahrhundert eine noch größere Bedeutung. 2010 wanderten über 740 Millionen Menschen innerhalb ihres Landes ab, also fast viermal so viele, wie in einen anderen Staat auswanderten.[12] Auch nimmt Migration mit steigendem Wohlstand einer Nation zu. So sind die Menschen in einigen Ländern zum Abwandern schlicht zu arm. 2009 lebten zum Beispiel nur ein Prozent der Afrikaner in Europa und nur drei Prozent in einem Land, in dem sie nicht geboren worden waren.[13] Aber sobald sich ein Land entwickelt, entdeckt ein Großteil der Bevölkerung, dass er die Möglichkeit hat, sich auswärts nach besseren Lebensbedingungen umzusehen. 2009 nahmen beispielsweise 95 000 Menschen aus den Philippinen im Ausland Arbeit als Hausangestellte oder Pflegekräfte an.[14]

Zu erwarten ist zudem die Abwanderung der qualifiziertesten und klügsten Köpfe in diejenigen Regionen, in denen die bedeutendsten Talentpools der Welt entstehen. Einige werden sich dafür entscheiden, ihre Fähigkeiten im eigenen Land einzusetzen, sofern es dort Kreativcluster oder produktive Regionen gibt, in denen Einkommen für einen hohen Lebensstandard locken. Andere entscheiden sich für eine Beschäftigung in Schwellenländern, um dort kurzzeitig Auslandserfahrung zu sammeln. Und wieder andere werden sich zu echten Weltbürgern entwickeln und je nachdem, wo sich gerade die besten Berufs- oder Investitionschancen bieten, jederzeit ungebunden den Standort wechseln.

Faktor Energieressourcen:
Die Energiepreise steigen

In einer vernetzten und globalisierten Welt könnte man erwarten, dass Menschen weniger isoliert seien, da sie sich einfach ans Steuer setzen oder in ein Flugzeug steigen, wenn sie Freunde und Kollegen sehen wollen. Allerdings deuten die gegenwärtigen Hochrechnungen zur Verfügbarkeit und den Kosten von Treibstoffen darauf hin, dass die Energiepreise deutlich steigen werden – wahrscheinlich so sehr, dass die bislang üblichen Reisen nicht mehr bezahlbar sind. Unter anderem aus diesem Grund arbeitet Jill, anstatt zu pendeln, lieber gelegentlich in einer lokalen Bürozentrale, während Amon und Rohan eine virtuelle Zusammenarbeit mit Kollegen in anderen Ländern bevorzugen, anstatt zu einem Treffen mit ihnen nach China oder Brasilien zu fliegen.

Der weltweite Energiehunger steigt bereits seit der Zeit der industriellen Revolution. Tatsächlich ist die verbrauchte Menge an Energie pro Kopf schon zwischen 1750 und 1900 so stark gestiegen wie in den gesamten 1000 Jahren zuvor. Der heutige Erdenbürger konsumiert mehr als dreimal so viel Energie wie der am Ende des zehnten Jahrhunderts.[15] Dabei ist nicht nur der individuelle Energieverbrauch, sondern auch die Größe der Weltbevölkerung dramatisch gestiegen. Durch die Kombination dieser beiden exponentiellen Faktoren, einen wachsenden Energieverbrauch pro Person und eine wachsende Bevölkerung, hat der Energieverbrauch der Welt explosionsartig zugenommen, und nichts deutet darauf hin, dass sich dieser Trend verlangsamen wird. Im Gegenteil wird er sich weiter beschleunigen.[16]

Im 20. Jahrhundert wurde gewaltig in den Aufbau von Volkswirtschaften investiert, die sich aus der Nutzung fossiler Energieträger speisen. Klar ist, dass eine Abkehr von dieser lange betriebenen fossilen Energiewirtschaft trotz der gewaltigen Herausforderungen unvermeidlich ist. Zunächst einmal sind Erdölreserven endlich, sodass die Nachfrage zusehends schneller als das Angebot wachsen wird. Zweitens sind die verheerenden Folgen der Nutzung fossiler Energien für die Umwelt 2010 in Kreisen der Wissenschaft und weithin auch außerhalb hinlänglich bekannt. Und drittens verursachte das Energieversorgungssystem schon 2010 bedeutende Störungen in der Wirtschaftstätigkeit, gerieten seinetwegen doch insbesondere die Entwicklungsländer finanziell und politisch unter Druck. Staaten, denen leistungsfähige Institutionen fehlen, um Schwankungen der Ölpreise auszugleichen und sich gegen Lieferengpässe zu wappnen, müssen sich darauf gefasst machen, dass die Preise für Lebensmittel, Dünger und Transporte häufig unerwartet stark steigen werden.[17]

So leben Rohan, Jill und Amon in einer Welt, die ihren Bedarf an fossilen Energien immer schwerer decken kann. Die Vorräte an Kohle, Gas und Öl sind begrenzt. Schon 2005 hatte der Ölriese Exxon Mobil darauf hingewiesen, dass alle leicht zu erschließenden Öl- und Gasreserven bereits entdeckt seien und es in Zukunft deutlich schwieriger würde, die Versorgung zu sichern.[18] Die genauen Restmengen sind zwar nicht vollständig bekannt, aber mehrere Schätzungen von 2009 sprechen dafür, dass die verfügbaren Öl- und Gasreserven bis 2042 und die für Kohle bis 2112 zur Neige gehen werden.[19]

Angesichts von immer weniger neu entdeckten Lagerstätten fossiler Energieträger überholte um 2015 die Nachfrage nach Öl das Angebot.[20] So wurde zwischen 2015 und 2020 die Phase des globalen Ölfördermaximums *(peak oil)* erreicht, an die sich eine Zeit des endgültigen Förderrückgangs anschloss. Mit den schwindenden Reserven und den steigenden Förderkosten stiegen unweigerlich auch die Kosten für Energie. Die tatsächlichen Kosten sind allerdings nur unzuverlässig vorherzusagen,[21] da sie von der Politik der Ölförderländer und von der Wirtschaftsentwicklung abhängen.[22]

In die Höhe getrieben wurden die Preise bis 2025 auch dadurch, dass die Schwellenländer, einschließlich der wachsenden Bevölkerungen Chinas und Indiens, in die energieintensivste Phase ihres Wirtschaftswachstums eintraten. Länder wie Großbritannien und die Vereinigten Staaten hatten diese bereits in der Zeit nach der industriellen Revolution durchlaufen. Bei der Industrialisierung bauten China und Indien immer komplexere Infrastrukturen auf und erweiterten ihre Transportsysteme.

Dies hatte bedeutende Auswirkungen auf den Verbrauch fossiler Energieträger, kommen diese doch vor allem im Bereich Verkehr zum Einsatz. 2010 wurden neun von zehn Barrels geförderten Rohöls zu Treibstoff wie Benzin und Diesel verarbeitet. Für die Zeit zwischen 2010 und 2040 sollen Schätzungen zufolge die Autos in Schwellenländern wie China und Indien drei Viertel der neu zugelassenen Wagen weltweit stellen. Fahrzeuge wie der Nano von Tata Motors – der »Wagen für 100 000 Rupien« –, der 2010 umgerechnet circa 2500 Dollar kostete, hatten das Potenzial, Hunderte von Millionen Menschen zu Autobesitzern zu machen. Die Industrialisierung schafft in China und Indien Bedarfe nach Kühlschränken, Fernsehgeräten und Klimaanlagen. Angesichts wachsender Konsumbedürfnisse und einer immer erschwinglicheren modernen Technik werden mehr und mehr Konsumenten in das globale System des Energieverbrauchs einbezogen.[23]

Als ein Ergebnis rückte die Verringerung des CO_2-Ausstoßes in den Fokus, um unnötigen Energieverbrauch zu begrenzen. Erreicht wurde dies hauptsächlich durch ein vermehrtes Arbeiten im virtuellen Raum und die Ausweitung der elektronischen Kommunikation. Schon 2010 verfügten über 75 Prozent der amerikanischen und britischen Haushalte über einen Zugang zum Internet, sodass deren Bewohner theoretisch von zu Hause aus arbeiten konnten. In Jills Großbritannien mit seiner Erwerbsbevölkerung von 29 Millionen Menschen[24] brachten 2010 noch Pendler über 20 Millionen Stunden pro Tag damit zu, zur Arbeit und zurück zu kommen, womit sie durchschnittlich knapp eine Stunde ihrer Zeit verloren.

Daraus ergibt sich ein Produktivitätsausfall im Wert von über 266 Millionen Pfund pro Tag.[25]

Faktor Gesellschaft: Familien werden neu strukturiert

Aber nicht nur der Umzug in die Anonymität der Städte schlägt zu Buche. Auch die Entwurzelung von Gemeinschaften und hohe Kosten des Reisens schufen Isolation. Ein weiterer Faktor für die Vereinzelung in diesen Lebensgeschichten sind Veränderungen in den Familienstrukturen. Auf der ganzen Welt haben die Art der Beziehungen und die Familienstrukturen einen dramatischen Wandel durchlaufen. Mit wenigen nennenswerten Ausnahmen sind die Familien kleiner geworden. Selbst in Regionen, in denen die Großfamilie traditionell dominierte, herrscht der Trend hin zu kleineren Familienverbänden. In Bangladesch beispielsweise ist die Geburtenrate von 6,8 Kindern pro Frau in nur 50 Jahren auf 2,7 abgesunken. Diese Familien bestehen selten einfach nur aus Mutter, Vater und einigen Kindern. An ihrer Stelle stehen kompliziertere, verschachtelte Gebilde, die sich aus mehreren Ehen, mehreren Familien und mehrfach erweiterten Familien zusammensetzen.

Der Zusammenbruch der traditionellen Familie wurde in der Generation X am deutlichsten spürbar. Ihre Mitglieder sind 2010 ungefähr Mitte 40 2025 werden sie Anfang 60 sein. Sie steuern also auf den Höhepunkt ihrer Erwerbskraft zu. Diese Generation wuchs in einer Zeit wirtschaftlicher Unsicherheiten auf. Sie erlebte den Vietnamkrieg, die Ölkrise von 1973, den Fall der Berliner Mauer, die Dotcom-Blase und die Krise um die Geiselnahme im Iran mit. All dies hat ihre Erwartungen an eine langfristige Bindung zwischen Beschäftigten und Arbeitgebern mit verringert.[26] Und diese Generation erlebte vermehrt die Scheidung von Eltern mit. 1950 endeten 26 Prozent der Ehen in den USA in der Scheidung. Bis 1980 stieg dieser Anteil bereits auf 48 Prozent.[27]

Dies wirkt sich natürlich auf den Grad der Vereinzelung aus, hat aber weitere, ebenso tief greifende Folgen. Für den Soziologen Anthony Giddens handelt es sich »hier um einen fundamentalen Bruch in der generellen Ethik der persönlichen Lebensgestaltung [...]. Wie die Geschlechtsidentität wurde die Verwandtschaft lange als naturgegeben angesehen, als Zusammenhang von Rechten und Verpflichtungen, die durch biologische und eheliche Bindungen hergestellt wurden.«[28]

In einer Trennungs- und Scheidungsgesellschaft bringt die Kernfamilie eine Vielfalt neuer Verwandtschaftsverhältnisse hervor, durch die neue Familienkonstellationen entstehen. Dennoch hat sich das Wesen dieser Bindungen geändert, insofern, als sie heute nicht mehr als gegeben vorausgesetzt sind, sondern ausgehandelt werden. [...] Die Menschen müssen es sich heutzutage erarbeiten, wie sie mit Verwandten umgehen, und sie schaffen dadurch eine neue Ethik des Alltags.

An die Stelle der traditionellen Familie treten immer kompliziertere Gefüge, in denen die Beziehungen ausgehandelt und akzeptiert werden müssen. Und so, wie sich die Beziehungen zwischen Familienmitgliedern veränderten, durchliefen auch die zwischen Gemeinschaften und Institutionen einen Wandel, da das Vertrauen in sie und den Staat überhaupt vielfach geschwunden ist.

Faktor Gesellschaft: wachsendes Misstrauen in Institutionen

Ein Weg in die Isolation ist das Gefühl des Misstrauens. Wir bekommen leichter Kontakt und Anschluss, wenn wir den Menschen und der Gemeinschaft um uns herum vertrauen, und schwerer, wenn wir ihnen misstrauen. Bei Vertrauen geht es nicht einfach darum, ob man jemanden oder eine Institution mag. Vertrauen ist eine deutlich aktivere Haltung, die auf unseren Erwartungen für die Zukunft basiert. Wir vertrauen Menschen, Institutionen oder Marken, weil wir glauben, dass sie unsere Erwartungen erfüllen werden. Man kann einen Freund, der witzig und eine Stimmungskanone für eine Party ist, wirklich gerne mögen, ihm aber trotzdem nicht vertrauen, weil man weiß, dass er wahrscheinlich zu spät kommt, obwohl man ihn um Pünktlichkeit gebeten hat, oder weil er eine Aufgabe, die man mit ihm in Angriff genommen hat, wahrscheinlich nicht richtig erfüllt. Und ebenso wichtig ist Vertrauen in eine Gemeinschaft oder Gesellschaften, weil es gleichsam als das Schmiermittel wirkt, das Reibungsverluste im täglichen Umgang vermindert.

Worauf und wem wir vertrauen, ist eine täglich neu zu treffende wichtige Entscheidung. Vertrauen weist uns den Weg aus der Ungewissheit. Wenn Sie nicht einschätzen können, was geschehen wird, können Sie keine Pläne machen. Je entschlossener Ihre Pläne sind, desto größer muss das Vertrauen sein und umgekehrt. Vertrauen gibt uns eine Vision von der Zukunft. Es erleichtert Beziehungen, vereinfacht den Austausch von Wissen und ist für Kooperation unabdingbar. Vertrauen macht Dinge vorhersagbar, bringt Menschen zusammen und unterstützt die Zusammenarbeit. Es ist wohl eines der kostbarsten Güter, die eine Gemeinschaft oder Organisation besitzen kann.

Die physische Isolation, bedingt durch die Abwanderung in die Städte, durch vermehrte Migration und den Zusammenbruch der Familie hat auch eine psychische Isolation herbeigeführt. Die Isolation, die aus den beschriebenen Alltagsszenarien spricht, ist auch das Ergebnis eines geschwundenen Vertrauens in andere und in Gemeinschaften.

Jahr um Jahr zeigten immer neue Erhebungen, dass das Vertrauen in Politiker, Richter und Unternehmer zurückgegangen ist. So stellte eine Studie des Weltwirtschaftsforums von Davos 2009 fest, dass Führungsfiguren nur noch ein geringes Vertrauen genießen, Tendenz weiter fallend. Auf die Frage, ob sie Führern vertrauten, antworteten 41 Prozent der Befragten, dass sie religiösen Führer »viel Vertrauen« oder »einiges Vertrauen« entgegenbrächten. Bei den Führern in Westeuropa waren es 36 Prozent, bei den Wirtschaftskapitänen weltweit ebenfalls 36 Prozent, bei den Führern multinationaler Konzerne 33 Prozent und bei den Führungsfiguren in den USA 27 Prozent. Auf die Frage, ob das Vertrauen ihrer Ansicht nach größer geworden, gleich geblieben oder geringer geworden sei, antworteten 40 Prozent, es sei gleich geblieben, und 40 Prozent, es sei geringer geworden.[29] Aber während Führungen und Institutionen auf Argwohn stoßen, genießen einige Berufsgruppen durchaus Vertrauen. So gaben in einer Studie von 2009 74 Prozent der Befragten an, sie vertrauten Ärzten »sehr« und 68 Prozent, sie vertrauten Lehrern »sehr«.

Es gibt keine Anhaltspunkte dafür, dass der Vertrauensverlust von Institutionen darauf zurückgeht, dass Politiker oder Wirtschaftskapitäne korrupter seien als in der Vergangenheit. Fraglos gab es schon immer Politiker, die sich schäbig verhielten, oder Unternehmer, die ihre Mitarbeiter schändlich im Stich ließen. Sicher ist indes, dass für den gegenwärtigen Schwund an Vertrauen auch andere Faktoren verantwortlich sind und es in Zukunft sein werden.

Der erkennbarste Faktor ist die Transparenz. Der Ruf eines Politikers oder einer Führungskraft entsteht aus einer Menge an Informationen, die aus unendlich vielen Ereignissen und Handlungen im Zusammenhang mit ihnen herausgefiltert wurden. Bei diesem Filtern, bei dem Akzente gesetzt werden, kommt den Medien die

Schlüsselrolle zu. Man erinnere sich nur an die über Wochen laufende Berichterstattung des *Daily Telegraph* 2009 zu der korrupten und skandalösen Praxis bei den Spesenabrechnungen britischer Politiker. Die Berichte gingen um die ganze Welt, wurden immer wieder aufgegriffen und sorgten schließlich für eine Erosion des öffentlichen Vertrauens in die britische Regierung. Eine wachsende Rolle bei der Verbreitung schlechter Nachrichten spielen ebenso soziale Foren. Blogs, YouTube, Twitter und Facebook stellen bei Fehlverhalten binnen Nanosekunden Unternehmer oder Regierungen an den Pranger. Ich erinnere mich, wie die Fast-Food-Kette Domino's Pizza erfahren musste, wie teuer Transparenz werden kann: Einem Millionenpublikum zeigte YouTube ein Video, in dem Angestellte vorführten, wie ekelerregend man mit Lebensmittelprodukten umgehen kann. Ein ähnliches PR-Desaster erlebte auch Nestlé, als ihre Fan-Seite kurzerhand zu einem Forum umgewandelt wurde, auf dem Umweltaktivisten ihrem Ärger über den Konzern Luft machten und entstellte Nestlé-Logos und Videos mit moralischen Angriffen hochluden. Solche »Twitstorms« können selbst die geschicktesten PR-Agenturen in die Knie zwingen. Gegen sie vorzugehen oder sie zum Schweigen zu bringen, kann Millionen Dollar kosten.

Gleichzeitig hat eine Rekordanzahl an Pleiten – zumeist die sehr bekannter Firmen – die Volksseelen überall auf der Welt erschüttert: die Royal Bank of Scotland, Kmart, United Airlines, Lehman Brothers, General Motors und Chrysler. Ebenso vertrauenerschütternd ist die scheinbar endlose Litanei um Unternehmensskandale, bei denen Enron mit seinem Sündenregister wohl den unrühmlichen Spitzenplatz besetzt. Wir vertrauen Unternehmen, wenn sie eher informieren als schweigen (Enron fälschte kräftig seine Bilanzen), wenn sie ihre Interessen deutlich machen (bei Enron gab es massive Interessenkonflikte) und wenn sie für ihre Handlungen geradestehen. Dass Rohan und Amon in ihren Ländern Unternehmen und Regierungen mit mehr Misstrauen begegnen, hängt auch damit zusammen, dass ihre Presse und sozialen Foren den Mächtigen genauer auf die Finger schauen und die Aktivitäten von Organisationen immer wachsamer begleiten.

Der Vertrauensverlust ist auch auf den Schwund an Gemeinschaft zurückzuführen. Die immer größere Beziehungsarmut, die dadurch zustande kam, dass ehemals gemeinsam betriebene Aktivitäten wie die in Orts- und Sportvereinen zusehends an Bedeutung verloren, hat das Vertrauen in das unmittelbare Umfeld unterminiert, das auch das Vertrauen in das globale Umfeld stützt.[30]

Der Vertrauensschwund ist ebenso das Ergebnis der immer kurzfristigeren Natur vertraglicher Arbeit. Jill arbeitet als Teilzeitkraft für einen multinationalen Konzern. Rohan ist gleichzeitig beim Wockhardt Hospital in Mumbai und beim St. Michael Hospital in Schanghai angestellt. Und Amon ist Freiberufler. Die Vielfalt ihrer Arbeitsformen spiegelt den wachsenden Anteil an Arbeit wider, der kurzfristig läuft, weniger planbar und stärker am Markt orientiert ist. Während Arbeit immer flexibler gestaltet wird, wird es für Arbeitgeber immer einfacher, gegen Arbeitsverträge zu verstoßen. Jill und Amon kennen haufenweise Geschichten von Beschäftigten, denen eine Ausbildung, eine Beförderung, eine sichere Anstellung oder Betreuung und Unterstützung versprochen wurde, die sie dann nie erhielten. Viele landeten schon Monate nach Abschluss des Vertrages wieder auf der Straße.[31] Diese Entwicklung spiegelt den Bruch mit dem stillschweigenden traditionellen »Eltern-Kind-Vertrag« wider, mit dem Arbeitgeber eine gewisse Fürsorgepflicht gegenüber den Arbeitnehmern anerkannten. Falls es diese Art Vertrag tatsächlich je gab, so haben ihn die Stellenstreichungen in den 1980er- und 1990er-Jahren vollends außer Kraft gesetzt. Immer mehr Beschäftigte auf der ganzen Welt müssen erkennen, dass sie allein auf sich selbst gestellt sind, wenn sie verlässliche Weichen für ihre Berufslaufbahnen stellen wollen.

Obwohl zahllose nationale, internationale und von Konzernen durchgeführte Studien zeigen, dass das Vertrauen der Menschen in Institutionen schwindet, ergibt sich aber ein widersprüchliches Bild. Wir behaupten zwar, dass wir Unternehmen und Institutionen nicht vertrauen, essen aber ihre Produkte, trinken Wasser, das sie in unsere Leitungen einspeisen, und benutzen die Straßen, die sie teeren. Wir geben ihnen sogar unsere Kreditkartendaten, wenn wir am Telefon mit ihnen reden. Während wir Führungskräften mit Misstrauen begegnen, spricht unser Verhalten eher für ein robustes Vertrauen in die Unternehmen und Institutionen, die dafür sorgen, dass wir unser Alltagsleben materiell bestreiten können.

Faktor Gesellschaft: der Schwund des Glücks

Wer Regierungen und Institutionen misstraut, fühlt sich leichter iso-liert. Und das ist auch dann der Fall, wenn man sich unglücklich fühlt. In einem Großteil der industrialisierten Welt ist ein kontinuier-licher Rückgang an Glück zu verzeichnen. Natürlich ist dieser Begriff so subjektiv und facettenreich wie der des Vertrauens. Wäh-rend Vertrauen sozusagen unser Verhältnis zu anderen beschreibt, beschreibt Glück unser Verhältnis zu uns selbst. So wie Vertrauen den Schmierstoff im täglichen Umfang mit anderen bildet, sorgt Glück für eine reibungslose Bewältigung des Alltagslebens.

In den 1990er-Jahren fand der Politikforscher Robert Lane[32] her-aus, dass das Glück in vielen Ländern, die sich wirtschaftlich weiter-entwickelten, im vorangegangenen Jahrzehnt zurückgegangen ist, wobei er einfache »Glückskriterien« angesetzt hat: So sank in den USA zwischen 1972 und 1994 beispielsweise der Anteil derer, die sich als »sehr glücklich« bezeichneten, von 35 auf 30 Prozent ab. Der Anteil derer, die sich als »sehr glücklich verheiratet«, als »sehr zufrieden« mit ihrer Arbeit und als zufrieden mit der Stadt oder dem Ort ihres Lebensmittelpunkts bezeichneten, sank in diesen beiden Jahrzehnten ebenfalls. Gleichzeitig waren in vielen entwickelten Ländern Depressionen auf dem Vormarsch. So verdoppelte sich in den Jahren zwischen 1970 und 1990 in zahlreichen Ländern die Anzahl der Selbstmorde bei Erwachsenen.

Interessanterweise scheint sich das Glück im Verhältnis zum Wirtschaftswachstum eines Landes auf einer krummen Linie zu entwickeln. Die Menschen werden mit wachsendem Bruttoinlands-produkt glücklicher. Aber ab einer gewissen Höhe des BIP greift das Gesetz der abnehmenden Erträge. Arm sein heißt in vielen Ländern der Welt unglücklich sein, während reich sein in vielen entwickelten Ländern nicht unbedingt glücklicher sein bedeutet. Offenbar spielt sich in vielen fortschrittlichen Gesellschaften das ab, was die Psy-chologen Philip Brickman und Donald T Campbell als »hedonisti-sche Tretmühle« bezeichnen.[33] Einfach gefasst wachsen mit dem Einkommen auch die Bedürfnisse und Ansprüche, sodass kein noch so großer Zuwachs an Einkommen mehr Glück erzeugen kann.

Dieser wahrgenommene Glücksverlust spielt für unsere künftigen
Lebens- und Arbeitsweisen eine bedeutende Rolle. Anhand der dritten zukunftssichernden Neuorientierung – die vom unersättlichen
Konsumenten zum begeisterten Produzenten – betrachten wir eingehend, welche Rolle Zufriedenheit bei der Arbeit spielt und wie wir
sicherstellen können, dass unsere künftige Arbeit Zufriedenheit und
Glück spendet. Vorerst befassen wir uns mit einem der wichtigsten
Aspekte, die für den Niedergang des Glücks verantwortlich gemacht
wurden: das veränderte Freizeitverhalten.

Faktor Gesellschaft: Passives Freizeitverhalten nimmt zu

In den letzten 50 Jahren hat sich die Art unseres Warenkonsums
ebenso verändert wie unsere Zeitnutzung. Und den Erwartungen
nach wird dieser Wandel in den kommenden Jahrzenten anhalten.
Vor der Massenbewegung der Bevölkerung in die Fabriken und
Städte herrschte ein Landleben vor, das hauptsächlich vom Wechsel
der Jahreszeiten, den Bedürfnissen des Viehs und der Arbeit auf den
Höfen bestimmt wurde. Sonntag war zumeist Ruhetag, während die
übrige Zeit meistens gearbeitet und gelebt wurde. Erst mit der
Industrialisierung gab es bei den Stunden, Tagen und Wochen eine
klarere Trennung zwischen Arbeits- und Freizeit.

Das andere wichtige Thema Zeitnutzung in den letzten fünf Jahrzehnten – es wird sicher auch in den kommenden beiden Dekaden
von Interesse sein – ist die Ausweitung der Freizeit. Ab den 1950er-
Jahren gehörte die Freizeit zu den Erwartungen, die man an seinen
Arbeitsplatz stellte, und damit die Vorstellung vom »Wochenende«,
das man neuerdings zu Freizeitaktivitäten wie Sport, Tanz oder
einem Vereinsleben nutzen konnte.[34]

Würde man Jill, Rohan und Amon nach ihren Freizeitaktivitäten
befragen, bekäme man wohl zur Antwort, dass sie meistens vor dem
Fernseher sitzen. Darin sind sie nicht allein: Überall auf der Welt
wurde Freizeit in einem immer größeren Maß mit Fernsehen ausge-
füllt. Der Medienexperte Clay Shirky gibt dazu folgende mögliche
Erklärung:[35] 1750 schwappte vor dem Hintergrund eines rasanten

Bevölkerungswachstums und des Drucks der Urbanisierung der Gin-Wahn über London hinweg. Überall in der Stadt schütteten die Menschen Gin in sich hinein, und wer sich kein ganzes Glas leisten konnte, kaufte sich mit Gin getränkte Lappen. Um ihren Rausch auszuschlafen, konnten die Zecher mit Stroh bedeckte Pritschen mieten. Den Grund dafür, dass die Menschen massenhaft zur Flasche griffen, macht Shirky in den unvertrauten und bisweilen gnadenlos anonymen Lebensumständen aus, in denen Alkohol zum Schmierstoff für Geselligkeit wurde. Er hielt notdürftig eine Art Gemeinschaft zusammen. In den gesellschaftlichen Veränderungen, die wir in den beiden letzten Jahrzehnten beobachtet haben, bildet anstelle von Gin Fernsehkonsum für viele eine Art Plattform für Gemeinsamkeit. Die Sitcoms, Seifenopern, Kostümdramen und mannigfaltigen übrigen TV-Unterhaltungssendungen absorbieren inzwischen den Löwenanteil der Freizeit, über die Bürger in der entwickelten Welt verfugen. 2009 konsumierte jeder in den entwickelten Ländern der Welt pro Woche über 20 Stunden Fernsehen. In gewisser Weise ist TV für die meisten Bürger in der industrialisierten Welt zu einem Teilzeitjob geworden.

War Freizeit ursprünglich wohl eher als Freiraum für Gemeinschaftsaktivitäten wie »Sport, Tanz und Vereinsleben« konzipiert, so entwickelte sie sich in der Realität so, wie der Soziologe Robert Putman es treffend fasste: Die Bevölkerung spielte gewiss in den USA »allein Bowling«.[36] Bis 2010 war deutlich geworden, dass der Fernsehkonsum eine zentrale Rolle dabei gespielt hatte, Gemeinschaftsaktivitäten wie Bowling in der Gemeinde zu verdrängen und sie durch eine solitäre Freizeitgestaltung zu ersetzen. Die allgemeine Isolation, die schon bei der Arbeit herrschte, nahm so weiter zu. Marco Gui und Luca Stanca beschrieben es so:

Fernsehen kann eine bedeutende Rolle dabei spielen, den Materialismus und die materiellen Sehnsüchte der Menschen zu steigern und Einzelne dazu zu verleiten, die relative Bedeutung von zwischenmenschlichen Kontakten für ihre Zufriedenheit im Leben zu unterschätzen. Als Folge davon investieren sie zu viel in Aktivitäten zur Steigerung ihres Einkommens und zu wenig in zwischenmenschliche Beziehungen.[37]

Die Isolation, die Menschen wie Rohan und Amon spüren, hat viele Gründe. Sie spiegelt teilweise die Massenabwanderung aus den ländlichen Gebieten in die oft übervölkerten und anonymen Metropolen wider; und ebenso die Auflösung der Familien, die die gesellschaftliche Landschaft so sehr geprägt hat. Und gleichzeitig wird mehr und mehr Zeit in den Fernsehkonsum investiert, anstatt nach Gemeinschaft zu suchen. Die gestiegenen Energiekosten haben dafür gesorgt, dass Arbeit zu Hause für viele zur Normalität wurde, und den spontanen Kontaktaufnahmen zu Kollegen in Büros damit das Ende bereitet. So überrascht es vielleicht nicht, dass Dinge wie Glück oder das Vertrauen in Staat und Institutionen immer weiter auf dem Rückmarsch sind.

Was hätten Rohan und Amon anders machen können, um sich ein Arbeitsleben aufzubauen, in dem sie weniger isoliert und stärker in eine Gemeinschaft eingebunden sind? Was können Sie, der Leser, tun, um der Falle der Isolation, in die diese Figuren aus der Zukunft geraten sind, zu entgehen? Die Themen um die Isolation werden wir im Zusammenhang mit der zweiten zukunftssichernden Neuorientierung erörtern. Wie wir bei der Neuordnung der Teilaspekte zu einem positiveren Bild sehen werden, birgt die Zukunft gewaltige Möglichkeiten, sich anstatt zu einem isolierten und konkurrenzorientierten Angestellten eher zu einem innovativ denkenden Kollegen zu entwickeln, der Menschen zusammenbringt. Dazu müssten Sie sich aktiv drei Arten von Netzwerken aufbauen: eine Gruppe, an die Sie sich mit Problemen wenden können und zu denen Sie langfristig und wechselseitig Kontakt halten; eine »Ideenreiche Masse«, eine vielfältige und große Gruppe an Netzwerken, die vielfach virtuell sind und die wichtige Verbindungen bieten; und schließlich eine regenerative Gemeinschaft aus realen Menschen, mit denen Sie sich oft treffen, lachen, gemeinsam essen und entspannen können.

4 AUSGRENZUNG: DIE NEUEN ARMEN

Brianas Alltag

Bleiben wir im Jahr 2025 und wenden uns der 28-jährigen Briana in Ohio direkt im Herzen der USA zu. Briana lebt mit ihren Eltern und ihrem Großvater in einem ziemlich kleinen Haus. Um 9.00 Uhr ist sie wach und sitzt an ihrem Computer. Sie ist ein begeisterter Fan von *World of Warcraft* und bringt wie viele Millionen andere auf dem Globus mindestens vier Stunden am Tag mit diesem Computerspiel zu. Als Mitglied von einer der mehreren Tausend einschlägigen Gilden hat sie in den letzten Monaten daran gearbeitet, ihre Fähigkeiten im Bogenschießen und Schneidern zu verbessern, weil sie darauf hofft, in eine renommiertere Gilde aufgenommen zu werden.

Um 11.30 Uhr macht sich Briana für den kurzen Gang zur örtlichen Burger-Bar fertig, in der sie – fünf Nachmittage pro Woche – Teilzeit arbeitet. Die Tätigkeit macht ihr auch deshalb Spaß, weil sie mit vielen Menschen in Kontakt kommt. Nach der Ablösung um 18.00 Uhr geht sie wieder nach Hause. Nach einem kurzen Abendessen mit ihrer Familie tut sie das, was sie an vielen Abenden tut: Sie versucht, eine dauerhaftere Stelle zu finden. Die nächste Stunde über sucht sie beim Surfen im Internet nach passenden Stellenangeboten. Ihr Problem besteht darin, dass sie die Schule mit 16 Jahren abgebrochen hat – mit einem Kopf voller Realityshows und einem Bildungsstand, bei dem sie kaum schreiben und lesen kann. Sie weiß, dass sie für jeden Online-Auftrag, um den sie sich bewirbt, mit klügeren, stärker motivierten und besser ausgebildeten jungen Leuten konkurriert, wie China und Indien sie zu Millionen hervorbringen. Und dabei macht sie sich eher schlecht.

Im Verlauf des Abends plaudert Briana mit ihrem Vater, der ebenfalls Arbeit sucht. Er hat einst bei General Motors in der Fabrik in Detroit gearbeitet, die vor über einem Jahrzehnt geschlossen wurde. Jetzt lebt Frank in der Stadt vom Verkauf von Geräten in einem Laden. In diesen vielen Stunden Arbeit kann er seine Fähigkeiten nicht einsetzen. Am Ende des Abends sitzt Briana auf der Veranda und plaudert mit ihrem Großvater. Obwohl er inzwischen 68 Jahre alt ist, würde er gerne noch arbeiten, hat aber wie Frank größte Schwierigkeiten, eine interessante Beschäftigung zu finden. Als vor zehn Jahren deutlich wurde, dass er von seinen mageren Rücklagen kaum leben konnte, zog er zu seiner Familie. Die Inflation und verschiedene Finanzbetrügereien hatten von seiner Rente fast nichts übrig gelassen.

Andrés Alltag

Als an diesem Tag im Jahr 2025 die Sonne untergeht, blicken wir auf André in der belgische Stadt Lüttich. Wie Frank in Detroit war sein Vater hier in der Fabrik beschäftigt gewesen und hatte wie schon dessen Vater gut davon leben können. Allerdings machten 2015 zahlreiche Fabriken in Belgien dicht, als die Stahlindustrie schrittweise nach China und Indien abwanderte. Ein besonders wichtiger Faktor bei der Verlagerung waren die gewaltigen Aufwendungen für die Altersvorsorge, die das Unternehmen von Andrés Vater für ihre Mitarbeiter getroffen hatte. Sie brachten es 2015 an den Rand des Ruins, sodass es später im Jahr an einen chinesischen Mischkonzern verkauft werden musste.

Wegen der Firmenschließungen sind die Raten der Jugendarbeitslosigkeit in Andrés Heimatstadt so hoch wie nie zuvor. Wie Briana war André in der Schule kein guter Lerner und konnte mit den begabteren Altersgenossen nie so richtig mithalten. Einige Schulfreunde haben Belgien inzwischen den Rücken gekehrt und arbeiten in aufstrebenden Wirtschaftsräumen. André blieb zurück. Ohne feste Arbeitsstelle, ohne Altersvorsorge und in einem Staat, der mit hohen finanziellen Lasten eine überalternde Gesellschaft versorgen muss, versucht er irgendwie über die Runden zu kommen. Wie Briana nimmt er jede verfügbare Tätigkeit an, brutzelt Burger, verkauft an Tankstellen und liefert Pakete aus. Aber angesichts der uneingeschränkten Freizügigkeit in der Europäischen Union kann sich André gegen die Billigkonkurrenz von besser ausgebildeten und erfahreneren Leuten aus dem Ausland immer schlechter behaupten.

Auch wenn Briana und André in entwickelten Ländern leben, gehören sie einer weltweiten wirtschaftlichen Unterklasse an, die keine Chance hat, in den Talentpool einzutreten, der sich immer schneller globalisiert. Menschen, die aus der gewöhnlichen Erwerbswelt ausgeschlossen waren, gab es schon immer: zum Beispiel Rohans Großvater, der 1930 im ländlichen Indien geboren worden war und so kaum eine Chance hatte, jemals aus seinem Heimatdorf herauszukommen. Oder Amons Großvater, der in den 1930er-Jahren in Ägypten mit geringsten Bildungschancen in ein erbärmliches Leben hineingeboren wurde. Von einem richtigen Schulbesuch konnten beide nur träumen, so ehrgeizig und intelligent sie auch sein mochten. Das Gleiche galt damals für den Großteil der Bevölkerung in Subsahara-Afrika. Wer in ein Land wie Tansania hineingeboren wurde, den erwartete ein Leben in Armut mit geringsten Aufstiegschancen. Die Generation von Rohans und Amons Großvätern und bis zu einem gewissen Grad auch die ihrer Väter fanden auf der Welt ganz unterschiedliche Möglichkeiten vor. Die Großväter hatten das Pech, in Regionen aufzuwachsen und zu leben, in denen es nur geringste Möglichkeiten zur Wertschöpfung gab.

Die Achse des Ausschlusses verschiebt sich

Die Achse des Ausschlusses existiert noch immer, aber sie hat sich während Brianas und Rohans Lebenszeit unmerklich verschoben. Ob man ausgeschlossen war, hing vormals hauptsächlich von der Region ab, in die man hineingeboren wurde: Wer im ländlichen Indien oder Ägypten zur Welt kam, hatte so gut wie keine Startchancen, während man in Europa oder den USA sozusagen in die Poleposition für eine gelungene Zukunft gelangte. Zu Brianas und Rohans

Zeiten verläuft die Achse des Ausschlusses nicht mehr entlang von Landesgrenzen oder geografischen Regionen. Trotz seiner Geburt im ländlichen Indien konnte Rohan einen Universitätsabschluss erwerben, und diejenigen, die 2025 in seinem Dorf zur Welt kommen, haben Zugang zu solarbetriebenen Computern und damit Zugriff auf die Rechnerwolke und sämtliches enthaltenes Wissen. Viele Dorfkinder werden diese Möglichkeiten kaum nutzen, weil sie von ihren Eltern nicht dazu ermuntert werden oder ihnen die Motivation fehlt, sich in dieser wissensreichen Umgebung weiterzuentwickeln. Aber manche wie Rohan nutzen ihre Möglichkeiten, und dies wird ihr Sprungbrett aus einem Dorf in Nordindien zum Beispiel in eine Klinik in Mumbai werden.

In Brianas und Rohans Lebenszeit hat sich die Achse des Ausschlusses weg von der Geografie hin zu den Begabungen, der Motivation und den Verbindungen verlagert. Der Vorteil, wo man geboren wird, spielt 2025 eine deutlich verringerte Rolle gegenüber 1960, als Rohans Vater sich einen Weg zum Erfolg zu bahnen versuchte. Als Ergebnis haben im Jahr 2025 die in den USA geborene Briana und der in Europa geborene André gegenüber dem Ägypter Amon und dem Inder Rohan kaum noch Vorteile. Sie können von ihren Heimatregionen allein nicht mehr so stark profitieren wie einst ihre Väter und Großväter. Briana und André bringen es nicht zu Wohlstand, weil sie weder die Begabungen noch die Energie oder Motivation mitbringen, um die in der Rechnerwolke schlummernden Möglichkeiten für sich zu nutzen. Sie sind Ausgeschlossene – fast im gleichen Sinne, in dem einst Rohans Großvater ausgeschlossen war.

In dieser globalen vernetzten Welt treten diejenigen, die einst – wegen ihrer Geburt im ländlichen Indien oder in Subsahara-Afrika – ausgeschlossen waren, jetzt mit Grips und Ehrgeiz in den globalen Talentpool ein. Diejenigen, denen beides fehlt, sind die neuen Armen, unabhängig davon, wo sie zur Welt kommen.

Die Schere geht weiter auf: »Der Sieger bekommt alles«

Gleichzeitig geht weltweit die Schere zwischen Gewinnern und Verlierern wie Briana und André weiter auf, und dies innerhalb der Unternehmen wie auch der Länder.

Briana und André verdienen deutlich weniger als die Führungskräfte ihrer Unternehmen. Briana arbeitet beispielsweise Teilzeit in einer internationalen Fast-Food-Kette. Im Jahr 1980 verdiente ein durchschnittlicher Firmenboss in den USA das 42-Fache des Durchschnittseinkommens der Mitarbeiter. Bis 2000 war dieser Anteil schon auf das 531-Fache gestiegen. Wenn wir diese Entwicklung auf das Jahr 2025 hochrechnen, können wir vorhersagen, dass sich der Einkommensunterschied zwischen Briana und dem Firmenboss auf mindestens den Faktor 1000 erhöht. Das bedeutet, dass der Unternehmenschef auf jeden Dollar, den Briana verdient, 1000 Dollar einnimmt.[1]

Tatsächlich bekommen Briana und André von dem gewaltigen Einkommensunterschied zwischen ihnen und dem Konzernchef kaum etwas mit. Deutlich bewusster ist ihnen dagegen der zwischen ihnen und Beschäftigten in ihrem unmittelbaren Umfeld. Dies gilt insbesondere für Briana in den USA. 2010 waren dort die wohlhabendsten 20 Prozent im Durchschnitt neunmal wohlhabender als die ärmsten 20 Prozent. In Andrés Heimatland Belgien ist diese Kluft beträchtlich kleiner. Hier waren die reichsten 20 Prozent viermal wohlhabender als die ärmsten 20 Prozent. Wenn wir auch diese Zahlen auf die Lage im Jahr 2025 hochrechnen, können wir mit einem Zukunftsszenario rechnen, bei dem die Kräfte der Globalisierung diese Schere in Richtung »der Sieger bekommt alles« immer weiter öffnen.

Wie wird sich diese größer werdende Kluft auswirken? Das absolute Einkommen wird für die Gesundheit und das Glück der Menschen sicher keine Folgen haben. Wichtig sind vielmehr die Unterschiede zwischen den Menschen in einem Unternehmen oder einer Gesellschaft. In den reichen Ländern, in denen Briana und André leben, haben Wohlstand und Besitz eine wichtige symbolische Bedeutung. Die Käufe, die Briana tätigt, sagen viel über ihren Status und ihre Identität aus. Sie ist arm, kann sich nur zweitklassige Produkte leisten und gilt deshalb manchen als eine Person zweiter Klasse. In einer materialistischen Gesellschaft ist der Zugang zu materiellen Gütern ein Maß für Erfolg: Und Brianas Besitztümer schreien es geradezu hinaus, dass sie eine Verliererin ist.

Wenn wir davon ausgehen, dass die Schere zwischen Arm und Reich in den Unternehmen und Staaten immer weiter aufgeht, können wir einigermaßen zuverlässig vorhersagen, dass gesellschaftliche Ängste zunehmen werden. Dies wirkt sich auch auf das Vertrauen aus: Je größer die Ungleichheiten in einer Gesellschaft sind, desto geringer ist das Vertrauen zwischen ihren Individuen. Und mit dem Vertrauen schwinden auch die Bereitschaft zur Kooperation sowie die Fähigkeit, zu teilen und anderen mit Zuversicht zu begegnen.

Wachsende Statusängste und Scham

Mit den wachsenden Unterschieden schwindet zwischen den Beschäftigten das Vertrauen. Und wachsende Unterschiede im Status werden gesellschaftliche Ängste vergrößern. Dass sie in entwickelten Ländern wie den USA bereits zugenommen haben, ist für über drei Jahrzehnte belegt. So zeigten beispielsweise Studien zwischen 1952 und 1993, dass die Ängste von Männern und Frauen in den USA kontinuierlich wuchsen.[2] Tatsächlich erfolgte dieser Zuwachs in einer exponentiellen Größenordnung. 1993 wurde der durchschnittliche College-Student beispielsweise von Ängsten stärker geplagt als 85 Prozent der Bevölkerung von 1952. Es ist nur schwer abschätzbar, wie stark Ängste in der Gesellschaft an Bedeutung weiter gewinnen werden, aber angesichts der Entwicklung von 1993 bis 2010 können wir ein weiter steigendes Niveau an Ängsten vorhersagen.

Die wahrscheinlichste Ursache für die Ängste von Menschen wie Briana und André ist mit einem Gefühl des Scheiterns verbunden. Ängste nehmen dann zu, wenn das Selbstwertgefühl oder der soziale Status in Gefahr gerät. Verschärft wurde ihre Lage hier durch die sich ausweitende Kluft zwischen ihnen und erfolgreicheren Mitgliedern der Gesellschaft.[3] Einfach gesprochen: Je größer die Kluft des gesellschaftlichen Status, desto größer werden die Ängste. Und in deren Kern sitzt bei vielen die Scham: die Scham, dass sie für eine Gesellschaft im Umbruch zu dumm, zu schlecht angepasst, zu inkompetent oder zu verletzlich sein könnten. Würde man Briana 2025 fragen, warum sie keine Arbeitsstelle findet, während Kinder in Schanghai ständig Arbeit haben, käme wohl als ihre Erklärung, dass sie selbst zu dumm sei. Welchen Grund könnte es auch sonst haben? Ausgelöst werden Ängste auch durch Beurteilungen durch andere, die auf der gleichen Stufe stehen, sowie durch äußeren Druck. Wahrscheinlich werden Menschen in Zukunft von ihresgleichen noch stärker taxiert, bewertet und beurteilt werden.

Was bedeutet es, wenn Briana und André mit Millionen anderen auf der Welt immer mehr Ängste verspüren? An dieser Stelle möchte ich die Aufmerksamkeit auf den schlimmsten Aspekt von Ängsten lenken. Ängstliche sterben früher als andere mit weniger Ängsten.[4]

Freundschaften können eine gewaltige Schutzwirkung entfalten und uns gegen Ängste abschirmen, weil wir uns bei Freuden sicherer und entspannter fühlen. Aber Rohans und Amons Leben erinnert uns daran, in welchem Ausmaß dieser schützende Effekt von Freundschaft in den kommenden Jahren wohl erodieren wird. Wenn sie abends abschalten wollen, spenden ihnen nur Avatare Trost und hören sich ihre Sorgen an.

Wir wissen ebenso, dass auch enge Gemeinschaften Schutz vor Ängsten bieten. Unser Identitätsgefühl ist oft eingebettet in das menschliche Umfeld, in dem wir leben und arbeiten. Dieses Gefühl des Dazugehörens stärkt uns mehr als unsere eigene Einschätzung darüber, was wir selbst wert sind und wo wir stehen. Aber auch dieser Schutzschild wird in den kommenden Jahren wohl immer mehr Löcher bekommen. Wie Amon und Rohan hat sich Briana immer weiter aus dem einst engen Umfeld herausgelöst und findet sich jetzt in der Anonymität einer Masse wieder, in der vertraute Gesichter einem stetigen Strom von Fremden gewichen sind. Brianas Großvater war Mitglied einer Gemeinde, er sang in der örtlichen Kirche mit, gehörte der Jury für die jährliche Blumenausstellung an und war im Elternbeirat der örtlichen Schule tätig. Welchen Status er hatte, spielte damals fast keine Rolle. In diesen engen Gemeinschaften kamen Menschen aus den verschiedensten Lebensbereichen zusammen und gingen unverkrampft miteinander um. Dagegen bedeuten

Globalisierung und Technisierung für Briana, dass sie immer stärker von Fremden umgeben ist. Und unter Fremden sind die gesellschaftliche Stellung und die soziale Bewertung immer wichtigere Kennzeichen einer Identität. Unter Fremden wird Briana danach bewertet, was sie trägt und welche Marken sie sich leisten kann.

Narzissmus: Selbstdarstellung

Eine Gesellschaft, die den Einzelnen immer stärker danach beurteilt, wie er aussieht und was er konsumiert, zeigt einen weiteren interessanten Zug: den des Narzissmus. Damit gemeint ist die ständige Zentrierung um sich selbst – sich selbst darzustellen, ins rechte Licht zu rücken, rückzuversichern und Feedbacks zum eigenen Selbst zu heischen. Ein negativer Aspekt unserer Beschreibungen des Jahres 2025 besteht darin, dass mit den Statusängsten, die Briana, André und viele andere auf der Welt empfinden, Selbstdarstellung jede Bescheidenheit in den Hintergrund drängt. In einer Welt aus Fremden, in der vieles durchsichtiger wird, geraten Menschen wie Briana und André immer stärker unter Druck. Sie müssen ihr Ego dadurch stützen, dass sie sich selbst ins rechte Licht rücken. Und wie ihresgleichen setzen sie dabei ein breites Spektrum an Strategien zur Selbstdarstellung und Selbsterhöhung ein.

Blenden wir in die 1950er-Jahre in eine Zeit zurück, in der noch kleine Gemeinschaften und Familienbande den äußeren Rahmen des Arbeitslebens bildeten. Das heißt freilich nicht, dass sich nur André und Briana 2025 genau überlegen müssen, wie sie sich nach außen präsentieren. Schon 1959 beschrieb Erving Goffman in seinem Buch *The Presentation of Self in Everyday Life*, wie sehr wir uns vor der Welt in Szene setzen und Rollen spielen, die wir für uns und unser Selbstbild für angemessen halten. Aber was Goffman beschrieb, war noch ein langer Tanz, ein schrittweises Sichoffenbaren und ein gemeinsames Gestalten.[5]

Das Internet hat all dies geändert. Wir müssen nicht erst zu Brianas Selbstdarstellung ins Jahr 2025 blenden, um uns ein Bild von der Entwicklung zu machen. Wir müssen uns nur anschauen, wie Jugendliche im Jahr 2010, also die Generation Z, sich schon heute selbst porträtieren. Im Folgenden beschreibt sich eine 17-Jährige, die wir Sammy nennen wollen, auf Facebook aktuell selbst:

> **Interessen:** Ich mag Tattoos, Mini Cooper, die Red Sox, iPhone, Stiefel aus Schafleder, gute Verarbeitung, Mädchendrinks, Grußkarten aus Papyrus, JUICY COUTURE, Sephora, braun werden, Hudson-Jeans und Britney Spears.
> **Lebenslauf:** Hatte 'ne üble Zeit mit einem Typ in der Schule!!! Bin jetzt frei und leicht zu haben. Also HALLO, Jungs.

Wie Sammy sich selbst darstellt, zeigen auch ihre Blogs, ihre Nachrichten auf Twitter oder ihre Beiträge auf Match.com. In ihrem kurzen Video für YouTube sieht man sie sogar in Action.

Wenn Goffman die Selbstdarstellung von 1959 als eine Reihe von Rollenspielen beschreibt, wie würde er dann die gegenwärtige Situation einordnen? In einer Welt der Hypervernetzung plaudert fast jeder täglich gegenüber allen, die es hören wollen, und auch denen, die darauf verzichten können, alles über sich selbst aus. Vorbei sind die Zeiten der vertraulichen Gespräche beim Kaffee über eine enttäuschte Liebe. Stattdessen posaunt Facebook den Beziehungsstatus in die Welt hinaus. Twitter beschreibt jeden Schritt, den der Einzelne tut. Und falls die Welt immer noch nicht genug hat, kann man die Botschaft jederzeit auch noch bei YouTube verkünden.

Für vernetzte Jugendliche wie Sammy wird das Internet zum öffentlichen Beichtstuhl, in dem sie sich beständig selbst darstellen müssen. Es ist, als habe die Technik in uns allen exhibitionistische Neigungen entfesselt. Alle Tabus sind gefallen, nichts ist zu banal, jeder Moment muss beschrieben, jedes Gefühl mitgeteilt und jede Empfindung öffentlich seziert werden.

Blenden wir vor ins Jahr 2025. Sammy bekleidet jetzt ihre erste Arbeitsstelle als Führungskraft. Welche Auswirkungen hatten ihre Selbstdarstellungen darauf, wie und warum sie arbeitet? Dabei wird deutlich, dass Arbeit verstärkt zu einer Übung zur Imagebildung geraten kann, so wie es ihre Jahre als Jugendliche gewesen sind. Und Arbeit kann auch eine Übung dafür sein, wie man zum eigenen Image ein Feedback bekommt. Vor ein paar Jahren beobachteten meine Kollegen und ich eine Gruppe von Wirtschaftsstudenten, um Einblicke in die Generation Y zu erhalten, also zu den Leuten, die unsere Unternehmen im Jahr 2025 führen werden.[6] Wir fragten sie, wie sie sich ihre künftige Arbeit und Laufbahn vorstellten, und zeichneten die Antworten auf. Anschießend analysierten wir ihre Wortwahl und Sprachmuster, um eingehend zu erkunden, was ihnen wichtig war und was sie von ihrer Arbeit erwarteten. Mit Blick auf ihre Wünsche zur Arbeit kam dabei ein verblüffendes Paradox zum Vorschein. Von den Ausdrücken, die negativ besetzt waren, gebrauchten sie einerseits am häufigsten den Begriff »Mikromanagement« für einen Führungsstil, der sich in detaillierten Vorschriften verliert. Immer und immer wieder hörten wir von diesen über 20-Jährigen, dass es ihnen ein Gräuel wäre, wenn ihnen jemand dauernd im Nacken sitzen, Vorschriften machen und sie über die Maßen kontrollieren würde.

Aber hier liegt das Paradox. Gleichzeitig hatte das Wort »Feedback« bei diesen jungen Wirtschaftsstudenten die positivsten Konnotationen. Feedbacks liebten sie und konnten gar nicht genug davon bekommen, zu hören, was »die Leute über sie denken«. Sie wollten ein Feedback vom Chef, den Kollegen und allen, die sie am Arbeitsplatz kennenlernten. In einer Welt, die sie ständig dazu aufruft, sich für die Öffentlichkeit ein Image zu schaffen, spielen die Hinweise anderer eine entscheidende Rolle.

Wie wir an hinterer Stelle sehen werden, kann dieses Bedürfnis nach Feedback und Selbstüberprüfung eine positive Seite haben, bietet es doch Gelegenheit, ehrlicher zu sich selbst zu sein und sich eher zu einem Individuum als zum Anonymus in der Masse zu entwickeln. Aber als Schattenseite kann es auch Narzissmus und Statusängste fördern.

Werfen wir einen letzten Blick auf Sammy und ihre Facebook-Mitteilungen. Ist Ihnen aufgefallen, *wie* Sammy sich präsentiert? Haben Sie bemerkt, dass sie durchweg auf Materielles abhebt: Mini Cooper, iPhones, Stiefel aus Schafleder, JUICY COUTURE, Sephora, Hudson-Jeans. Sammy präsentiert sich anhand ihres Markenbewusstseins. Sie und Millionen anderer in der Facebook-Nation offenbaren und definieren sich bewusst anhand ihres Konsumverhaltens.

Betrachten wir einen Augenblick diesen Vorboten der Zukunft. Anhand dieses kurzen Facebook-Eintrags erkennen wir, wie sehr Sammys Selbstporträt ihre Erfahrungswelt widerspiegelt. Die Technik hat eine Hypervernetzung geschaffen, die Sammy dazu herausfordert, sich vor Millionen, ja potenziell Milliarden anderer selbst darzustellen. Die wachsenden Kräfte der Globalisierung, die sie in ihrem kurzen Leben erfahren hat, haben Marken geschaffen, die überall auf der Welt auf Anhieb erkennbar sind. Glaubt man diesen Facebook-Präsentationen, dann sind die genannten Marken zur Weltwährung auf dem Markt der Selbstdarstellung geworden. Um zu verstehen, wie die Globalisierung Sammy geprägt hat, muss man sich ihren Facebook-Eintrag ein letztes Mal anschauen. Und dazu eine einfache Frage. Wo lebt Sammy wahrscheinlich?

Ich mag Tattoos, Mini Cooper, iPhone, Stiefel aus Schafleder, gute Verarbeitung, Mädchendrinks, Grußkarten aus Papyrus, JUICY COUTURE, Sephora, braun werden, Hudson-Jeans und Britney Spears.

In Tokio vielleicht? Oder in der Reichenenklave in Mumbai? Vielleicht auch in London oder Moskau? Um Sie in die Irre zu leiten, habe ich in der Aufzählung den einzigen Hinweis auf einen Ort weggelassen. Sammy ist ein Fan des Baseballteams Red Sox. Also lebt sie mit einiger Wahrscheinlichkeit in Boston. Aber eines ist wohl deutlich geworden: Das Konsumverhalten könnte in Zukunft immer stärker zur Weltwährung der Selbstdarstellung werden.

Warum gerieten so viele ins Abseits?

Als einer der finstersten Aspekte der künftigen Arbeitswelt sorgt eine bestimmte Entwicklung dafür, dass die Ausgrenzung nicht mehr nur die ärmsten Länder, sondern auch immer mehr die Mitte der Gesellschaft in den entwickelten Ländern betrifft. So führten beispielsweise wirtschaftliche Turbulenzen und das anhaltende Wechselspiel von Blasen und Crashs dazu, dass wie viele andere auch Brianas Großvater seine Ersparnisse verloren hat. Zudem ist klar, dass ein Großteil der Arbeit, auf die Halbqualifizierte wie Brianas Vater einst noch hoffen konnten, in zunehmendem Maß von Robotern übernommen wird. Millionen verlieren so ihre Jobs. Aber Briana und André konkurrieren nicht nur gegen Roboter, sondern auch gegen Milliarden von Menschen, die überall auf der Welt in den globalen Arbeitsmarkt eintreten. Die Globalisierung der Arbeitskraft hat die westliche Welt verstärkt in Bedrängnis gebracht. Dies ist einer der Gründe für Phasen der Rezession und der Sparpolitik, die Briana und André in ihren Heimatländern zu spüren bekamen.

Besonders Begabte und Qualifizierte sind verstärkt in Regionen abgewandert, in denen sie auf Gleichgesinnte treffen und sich weiterentwickeln können. Als Folge davon entstanden Regionen, in denen innovatives Wachstum fehlte, sodass den Zurückgebliebenen kaum Wahlmöglichkeiten und Perspektiven blieben. Zudem sind die Aussichten, dort eine attraktive Arbeit zu bekommen, durch das Alter stark eingeschränkt. 2025 werden vier Generationen im Arbeitsleben stehen. Einige wie die älteren Babyboomer haben den boomenden Wohlstand in den 1990er-Jahren dazu genutzt, sich eine Altersvorsorge aufzubauen. Aber vielen fehlen ausreichende Rücklagen, um mit 65 Jahren in den Ruhestand einzutreten. Sie werden nur mit Mühe eine passable Arbeit finden, mit der sie sich im nächsten Jahrzehnt über Wasser halten können. Und schließlich werden angesichts der Klimaveränderungen in manchen Regionen Katastrophen dafür sorgen, dass noch mehr Menschen von Arbeit und Wohlstand ausgeschlossen bleiben.

Faktor Globalisierung: weiterhin Blasen und Crashs

Als eine der Ursachen, wegen denen Menschen ins Abseits geraten, werden Blasen und Crashs auch weiterhin Sektoren der Wirtschaft destabilisieren und dafür sorgen, dass sich Ersparnisse und Rücklagen in Rauch auflösen. Anfang 2010 wurde die Welt Zeuge, wie rasant sich Anleger von einer Panik anstecken lassen. Am 6. Mai verzeichnete die New Yorker Börse bei den Aktien zwischen 13.00 Uhr und 13.15 Uhr einen Kurssturz um sechs Prozent, der unter der Bezeichnung »die Sechsminutenrezession« bekannt wurde. In den folgenden Wochen zeichneten sich für diesen Kurssturz mehrere mögliche Ursachen ab, darunter der »Fat-Finger-Mistake«, also ein Tippfehler, bei dem bei einer Verkaufsorder versehentlich viele Nullen hinzugefügt wurden. Die Hauptverdächtigen waren allerdings die weltweit vernetzten Computer mit ihren Programmen, die die Märkte ständig überwachen und binnen Nanosekunden Verkäufe durchführen. Ansteckung und Blasen sind freilich keine neuen Phänomene. So zeigte schon die Tulpenmanie zu Beginn des 17. Jahrhunderts in Amsterdam, wie sehr Euphorie über alle Vernunft triumphieren kann. Für die heutige Zeit ist von besonderem Belang, dass das Platzen einer lokalen Blase oder ein lokaler Crash in der vernetzten und globalisierten Welt Schockwellen um die ganze Welt schicken kann. Ein Beispiel ist Enron. Als das Unternehmen am 2. Dezember 2001 mit Vermögenswerten von 62 Milliarden Dollar in Konkurs ging, galt dies damals als die größte Firmenpleite aller Zeiten. Enron wurde für den Börsencrash in den ersten Jahren des 21. Jahrhunderts verantwortlich gemacht. Dabei stürzten die Börsenkurse von Höchstständen in den USA und Großbritannien 2001 auf ungefähr die Hälfte ihres Wertes ab – eine Blase war geplatzt, die durch eine massive Überbewertung von Titeln entstanden war. Eine weitere Blase platzte im September 2008 mit dem Zusammenbruch von Lehman Brothers, der das Ende der Höhenflüge bei den Immobilienpreisen besiegelte.

Es gibt Hinweise darauf, dass eine stärker vernetzte und regulierte Welt ein potenziell ruhigeres wirtschaftliches Umfeld schafft, das der Boom-und-Krisen-Mentalität der Vergangenheit ein Ende setzt. Dies sehen manche, darunter der Nobelpreisträger George Akerlof und sein Kollege Robert Shiller, allerdings anders. Ihrer Ansicht nach liegt der Fehler gar nicht in den Verhältnissen des Marktplatzes, sondern eher in den innersten menschlichen Antrieben und Wünschen: in den »Animal Spirits«, wie sie es nennen, also den menschlichen Ideen, Gefühlen, Hoffnungen und Sehnsüchten.[7] Nach ihrer Ansicht machte die globale Finanzkrise von 2009 auf schmerzliche Weise deutlich, dass mächtige psychologische Kräfte auf das globale System der Wohlstandserzeugung einwirken. Sie verweisen auf das blinde Vertrauen und die überschwängliche Zuversicht in den Boom-Jahren, in denen unaufhaltsam steigende Immobilienpreise die Grade der Verschuldung in astronomische Höhen trieben. Auf diese Booms folgen typischerweise Krisen und ein Zusammenbruch des Vertrauens in die Kapitalmärkte.

Wir können ein überschwängliches Vertrauen entwickeln, das durch Geschichten vom Hörensagen anderer weiter aufgebläht wird.

Dieser Vervielfältigungseffekt führt auf dem Marktplatz zu einem kollektiven Überschwang und zu Spekulationen. Beispiele sind der Boom der New Economy Ende der 1990er-Jahre, der Immobilienboom Anfang der 2000er-Jahre oder der Rohstoffboom am Ende der 2000er-Jahre.

Dabei können Menschen auch arglistig handeln. Die zahlreichen Schneeballsysteme, mit denen Anlagebetrüger ihre Opfer gezielt hinters Licht führen, zeigen, wie eine Kombination aus Arglist und kollektivem Vertrauen Menschen zu Investitionen mit Erwartungen bewegt, die niemals erfüllt werden können. Der Fall von Bernard Madoffs Schneeballsystem von 2008 – einer der größten Anlagebetrügereien in der Geschichte – macht deutlich, wie eine Kombination aus Geldgier, sorglosem Vertrauen und Korruption Verluste von über 18 Milliarden Dollar herbeiführen konnte. Die Animal Spirits, die hinter der Korruption stehen, spielten bei vielen Rezessionen eine Schlüsselrolle. Akerlof und Shiller verweisen darauf, dass an allen großen wirtschaftlichen Schrumpfungsprozessen in den USA Korruptionsskandale beteiligt waren. Die Rezession vom Juli 1990 bis zum März 1991 ging von den amerikanischen Sparkassen und von Michael Milkens Schrottanleihen aus. Für die Rezession von März bis November 2001 wurde zum Teil der Zusammenbruch des Enron-Konzerns verantwortlich gemacht. Und die Rezession, die im Dezember 2007 begann, entstand zum Teil durch die Immobilienblase in den USA, die durch zweitklassig abgesicherte Hypotheken aufgebläht wurde und die mit dem Bankrott von Lehman Brothers schließlich platzte.

Wir können uns von den Berichten anderer in den Bann ziehen lassen, denn auf die Art lernen wir natürlich und tauschen Wissen aus. Allerdings sind unsere Erinnerungen an solche Berichte kurzlebig und verlieren sich bald im Nebel. Am Ende haben wir sie vergessen.[8] Der Boom am Aktienmarkt, der von Mitte der 1990er-Jahre bis 2000 anhielt, wurde teilweise von den Berichten um die Erfindung und Erschließung des Internets gespeist.[9] Wir entwickeln Zuversicht, wenn wir anregende Geschichten, Meldungen von neuen Geschäftsinitiativen und Berichte über andere hören, die mit ihnen reich geworden seien. Natürlich gibt es auch die Geschichten über Betrugsopfer, die alles verloren haben, oder die vom Zusammenbruch des Aktienmarktes, aber gerade die negativen Erzählungen geraten über die Jahre in Vergessenheit.

Blasen und Crashs wird es weiterhin geben, und sie werden im Arbeitsleben von 2025 und danach eine ebenso große Rolle spielen wie früher. Dies bedeutet, dass die schlimmsten Krisen der Vergangenheit – so die in den 1890er-Jahren und erneut während der großen Depression in den 1930er-Jahren – durchaus als Vorboten der Zukunft gelten könnten. Schließlich lag ihre eigentliche Ursache darin, dass überschwängliches Vertrauen, arglistige Täuschung, Korruption und Erfolgsstorys zusammenkamen.

Die Ereignisse der Vergangenheit sind in vielerlei Hinsicht in der menschlichen Natur verwurzelt, deren treibende Kraft so stark ist wie eh und je. Den Leuten ist Fairness immer noch genauso wichtig, sie sind immer noch so anfällig für die Verlockungen der Korruption, fühlen sich immer noch so abgestoßen, wenn andere bei ihren Übeltaten ertappt werden, sind angesichts einer Inflation immer noch genauso verwirrt, lassen sich bei ihrem Denken immer noch von hohlen Geschichten statt von ökonomischer Vernunft beherrschen. Wir bezweifeln, dass Ereignisse wie die beiden Depressionen, die wir hier besprochen haben, ganz der Vergangenheit angehören.[10]

Das Verblüffende an der Wirtschaftskrise von 2009/2010 war allerdings ihre weltweite Verbreitung. In einer vernetzten und sich rasant globalisierenden Welt führten das überschwängliche Vertrauen und die angeblichen Erfolgsstorys eines Immobilienbooms in Kalifornien und anderen Regionen in eine Krise um faule Kredite, die die gesamte Welt erfasste. Einfach gesprochen: Wenn wir an die Zukunft der Arbeit denken, müssen wir den Faktor wirtschaftliche Instabilität berücksichtigen.

Faktor Technisierung: Technik ersetzt Jobs

Blasen und Crashs sind ein Teil dieser Geschichten des Ausschlusses. Ein weiterer Teil sind tief greifenden Veränderungen im Wesen der Arbeit und insbesondere die Auswirkungen der Technisierung darauf, wie unsere Arbeit von morgen aussieht. Für das Jahr 2025 und danach können wir prognostizieren, dass überall auf der Welt Maschinen die Arbeit verändern werden. Einfachste Roboter haben dafür gesorgt, dass Brianas Vater Frank seinen Job im Automobilwerk in Detroit verlor. Wie sein eigener Vater war er gleich nach Ende der Schulzeit in das Unternehmen eingetreten, um in der Fertigung zu arbeiten. Sein Vater war ausgebildeter Lackierer gewesen und hatte sein Interesse an dem Beruf an Frank weitergegeben. Als der seine Lehre abgeschlossen und einige Jahre gearbeitet hatte, wurde ein Großteil der Arbeit von einer Fertigungsstraße mit 20 Präzisionsroboterarmen übernommen. In den folgenden Jahren erfüllten Roboter in den Montagehallen immer mehr Aufgaben. Derweil wanderten immer größere Bereiche der Automobilherstellung nach Asien ab: Am Ende verloren Frank und viele Kollegen ihre Vollzeitjobs.

Im Jahr 2025 sieht sich Briana überall von Robotern umgeben, so auch jeden Herbst, wenn sie bei der Ernte auf den endlosen Maisfeldern des Mittleren Westens zur Herstellung von Biotreibstoff hilft. Roboter begleiten Rohans Berufsleben: Während er auf die komplizierten Operationen spezialisiert ist, kümmern sich Medizinroboter um die minimalinvasiven Eingriffe. Und selbst in der Altenpflege sind Roboter auf dem Vormarsch: Jills alte Mutter wird zu Hause von einer Maschine versorgt, die ihren Puls überwacht und einfache Pflegeleistungen erbringt. Für die Zukunft bedeutet dies: Einfache manuelle Tätigkeiten werden in einem immer größeren Ausmaß von Maschinen übernommen oder in immer neue Billiglohnregionen der Welt ausgelagert.

Das Interessante dabei: In Volkswirtschaften wie den USA oder Deutschland, die einen technologischen Wandel durchliefen, lösten Computer die Beschäftigten mit einfachen Tätigkeiten oder Routinejobs ab. Wo aber die Aufgaben komplizierter oder Innovation und Problemlösung gefragt waren, blieb diese Art der Jobrationalisierung aus. Vielmehr kam zu den Fähigkeiten und Erfahrungen der Beschäftigten die Technik ergänzend hinzu.[11] In einer Welt mit immer mehr Hightech werden Hochqualifizierte oder, wie ich sie nenne, Menschen mit meisterhaftem Können immer Arbeit finden.

Faktor Globalisierung: das Wachstum in den Schwellenländern

Die wachsenden Wirtschaften der Welt bieten ein immer breiteres Spektrum an Möglichkeiten, gewaltige Geschäfte zu betreiben. Dank der Technisierung und Globalisierung verfügen Rohan, Jill, André und Briana über die Möglichkeit, aus einer breiten Palette an Produkten und Dienstleistungen auszuwählen und per Knopfdruck deren Preise miteinander zu vergleichen. Wie es der US-Ökonom Robert Reich ausdrückt, hatten »nie zuvor in der Geschichte der Menschheit [...] so viele so leicht Zugang zu so vielen Dingen gehabt«.[12] Er nennt dies das »Zeitalter der guten Geschäfte«. Man findet schnell ein besseres Angebot und kann sofort darauf zugreifen. Dieses Verhalten der Suche nach besseren Angeboten und des Wechselns hat auch für unsere Zukunft weitreichende Folgen. Um zu überleben, müssen sämtliche Unternehmen auf eine drastische Weise immer besser werden, rastlos Kosten senken und ständig nach einer Fusion oder Übernahme Ausschau halten. Ständig müssen sie sich um die innovative Verbesserung und Erneuerung ihrer Angebote auf dem Markt bemühen. Die Unternehmensführungen wissen, dass die Kunden beim nächstbesseren Angebot wechseln, wenn sie sich nicht ständig um eine Qualitätssteigerung bemühen. Dies gilt für die Zukunft des Verbrauchers, wirkt sich aber auch auf die Zukunft des Beschäftigten aus. Um erneut Reich zu zitieren: »Je leichter es für uns als *Käufer* ist, auf ein besseres Produkt umzusteigen, desto härter müssen wir als *Verkäufer* darum kämpfen, jeden Kunden und jeden Klienten zu halten, jede Gelegenheit zu ergreifen und jeden Vertrag an Land zu ziehen. Damit wird unser Leben aber immer hektischer.«[13]

Der Druck, immer bessere und billigere Angebote vorzulegen, wirkt sich auch auf den weltweiten Wettbewerb aus. Immer mehr Arbeit wird in Billiglohnregionen verlagert, sodass auch die Beschäftigten unter dem beständigen Druck stehen, gegen Tausende anderer auf dem Globus zu konkurrieren. In den Schwellenländern hat diese rasante Entwicklung erst Mitte der 1990er-Jahre eingesetzt, aber alles deutet darauf hin, dass sie sich deutlich beschleunigen wird. Der Wirtschaftskommentator Adrian Wooldridge führt dies auf vier Trends zurück:[14] Zunächst haben die Unternehmen in den Schwellenländern leichter Zugang zu den Kapitalmärkten, sodass sie in die Marktsegmente der Megageschäfte vorstoßen können, die bislang Unternehmen der entwickelten Länder vorbehalten waren. Zweitens verfügen sie über ein gewaltiges und wachsendes Reservoir an Arbeitskräften und Verbrauchern. Drittens haben sie massenhaft Fertigkeiten erworben und schauen sich kontinuierlich nach neuen Märkten um: Und schließlich sehen einige der erfolgreichsten westlichen Unternehmen die Schwellenländer schon jetzt als ihre Quellen für Innovation und Wachstum an.[15]

Was die künftigen Ausgeschlossenen des globalen Wirtschaftslebens angeht, so sei darauf hingewiesen, dass sich die 2010 in der westlichen Welt grassierende Rezession auch auf die Arbeit der kommenden Jahrzehnte auswirken könnte. Insbesondere die Auswirkungen der Sparmaßnahmen werden für die meisten westlichen Volkswirtschaften eine Rolle spielen. Denn die Verbraucher und öffentlichen Haushalte betrieben im letzten Jahrzehnt klar eine schuldenfinanzierte Ausgabenpolitik. In den USA wuchs die Verschuldung der Haushalte von 65 Prozent des Bruttoinlandsprodukts Mitte der 1990er-Jahre auf 95 Prozent 2009 an. Dagegen legte der durchschnittliche Chinese mindestens 20 Prozent seines Einkommens auf die Seite. In einem Artikel in der *Financial Times* verwies Martin Woolf in diesem Zusammenhang auf die Fabel von »der Grille und der Ameise«,[16] die vielen Kindern im Westen erzählt wird. Sie handelt von der faulen sorglosen Grille, die den Sommer über die Sonne genießt und feiert, während die emsige Ameise in harter Arbeit Vorräte für den Winter zusammenträgt. Der Ausgang ist bekannt. Für Woolf sind die fleißigen Ameisen in den Bürgern Chinas, Deutschlands und Japans verkörpert, während die verschwenderischen Grillen für die Bürger vieler europäischer Länder und der USA stehen.

Inzwischen setzt sich im Westen die Erkenntnis durch, dass das Zeitalter der Verschwendung wohl von einem der Sparzwänge abgelöst wird. Die Regierungen legen Sparprogramme auf, während die verunsicherten Verbraucher angesichts einer steigenden Arbeitslosigkeit und eines schrumpfenden Wohlstands auf die Ausgabenbremse drücken. Sie werden bescheidener und kaufen billiger. Es steht zu erwarten, dass diese Kürzungen das Wachstum hemmen und so noch mehr Bescheidenheit und Sparsamkeit notwendig machen werden. Dies zeichnete sich schon 2010 ab, als viele europäische Länder, insbesondere im Süden, verstärkt unter Druck gerieten, ihre öffentlichen Ausgaben zu drosseln.

Faktor Globalisierung: Eine regionale Unterklasse entsteht

Für die Zukunft können wir erwarten, dass es überall auf der Welt eine Unterklasse aus Menschen geben wird, denen der Eintritt in den globalen Talentpool versperrt ist und die in Zonen der wirtschaftlichen Stagnation festsitzen. Derweil gewinnen andere Regionen der Welt für die besten Köpfe immer größere Anziehungskraft.

In dieser vernetzten Welt werden die echten wirtschaftlichen Wachstumsmotoren an überraschend wenigen Orten liegen, weil die Talentpools auf der Welt eher versammelt als gleichmäßig über den Globus verteilt entstehen. Richard Florida von der University of Toronto hat dies – nach grafischen Darstellungen der Wachstumszentren auf dem Globus – die *spiky world*, die »stachelige Welt« genannt.[17] Nach seiner Beobachtung ist die Welt eben nicht flach, wie Thomas Friedman 2005 behauptete, sondern eher – nach Grafiken, die die Erdoberfläche mit Kurven der jeweiligen Wirtschaftsleistung abbilden – mit Stacheln besetzt. Sie besteht aus Kreativclustern, Produktionszentren, Megastädten und ländlichen Gebieten. Ob man der globalen Unterklasse angehört, wird in einem hohen Maß auch davon abhängen, wo man zur Welt kommt oder seinen Wohnsitz wählt.

Die Kreativcluster werden Menschen anziehen, die in der dortigen Kreativindustrie arbeiten wollen und denen wiederum Dienstleister folgen werden. Angezogen werden die zuerst Genannten durch Arbeitsmöglichkeiten in Bereichen wie dem Ingenieurwesen, der Biotechnologie oder Technik, wobei auch das Umfeld – eine schöne Natur oder ein gesundes Klima – eine Rolle spielen kann. Und mit ihnen siedelt sich eine Armee von Dienstleistern wie Masseure, Friseure, Köche, Reisebürokaufleute, Coachs, Lehrer und Einzelhändler an, die ihre Bedürfnisse (und wohl auch Launen) bedienen. Solche Cluster werden weiterhin die klügsten Köpfe und deren Dienstleister anziehen.[18]

Produktionszentren sind diejenigen Regionen, in denen die etablierte – oft aus anderen Regionen importierte – Innovation oder Kreativität zum Einsatz kommt, um Waren und Dienstleistungen zu erzeugen. Dazu gehören bereits viele Industriestädte von Guadalajara und Tijuana in Mexiko über Schanghai bis zu den Philippinen. Andere wie Singapur oder Taipei sind bereits Nutzer der Innovationen, avancieren aber immer mehr auch zu deren Schöpfer. Der Erfolg des Einzelnen in solchen Regionen wird teilweise davon abhängen, ob diese sich auf dem aufsteigenden oder absteigenden Ast befinden. So waren in den USA viele Industriestandorte im Niedergang begriffen, sodass zwischen Dezember 2007 und November 2008 über 1,8 Millionen Fabrikarbeitsplätze verloren gingen. 2009 erreichte die Arbeitslosenquote im Produktionsbereich 16 Prozent und auf dem Bausektor 19 Prozent.[19] In den Industrienationen der Welt gingen Millionen Stellen für angelernte Arbeitskräfte verloren, weil die Produktionsstandorte nach Osten verlagert wurden. Ein Beispiel ist Brianas Heimatstadt Detroit. 2009 hatten dort nur zehn Prozent der Erwachsenen einen College-Abschluss, während 30 Prozent auf den Bezug von Lebensmittelmarken angewiesen waren. Wie in anderen Städten in den USA hat das Modell eines Wachstums auf der Basis der Automobilproduktion andere Entwicklungen behindert.[20] Dabei wirkt sich zudem verheerend aus, dass viele durch den Trend zum Eigenheim jetzt in ihrer Region festsitzen, weil ihre Häuser wegen der massenhaften Abwanderung nahezu unverkäuflich geworden sind.

Megastädte sind gewaltige Ballungsräume, in denen die Wirtschaftsaktivität häufig nicht ausreicht, um alle Bewohner mit Arbeit zu versorgen. Folglich sind viele Megastädte von Slums umringt. Die Elendsviertel Mumbais oder Kairos oder die Favelas von Rio de Janeiro geraten mit Blick auf die globale Wirtschaftsentwicklung immer stärker ins Abseits. Diese Megastädte und Regionen sind in den kommenden Jahrzehnten mit wachsenden Herausforderungen konfrontiert. Sie werden noch dichter besiedelt und teurer werden. Damit Megastädte in Zukunft weiter funktionieren können, sind Innovationen im Transportwesen und in der Umwelttechnik notwendig. Prototypen dazu waren 2010 bereits im Bau: So soll die

Stadt Masdar in Abu Dhabi den Plänen nach 2018 als Ökostadt mit einem minimalen Ausstoß an Treibhausgasen in Betrieb gehen.

Die positive Seite von Richard Floridas Bild künftiger Städte besteht darin, dass die besten Köpfe zu den Kreativclustern und in die Produktionszentren ziehen werden. Als Kehrseite werden die Megastädte der Welt den gleichen erbitterten Wettbewerb und die Konsolidierung durchlaufen, die in den globalen Industrien wie der Stahl- und Automobilherstellung in den letzten Jahrzehnten für Strukturwandel gesorgt haben. Wahrscheinlich wird es viele zweit- und drittklassige städtische Regionen in der industrialisierten Welt besonders hart treffen. Richard Florida beschreibt die Auswirkungen dieses globalen Wettbewerbs auf die Städte in den USA so:

> Für die Clevelands und Pittsburghs dieser Welt wird es von beiden Seiten immer enger, wenn die große Geschäftswelt in größere Regionen wie Chicago abwandert, während die Produktion an Stadtorte wie Schanghai verlagert wird. Die Innovationszentren der Welt wie das Austin's oder das Research Triangle bekommen nicht nur die Konkurrenz des Silicon Valleys, sondern auch die von Senkrechtstartern wie Bangalore, Dublin und Tel Aviv zu spüren. Die Weltwirtschaft der Zukunft formiert sich in einer immer kleineren Anzahl von Megaregionen und spezialisierten Zentren, während sich für eine weitaus größere Anzahl von Standorten das Blatt zum Schlechteren wendet. Diese kämpfen nur noch darum, im Spiel zu bleiben.[21]

Auch wenn diese Sichtweise um die USA zentriert ist, können Sie sich fragen, was diese Entwicklung für Ihre Region bedeutet. Was heißt dies in Großbritannien beispielsweise für Newcastle oder Liverpool? Was in Deutschland für Dortmund oder Dresden? Oder was in Frankreich für die nördlichen Vororte von Paris?

Die weltweite Unterklasse wird verstärkt in den Slums um die Megastädte siedeln. Für 2020 steht zu erwarten, dass 1,5 Milliarden Menschen in Slums leben werden, 400 Millionen davon in Afrika und fast 850 Millionen in Asien.[22] Einst standen die Städte und ihr Hinterland in einer dauerhaften und sinnvollen Beziehung zueinander. Anfang des 20. Jahrhunderts war das jeweilige Umland einer Stadt eine wichtige Quelle zur Rekrutierung von Arbeitskräften und zur Abnahme erzeugter Güter. Durch den Austausch von Menschen und Gütern entstand ein Netzwerk sozialer Beziehungen zwischen einem sich verdichtenden Stadtkern und den nach außen wuchernden Vororten. Mit der Entstehung von Megastädten wurden diese Vororte von der Entwicklung zusehends abgekoppelt und verkamen zu Slums.[23] Anstatt eigene Ziele und eine Identität zu behaupten, weisen diese konzentrierten Zonen mit ihrem »Bevölkerungsüberschuss« geballte Armut und wenig Orientierung auf.[24] Auf die Spitze getrieben wurde diese Abkoppelung durch die gewaltige Verstädterung, bei der Millionen Menschen in der Hoffnung auf ein besseres Leben vom Land in die Stadt geschwemmt wurden. Wie die Slums um Mumbai oder Johannesburg zeigen, gingen diese Hoffnungen nur selten in Erfüllung.

Die entlegensten Orte der Welt von 2025 werden die riesigen ländlichen Gebiete sein, die dünn besiedelt, wirtschaftlich kaum aktiv und an die globale Ökonomie schlecht angebunden sind. Hier können wir die globale Unterklasse der Zukunft erwarten. Ihr Schicksal wird teilweise vom Zugang zu Technik abhängen. Möglicherweise werden Programme wie in Uruguay oder Ruanda, bei denen Kindern Computer zur Verfügung gestellt werden, jungen Menschen eine Chance verschaffen, sich in den globalen Arbeitsmarkt einzuklinken, so sie ausreichend Motivation, Elan und Intelligenz mitbringen. Aber selbst wenn sie Qualifikationen erwerben, stellt sich immer noch die Frage, wie sie diese einbringen können. Sie könnten – beispielsweise von Uruguay aus – in den »virtuellen Talentpool« der Welt eintreten und IT-Aufträge auf den virtuellen Märkten an Land ziehen, wie virtuelle Arbeitszentren wie oDesk sie schaffen. Alternativ könnten sie ihre Fähigkeiten ausbauen und höhere Einkommen erzielen, wenn sie in die Kreativcluster, Megastädte oder Produktionszentren abwandern, wo ihre Fähigkeiten als Kernkompetenz gefragt sind. Dies würde freilich voraussetzen, dass die Migration von Arbeitskräften auf keine Barrieren stößt. Aus diesem globalen Talentpool ausgeschlossen bleiben allerdings diejenigen, denen als Kinder der Zugang zu Bildung verwehrt blieb oder denen die wirtschaftlichen Voraussetzungen zur Abwanderung in einen Kreativcluster fehlen.

Das Problem des Chancengefälles zwischen städtischen und ländlichen Regionen beschränkt sich nicht auf Länder wie Indien oder China, sondern fordert viele Entwicklungsländer heraus. Insbesondere in Afrika und Lateinamerika ist die Größenordnung der Einkommensunterschiede ein Haupthindernis für die nationale Entwicklung. Auch wenn die Unterschiede bei den Einkommen innerhalb der Städte abnehmen, so hinken die ländlichen Regionen häufig hinter der Entwicklung des Landes zurück. In Ghanas Hauptstadt Accra galten 2005 beispielsweise nur zwei Prozent der Bevölkerung als arm, während es in der ländlichen Savanne 70 Prozent waren. Dies macht deutlich, dass der Nutzen des ghanaischen Wirtschaftswachstums höchst ungleich verteilt ist.[25] Dies aber schwächt die positiven Effekte der Entwicklung ab. Eine ungleiche Gesellschaft fördert unabhängig vom Reichtum der Stadtbevölkerung das Wirtschaftswachstum weniger als eine gleiche. Ungleichheit destabilisiert die politischen Institutionen, behindert die Leistungsfähigkeit, sorgt für hohe Kindersterblichkeitsraten, drückt auf das Bildungsniveau und senkt die allgemeine Lebenserwartung.[26]

Faktor Demografie: Manchen Babyboomern droht Altersarmut

Ihr Wohlstand und Ihre Arbeitsbiografie in den kommenden Jahrzehnten hängen nicht nur von Ihrem Wohnort und Ihren Fähigkeiten ab. Ein wichtiger Faktor ist ebenso das Alter. Viele auf der ganzen Welt können gegenüber früher mit einem längeren Leben und damit auch einem längeren Erwerbsleben rechnen. Um 2025 werden zehn Prozent der Weltbevölkerung über 65 Jahre alt sein. Das Verhältnis der Alten gegenüber den Jungen (gemessen an Menschen über 65 auf 100 Menschen unter 20) erhöht sich damit von 16 zu 100 1995 auf 31 zu 100. Die Lebenserwartung steigt von 65 Jahren 1995 auf 73 im Jahr 2025. Bis dahin gibt es Prognosen nach kein Land mehr, im dem die Lebenserwartung unter 50 Jahren liegt.[27]

Einige von uns können erwarten, dass sie bis weit über 75 Jahre hinaus bei guter Gesundheit leben. Wir können uns für eine Verlängerung des Erwerbslebens entscheiden, aus schierer Freude und Faszination an der Arbeit oder auch aus wirtschaftlicher Not, weil die Altersbezüge nicht ausreichen.[28] Wir werden arbeiten, um Geld zu verdienen, um geistige Anregungen zu bekommen, um körperlich aktiv zu bleiben, um weiterhin mit anderen in Kontakt zu kommen oder um unsere Zeit sinnvoll und nützlich zu gestalten.[29] Wir können jedenfalls davon ausgehen, dass von all diesen Gründen auch das Geldverdienen für viele über 60-Jährigen sehr wichtig sein wird.

Bis 2025 sind in den USA und in einem Großteil Europas sowie Japans die meisten Babyboomer im Ruhestand. Die Auswirkungen davon erstrecken sich über die einzelnen Betroffenen hinaus auf die gesamte Wirtschaft in der entwickelten Welt: Ihre Altersvorsorgen stellen als Pensionsfonds, individuelle Ersparnisse und so fort einen Großteil des Kapitals für Kredite der Industrien und staatlichen Haushalte bereit.[30]

Manche Babyboomer und Mitglieder der Generation X, die ab 2025 nach und nach in den Ruhestand treten, werden für ihr Alter wohl angemessen vorgesorgt haben. Viele werden feststellen, dass sie weit über ihr erwartetes Renteneintrittsalter hinaus arbeiten müssen. Die Rechnung dazu sieht so aus: Beim Aufbau des Rentensystems in den 1950er-Jahren gingen die Beteiligten davon aus, dass der Durchschnittsbürger vom 20. bis zum 65. Lebensjahr in einem Unternehmen arbeiten und so 45 Jahre lang kontinuierlich Rentenbeiträge einzahlen würde. Nach dem Renteneintritt mit 65 Jahren sollte er fünf bis maximal zehn Jahre seinen Ruhestand genießen und mit 70 bis 75 Jahren aus dem Leben scheiden. 45 Jahre Beitragszahlung deckten so zehn Jahre Rentenbezug ab. Außerdem war das wirtschaftliche Umfeld zwischen 1950 und 2000 ausreichend stabil, um jährliche Renditen um vier Prozent zu erzielen, sodass sich die Rücklagen tatsächlich erhöhten.[31]

Für die Generation nach dem Babyboom eröffnet sich eine andere Rechnung. Zunächst können nur wenige erwarten, dass sie über fünf Jahre beim selben Arbeitgeber beschäftigt sind. Als Ergebnis dieser Fluktuation am Arbeitsplatz ist die Aussicht, kontinuierlich in die Rentenkasse einzuzahlen, bedeutend geschmälert. Und falls doch, so werden die Booms und Krisen, die von 2000 bis 2050 zu erwarten sind, die Vermögenswerte, die umsichtige Sparer angehäuft haben, beträchtlich verringern.

Viele Beobachter, darunter der britische Politiker und Publizist David Willetts, erwarten deswegen tief greifende Spannungen zwischen den alternden Babyboomern und den Generationen X und Y, die ihre Rentenauszahlungen finanzieren müssen.[32] Willetts nennt den Zeitpunkt 2030, zu dem alle Babyboomer in die Rente eingetreten sind, das »Zwicken«. Er geht hart ins Gericht mit den Babyboomern, die er für die verwöhnteste Generation in der Geschichte der entwickelten Welt hält. Ihre Angehörigen werden demnach das Erbe ihrer umsichtigen und sparsamen Väter verschleudern und wenig Bereitschaft zeigen, ihren Nachkommen etwas zu hinterlassen. Sie haben ihre Häuser belehnt, um sich Urlaubsreisen und Autos zu gönnen. Dagegen müssen diejenigen, die nach ihnen kommen, Studiengebühren zahlen und sich für ihre Ausbildungen hoch verschulden, ohne dass sie eine sichere Aussicht auf einen Job haben. Schwieriger geworden ist für sie auch der Erwerb von Wohlstand, während an den Aufbau einer Altersvorsorge gar nicht zu denken ist. Man darf gespannt sein, in welchem Umfang Willetts' Vorhersagen zum Generationenkonflikt eintreten werden.

Die bedeutendere Frage ist: Werden die immer zahlreicheren über 65-Jährigen überhaupt Gelegenheit zum Weiterarbeiten bekommen? In ihrer Personalpolitik stellen sich die Unternehmen nur im Schneckentempo auf eine alternde Gesellschaft ein, und die steigende Lebenserwartung und längere Gesundheit spiegeln sich in den Rentengesetzgebungen bislang eher selten wider. So stammt die erstmalige Festschreibung des Renteneintrittsalters auf 65 Jahren noch vom deutschen Reichskanzler Otto von Bismarck und geht so auf das Jahr 1881 zurück, als die Lebenserwartung gerade einmal bei 43 Jahren lag. Um 2010 hatten nur wenige Länder das Renteneintrittsalter an die Tatsache angeglichen, dass die meisten Menschen in den Industrieländern heute fast doppelt so alt werden. Bis 2010 bedeutete diese politische Untätigkeit für die Arbeitgeber, dass sie jedes Mal ein Jahrzehnt an potenzieller Arbeit verloren, wenn sie den gesetzlichen Renteneintritt vollzogen. Allerdings können wir erwarten, dass der politische Stillstand angesichts des wirtschaftlichen Drucks am Ende doch überwunden wird.[33] So wurde in Großbritannien das fixe Renteneintrittsalter mit 65 Jahren 2011 schließlich abgeschafft.

Wie Menschen über 65 Jahre in den kommenden Jahrzehnten arbeiten werden, ist eine interessante Frage. Vielleicht wird der Niedergang des öffentlichen Sektors in vielen Industrieländern die Entwicklung eines »tertiären Sektors« fördern, der auch ehrenamtliche Tätigkeiten und Dienstleistungen auf kommunaler Ebene umfasst.

Neue, staatlich unterstützte Jobs zum Wiederaufbau verfallender Stadtviertel oder soziale Dienste könnten so entstehen.[34] Dies ist nur eine unter vielen Ideen zu möglichen Einsatzbereichen für Menschen über 65 Jahre. Jedenfalls deuten die Daten der Demografie und der Längsschnittstudien klar darauf hin, dass diese Altersgruppe in der Welt von 2025 stärker präsent sein und sich verstärkt um Beschäftigung bemühen wird, um Altersarmut zu vermeiden.

Zum Abschluss dieser Analyse zu den Faktoren, die das Alltagsleben Brianas, Andrés und ihrer Familien prägen, wenden wir uns einer weiteren Gruppe zu, denen ein Arbeitsleben von hoher Qualität versagt bleibt: der wachsenden Gruppe der Umweltflüchtlinge.

Faktor Energiequellen: Umweltkatastrophen treiben Menschen in die Flucht

Weltweit zeichnen sich ungewöhnliche Veränderungen beim Wetter ab. Der Verbrauch fossiler Energieträger und der einhergehende Ausstoß von Kohlendioxid bereiten den Wissenschaftlern, Politikern, Organisationen und Bürgern immer mehr Sorge. Das Energiekonzept, das seit der industriellen Revolution vorherrscht, hat dafür gesorgt, dass sich die Konzentration von CO_2 in der Atmosphäre seither um ungefähr 40 Prozent erhöht hat. 2010 hing ein Großteil der Weltwirtschaft von der Nutzung fossiler Energieträger ab, und die jährlichen Emissionen nahmen zwischen 1970 und 2004 um grob 80 Prozent zu. Die Konzentration des Treibhausgases stieg bis auf ein Niveau an, das weit außerhalb der natürlichen Schwankungsbreite in den letzten 650 000 Jahren liegt.[35] Während sich der CO_2-Gehalt der Luft über Jahrtausende als Folge der Eiszeitzyklen veränderte, löste der relativ neue Einsatz von fossilen Brennstoffen eine unnatürliche Beschleunigung dieses Prozesses aus und zeigte die Grenzen seiner Umweltverträglichkeit auf. Im Verlauf des letzten Jahrhunderts stieg die weltweite Oberflächentemperatur um 0,6 Grad. Diese Steigerung war wahrscheinlich die höchste in den letzten 1000 Jahren und sorgte dafür, dass sich zwischen den 1950er- und 1990er-Jahren die wirtschaftlichen Schäden durch wetterbedingte Katastrophen verzehnfachten.[36]

Der Zwischenstaatliche Ausschuss für Klimaveränderungen (IPCC), auch Weltklimarat genannt, verkörpert die maßgebende wissenschaftliche Meinung in Sachen Erderwärmung. 2007 kam das Gremium zu dem Ergebnis, dass bereits im vergangenen Jahrhundert Veränderungen in vielen Ökosystemen der Welt zu verzeichnen waren. Biologische Systeme reagierten auf Umwelteinflüsse, die Meeresspiegel stiegen an, Windmuster veränderten sich, und Hitzewellen und Dürren waren auf dem Vormarsch.[37] Zu dieser Zeit berichtete der IPCC, dass die Temperaturanstiege und ihre Auswirkungen auf die Umwelt bereits jetzt die menschliche Gesundheit bedrohten, sowohl mit Blick auf Todesfälle, die durch Hitze verursacht wurden, als auch auf den Vormarsch von Infektionskrankheiten.

Verschiedene Organisationen, darunter der IPCC, vertraten die Auffassung, dass der Temperaturanstieg um 0,6 Grad im vorigen Jahrhundert von dem im nächsten wahrscheinlich deutlich übertroffen wird, sollte nichts unternommen werden, um die globale Abhängigkeit von Öl, Kohle und Gas zu überwinden. Die konservativsten Schätzungen des Weltklimarates sagen eine globale Erwärmung um ungefähr 1,8 Grad voraus, während pessimistischere Modelle eine mögliche Steigerung um 4,0 Grad beinhalten. Angesichts der Folgen, die der Temperaturanstieg um 0,6 Grad bis zum Jahr 2010 gehabt hatte, muss sich eine weltweite Erwärmung um fast das Achtfache verheerend auswirken. Möglicherweise fallen große Teile des Amazonas-Beckens Dürren und Bränden zum Opfer, nehmen die Ernteerträge bei allen wichtigen Getreidesorten ab, leiden über zwei Drittel der Weltbevölkerung unter Wasserknappheit und treiben steigende Meeresspiegel Millionen Menschen in die Flucht.[38]

Schon jetzt sorgt der zunehmende Mangel an Wasser in Teilen der Entwicklungsländer für gesellschaftliche und politische Spannungen. Bereits 2000 brachen in Cochabamba in Bolivien Proteste aus, nachdem die Wasserpreise nach einer Privatisierung von Stadtwerken ins Unerschwingliche gestiegen waren.[39] Mit dem Bevölkerungswachstum, einem steigenden Lebensstandard und vermehrt auftretenden Dürren durch den Klimawandel wächst wie beim Öl auch hier die Nachfrage schneller als das Angebot. Allein in der Landwirtschaft ist der Wasserverbrauch im letzten Jahrhundert von ungefähren 550 Kubikkilometer im Jahr 1900 auf circa 2600 Kubikkilometer im Jahr 2000 gestiegen. Bis 2030 soll dieses jährliche Volumen auf mindestens 3300 Kubikkilometer weiter anwachsen.[40] Bis zu diesem Jahr werden Prognosen zufolge die meisten Flussbecken Indiens unter einer immer stärkeren Trockenheit leiden. In China könnten 300 Millionen Menschen von einem Mangel an Trinkwasser betroffen sein, und in Südafrika bleiben möglicherweise die Regen aus – mit verheerenden Folgen.[41] Wir können vorhersagen, dass diese Umweltkatastrophen dafür sorgen werden, dass ein bedeutender Anteil der Weltbevölkerungen zur globalen Schicht der Armen stoßen wird.

Der Blick auf die Schattenseite der Zukunft

Mit diesen Einblicken in Alltagswelten des Jahres 2025 können wir uns eine Vorstellung davon machen, wie die Schattenseite der Zukunft aussehen könnte. Dies ist wichtig, denn nur so können wir die verschiedenen Stränge in unserem eigenen Leben zu einem Ganzen zusammenführen. Anhand dieser Beschreibungen vom Alltagsleben anderer können wir uns vorstellen, wie unsere eigene Zukunft und die anderer aussehen könnte.

In den Details des Arbeitsalltags Rohans und Amons haben wir eine mögliche Zukunft entdeckt, die durch Isolation geprägt ist und in der alles, was wir als selbstverständlich ansehen – einfache Kontaktaufnahmen, enge Familienbande –, der Vergangenheit angehört. Oder Jills zersplitterter Arbeitstag, der ihr kaum Zeit lässt, um sich anhaltend auf eine Sache zu konzentrieren und so die gründlichen Fähigkeiten und das meisterhafte Können zu entwickeln, die für ihren Erfolg entscheidend wären. Oder Briana und André, die beide in wohlhabenden Ländern zur Welt kamen, aber in die weltweite Masse der Armen eingetreten sind und kaum Chancen haben, sich den Talentpools anzuschließen, die sich überall auf der Welt herausbilden. Wir haben gesehen, wie aus der Technisierung und Globalisierung als logische Folgen Statusängste und Narzissmus erwachsen können.

Diese Lebensgeschichten sind keine Hirngespinste. Sie sind vielmehr ein Ergebnis des leidenschaftslosen Wirkens der fünf Faktoren, die auch in Zukunft bestimmen und beeinflussen werden, wo und wie wir arbeiten. Diese Alltagsszenarien wurden anhand unseres Wissens über die Gegenwart so konstruiert und ausgestaltet, dass sie eine Ahnung davon vermitteln, wie unsere Zukunft aussehen könnte. Jede Entwicklung hat ihre Licht- und Schattenseite. In den entworfenen Zukunftsszenarien wurde das Alltagsleben durch die trübste Linse betrachtet.

Was haben wir beim Zusammenfügen dieser Ideen, Einsichten, Fakten und Zahlen zur Vorgezeichneten Zukunft gelernt?

Dass wir möglicherweise auf einigen Gebieten weitere technologische Entwicklungen erwarten können, die einige besonders negative Aspekte der Zukunft abmildern. So werden vielleicht ausgeklügelte kognitive Assistenten entwickelt, die die Zersplitterung und den intensiven Druck in unserem Arbeitsleben lindern. Sie könnten die über uns hereinbrechende Flut an Daten so filtern, dass wir die Informationen besser verstehen und verarbeiten können.

Klar ist allerdings auch, dass die Zukunft weitere negative Aspekte birgt, die wohl nicht durch technische Lösungen beseitigt werden können. Für mich steht zweifelsfrei fest, dass die Arbeit der Zukunft eine einsame Angelegenheit zu werden droht. Und für mich gibt es auch keinen Zweifel daran, dass wir eine Neuorientierung hin zur Qualität eigener Erfahrungen kaum schaffen, wenn wir uns weiterhin über Konsum und Marken definieren.

Zum Abschluss der Erörterung zu diesen eher düsteren Zukunftsszenarien möchte ich Ihnen folgende Fragen stellen: Sehen Sie eine Gegenbewegung, die diese Entwicklung in andere Bahnen lenken könnte? Zu welchen Kompromissen würden Sie Ihren Kindern oder anderen in Ihrem Umfeld raten, damit ihre künftige Arbeit diese negativen Seiten möglichst nicht hat. Welche Fähigkeiten sollten sie erwerben?

Am Ende der Überlegungen zu diesen düsteren Szenarien steht wohl eine Einsicht: Wenn die drei zukunftssichernden Neuorientierungen etwas verändern sollen, müssen erst einmal anhand von Experimenten und Überlegungen alternative Szenarien entworfen werden. Wenn sich etwas verändern soll, müssen wir, unsere Kinder und unser Umfeld harte Kompromisse schließen und eine Menge Kompetenzen und Fähigkeiten entwickeln, die gerade erst im Kommen sind.

Viele der Veränderungen, die notwendig wären, um eine finstere Zukunft zu vermeiden, scheinen nicht in der Hand des Einzelnen zu liegen. Wie wir aber in den positiven Szenarien zur Gestalteten Zukunft sehen werden, verfügt eine vernetzte Bevölkerung über nie da gewesene Möglichkeiten zum kollektiven Handeln. Das Thema der Gemeinschaft werden wir im Zusammenhang mit der zweiten Neuorientierung behandeln, die ich für die Planung einer erfolgreichen Zukunft für entscheidend halte. Jedenfalls ist in beider Hinsicht mehr möglich: bei klugen Entscheidungen darüber, welche Fähigkeiten und Kompetenzen man für die Zukunft erwirbt, und bei der Bereitschaft, sich in einem langen Arbeitsleben die Fähigkeit zu bewahren, in neue Bereiche vorzustoßen, in denen Wert entsteht. Darum geht es bei der ersten Neuorientierung hauptsächlich: sich vom oberflächlichen Generalisten zu einem Meister in Serie zu entwickeln. Dabei fehlt allerdings noch eine Botschaft, die in den behandelten Alltagsszenarien steckt: Wie können wir unser Arbeitsleben so gestalten, dass Umweltschäden möglichst gering und die Zufriedenheit und Erfüllung möglichst groß ausfallen. Dazu müssen wir die letzte Neuorientierung vollziehen: die vom unersättlichen Konsumenten zum kreativen Produzenten.

TEIL III   DIE LICHTE SEITE: DIE GESTALTETE ZUKUNFT

Jeder der fünf Faktoren, die Ihr Arbeitsleben in den kommenden Jahrzehnten prägen werden, können sich negativ, aber auch positiv und erfreulich auswirken, je nachdem, welchen Weg in die Zukunft Sie wählen.

Die negativen Auswirkungen auf unser künftiges Arbeitsleben liegen auf der Hand: Die Technisierung führt in eine immer stärker zersplitterte Welt, in der Milliarden vernetzter Menschen auf dem Globus ständig mit Anfragen bombardiert werden. Angesichts des Vormarschs virtueller Techniken werden viele in eine tiefe Isolation geraten und sich nach realen Beziehungen sehnen. Und die Globalisierung wird die Kluft zwischen Gewinnern und Verlierern vertiefen. Eine neue globale Unterklasse aus Menschen entsteht, denen an ihrem Wohnort oder wegen ihres Alters der Zugang zu den globalen Arbeitsmärkten versperrt bleibt. Vielleicht haben die Babyboomer in Orgien des Konsums den Großteil ihres Wohlstandes verschleudert und hinterlassen den Jungen der – treffend »regenerativ« genannten – Generation Z eine nahezu ruinierte Welt, die diese erst wieder aufbauen müssen. Vielleicht sind die Familien dann noch stärker zersplittert. Vielleicht wird Identität noch stärker vom Konsumverhalten bestimmt werden. Und vielleicht schwindet das Vertrauen in die Unternehmen wie auch allgemein das Glück in den meisten entwickelten Ländern. In dieser Zukunft haben die Herausforderungen des von Mensch gemachten Klimawandels die Welt überfordert: Die

Babyboomer und die Generation X haben ihren Nachkommen eine sich aufheizende Atmosphäre, steigende Meeresspiegel und ein wildes Gerangel um die verbleibenden Ressourcen hinterlassen.

Jede Situation birgt Gefahren und Chancen. In den Szenarien der Vorgezeichneten Zukunft spielt sich das Leben im Zeichen der negativsten Aspekte der fünf Faktoren ab.

Aber ein kurzer Blick auf diese Faktoren zeigt, dass sie auch positive, faszinierende und erhebendere Möglichkeiten mit sich bringen. Auch wenn durch die Technisierung Zersplitterung und Isolation drohen, kann man sich eine Welt vorstellen, in der fünf Milliarden untereinander vernetzte Menschen gemeinschaftlich kommende Herausforderungen angehen. Dann ist Technik nicht nur eine Kraft, die in die Isolation führt, sondern auch eine Quelle, aus der jedes Erdenkind sämtliche Erkenntnisse und Einsichten schöpfen kann, die unsere Welt bereithält.

Zwar birgt die Globalisierung die Gefahr, dass eine Unterklasse von erschreckenden Ausmaßen entsteht und weite Teile der weltweiten Industrieproduktion nach China und Indien verlagert werden, aber man kann sich auch vorstellen, dass sich die gesamte Welt am Innovationsprozess beteiligt und die Entwicklungsländer dem Westen vorführen, wie man dank Innovation sparsamer leben kann. Die Sparpolitik des Westens könnte der Auftakt dazu sein, dass eine Gesellschaft entsteht, in der Erlebnisse und Erfahrungen mehr zählen als unersättlicher Konsum.

Der demografische Wandel kann zwar dazu führen, dass die Jungen gegen die Alten auf die Barrikaden steigen, aber wenn sich Arbeitsbiografien bis zum 70. Lebensjahr verlängern, können auch mehr Chancen entstehen, wenn Arbeit positiv und erfüllend ist. Und während in der sich wandelnden Gesellschaft neue Familienstrukturen mit immer mehr Patchwork-Familien entstehen, steigen in den Unternehmen auch immer mehr Frauen zu Entscheidungsträgerinnen auf, während die Männer bei der Kindererziehung eine wichtigere Rolle übernehmen. Ohne Zweifel überschatten der Klimawandel und die drohende Energieverknappung das künftige Wachstum in den künftigen Industriestaaten, aber wir können uns auch aktiv für eine Welt einsetzen, die mit geringeren CO_2-Emissionen auskommt, in der wir unseren Wohnort näher am Arbeitsplatz wählen, weniger pendeln und nur noch ins Flugzeug steigen, wenn es nicht anders geht.

Tatsache ist: Wir können zwar nicht in die Zukunft schauen, kennen aber die Faktoren, die unsere künftige Arbeitswelt prägen werden. Bekannt sind ebenso einige Konsequenzen, die deren Wirken nach sich ziehen werden. Wie die Planer der Shell-Szenarien vor vielen Jahren vorführten, können wir anhand möglicher Verhaltensweisen verschiedene Bilder von der Zukunft malen.

Wenden wir uns erneut den 32 Teilaspekten der fünf Faktoren zu, fügen sie diesmal aber zu Mustern zusammen, die möglichst optimistische Szenarien mit Blick auf unsere künftige Arbeitswelt ergeben.

5 KREATIVES MITGESTALTEN: DIE VERVIELFÄLTIGUNG VON INITIATIVE UND TATKRAFT

Miguels Alltag

Wieder ist es 6.00 Uhr an diesem Morgen im Januar 2025. Diesmal nimmt in Rio de Janeiro Miguel seinen Tag in Angriff. Beim Erwachen mit den ersten Sonnenstrahlen denkt er gleich an die anstehenden Aufgaben. Er freut sich auf einen Tag, an dem er seiner Lieblingsbeschäftigung nachgehen wird: Ideen entwickeln und komplizierte Probleme anpacken. Seine Leidenschaft gehört dem städtischen Transport. Seit über einem Monat arbeitet er mit einer Gruppe von Gleichgesinnten an der Lösung einer kniffligen Frage. 1996 geboren, erlebte er als Kind hautnah Brasiliens Wirtschaftsboom mit, als Unternehmen aus der ganzen Welt in das Land investierten. Zudem erlebte er mit, wie große brasilianische Konzerne entstanden und wie sich einige Unternehmer wie Ricardo Semler von Semco einen weltweiten Ruf schufen. Diese Leistungen machten ihn stolz auf sein Land. Zugleich war ihm aber auch schmerzlich bewusst, wie sich der wachsende Wohlstand und die Entstehung einer breiten Mittelschicht auf seine Heimatstadt auswirkten. Durch die Industrialisierung litt Rio wie andere Städte überall in Brasilien unter gewaltigen Belastungen: Millionen Menschen waren auf der Suche nach Arbeit vom Land in die Städte abgewandert. Rios Einwohnerschaft schwoll auf 13 Millionen Menschen an. Viele verschlug es in die Favelas, die die Hänge über der Stadt hinaufwucherten. Als Teenager erlebte Miguel mit, wie immer mehr Verkehr Rios Straßen verstopfte. Dass ein klares Konzept für einen öffentlichen Nahverkehr fehlte, verschlimmerte die Lage.

Als ein Kind Rios strebte Miguel einen Abschluss in Stadtplanung an. Zu seiner Begeisterung ergatterte er einen Studienplatz an der Universität von Paraná in Curitiba und stieß zu einer wachsenden Gruppe von Leuten, die sich der Stadterneuerung verschrieben hatten. Nach seinem Abschluss wollte er die Welt außerhalb Brasiliens kennenlernen. Ein staatliches Stipendium und mehrere Teilzeitjobs finanzierten ihm die Teilnahme an dem Sommerprogramm an der Universität Kopenhagen, für das er sich erfolgreich beworben hatte. Bei dieser glänzenden Gelegenheit konnte er sich aus erster Hand darüber informieren, wie es diese Stadt geschafft hatte, ihren CO_2-Ausstoß zu verringern. Er war fasziniert von dem durchdachten Konzept, bei dem in Elektromobilität investiert wurde und im ganzen Stadtgebiet Fahrradwege und Fußgängerzonen entstanden. Inzwischen versucht er diese Ansätze begeistert in Rio umzusetzen. Nach seiner Rückkehr hat ihn der Stadtrat in Teilzeit als einen von 80 Umweltagenten beschäftigt. Finanziert werden sie vom Staat und mehreren Nichtregierungsorganisationen, denen es darum geht, den CO_2-Ausstoß der Stadt zu verringern. Er und seine Kollegen haben die Aufgabe, die öffentliche Einstellung gegenüber dem städtischen Nahverkehr zu verändern.

Den gestrigen Tag hat Miguel mit einem Team anderer Umweltagenten damit zugebracht, unter den Bewohnern eines Stadtviertels der Mittelschicht die Werbetrommel für die Einführung einer City-Maut zu rühren. Während zahlreiche andere Städte auf der ganzen Welt das System übernommen hatten, stemmten sich Rios Autofahrer dagegen. Miguel soll sich ihre Bedenken anhören und Strategien entwickeln, um sie zu zerstreuen.

Am heutigen Tag will Miguel vor allem an einem Konzept arbeiten, das er mit einer Gruppe von Leuten rund um die Welt vorbereitet, um es den Stadtplanern des nordindischen Lucknow zu unterbreiten. Lucknow, eine der am schnellsten wachsenden Riesenstädte in Indien, kämpft wie das übrige Land mit Verkehrsinfarkten. Von diesen Problemen erfahren hat er vor einem Monat, als die Stadtplaner über InnoCentive einen Aufruf veröffentlichten, Strategien einzusenden, mit denen sich die Nutzung des öffentlichen Nahverkehrs ausweiten lässt.

Miguel wollte sich dieser spannenden Herausforderung stellen, und dass die Stadt für das beste Konzept eine Prämie von 100 000 Dollar ausgelobt hatte, war für ihn ein zusätzlicher Anreiz. Die Aufgabe lautete, die Nutzung des öffentlichen Nahverkehrs in den nächsten beiden Jahren um 20 Prozent zu steigern

Das 2001 gegründete InnoCentive ist ein globaler Online-Marktplatz, über den innovationsbedürftige Organisationen auf der Suche nach Unterstützung ihre Probleme ins Internet stellen können. In der Vergangenheit nutzten so Firmen, akademische Einrichtungen, die öffentliche Hand und Nichtregierungsorganisationen ein stetig wachsendes globales Netzwerk aus Menschen, die ihre Ideen zur Lösung schwieriger Probleme einbringen wollen. 2010 waren dort über 200 000 Problemlöser registriert. 2025 hatte die Zahl die Marke von einer Million überschritten.

Kaum hatte Miguel die Ausschreibung aus Lucknow entdeckt, kontaktierte er zwei Freunde, die er aus seiner Zeit in Kopenhagen kannte und die sich für Konzepte des öffentlichen Nahverkehrs ebenso sehr begeisterten wie er. Bei einer Videokonferenz stellen sie fest, dass sie ihr Team erweitern mussten. Folglich kontaktierte er seinen ehemaligen Kommilitonen José, der jetzt in der Stadtplanung von Curitiba arbeitet. José ist am Vortag in den Zug gestiegen und trifft sich an diesem Frühnachmittag mit Miguel.

Den Nachmittag über verbringen Miguel und José wie verabredet zwei Stunden mit einer 3-D-Videokonferenz mit dem übrigen Team. Sie müssen noch letzte Hand an das Konzept legen, das sie in zwei Tagen einreichen werden. Es sind großartige zwei Stunden. Die dänischen Kollegen leben in einer Vorzeigestadt, deren CO_2-Ausstoß pro Kopf einer der niedrigsten der Welt ist, und geben ihr Wissen dazu begeistert weiter. José, der von Curitiba angereist ist, hat ebenfalls viele Vorschläge, denn anders als Rio ist seine Stadt speziell auf die Vermeidung von Staus hin geplant worden. Der dortige öffentliche Nahverkehr funktioniert auf Weltklasseniveau.

Im Verlauf der Konferenz kristallisiert sich immer mehr heraus, dass das eigentliche Problem von Lucknow darin besteht, dass Indiens Städter ebenso begeistert auf Privatverkehr setzen wie Brasilien in den 1990er-Jahren. Um ihre Gewohnheiten zu verändern, sind viel Überzeugungsarbeit und Anreize notwendig. Was die Anreize angeht, hat das Team Ideen des dänischen Anthropologen Jens übernommen. Der inzwischen über 80-Jährige führte eine Langzeitstudie über die Nutzung von Bussen in Ballungsräumen durch und erklärte sich zur Unterstützung des Teams bereit. Miguel kennt er seit dessen Studienzeit in Kopenhagen, und beide sind in Kontakt geblieben.

Später während ihres Treffens schaltet sich ihnen Apurna zu, eine 23-jährige indische Unternehmerin, die mit 3-D-Übertragungstechnik viel Geld gemacht hat. Der CO_2-Ausstoß in Städten mit vielen Verkehrsstaus bereitet ihr ebenso viel Sorge wie Miguel. Vor zwei Jahren gründete sie eine Stiftung, die sich um die Reduktion der CO_2-Emissionen in ihrer Heimatstadt Lucknow kümmert. Miguel lernte sie über Jens kennen, der einer ihrer Berater war. Dieser Spätnachmittag gehört ihr: Sie möchte dem Team Gedanken darüber mitteilen, wo sie die eigentlichen Probleme und Herausforderungen sieht. Während das Team noch am Entwurf für seinen Lösungsansatz arbeitet, schickt ihn Miguel fürs Erste an die 50 Beteiligten seiner persönlichen Innovationsgruppe, an Leute, von denen er weiß, dass sie zum Thema interessante und nützliche Hinweise geben können. Er kann sich darauf verlassen, dass er ihre Ideen und Erfahrungen vorliegen hat, wenn er am nächsten Morgen aufsteht.

Das Interessante an Miguels Arbeit besteht darin, dass sie das Ergebnis bewährter Verfahrensweisen von Innovation durch Masse sind. Mit einer kleinen Gruppe hat er ein Kernkonzept entwickelt und weitere Beiträge eingeholt. Das Projekt wird als so interessant, spannend und herausfordernd empfunden, dass sich ausreichend viele Leute mit Zeit, Know-how und Motivation daran beteiligten. Dank seiner Mittel kann er die Entwürfe rasch mitteilen und Feedbacks einholen. Auf die Art werden sie überprüft und weiter ausgearbeitet. Wenn der Vorschlag schließlich in Lucknow eintrifft, ist er bereits von vielen Gutachtern durchleuchtet worden, die Fehler korrigiert und gute Ideen hervorgehoben haben.[1]

Miguel leistet nicht zum ersten Mal einen Beitrag für InnoCentive. Seit ihrer Gründung 2001 bildete diese Ideenbörse einen von immer mehr globalen Innovationsmärkten, auf denen sich kreative Geister wie Miguel an der Lösung der dringendsten Probleme der Welt beteiligen können. Miguel will vor allem etwas bewegen und mit anderen spannende und sinnvolle Ansätze für die Lösung der Probleme entwickeln. Dass bei Erfolgen beträchtliche Geldprämien winken, bildet einen zusätzlichen Anreiz. In den beiden letzten Jahren war Miguel an zwei Beiträgen beteiligt, einen für eine humanitäre Organisation, die sich der Stadterneuerung in Südwestchina widmet, und einen weiteren für die tansanische Regierung. Auch wenn er mit seinen beiden Vorschlägen nicht ans Ziel kam, überzeugte ihn das Feedback der Betreuer bei InnoCentive, dass er auf einem richtigen Weg war.

Über die ganze Welt verstreut arbeiten an diesem Tag im Januar 2025 Leute wie Miguel, José und Apurna an der gemeinschaftlichen Lösung von Problemen. Die Herausforderungen, vor die uns die Zukunftsfaktoren Demografie, Globalisierung, Erderwärmung und gesellschaftlicher Wandel stellen, erfordern einen Grad an Innovationsfähigkeit und Kreativität, wie es ihn in früheren Generationen selten gab. Mit den Jahrzehnten hat sich dabei die Vorstellung gewandelt, dass Innovation nur die Domäne bestimmter Gruppen, Unternehmen oder Regierungsstellen sei. Sie ist inzwischen vielmehr zu einer besonders kooperativen, auf einer Vielzahl von Beiträgen beruhenden sozialen Aktivität geworden, an der sich Menschen mit unterschiedlichen Fähigkeiten, Standpunkten und Kenntnissen beteiligen, indem sie ihre Ideen mitteilen und die anderer weiterentwickeln. So wie in den 1950er-Jahren in Fabriken wie der von Brianas Großvater in Detroit Produkte in Masse gefertigt worden waren, so haben Technik und Internet die Innovation und Kreativität im Jahr 2025 zu einer Massenaktivität gemacht, in der sich Millionen Menschen beteiligen. Sie schufen den »kognitiven Überschuss«, bei dem Leute rund um den Globus täglich Milliarden Stunden investieren, um Fähigkeiten und Ideen zu bündeln.[2]

Rückblick: ein Tag vor der Zeit des kreativen Mitgestaltens

Nach der optimistischen Sicht von der Zukunft sind in der Welt bis 2025 Kooperation und kreatives Mitgestalten an der Tagesordnung. Menschen auf der ganzen Welt sind bereit und in der Lage, sich zum Austausch von Gedanken zusammenzuschließen und ihre Energien zu bündeln. Dem war nicht immer so. Um ein Gefühl für die Tragweite dieser Veränderungen zu bekommen, kehren wir zu unserem Erinnerungsexperiment zurück. Diesmal muss man an jemanden, der schon vor 20 Jahren erwerbstätig war, die Bitte richten: »Beschreiben Sie detailliert einen typischen Arbeitstag 1990.« Beim letzten Erinnerungsexperiment war die Rede von den aktuellen Aufgaben des Tages. Diesmal liegt der Schwerpunkt nicht mehr auf dem, was die Betreffenden arbeiteten, sondern auf dem, was sie dachten und sich in ihrem Kopf abspielte. Diese Aufgabe ist natürlich deutlich schwieriger. Dazu müssen wir das weitere Umfeld mit beleuchten.

Im Jahr 1990 bildeten die Babyboomer die im Aufstieg begriffene Generation oder Kohorte. Sie waren in den 1950er-Jahren in eine kriegszerstörte Welt hineingeboren worden und wurden so erzogen, dass sie sich als Konkurrenten in ihrem geburtenstarken Umfeld behaupten konnten. Und sie wurden zu Verbrauchern erzogen. Sie standen am Anfang der Konsumgesellschaft und dem Streben nach materiellen Gütern, das die Psyche späterer Generationen so stark prägen sollte. Bis 1990 waren sie 30 bis 40 Jahre alt und bildeten die vorherrschende Kraft in der Industriegesellschaft. Ihre Hoffnungen und Bestrebungen prägten zusehends die Arbeitswelt.

Ihre Einstellungen wurden teilweise von dem Umfeld geprägt, in dem sie aufwuchsen, wie auch Ihr persönliches Umfeld Ihre Einstellungen mit geprägt haben wird. In den 1990er-Jahren rückten Wirtschaftstheorien in den Mittelpunkt, die Aktienwerte und die Kräfte des Marktes betonten. Nach dem gängigen Wirtschaftsmodell wurde der Einzelne hauptsächlich von Eigeninteressen angetrieben und strebte ziemlich rücksichtslos gegen andere nach dem eigenen Vorteil. Zu dieser Zeit regierte deshalb in den Unternehmen das Führungsprinzip von »Zuckerbrot und Peitsche«.

Natürlich hatte auch dieses Wirtschaftsmodell seine Zweifler. In *The Human Side of Enterprise*[3] von 1960 argumentierte Douglas McGregor, dass der autoritäre Stil der Unternehmensführung (Theorie X) weniger effizient sei als ein humaner Führungsstil (Theorie Y). Führungskräfte, die nach der Theorie X handelten, gingen davon aus, dass der durchschnittliche Mitarbeiter seine Arbeit ungern tue und sie deshalb möglichst vermeide. Deswegen müssten sie durch Belohnungen und die Androhung von Strafe zur Leistung angespornt werden – daher »Zuckerbrot und Peitsche«. Führungskräfte, die sich der Theorie Y verschrieben, verfolgten dagegen einen humaneren Ansatz

im Anschluss an Abraham Maslows Erkenntnisse zur »Selbstaktualisierung«, wonach Arbeit so natürlich wie Spiel sei und Menschen
organisatorische Probleme mit einem hohen Maß an Fantasie, Ein-
fallsreichtum und Kreativität lösten.[4] Aber trotz dieser kraftvollen the-
oretischen Alternative setzten die Unternehmen 1990 hauptsächlich
noch immer auf die Leitlinien der Theorie X. Die damaligen Führungskräfte konzentrierten sich tendenziell auf das Prinzip von Zuckerbrot
und Peitsche und damit auf das von Konkurrenz und Sieg.

Dies überrascht kaum bei einer Generation, die inmitten der Unsicherheiten und Ängste der Nachkriegszeit herangewachsen war.
Und diese geburtenstarken Jahrgänge in den USA, Großbritannien
und Deutschland wurden zudem zu einem Konkurrenzdenken erzogen, das ihnen in der Schule eingeimpft und in den Unternehmen
durch ein Karrieresystem des Wettstreits weiter gefördert wurde.
Mit der expliziten Forderung, die schwächsten zehn Prozent der
Mitarbeiter hinauszuwerfen, wurden die Mitarbeiter gegeneinander
ausgespielt. Solche Prinzipien wurden von Konzernchefs wie Jack
Welsh von General Electric später sogar zu Firmenmantras erhoben.
Die Welt teilte sich in Gewinner und Verlierer. An die Spitze gelangte
man durch individuelle Bemühung, harte Arbeit und das Bestreben,
alle Kollegen auszustechen. Die wichtigsten Menschen im Leben
waren der Boss und der Boss seines Bosses. Sich bei ihnen beliebt zu
machen, war der sicherste Weg nach oben. Der jeweilige Status spiegelte sich in der PS-Stärke des Firmenwagens, der Anzahl der Fens-
ter im Büro und der Größe des Reichs der Sekretärin wider. Kooperation mit anderen oder gemeinschaftliches Gestalten war in der
konkurrenzorientierten Welt der Babyboomer weder technisch noch
vom geistigen Klima her möglich.

Das hohe Gut der Vielfalt in der Zusammenarbeit

Seither hat sich vieles verändert und wird sich in den kommenden
Jahrzehnten weiter ändern. Miguel und seine Kollegen engagieren
sich in einem Unternehmen, in dessen Zentrum die Zusammenarbeit steht.[5] Ebenso faszinierend an dieser Geschichte ist die große

Vielfalt, die dieses Team kennzeichnet.[6] Sie entstand dadurch, dass Miguel über InnoCentive Kontakte zu Menschen auf der ganzen Welt geknüpft hat, die sich wie er für neue Stadtkonzepte begeistern.

Spannend an Miguels Arbeitsleben ist nicht nur die Vielfalt der Nationalitäten, mit denen er in Kontakt kommt (in seinem Team zur Problemlösung sind neben Brasilianern zwei Dänen und eine sozial engagierte indische Unternehmerin vertreten). Vielfältig sind auch die Denkweisen. Auch wenn diese Gruppe durch eine gemeinsame Leidenschaft zustande kam, bringen die Mitglieder vielfältige Erfahrungen und Kenntnisse ein. Der Anthropologe Jens steuert sein ethnografisches Wissen und Standpunkte darüber bei, wie man menschliches Verhalten verändern kann – Erfahrungen aus über 60 Berufsjahren. Dagegen wartet Apurna mit frischen Ideen, einer innigen Vertrautheit mit den Denkmustern in Indien und einer erstklassigen Ausbildung am Indian Institute of Management in Bangalore auf. Besonders wichtig für Miguels Unternehmen ist seine Fähigkeit, eine Vielfalt an unterschiedlichen Leuten anzuziehen, die begeistert Probleme lösen. Dabei geht es nicht nur um Informationsvielfalt, denn die könnte sich Miguel auch bei Google oder Wikipedia abholen. Wichtig ist auch die Vielfalt der Ansätze, mit denen die Probleme gelöst werden.

Dass Vielfalt ein hohes Gut darstellt, wissen wir seit Jahren. Wohl eine der bekanntesten Übungen in Sachen Problemlösung bewerkstelligte das Team, das im Zweiten Weltkrieg in Bletchley Park den Enigma-Code der Deutschen knackte. Beteiligt waren neben Mathematikern Vertreter einer ganzen Gruppe von Disziplinen – Ingenieure, Kryptografen, Sprachwissenschaftler, Moralphilosophen, Altphilologen, Althistoriker und Experten in Sachen Kreuzworträtsel. Es war diese Kombination aus unterschiedlichen Ideen und Spezialwissen, die am Ende beim Knacken des Codes den Durchbruch brachte.

Wie Millionen andere auf dem Globus hat Miguel begriffen, dass Vielfalt zu besseren Ergebnissen führt. In einer so komplexen Lebenswelt wie der Rohans, Miguels und Jills ist die Möglichkeit, bessere Resultate zu erzielen, von höchster Bedeutung.[7] Miguel hat vollständig erkannt, dass er mit einer Gruppe, die er aus Leuten von der ganzen Welt zusammenstellt, mehr erreichen wird, als wenn er einfach nur Freunde vom College um Rat fragen würde. Die Mitglieder seines Teams betrachten das Problem, in Lucknow mehr Leute in die Busse zu bekommen, aus ganz unterschiedlichen Blickwinkeln.

Und neben ihren Sichtweisen sind auch ihre Deutungen und Lösungsansätze vielfältig. Miguel sieht das Problem aus der Warte seiner Erfahrung in Curitiba und anhand dessen, was er in Rios Favelas erlebt hat. Jens deutet die Dinge als Anthropologe und bringt seine tiefen Einblicke in Stammesgemeinschaften ein. Dagegen vertritt Apurna die Sichtweise einer jungen entschlossenen Inderin, die etwas bewegen will. Ihre Vielfalt versetzt die Gruppe in die Lage, das Problem des öffentlichen Nahverkehrs in Lucknow auf vielfältige Weise zu interpretieren. Der Anthropologe Jens sieht es als ein Problem, wie sich Stammesgemeinschaften verhalten und wie sich deren Einstellungen entscheidend beeinflussen lassen. Folglich hat er gute Ideen dazu, wie sich Neuerungen der örtlichen Bevölkerung am besten verkaufen lassen. Miguels Freunde von der Universität von Kopenhagen sehen die Sache als ein Problem der Verkehrsflüsse im öffentlichen Transport und interessieren sich wahrscheinlich vornehmlich für die Fahrgastzahlen und Zeittakte, in denen die Busse in der Stadt verkehren. Auch bringt dieses zusammengewürfelte Team eine Vielfalt an Lösungsansätzen und Prognosen dazu hervor, welche Ursachen welche Wirkungen haben werden.

Die jeweiligen Beiträge sind das Ergebnis unterschiedlicher Identitäten, Erfahrungen und Ausbildungen. Wenn diese Gruppe ihre vielfältigen Denkweisen zusammenbringt, entsteht ein additiver Prozess. Die ausgearbeitete Lösung, die am Ende herauskommt, ist so auch das Ergebnis einer Wissensakkumulation. Aber beim Bemühen um Lösungen geht es nicht nur um eine Addition verschiedener Einzelkenntnisse. Für deren Ausgereiftheit wichtig ist ebenso die Art, *wie* die Teammitglieder ihre Gedanken und Sichtweisen zusammenbringen. Ihre einzigartige Kombination sorgt dafür, dass das Ganze mehr als die Summe seiner Teile ist, dass eine faszinierende und tragfähige Lösung entsteht (wie sie die bayessche Statistik vorhersagen würde). Natürlich sind nicht alle möglichen Kombinationen für Miguel und seine Kollegen bei der Suche nach einer Lösung hilfreich, aber einige innovative sind für das Team wichtig. So brachte die Kombination von Jens' anthropologischen Erkenntnissen und Apurnas Wissen über die Familienstruktur in Indien die Mitglieder auf den Gedanken, dass man die Jugendlichen in der Familie dazu bringen muss, den Bus zu benutzen, weil sie dann die übrigen Mitglieder der Familie dazu ermuntern, es ihnen gleichzutun.

Eine Vielfalt an Ideen, Standpunkten, Deutungen und Lösungsansätzen bildet 2025 ein hohes Gut, weil Vielfalt einer Monokultur des Denkens überlegen ist. Gruppen mit verschiedenen Perspektiven und Anschauungen erbringen rasch bessere Leistungen als solche, die sich auf eine einzelne Sicht verlassen.

Wie die Erfahrungen Miguels und der Mitglieder seines Teams zeigen, kann die Welt von 2025 eine der Kooperation werden, in der ein Geist der Zusammenarbeit das Konkurrenzdenken der Babyboomer ablöst. Dies hat zum Großteil mit den technischen Entwicklungen im Verbund mit der Globalisierung zu tun. Wenn Menschen die Möglichkeit bekommen, sich mit anderen zusammenzuschließen und spannende und interessante Ideen und Wissen auszutauschen, neigen sie eher zur Zusammenarbeit. Für die Arbeitswelt in den kommenden Jahrzehnten hat dies weitreichende Folgen. Eine der Neuorientierungen, die wir betrachten werden, ist die weg vom konkurrenzorientierten Einzelkämpfer hin zu den vernetzten und innovativen vielen. Miguel und seine Kollegen sind ein Beispiel dafür, wie sich diese Vernetzung im Arbeitsalltag niederschlagen kann.

Wie ist kreatives Mitgestalten entstanden?

Ein Blick auf das Szenario um Miguel zeigt, wie die fünf Faktoren der Zukunft unser eigenes künftiges Arbeitsleben prägen können. Er vermittelt eine Vorstellung davon, wie die Vernetzung von über fünf Milliarden Menschen Gruppen wie InnoCentive gewaltige Anstöße gibt, um die Fantasie und Schaffenskraft von Menschen auf der ganzen Welt einzubinden. Zugleich sehen wir, wie die Digitalisierung der meisten Bücher auf der Welt bis 2025 und deren freie Zugänglichkeit eine Wissensbasis schaffen, die auch für Kinder aus den ärmsten Familien gewaltige Chancen bietet. Wie sich unsere jeweilige Gesellschaft weiterentwickelt, spielt dabei ebenfalls eine Rolle. Man stelle sich vor, dass sich Menschen auf der ganzen Welt, anstatt fernzuschauen, aktiv in die Gemeinschaft einbringen. Und diese Welt verwendet vielleicht einiges von ihrem Überschuss an Ideen und Kreativität auf eine heranwachsende Kultur der Nachhaltigkeit. Dies ist keine Träumerei, sondern die Realität der positiven Seite der Globalisierung, Technisierung und des gesellschaftlichen Wandels.

Faktor Globalisierung: Fünf Milliarden bekommen Anschluss

Besonders auffällig am Szenario um Miguel ist das Ausmaß seiner Vernetzung mit anderen auf der Welt. Tatsächlich erlebte die Zeitspanne von 2010 bis 2025 ein ungewöhnliches Wachstum der Vernetzung. Im Jahr 2000 hatten 109 Millionen Menschen in den USA, 73 Millionen in Mittel- und Südamerika, 85 Millionen in China, 32 Millionen in Europa, zehn Millionen in Afrika und vier Millionen in Indien bereits ein eigenes Mobiltelefon. Zehn Jahre später verfügten allein in China mehr Menschen über einen solchen Anschluss als die Weltbevölkerung 2000. Bis 2025 können wir davon ausgehen, dass auf dem Globus über fünf Milliarden Menschen per Mobiltelefon untereinander verbunden sein werden.

Schon 2010 besuchten zwei Drittel der ans Internet Angeschlossenen ein soziales Netzwerk oder Blogs, ein Sektor, der bei der Nutzungsdauer des Internets noch vor den E-Mails rangiert. Als Websites wie Facebook ihre Kommunikationsdienste weiterhin ausweiteten, wurden sie zugleich zu vorrangigen Plattformen der Interaktion. Angetrieben vom Netzwerkeffekt, durch den der Nutzen eines Dienstes mit der Anzahl der Nutzer steigt, wuchsen diese sozialen Knoten in einem nie da gewesenen Tempo weiter. Das sogenannte Web 2.0, der soziale Aspekt des Internets, weitete sich rasch aus, sodass selbst Websites mit stärkster Top-down-Prägung den Nutzern Gelegenheit gaben, die Inhalte zu kommentieren und Freunde und Kollegen an ihnen teilhaben zu lassen. Das Web 2.0 war die erste Form sozialer Medien, die die Nutzer unmittelbar und authentisch mit einbezog.

Das Mitmach-Internet wurde zu einem Medium, das Menschen auf der ganzen Welt darin unterstützte, mit anderen zu kommunizieren. Ermöglicht wurde dies durch einen Computer oder ein Handgerät, kombiniert mit einem Netzwerk, das Daten übermitteln kann. Auf der höchsten Stufe ist es die Rechnerwolke, deren Elemente auf Hochleistungsrechner heruntergeladen werden, während auf der niedersten auch ein schlichtes Handgerät oder ein Computer in Kombination mit einem Telefonnetz genügt. Aber selbst Nutzer, die nur über einen simplen Mobiltelefonanschluss verfügen, werden von der zunehmenden Vernetzung enorm profitieren. Dank einfachster Kommunikationstechnik kann schon heute ein Fischer in Indien die Preise für Fisch auf den küstennahen Märkten abfragen und so erfahren, wo er seinen Fang am besten anlandet. Und diese schlichte Verbindung genügt auch, damit sich eine Näherin im ländlichen Kenia einen Mikrokredit zum Kauf ihres Rohmaterials überweisen lassen kann. Ein ugandischer Bauer ruft so einen detaillierten Wetterbericht ab, um seine Ernte zu planen. Und ein chinesischer Wanderarbeiter erhält seinen wöchentlichen Einsatzplan. Mobiltelefone sind nicht nur unmittelbar für die Arbeit nützlich: Sie eröffnen auch Wege zu mehr Gesundheit und Bildung, weil sie wichtige aktuelle Informationen liefern.

Wie sich deutlich abzeichnet, sorgt die positive Seite der technischen Entwicklung und Globalisierung für eine bislang ungeahnte globale Vernetzung, die die Arbeitswelt von vielen Millionen verändert und sie in den weltweiten Talentpool katapultiert. Deshalb wurden auch die zahlreichen Initiativen gestartet, um jungen Menschen Zugang zu Computern zu verschaffen – entweder über staatliche Investitionen oder durch eine Finanzierung von Stiftungen und Nichtregierungsorganisationen.[8] Ein Beispiel ist die US-amerikanische Stiftung One Laptop per Child Association in den USA (OLPC), die Nicholas Negroponte vom Media Lab des MIT mit dem Auftrag gründete, »jedes Kind mit einem robusten, billigen, sparsam zu betreibenden Laptop mit einer Verbindung ins Internet zu versorgen, mit Inhalten und Software, die für ein gemeinschaftliches, spaßvolles und eigenständiges Lernen ausgelegt sind«. 2007 startete die Stiftung die Aktion »Give One Get One«, bei der OLPC für jeden verkauften X0-Laptop ein Kind in einem Entwicklungsland mit einem weiteren Gerät versorgte. Besonders aktiv war OLPC in Afghanistan,

Uruguay, Brasilien, Paraguay und Haiti. In den kommenden Jahrzehnten wird vielleicht die Beteiligung weiterer Konzerne wie Intel, Sinomanic und Inveneo dafür sorgen, dass jedes Kind einen Anschluss ans Internet erhält. Derweil hat schon ein Rennen begonnen, um das weltweite Bildungsmaterial ins Netz zu stellen.

Immer deutlicher zeichnet sich dabei die Möglichkeit ab, die Anschlussquote weniger auf der Basis wirtschaftlichen Wohlstands als vielmehr durch politisches Engagement zu erhöhen. Dass beispielsweise Ruanda massiv in das OLPC-Programm investierte, ist zum Teil dem persönlichen Engagement seines Staatspräsidenten Paul Kagame zu verdanken, während andere afrikanische Staaten lieber noch abwarten wollten, ob die Vernetzung der Landbevölkerung den erhofften Langzeitnutzen erbringen würde.[9]

Wenn die Quoten der Vernetzung bis 2025 weiter steigen, wirkt sich dies tief greifend auf die Regionen der Welt aus. In denen, wo die Kinder Zugang zum World Wide Web haben, erhalten die fähigsten und am stärksten motivierten Köpfe die Möglichkeit, auf der Grundlage eines ähnlichen Wissensstands zu lernen wie andere. Dies bedeutet freilich nicht, dass alle Kinder davon profitieren werden. Gründe, warum sich ein bestimmtes Kind später nicht in den weltweiten Talentpool wird einbringen können, gibt es viele: weil die Unterstützung der Eltern fehlt oder weil es sich mit anderem beschäftigen soll. Vielleicht wird Lerneifer in seiner Bezugsgruppe verspottet oder vielleicht kann es nicht kontinuierlich und damit auch nicht erfolgreich lernen. Dennoch können wir für die kommenden Jahrzehnte erwarten, dass der Zugang zum Internet das Leben vieler Kinder verändern wird. Man denke nur an die in Rohans Dorf und die Chancen, die der Zugang zum Internet und seinen Inhalten motivierten und intelligenten Kindern bietet. Als Konsequenz können wir prognostizieren, dass sich in denjenigen Regionen, die sich schon früh bemühten, ihrem Nachwuchs Zugang zu den Bildungsmöglichkeiten des Internets zu verschaffen, auf lange Sicht, bis 2030 oder später, Talentpools entwickeln werden.

Auch schuf für Leute wie Amon in Kairo die regionale Vernetzung die Möglichkeit, an globalen Projekten mitzuarbeiten. Noch vor wenigen Jahrzehnten hätte ihm seine gute Ausbildung wenig genützt, weil es für seine Qualifikationen in Ägypten kaum Arbeitsplätze gab. Dank modernster Vernetzung kann sich Amon nun mit anderen auf der ganzen Welt um Aufträge und die Teilnahme an Projekten bewerben, die im Internet ausgeschrieben werden. Natürlich hat dies auch seine Kehrseite. In Regionen, die schlecht ans Internet angebunden sind, geraten die Erwerbstätigen zunehmend ins Hintertreffen: Ihre Kinder werden es schwerer haben, zum globalen Talentpool zu stoßen, und sie selbst können ihre Fähigkeiten nicht global vermarkten oder in globalen Teams an Projekten mitarbeiten.

Faktor Technologie: Das Weltwissen wird digitalisiert

Die Vernetzung als wichtiger Aspekt der Zukunft bildet die Triebkraft, dank derer Miguel seine Verbindungen zu Kollegen auf der Welt weiter ausbauen kann. Dabei geht es aber nicht einfach nur darum, wer mit wem vernetzt ist. Ebenso wichtig ist, wozu sie ihre Vernetzung nutzen.

Mit der Gründung der Universalbibliothek Universal Digital Library wurde eine gewaltige Initiative unternommen, um das gedruckte Wissen der Welt zu digitalisieren. Seit 2004 nutzen verschiedene Organisationen, darunter Google Books, das Projekt Gutenberg, das Konsortium Open Content Alliance und Nationalbibliotheken wie die British Library und die Carnegie Mellon University Scan-Zentren auf der ganzen Welt, um Bücher digital zu erfassen. Ständige technische Verbesserungen machten die Speicherung, die Übersetzung und den Abruf von Informationen aus Büchern immer schneller und billiger. Manche (so lizenzfreie Werke und Material ohne Copyright) werden gratis, andere gegen Gebühr erhältlich sein.[10]

In digitaler Form ist dieses Material zu einer unschätzbar wertvollen Informationsquelle geworden. So hat beispielsweise Rohans Bruder, der in seinem Dorf geblieben ist, um dort den Boden der Familie zu bewirtschaften, Zugang zu Informationen über die neuesten Entwicklungen beim Saatgut. Er gehört einem Wissensnetzwerk der ländlichen Gemeinden in Indien an, das wichtige Informationen zur Landwirtschaft bereithält. Entwickelt wurde es im Rahmen des Million Book Projects zum Aufbau einer virtuellen Weltbibliothek, an dem sich die Ernährungs- und Landwirtschaftsorganisation der Vereinten Nationen (FAO) und die US-amerikanische National Agricultural Library beteiligt haben.[11] Gleiches gilt für Miguel: Viele seiner Ideen zur Lösung städtischer Transportprobleme verdanken er und seine Kollegen einem einfachen Zugriff auf Ideen, die überall auf der Welt entwickelt werden.

Milliarden Menschen rund um den Globus profitierten enorm von zahlreichen Stiftungen, die komplexes Lehrmaterial gebührenfrei ins Netz stellen. So erwarb Amon seine Grundkenntnisse im Computerwesen im Alter von fünf Jahren durch Material der Stiftung »e-Learning for Kids«, einer gemeinnützigen Initiative, die interaktive Programme zum Unterricht in Fremdsprachen, Naturwissenschaften, Informatik, Umwelttechnik, Mathematik, Lebenskompetenz und Gesundheitsvorsorge entwickelt hat.[12]

Faktor Technologie: Die soziale Teilhabe wächst exponentiell

Aber nicht nur Bücher und Lehrmaterial in digitalisierter Form halfen den Bewohnern der Welt, ihr geistiges Potenzial zu nutzen. Wichtig waren ebenso die nutzergenerierten Inhalte in den Websites und Internetseiten.

Schon 2005 hatten allein die Bürger der USA Zugriff auf eine Milliarde Internetseiten und ungefähr 70 392 567 Websites. 2007 waren es bereits 30 Milliarden Seiten im World Wide Web. 2009 wurden in zwei Monaten bei YouTube mehr Videoinhalte hochgeladen, als das gesamte Fernsehnetzwerk der USA seit 1948 an neuen Inhalten produziert hat. Und jede Woche kamen bei Facebook 220 Millionen neue Fotos hinzu.[13]

Im Jahr 2010 gab es über 540 Millionen Einzelnutzer bei Facebook, 425 Millionen bei YouTube und 97 Millionen bei Twitter, 73 Millionen bei MySpace und 38 Millionen bei LinkedIn.[14] Die persönlichen Netzwerke des Einzelnen wurden immer stärker zu einem Gemeinwissen, wobei deren Aktivitäten registriert und deren Interessen mitgeteilt werden. Gleichzeitig ermöglichten es Entwicklungen im semantischen Web, diese gewaltigen Datenmengen zu durchforsten, zu analysieren und ihre Bedeutung zu erschließen. 2010 gab es bereits bedeutende Schritte in diese Richtung – mit Sites wie dem Internetdienst Wolfram Alpha. Die Fragen, die dieser beantworten konnte, rangierten von »Wie viele Menschen lebten 1776 in Amerika?« (3,47 Millionen) bis zu: »Welches ist das höchste Gebäude in Brasilien?« (Fernsehturm in Brasilia). Was Wolfram Alpha mit statistischen Daten gelang, werden künftige Suchmaschinen – oder »Wissensmaschinen« – mit sozialen Daten erreichen, indem sie die verfügbaren gewaltigen Datenmassen in den sozialen Netzwerken sinnvoll auswerten.[15]

Wohl eine der gewaltigsten Errungenschaften bei den nutzergenerierten Inhalten ist die Online-Enzyklopädie Wikipedia. 2001 gestartet, umfasste sie 2009 13 Millionen Artikel in 200 Sprachen. Der Gründer Jimmy Wales bezeichnete Wikipedia als »eine Bemühung, eine freie Enzyklopädie von höchstmöglicher Qualität zu schaffen und sie jeder Einzelperson auf der Welt in deren Sprache zur Verfügung zu stellen«.

Mit der Zeit stellte sich eine immer gewaltigere Teilnahme ein. Dies spiegelte eine bedeutende Arbeit und einen gesellschaftlichen Trend bei der Entstehung und Nutzung von Freizeit wider. Nach 1945 ist das Aufkommen an unstrukturierter Zeit durch erhöhte Bruttoinlandsprodukte in der entwickelten Welt, durch Fortschritte bei der Bildung und durch längere Lebenszeiten bedeutend gestiegen. Ein Großteil dieser Freizeit wurde bislang dem Fernsehkonsum geopfert. So verbrachte der durchschnittliche Erdenbürger 2009 beispielsweise über 20 Stunden pro Woche vor dem Bildschirm.[16] Das bedeutet, dass ein Angehöriger der Generation X, Jahrgang 1960, bis 2010 ungefähr 50 000 Stunden ferngesehen hat.[17]

Bei einem Großteil der 200 Milliarden Stunden jährlicher TV-Nutzung in den USA und weltweit handelte es sich um den vereinzelt stattfindenden Konsum von Zuschauern, die sich ihre Lieblings-Spielshows oder -Sitcoms zu Gemüte führten. Dagegen wurde ab 2015 ein bedeutend größerer Anteil dieser Zeit aktiv und kollektiv genutzt: von einfachen Formen der Teilhabe wie dem Herunterladen von Bildern von Haustieren bis zu komplexeren Formen wie der Zusammenarbeit in virtuellen Gruppen zur Lösung schwieriger Probleme, wie sie Miguel und seine Teammitglieder rund um den Globus vormachen.

Vom Fernsehkonsum befreit, schufen diese Vernetzten – wenn sie sich im Durchschnitt nur eine Stunde pro Tag und Kopf beteiligten – einen »kognitiven Überschuss«, so der Ausdruck Clay Shirkys, von über neun Milliarden Stunden pro Tag.[18] Zustande kam dieser Überschuss nicht nur durch das gewaltige Volumen an investierter Zeit, sondern auch dadurch, dass das Internet im Gegensatz zum Fernsehen eine Gruppenbildung ermöglicht. Eine Million Menschen, die passiv vor dem Fernseher sitzen, entfalten keine kumulierende Wirkung, während sich eine Million Menschen, die im Internet interagieren, zu einer gestaltenden Masse zusammenballen.

Durch dieses Niveau an Vernetzung mit der gestaltenden Kraft der Masse und der Schaffung von nutzergenerierten Inhalten ist eine »Weisheit der vielen« entstanden, die das Expertenwissen allmählich übertrifft. Ebenso flossen in der Open Source Innovation, der in freiwilliger Kooperation erstellten Innovation, die besten Ideen der Welt zusammen. Zugleich läutete diese Vernetzung den Untergang der klassischen Hierarchien ein. Ersetzt wurden diese durch einen neuen Stil der Zusammenarbeit auf Augenhöhe und die Einsicht, dass kollektive Intelligenz auf dem Globus eine wichtige Rolle spielen kann. Wie der Physiker Philip Anderson es fasste: »Mehr ist anders.« Wenn fünf Milliarden Menschen mehr aktiv als passiv untereinander vernetzt sind, entstehen Ideen, die eine ungeahnte Eigendynamik entfalten. Massen bilden sich und interagieren auf einem nie da gewesenen Niveau.[19]

Die Ideenbörse InnoCentive, ein globales internetgestütztes Zentrum, bringt »Suchende« mit schwierigen Forschungsproblemen in Kontakt mit »Problemlösern« wie Miguel. Diese Suchenden sind Menschen oder Organisationen, die wie er gerne kreative Lösungen für Probleme austüfteln. Anstatt diese selbst und alleine zu generieren, nutzen sie InnoCentive, um Einzelne, Unternehmen, akademische Einrichtungen und gemeinnützige und öffentliche Organisationen gemeinschaftlich in sie einzubinden. Tatsächlich stellt die Technik von 2025 alle möglichen ungeahnten Verbindungen her und bietet Chancen, sei es bei Banktransaktionen in entlegene Teile der Welt, beim elektronischen Lernen über weite Entfernungen hinweg oder im Handel zwischen Individuen oder Gruppen, die sich real niemals begegnen werden.[20]

Faktor Energieressourcen: Eine Kultur der Nachhaltigkeit entsteht

Ein wiederkehrendes Thema beim kreativen Mitgestalten, dem sich Miguel und seine Kollegen widmen, ist die Schaffung nachhaltiger Lebensweisen. Sie bildeten den Kern von Miguels Engagement. Das Vorhaben im indischen Lucknow ist nur eines von vielen Nachhaltigkeitsprojekten, an denen er arbeitet. Wir können erwarten, dass sich dieses Engagement unter Millionen anderer weiterentwickelt. Der nach 1995 geborene Miguel gehört der Generation Z an. Sie nahm nach 2020 eine immer führendere Rolle im Geschäftsleben der Unternehmen auf der Welt ein. Von manchen Re-Generation[21] und von anderen Internetgeneration genannt, sind ihre Angehörigen über ihre Vernetzung definiert. Sie sind vom Reality-TV entwöhnt und haben sich mit dem Einbrechen von Nachrichten rund um die Uhr in ihre Schlafzimmer arrangiert. Sie sind mit den Begriffen der »Subprime-Krise«, der »Double-Dip-Rezession« und der »Quantitativen Lockerung« bestens vertraut und auf dem Laufenden darüber, wie stark die Polkappen schon abgeschmolzen sind. Als eine Generation der Realisten und Pragmatiker wissen sie, dass Umdenken und Umgestalten gefragt sind, um mit den drängenden Herausforderungen wie dem Klimawandel und der Verknappung der Ressourcen fertigzuwerden.

Aber trotz ihres Realismus sind sie eine Generation, die vorrangig im hyperrealen Konstrukt des Internets agiert. Erlebte die Generation Y noch dessen Aufbau mit, so ist das Internet für Mitglieder der Generation Z wie Miguel als Kohorte erstmals eine reine Selbstverständlichkeit. Indem sie die Welten des Realen und Hyperrealen miteinander verbinden, schöpfen sie erstmals dessen gesamtes Potenzial kraftvoll zur Lösung ihrer praktischen Probleme aus.

Miguel ist ein Mitglied der weltweiten Gemeinde, die absolut davon überzeugt ist, dass sie den Einfluss der fossilen Energieträger mit ihren Lösungsansätzen zurückdrängen kann.[22] Leute wie Miguel verstehen die Geschäftswelt und den Staat als ein Sammelsurium aus den Wünschen vieler Milliarden Menschen. Für Miguel bedeutet dies nicht, dass er sich vom Rest der Welt abkoppelt, sondern dass er begreift, dass sich sein persönlicher Lebensraum verkleinert, während sein virtuelles Territorium größer wird. Für ihn und seine Gemeinschaft besteht die Herausforderung darin, einen möglichst kleinen CO_2-Fußabdruck zu hinterlassen und zugleich eine möglichst hohe Lebensqualität (und nicht nur einen hohen Lebensstandard) zu erreichen. Dazu muss er einen Blick für das Wesentliche entwickeln und tiefe Einblicke in Fragen der Energieeffizienz gewinnen.

Schon 2010 spielten Unterschiede bei der Energieeffizienz in den verschiedenen Ländern der Erde eine Rolle. So verbrauchte zum Beispiel der durchschnittliche Japaner die gleiche Menge an Energie wie ein Russe, genoss dabei aber einen dreimal so hohen materiellen Lebensstandard. Der durchschnittliche Amerikaner verbrauchte pro Jahr mehr als doppelt so viel Energie wie der durchschnittliche Brite, erzeugte aber nur ein um zehn Prozent höheres Bruttoinlandsprodukt.[23] Anhand dieser regionalen Unterschiede zeichnete sich immer deutlicher ab, dass sich ein höherer Energieverbrauch nicht automatisch in höherer Lebensqualität auszahlt. Ganz offenbar gelang es den Japanern und Briten, mit weniger mehr zu erreichen. In den folgenden Jahrzehnten lag der Akzent immer stärker auf einer Senkung des Energieverbrauchs der Haushalte und Unternehmen in den Regionen.

Eine besondere Herausforderung erlebten Miguel und seine Gemeinschaft durch die Industrialisierung Chinas und Indiens, die 2015[24] zu den weltgrößten Energiekonsumenten wurden.[25] Auch deshalb beschloss er, seine gedanklichen Energien auf die Stadt Lucknow in Indien zu konzentrieren. Wie viele andere in seiner Internet-Community ist er geradezu besessen davon, unnötigen Energieverbrauch zu begrenzen, und experimentiert begeistert mit Innovationen zur Energieeffizienz, die er sofort bei Erscheinen aufgreift.

Die Ideen aus dem Szenario um Miguel spielen eine wichtige Rolle bei den zukunftssichernden Neuorientierungen, die ich für den künftigen Erfolg von uns allen für entscheidend halte. Miguels konsequente Bereitschaft, seine Fähigkeiten und Kompetenzen immer weiter auszubauen, ist ein Beispiel für die erste Neuorientierung, die wir vollziehen müssen: die hin zum Erwerb einer meisterhaften Beherrschung – in Serie – auf mehreren Gebieten. Wie Miguel müssen Sie sich der Weiterentwicklung von Fähigkeiten in Bereichen verschreiben, die Sie begeistern und von denen Sie glauben, dass sie Sinn in Ihr Berufsleben bringen werden. Mit seinen Beziehungen zu anderen hat er auch die zweite wichtige Neuorientierung vollzogen: die hin zu einer kooperativen und vernetzten Arbeitsweise. In den kommenden Jahrzehnten wird die technische Vernetzung, kombiniert mit einem unbeschränkten Zugang zum Wissen der Welt, außergewöhnliche Chancen bieten, um Teil der Ideenreichen Masse zu werden, in der jedermann vor Tatkraft und Gedanken sprüht. Das Szenario um Miguel zeigt zudem, wie sehr sich der Vollzug der dritten Neuorientierung hin zu einem begeisterten Produzenten für ihn gelohnt hat. Diese Neuorientierung konfrontiert Sie mit schwierigen Entscheidungen. Aber wie Miguels Arbeitswelt wird sich auch Ihre künftige zunehmend mehr um kreative Erfahrungen und ein sinnvolles Tun als um unersättlichen Konsum drehen.

6 SOZIALES ENGAGEMENT: DER SIEGESZUG DER SOLIDARITÄT UND DES IDEALS VOM AUSGEWOGENEN LEBEN

Johns und Susans Alltag

Bei Sonnenuntergang an diesem Januar 2025 stattet John den Dorfältesten der kleinen Gemeinde im Bezirk Chittagong, für die er arbeitet, einen letzten Besuch ab. Am nächsten Morgen steht er früh auf, um einen Standort für Wasserpumpen zu besuchen, die er betreut hat. Wie er erfuhr, gibt es eine Störung, und er will ihr jetzt auf den Grund gehen. Ab 10.00 Uhr bespricht er über Mobiltelefon mit Kollegen in den USA, was sie in der letzten Woche erledigt haben. Manche erreicht er bei ihnen abends zu Hause. Erfreut nehmen sie die positiven Neuigkeiten zu Kenntnis. Um 12.00 Uhr essen John und seine Frau Susan mit örtlichen Freiwilligen ein einfaches Gericht aus Reis und Gemüse zu Mittag. Um 13.00 Uhr ist er wieder auf dem Feld. In drei Stunden harter Arbeit hilft er einem Team, in einem weiteren entlegenen Dorf eine Wasseraufbereitungsanlage zu installieren. Um 16.00 Uhr bespricht er mit einem Kollegen von einer Nichtregierungsorganisation, wie ein schwieriges Problem angegangen werden soll: Ein Damm flussaufwärts droht zu bersten und gefährdet die umliegenden Dörfer. Beide beschließen, gemeinsam zu Abend zu essen und den Tag mit einem Spaziergang zurück zu dem schlichten Gästehaus zu beschließen, in dem John und Susan mit ihrer jungen Familie wohnen.

John und Susan verbrachten das letzte Jahr als ehrenamtliche Helfer für eine humanitäre Organisation in Bangladesch. Sie haben für die Dörfer um die Stadt Chittagong Wasserrechte ausgehandelt. Alle fünf Jahre nahm John in seiner Vollzeitstelle bei einer größeren US-Vertriebsfirma für sechs Monate eine Auszeit, um die Ärmsten in Chittagong zu unterstützen. Dieses Jahr hat ihn seine ganze Familie begleitet. Johns Engagement hatte schon im Jahr 2007 begonnen, als er jung und in der Ausbildung war. Schockiert hatte er von einer verheerenden Flutkatastrophe in der Ebene des Ganges-Deltas erfahren. Entschlossen wollte er helfen, und er begann, Spenden zu sammeln. Nach zwei Jahren beschloss er, seine Arbeit für die Dorfgemeinschaft auszuweiten, indem er sie vor Ort bei ihren beständigen Kämpfen um sauberes Wasser unterstützte. Seit diesem ersten Besuch hielt er Kontakt und bekam mit, in welche Nöte die Menschen täglich gerieten, weil der Meeresspiegel weiter stieg und im Ganges-Delta immer mehr Ackerland im verseuchten Salzwasser unterging.

2015 entschloss er sich zu einem sechsmonatigen Aufenthalt in einem Dorf. 2020 folgten weitere sechs Monate, in denen er bei der Umsiedlung von Menschen half, die wegen der anhaltenden Überflutung des Deltas nicht mehr in ihre Dörfer zurückkehren konnten. Bis 2025 hatte er eine Partnerschaft zwischen dem Zweig seines Unternehmens in Oklahoma und dem Dorf geknüpft, für das er arbeitet. Bei dem Besuch brachte er moderne Computer und Mobilgeräte mit, die seine Niederlassung für die Dorfbewohner angeschafft hatte.

John und Susan legten Wert darauf, dass ihre Kinder Einblick in die Probleme der Menschen in Bangladesch bekamen. 2012 kam ihr Sohn Jimmy zur Welt, auf den drei Jahre später Gabriel folgte. Als junge Teenager verlegten sie ihre Heimatschule für ein Jahr nach Bangladesch, damit sie bei ihrer Mutter und ihrem Vater im Dorf leben konnten. Dank einer leistungsfähigen Internetverbindung konnten sie weiterhin – vier Stunden am Tag – am Unterricht ihrer Heimatschule teilnehmen und verbrachten den Rest des Tages mit John und Susan, die bei der Arbeit mit staatlichen Vertretern und Hilfsorganisationen durch die Dörfer zogen. Alle erlebten eine spannende Zeit voller Erfahrungen. Jimmy engagierte sich intensiv in einer globalen Gruppe aus Jugendlichen, die anderen Teenagern auf der ganzen Welt mitteilt, wo die Erderwärmung zu weiteren verheerenden Schäden geführt hat. Jedes Wochenende lädt er Videos hoch, in denen er seine Erlebnisse dokumentiert, und bringt Dorfkindern bei, wie sie mit Lehrmaterial aus dem Internet zu Hause lernen können.

Für John ist es zu einem unverzichtbaren Teil seiner Lebensgestaltung geworden, seinen Beruf als Vertriebsleiter mit der Arbeit in den Dorfgemeinschaften bei Chittagong in Einklang zu bringen. Sein Aufenthalt dort 2025 ist der Höhepunkt eines fast 20-jährigen Engagements für das Recht auf sauberes Wasser in Bangladesch. Anfangs als Laie hat er immer tiefere Einblicke in diese Probleme und Lösungen gewonnen und sich dabei mit vielen »freiwilligen Experten« auf der ganzen Welt zusammengeschlossen. Inzwischen ist klar, dass der rasante Anstieg des Energieverbrauchs in den Industrie- und Schwellenländern 2025 die Probleme so gewaltig verschärft hat, dass sie nur noch mit einer Vielfalt an Initiativen gelöst werden können.

Rückblick: eine Welt vor der Zeit der Solidarität

Was war in diesem denkbar positiven Zukunftsszenario der Antrieb für John, Susan und viele andere, sich den Herausforderungen eines Landes auf der anderen Seite des Globus zu stellen? Ihre Geschichte illustriert den Siegeszug eines »globalisierten Denkens«, wie wir es nennen könnten. Ein Rückblick ins Jahr 1990 zeigt, dass diese globale Geisteshaltung noch fehlte. Um diese Zeit machte ein Großteil der Menschen noch Urlaub im eigenen Land. Viele Amerikaner hatten nicht einmal einen Reisepass, und viele Europäer scheuten noch die Kosten für Auslandsaufenthalte. Ihren eher lokalen als globalen Blick teilten weitgehend auch die Unternehmen, sogar große Konzerne wie Philips, Nestlé, Coca-Cola oder Toyota. Sie agierten hauptsächlich auf großen Binnenmärkten und betrieben zudem sogenannte »Überseeoperationen«. Zwar hatten sie außerhalb ihrer wichtigsten Märkte Niederlassungen gegründet, aber diese operierten tendenziell wie unabhängige Lehnsgüter: Die Führungskräfte gingen bisweilen für Monate auf »Überseereise« oder wurden als Potenzialträger auf Dauer ins Ausland abkommandiert, um dort eine Niederlassung zu leiten. Allerdings waren sie innerhalb der Führungsbelegschaft eine kleine Minderheit. Noch 1990 verbrachten die meisten Menschen die meiste Zeit mit Landsleuten mit ähnlichem Hintergrund und ähnlichen Standpunkten.

In dieser Welt teilten Menschen, die zusammenkamen, oft ähnliche Erfahrungen. Die wenigsten verfügten über einen PC, und eine Vernetzung über das World Wide Web war allenfalls eine ferne Zukunftsvision. Als sich dann allmählich die Hypervernetzung ausbreitete, waren als Schattenseiten auch eine zunehmende Zersplitterung der Arbeitswelt und die Isolation auf dem Vormarsch. Aber als lichte Seite kristallisierte sich eine globalisierte Geisteshaltung heraus: Die Menschen reisten mehr, gewannen tiefere Einblicke in das Leben anderer und nahmen an ihrer Lage Anteil. Erstmals erfasst wurde diese zunehmende mitmenschliche Solidarität – oder Empathie – durch den World Values Survey von 2007, eine statistische Erhebung zu den menschlichen Werten. Unter der jüngeren Generation, zumindest in den entwickelten Ländern, zeigte sich ein klarer Trend hin zu einer wachsenden Anteilnahme am Schicksal anderer.[1]

Durch mitmenschliche Solidarität wuchs auch bei John und Susan eine Verbundenheit mit einer Region auf der anderen Seite der Erde. Und mit ihrer Suche nach Sinn sind sie nicht allein. Im Jahr 2025 sind Millionen andere denselben Weg wie John und Susan gegangen, Leute, die ein waches Interesse für andere haben und sich Anliegen widmen wollen, die ihnen wichtig sind. Manche wie John fühlen sich den ärmsten Regionen der Welt verbunden. Andere setzen Zeit und Fachwissen dazu ein, Lehrmaterial ins Internet zu stellen, Menschen anderswo auf der Welt zu betreuen und zu beraten oder Unternehmen oder Staaten für Herzensangelegenheiten zu gewinnen. Die neue Weltsicht hat ein Mehr an Solidarität heranwachsen lassen, die nicht mehr nur dem unmittelbaren familiären Umfeld, sondern auch anderen und Fremden gilt. In den kommenden 20 Jahren könnte sich durchaus eine neue menschliche Natur formieren, die stärker zu Zuneigung, Gemeinsinn, Mitmenschlichkeit und Empathie neigt.

Ausgeglichenheit im Leben

Aber nicht nur mitmenschliche Solidarität steckt hinter dem Engagement, das das tätige Leben Johns und Susans so stark prägt. Ihrem sozialen Engagement verdanken beide zudem die Möglichkeit, die unterschiedlichen Aspekte ihres Lebens gegeneinander auszubalancieren – die von Arbeit, Engagement, elterlicher Verantwortung und Gemeinsinn. Diese Balance war Teil von Johns Arbeitsleben, seitdem er sich nach dem Schulabschluss und vor dem Eintritt ins College eine einjährige Auszeit nahm. Damals nahm er an den Geschehnissen in Bangladesch leidenschaftlich Anteil. Nach dem Universitätsabschluss arbeitete er als graduierter Praktikant bei einer bedeutenden Vertriebsfirma. Für seine Generation ungewöhnlich, blieb er den Großteil seines Erwerbslebens über einem einzigen Arbeitgeber treu, und dies trotz einer eher schlechten Bezahlung. Der Hauptgrund dafür war, dass ihm die Arbeit Spaß machte und – noch wichtiger – dass seine Firma als eine der ersten in ihrem Bereich den Mitarbeitern maßgeschneiderte Arbeitszeitmodelle anbot: John kann mehr Zeit mit seinen Kindern verbringen und sich Anliegen widmen, die ihm wichtig sind.

Auch hier ist John nicht allein. Überall auf der Welt wägen Menschen sorgfältig ihre Entscheidungen ab und überlegen sich genau die Konsequenzen. Zeit für seine Kinder zu haben, war John von jeher sehr wichtig. In seinen Kindheitserinnerungen kommt sein eigener Vater nur als eine verschwommene Gestalt vor, die für US-amerikanische multinationale Konzerne arbeitete und so gut wie nie zu Hause war. Und wenn er da war, hielt ihn meistens sein Smartphone beschäftigt. Trotzdem war John seinem Vater immer dankbar für sein Engagement für die Familie: So finanzierte er ihm sein Jahr Auszeit zwischen Schule und College. Aber John war sich auch bewusst, welche Konsequenzen die Grundsatzentscheidungen seines Vaters gehabt hatten. Sie besaßen ein großes Haus und zwei große Autos und leisteten sich jedes Jahr mehrere Urlaubsreisen. Aber dazu mussten beide Elternteile Vollzeit arbeiten. Seinen Vater sah John fast nie, und fernab der Großeltern hatte er eine ziemlich einsame und isolierte Kindheit.

Als er Susan heiratete, bildete die Frage, wie ihr Berufsleben aussehen sollte, ein wichtiges Thema. Susan war in der Ausbildung als

Ärztin und wollte sich auf Krebsmedizin spezialisieren. Sie kamen zum Schluss, dass sie unbedingt ein Leben anstreben würden, das stärker ausgeglichen war als das ihrer Eltern. Deshalb blieb John bei einem Unternehmen, bei dem er keine Reichtümer anhäufen konnte, und Susan nahm eine Stelle mit einer Dreitagewoche an.

Die Konsequenzen ihrer Entscheidungen blieben nicht aus. Sie konnten sich kein Eigenheim leisten und wohnten stattdessen zur Miete. Statt sich einen Wagen anzuschaffen, suchten sie ihre Wohnung dort, wo die Kinder zu Fuß zur Schule und zum Spielplatz kamen, und in Gehnähe zu Susans Arbeitsplatz. Und wenn sie doch ein Auto brauchten, gingen sie zum Autoverleiher an der nächsten Hauptstraße. Die andere wichtige Lebensentscheidung war die, ihren Kindern Hausunterricht zu erteilen. Schon während Johns Schulzeit hatte in den USA ein starker Trend zum Hausunterricht geherrscht.[2] John erinnerte sich an mehrere Kinder in seiner Nachbarschaft, die ganz zu Hause lernen durften. Dies hatte ihn positiv beeindruckt. Und seit 2015 war das Lehrmaterial so stark angewachsen, dass sich die Kinder selbst ausgefallensten Stoff bequem aneignen konnten.

Das wirklich Spannende dabei war für John und Susan die Verbindung zur Schule in Chittagong. John hatte nach seiner Rückkehr von den Schwierigkeiten der Kinder des Dorfs berichtet, in die nächste Schule zu kommen. Als er und Susan ihren Kindern Hausunterricht zu erteilen begannen, sahen sie eine Gelegenheit, eine Brücke nach Bangladesch zu schlagen. John sorgte bei einem seiner ersten Besuche dafür, dass die Kinder im Dorf in Chittagong ein paar einfache Computer erhielten. Mit dem Internetzugang klappte es in den ersten Jahren nur sporadisch, aber mit der Zeit wurden die Verbindungen immer zuverlässiger. Von da an bestand ein Teil des häuslichen Unterrichts in Johns Stadt darin, Kontakte zur Schule in Chittagong zu knüpfen, den Schülern Ideen zum Lernstoff mitzuteilen, sie zu betreuen und dafür zu sorgen, dass sie ihrerseits über Betreuungsgruppen Gleichaltrige, die zu Hause lernten, unterstützten.

Als ein Höhepunkt nahmen John und Susan eine Gruppe Schüler aus ihrer Stadt zu einem Besuch der Schule nach Bangladesch mit. Die Kinder hatten sich bereits über Skype kennengelernt, gemeinsam Unterricht erhalten und sogar Online-Spiele miteinander gespielt.

Trotz dieser Interaktionen waren persönliche Begegnungen notwendig. Die fernen Klassenkameraden, die sie so gerne mochten, erstmals real zu treffen, war eine höchst spannende Erfahrung, an die sich John und Susans Kinder begeistert erinnerten, als sie ihre Freunde im Dorf nach ihrer Rückkehr weiterhin unterstützten.

Wie Johns und Susans Berufsleben kann sich die Zukunft Ihrer Arbeit auf vielen Wegen entwickeln. Welchen Sie einschlagen, wird eine bedeutende Rolle dabei spielen, ob Sie eine sinnvolle und produktive Arbeit finden und gestalten können. Aus dem beschriebenen Szenario wird deutlich, dass John und Susan ihre Tätigkeiten lieben. Beide haben sich aktiv für ein Leben entschieden, in dem Beruf und andere Arbeit, die sie wertschätzen, gegeneinander ausbalanciert sind und ineinander übergreifen. Falls Sie sich so ein Leben wünschen, müssen Sie wie John und Susan vor allem mit Blick auf Ihren Lebensstandard und Ihren Lebensstil harte Entscheidungen treffen. John und Susan haben bewusst auf ein großes Haus und ein eigenes Auto verzichtet, um mehr Zeit für ihre Kinder und ein Dorf zu haben, das ihnen ans Herz gewachsen war. Für Sie persönlich ergibt sich sicher eine ganz andere Gleichung, die ganz auf Ihre Wünsche und Ansprüche zugeschnitten ist. Aber wie wir im Abschnitt zur dritten zukunftssichernden Neuorientierung sehen werden, muss sich jeder von uns die Frage stellen, was er von seinem Arbeitsleben erwartet und zu welchen Kompromissen er bereit ist, um diese Erwartungen zu erfüllen.

Warum wuchs das Interesse am sozialen Engagement?

Faktor Demografie: der Aufstieg der Generation Y

Als ein zentraler Aspekt des Szenarios um John und Susan gehören beide Akteure der Generation Y an und zeigen Merkmale, die in dieser Generation weltweit zu beobachten sein werden.

Wie viele andere dieser Generation wurde John von Eltern aus der Babyboomer-Generation aufgezogen, die ihn und seine Schwester mit Fürsorge und Aufmerksamkeit überschütteten. Seine Kohorte hatte eine längere Jugend als jede andere vor ihr. Schon in der Kindheit wurde er damit konfrontiert, dass Menschen anders waren als er, und er ahnte, dass die verschiedenen Teile der Welt zusammenhingen und er davon mit betroffen war. Als Kind sah er im Fernsehen Berichte über den Hunger in Subsahara-Afrika und über die Auswirkungen der globalen Erderwärmung. Wie Hunderttausende Junge in vielen Ländern nahm er sich zwischen Schule und Universität ein Jahr frei, um als ehrenamtlicher Helfer nach Bangladesch zu gehen. Dabei bekam er aus erster Hand mit, welche verheerenden Folgen steigende Meeresspiegel in einer übervölkerten Region haben.

Auch hatten John und seine Generation ein besseres Verständnis für ökonomische Zusammenhänge als jede Generation vor ihr. Sie wuchsen mit dem Wissen auf, dass die Sneakers, die sie trugen, möglicherweise in Indien von Kinderarbeitern gefertigt worden waren. Oder dass ihre Eltern ihren Job verloren, weil es jetzt in China eine Fabrik gab, die die gleichen Produkte mit nur 20 Prozent der Lohnkosten der USA herstellte. Und ziemlich kosmopolitisch war auch ihr Lebensstil. Sie aßen heute Sushi und morgen Tacos, reisten in diesem Jahr nach Florenz und im nächsten nach Kambodscha und hatten über Facebook Freunde im Amazonas-Becken und im Hinterland Australiens. Als Mitglied der Generation Y ist John Teil der ersten wirklich vernetzten, globalisierten Generation und hatte ein tieferes Verständnis für kulturelle und andere Unterschiede entwickelt. Und dies versetzte ihn eher in die Lage, sich in andere hineinzudenken und – mit einem Wort – auf breiterer Basis mitmenschliche Solidarität zu entwickeln.

Diese Generation besteht aus Mitgliedern virtueller Communitys mit »Freunden« auf der ganzen Welt, die Vielfalt als Bereicherung sehen und Unterschiede als selbstverständlich akzeptieren. Schon 2010 zeichneten sich ihre Vorlieben bei der Arbeit ab. Diese Generation ist technisch versiert, setzt bei der Arbeit mühelos modernste Technik ein und kommuniziert lieber über E-Mail und SMS als über den direkten Kontakt. Mit Webinaren (Webseminare) und Online-Technik als Methode zur Verbreitung von Informationen und zum Lernen ist sie bestens vertraut.

Bei meinen Forschungen habe ich mich auch damit befasst, wie sich die Generation Y in der Arbeitswelt entwickeln wird.[3] Dabei entdeckte ich, dass sie sich vor allem aufs Lernen und auf Gelegenheiten konzentriert, ihre Kenntnisse zu vertiefen und Fähigkeiten weiterzuentwickeln. Ihre Angehörigen werden folglich wahrscheinlich Arbeitsformen wählen, die eine starke Lernkomponente beinhalten und Gelegenheiten bieten, von Gleichgesinnten lernen zu können. Als wir Probanden aus dieser Generation befragten, was ihnen an einer Arbeit widerstrebe, wurden als deutlich negativster Aspekt Chefs aus der Generation der Babyboomer genannt, die sie zu stark kontrollierten und zu wenig betreuten.

Als diese Generation in den 2020er-Jahren in Führungspositionen in der Wirtschaft gelangte, war es vielen wie John besonders wichtig, eine Familie zu gründen und ein ausgeglichenes Verhältnis zwischen Beruf und Privatleben aufzubauen. Sie haben Spaß am Elterndasein, wollen mehr Zeit für ihre Kinder haben und, was die jungen Väter angeht, bei der Erziehung eine aktivere Rolle spielen. Die Angehörigen dieser Generation sind in Teams aufgewachsen und verstehen sich deshalb als Mannschaftsspieler. Sie haben mehr Kooperation gelernt als ihre Eltern aus der Generation der Babyboomer, die eher mit einem Konkurrenzdenken aufgewachsen sind. Und so beschreibt es ein Angehöriger der Generation Y aus unserem Forschungsverbund *Future of Work*:

> In meinem Umfeld nimmt man eine Stelle gewöhnlich eher deshalb an, weil man dort von jemandem etwas lernen kann, und nicht wegen der Stellenbeschreibung. Diejenigen Führungskräfte oder Arbeitgeber, die glanzvolle junge Talente anziehen, helfen ihren Mitarbeitern offenbar im persönlichen Gespräch, sich weiterzuentwickeln. Sie teilen ihr Wissen mit und stellen jedes Mitglied ihres Teams vor Herausforderungen, bis hinunter zur Sekretärin.

Und diese Sichtweise herrscht nicht nur in den westlichen Industriestaaten vor. So sagte zum Beispiel eine indische Führungskraft über Mitarbeiter aus der Generation Y, die in ihrem Büro in Mumbai für einen multinationalen Konzern arbeiten:

> Die Generation Y verlangt ein hohes Maß an Freiheit am Arbeitsplatz (keine Fragen von der Führungskraft, solange die Arbeit erledigt wird!), die Chance, es auf einem bestimmten

Gebiet zu meisterhafter Beherrschung zu bringen, um den eigenen Wert zu erhöhen, und die Chance, Teil eines übergeordneten Ganzen zu sein. Besonders schwierig ist allerdings der Zeitrahmen, den sie Arbeitgebern setzen, um ihre Erwartungen zu erfüllen. Ich denke, der große Unterschied zwischen den Generationen X und Y reduziert sich letztlich auf die Geduld. Die Generation X war bereit, Karriere langfristig anzugehen, sich durchbeißen und so weiter, während die Generation Y eher kurzfristig für ein Projekt oder einen Vertrag plant und bei der leisesten Unstimmigkeit das Handtuch wirft.

Faktor Gesellschaft: der Siegeszug der Reflexivität

Schauen wir uns das Szenario um John erneut unter dem Aspekt seiner aktiven Entscheidungen an. Er hat sich bewusst entschlossen, zwischen Schule und College ein Jahr Auszeit zu nehmen, und ein Unternehmen gewählt, das es ihm ermöglicht, Teile seines Lebens in Bangladesch zu verbringen. Er und seine Frau haben sich aktiv dafür entschieden, ihren Kindern häuslichen Unterricht zu erteilen und mit ihnen für ein Jahr nach Bangladesch zu übersiedeln. Ebenso haben sie sich für ein Mietverhältnis anstatt für Wohneigentum entschieden und auf einen eigenen Wagen verzichtet. Wie wir gesehen haben, führen John und Susan ein aktiv gestaltetes Arbeitsleben, das sie bewusst gewählt haben, ohne sich an althergebrachten Normen zu orientieren. Es ist auf einzigartige Weise auf sie zugeschnitten und unterscheidet sich von dem der anderen.

Wir können davon ausgehen, dass John 2025 – wenn die positivsten Szenarien der Zukunft wahr werden – keineswegs allein ist. Dann werden rund um den Globus Milliarden Menschen sich dafür entscheiden, ihr Arbeitsleben selbst zu bestimmen, und es im Einklang mit persönlichen Werten und Sehnsüchten gestalten. Dabei kann eine gewaltige Fülle an vielfältigen Lebenskonzepten entstehen. Wie kam es dazu? Für den Soziologen Anthony Giddens spiegeln Johns höchst persönliche Entscheidungen einen generelleren Wandel in der Gesellschaft wider: die Abkehr von den ausgetretenen

Pfaden der anderen und die Hinwendung zu einem Weg, der individuelle Bedürfnisse und Vorlieben stärker berücksichtigt. Als Soziologe sieht Giddens diesen Wandel auch in den grundlegend veränderten Beziehungen zwischen Arbeitgebern und Arbeitnehmern und zwischen den Partnern einer Ehe widergespiegelt. Beide Veränderungen deuten auf eine bewusstere, stärker reflektierte und individuellere Wahrnehmung des Einzelnen von sich selbst und seiner Arbeit hin.

Wenn wir drei Jahrzehnte der Paarbeziehungen und der Ehe betrachten, zeigt sich auch auf einer anderen Ebene eine interessante Entwicklung. So signalisierte beispielsweise die Heirat meiner Großeltern in den 1920er-Jahren bereits einen Wendepunkt zwischen der Zeit, da Ehen noch aus wirtschaftlicher Notwendigkeit geschlossen wurden, und einer neuen, als sie auch als ein romantisches und emotionales Unternehmen galten. Meine Eltern heirateten sehr jung und zum Verdruss ihrer Mütter ganz aus eigenem Antrieb: Das Konzept der »romantischen Liebe« hatte sich durchgesetzt.[4]

Im Familienleben hielt eine größere Vielfalt Einzug, die sich auch in den humoristischen TV-Familienserien widerspiegelte. In den 1960er- und 1970er-Jahren sahen wir überall in der westlichen Welt im Fernsehen gediegene häuslich orientierte Familien wie die einer Lucille Ball oder der Waltons, bei denen der Vater berufstätig, die Mutter Hausfrau und die Kinder wohlerzogen waren. Dagegen wuchsen meine Kinder im Stil der *Simpsons* auf: mit einem trotteligen Dad, aber in einer noch immer ziemlich stabilen Familie aus Mutter, Vater und drei Kindern. Dann sah man in der TV-Komödie *Friends* anstatt einer Familie eine eng verbundene Gruppe von über 20-Jährigen. Im Jahr 2010 bei meiner Familie besonders beliebt war die TV-Serie *Modern Family* über eine Familie, die unter anderem aus einem schwulen Paar bestand, das ein asiatisches Baby adoptiert hatte, sowie aus – die genaue Beziehung weiß ich nicht mehr – einem älteren geschiedenen Vater und einem kleineren Kind. Das Handlungsschema tragen Stiefmütter, Stiefväter und Stiefkinder. Die schiere Vielfalt solcher Familien spiegelt das wider, was Anthony Giddens »Reflexivität« nennt, die Erfindung von Identität durch Diskussion und Selbstreflexion. Ausgelöst wird die Debatte durch die Frage: »Wer bin ich?« Fragen wie diese führen dazu, dass wir uns eine persönliche Linie schaffen, die sich bereichernd durch unsere Lebensgeschichte zieht.

Das Ausmaß, in dem Reflexivität am Werk war, zeigt sich nicht allein an Familienstrukturen. Man muss sich nur kurz die Bücher anschauen, die man sich zur Selbstfindung und eigenen Entwicklung angeschafft hat. Wenn ich einen flüchtigen Blick in mein Bücherregal werfe, bleibe ich sofort an einem zerlesenen Exemplar von Gail Sheehys *Passages* von 1976 hängen, das ich meinen Aufzeichnungen zufolge 1978 gelesen habe. Es folgt ein Regalmeter, der meine Entwicklung und die meiner Kinder dokumentiert: Bücher, wie man Säuglinge aufzieht, mit Jugendlichen fertigwird und Scheidungen bewältigt, und Weiteres kommt sicher bald dazu.[5] Dass die dahinter stehenden Selbstanalysen ein relativ neues Phänomen sind, zeigt ein Blick auf den Lesestoff unserer Eltern. Unsere Mütter haben zum Thema »Ich« vielleicht ein oder zwei Bücher gelesen. Etwas verschämt erinnere ich mich daran, dass ich hinten im Schrank meiner Mutter zufällig auf Alex Comforts *The Joy of Sex* stieß. Sie hat sich natürlich nicht als Einzige für dieses Buch interessiert, das sich acht Millionen Mal verkaufte.[6] Unsere Großmütter dagegen lasen noch keine Bücher über sich selbst. Meine besaßen außer vielleicht einem Ratgeber über Haushaltsführung jedenfalls bestimmt keinen Lesestoff über ihre Entwicklung oder ihr Leben. In ihrer Generation dachte man noch nicht so über sich selbst nach wie in meiner. Und in den Generationen X und Y wird man wohl noch mehr über sich selbst nachdenken. Die Reflexivität nimmt zu, und wenn wir uns vermehrt selbst reflektieren und bewusstere Entscheidungen treffen, nehmen auch die Vielfalt im Leben und die Bandbreite dessen zu, was als salonfähig gilt.

Zudem greifen »Arbeit« und »Leben« inzwischen verstärkt ineinander. John und Susan sind nicht sklavisch den institutionalisierten Normen des gesellschaftlich Akzeptablen gefolgt. Sie haben sich vielmehr ein Berufsleben aufgebaut, das ihre Einzigartigkeit widerspiegelt. In dem Maß, in dem die Toleranz für Vielfalt im persönlichen Leben steigt, wächst auch die Akzeptanz für ungewöhnliche Arrangements in der Arbeitswelt.

Faktor Gesellschaft: die Rolle starker Frauen

John arbeitet für einen bekannten multinationalen US-Konzern mit über einer Million Beschäftigten in den USA und anderswo. In den 1990er-Jahren galt in diesem Unternehmen noch eine klare Abmachung mit den Mitarbeitern: Vollzeitarbeit gegen volle Entlohnung. Als John seine erste Reise nach Bangladesch antrat, musste er seinen Jahresurlaub durch unbezahlten Urlaub erweitern. In den 2000er-Jahren begannen seine Führungskräfte, mit flexibleren Arbeitsverträgen zu experimentieren. Sie erkannten, dass sie Beschäftigte wie John mit mehr Flexibilität eher im Betrieb halten konnten.

Mit der Zeit löste sich das Konzept einer einheitlichen und eingleisigen Berufslaufbahn auf: Menschen wie John erhielten Gelegenheit, sich ein Leben aufzubauen, das sie nach ihren Interessen und Wünschen gestalten konnten. Dies spiegelte nicht nur den Trend zu mehr Reflexivität, sondern auch die häufiger werdende Besetzung von Führungspositionen mit Frauen wider, von denen einige aktiv eine Vorbildfunktion bei der Vereinbarkeit von Beruf und Familie übernahmen.

Wahrscheinlich wird es in den beiden nächsten Jahrzehnten im Leben berufstätiger Frauen überall auf der Welt gewaltige Veränderungen geben. Frauen müssen nur an ihre Großmutter oder Mutter denken, um diesen Wandel bei sich selbst zu erkennen. In meiner Generation des Jahrgangs um 1950 boten sich Frauen erstmals echte Chancen, mit Männern auf Augenhöhe zusammenzuarbeiten. Wir betraten als eine Art Pioniergeneration mit anderen Bestrebungen und einem gewandelten Selbstverständnis Neuland und wurden mit Veränderungen in der Ehe, in der Familie und bei der Arbeit konfrontiert. In meinen Wirtschaftsseminaren unterrichte ich gegenwärtig auch junge Frauen, die mit großer Zuversicht ihre Chancen sehen und überzeugt sind, dass sie zur Arbeitswelt einen bedeutenden Beitrag leisten können. Natürlich haben sie auch Zweifel, ob sie ihre Arbeit mit einer Mutterschaft vereinbaren können. Aber die meisten sind von genügend weiblichen Vorbildern umgeben, die ihnen eine gute Orientierung geben.

Die Mitglieder des Forschungsverbundes *Future of Work* haben einige dieser Veränderungen erkannt. Eine Frau beschrieb sie so:

Die Männer übernehmen immer mehr Aufgaben, die traditionell von Frauen erledigt wurden. (Kürzlich lernte ich drei Vollzeitväter kennen, die hervorragend Kinder betreuen, während die Mama im Beruf aufgeht.) Umgekehrt erlebe ich auch Frauen, die sich vermehrt in traditionellen Männerdomänen engagieren. Ich bin ganz sicher: Bis 2020 oder 2030 werden Frauen Männer in Führungspositionen zahlenmäßig überflügeln!

Im Jahr 2010 waren Hochschulabgänger, die in Unternehmen eintraten, zu 50 Prozent weiblich. Tatsächlich erlangen Frauen in vielen entwickelten Ländern wie den USA höhere Berufsabschlüsse als männliche Kollegen. (So gab es 2011 in den USA 2,6 Millionen mehr weibliche als männliche Studenten.) Dabei gibt es natürlich je nach Sektor Unterschiede. So sind Frauen im Ingenieurwesen und Maschinenbau unter- und in einigen Berufen und Sektoren wie PR und Marketing überrepräsentiert.

In dieser Zeit traten Frauen zwar in gleicher Anzahl in die Betriebe ein, gelangten aber schlechter nach oben. 2010 stellten Frauen – wieder mit Unterschieden je nach Sektor – 30 Prozent der Führungskräfte. Aber in den gehobenen Führungspositionen und Vorständen waren sie mit nur noch circa zehn Prozent vertreten und kamen selten über 15 Prozent hinaus.[7]

Dass der Frauenanteil mit zunehmender Höhe in der Betriebshierarchie abnimmt, wird in den meisten Studien auf eine Kombination mehrerer Ursachen zurückgeführt: so auf Persönliches (Frauen verhandeln zaghafter und vernetzen sich schlechter mit mächtigen Männern), auf Strukturelles (sie spezialisieren sich auf Fachbereiche wie Recht oder Personal, in denen der Weg nicht bis an die Spitze führt), auf die Unternehmenskultur (in den Unternehmensführungen werden »männliche« Qualitäten überschätzt) und auf die Familienstruktur (nach einer Erziehungszeit fällt Frauen der berufliche Wiedereinstieg mit einer raschen Karriere schwer, während die meisten Männer bislang nicht bereit sind, sich in gleicher Weise wie sie an der Kinderbetreuung zu beteiligen).

Trotz dieser Faktoren steht zu erwarten, dass sich der Frauenanteil in Führungspositionen in den kommenden Jahrzehnten erhöhen wird. Beschleunigt wird dieser Trend durch staatliche Gesetze. So verabschiedete 2006 die norwegische Regierung ein Gesetz, nach dem der Frauenanteil in den Vorständen der Unternehmen mindestens 40 Prozent betragen muss. In den folgenden drei Jahren machten die Geschäftsführer und Vorstände mit einer Reihe von Maßnahmen geeignete Frauen ausfindig, bauten sie auf und überzeugten sie, in die oberste Führung einzutreten. Bis Ende 2008 konnte der Frauenanteil in Vorständen und Verwaltungsräten so auf 44,2 Prozent gesteigert werden[8] – für viele eine Erfolgsgeschichte. Von da an äußerten auch andere Regierungen Interesse an einer ähnlichen Gesetzgebung.

Beschleunigend werden in den Generationen Y und Z auch die veränderten Erwartungen der Männer wirken, die mehr Zeit mit der Familie verbringen wollen. Wenn mehr Frauen in Spitzenpositionen gelangen, wird in der Unternehmenskultur weniger auf rein männliche und mehr auf unterschiedliche individuelle Bedürfnisse Rücksicht genommen.

Als Ergebnis dieser verschiedenen Impulse sitzt bis 2025 eine deutlich größere Anzahl Frauen in höheren Führungspositionen, in manchen Unternehmen 50 Prozent. Durch den gestiegenen Frauenanteil erhalten junge weibliche Angestellte eine Vielfalt an weiblichen Vorbildern für neue Rollen. Dadurch bieten sich auch mehr Möglichkeiten, sein Leben individueller zu gestalten. Auch haben mehr Frauen in Spitzenpositionen dafür gesorgt, dass Verantwortung in der Familie als eine legitime Priorität wahrgenommen wird.

Faktor Gesellschaft: der Mann für Beruf und Familie

Dass sich die Arbeitsbedingungen für Beschäftigte wie John und Susan veränderten, hängt nicht nur mit der gewandelten Stellung der Frauen zusammen. Verändert hat sich auch etwas bei den Männern. Schon in den 1980er-Jahren zeichnete sich beim Rollenverständnis der Geschlechter ein Wandel ab. 1992 stellte der Soziologe Anthony Giddens die Frage: »Was wollen Männer?« Seine Antwort lautete: »In einer Hinsicht gab es hier vom 19. Jahrhundert an eine klare Antwort, die beide Geschlechter bejahten: Männer wollen eine Stellung unter Männern, die sich in materiellen Belohnungen niederschlägt und mit Ritualen männlicher Solidarität verknüpft ist.«[9]

Bis zu dieser Zeit, so Giddens weiter, sei das Wesen des Mannes unter einer Reihe gesellschaftlicher Einflüsse verborgen gewesen, die nun unterminiert werden oder schon erodiert sind. Dazu gehören die Dominanz des Mannes über die öffentliche Sphäre, die Problematisierung von Frauen als unberechenbar oder irrational in ihren Begierden und Handlungen sowie die nach Geschlechtern festgelegte Arbeitsteilung.[10]

Als immer mehr Frauen in höhere Positionen aufstiegen, veränderten sie das Wesen der Arbeit in den drei Bereichen des gesellschaftlichen Einflusses, die Giddens reflektiert: Die Vorherrschaft der Männer im öffentlichen Bereich ging zurück, das Klischee der Frau als undurchschaubar oder irrational verblasste und wich einem breiteren und differenzierteren Bild. Und schließlich geriet auch die traditionelle Arbeitsteilung, die selbst berufstätigen Frauen den Löwenanteil der Hausarbeit aufbürdete, ins Wanken.

Als Ergebnis wich die vormals männlich geprägte Kultur in vielen Unternehmen – so auch bei Johns Arbeitgeber – einer neuen Sicht, die auch den Männern – wie zuvor schon den Frauen – eine bessere Vereinbarkeit von Familie und Beruf zugestand.

Nach der Betrachtung des Szenarios um John können Sie sich überlegen, was Sie ändern müssen, wenn Sie – wie John – Berufliches und Privates besser in Einklang bringen wollen. John hat in seinem interessanten Werdegang vollständig die zweite Neuorientierung vollzogen – in Form einer Zusammenarbeit und Vernetzung mit Menschen auf einem anderen Erdteil. Aber, wohl wichtiger, zeigt das Szenario seines Lebens, welche Kraft darin steckt, wenn man sich – als »Produzent« – begeistert engagiert, möglichst viele Erfahrungen sammelt und ein Arbeitsleben gestaltet, das Sinn und Erfüllung in den Alltag bringt. Für die kommenden Jahrzehnte können wir grundlegende Veränderungen in unserer Arbeitswelt erwarten – insbesondere auch beim traditionellen Rollenverständnis von Mann und Frau. Wenn Sie diese Veränderungen möglichst gut für sich nutzen wollen, müssen Sie so zielstrebig und reflektiert vorgehen, wie John und Susan es beim Aufbau ihres Arbeitslebens getan haben. Sie müssen sich bewusst machen, was für Sie wirklich zählt, und den Mut zu den Entscheidungen aufbringen, die für Ihr erfüllendes Berufsleben notwendig sind.

7 MIKROUNTERNEHMERTUM: EIN KREATIVES LEBEN GESTALTEN

Xui Lis, Bao Yus und Chenh-Gongs Alltag

An diesem Morgen im Jahr 2025 steht Xui Li um 6.00 Uhr auf. Sie streckt sich im Garten ihres kleinen Hauses, das in einem Vorort von Zhengzhou in der chinesischen Provinz Henan liegt. Sie freut sich auf den Tag: Ihr Enkel Chenh-Gong kommt, und sie ist gespannt, was er ihr Neues von seinem letzten Projekt berichten wird.

Sie isst um 8.00 Uhr ein schlichtes Frühstück und hält eine Video-konferenz mit zwei Stickerinnen, die für sie arbeiten. Ihre Liebe zu Stoffen hat sie von ihrer Mutter mitbekommen: Die erzählte ihr oft aus ihrem Leben und wie sie davon träumte, die schlecht sitzenden biederen Uniformen der Roten Garden abzulegen und sich anders zu kleiden. Xui Li begeistert sich für Stoffe und die berühmten Handarbeiten in Lokaltradition aus ihrer Region. Begonnen hat sie ihr Berufsleben mit einem kleinen Schneidergeschäft, wo sie mit Schnittmustern aus der *Vogue* Kleider für Hochzeits- und Geburtstagsfeiern in der Stadt nähte. Sie erarbeitete sich einen Ruf, der bald über ihre Vorstadt hinausreichte, insbesondere wegen der Ornamente auf den Kleidern, bei denen sie sich auf handgefertigte Stickereien mit kleinen Süßwasserperlen spezialisierte. In ihren Anfangsjahren stellte sie einige Näherinnen ein und eröffnete ein Geschäft zum Vertrieb ihrer Waren. Ihre Hoffnung, dass ihre Tochter ins Geschäft einsteigen würde, erfüllte sich nicht: Bao Yu wollte lieber studieren und Lehrerin werden. Das Für Xui Li hat sich das Leben stark verändert. Sie kam unter Mao zur Welt und erinnert sich an die Erzählungen ihrer Eltern, die den Roten Garden angehört und auf den kollektivierten Höfen auf dem Land gearbeitet hatten.

An diesem Morgen spricht sie mit ihren Stickerinnen über deren besonders knifflige Arbeit an einem Kleid. Xui Li besitzt inzwischen kein Geschäft mehr, sondern ist einer von 10 000 Geschäftspartnern des Handelshauses Li & Fung. Auf den Konzern war sie vor über zehn Jahren gestoßen, als eine Freundin sie einer Geschäftspartnerin vorstellte, die an Stickereien auf Cocktailkleidern arbeitete. Xui Li begann mit einem kleinen Auftrag für Blusen aus Crêpe de Chine mit Perlenstickereien und fand Spaß an einer Arbeit in einer größeren Gemeinschaft. Inzwischen überwacht sie das Schneidern und Besticken von über 25 Kleidern pro Woche – jedes mit einer einzigartigen Stickerei. Ihr Ladengeschäft braucht sie nicht mehr, weil sie ihre Geschäfte inzwischen direkt mit der Partneragentur abwickelt. Mit den Stickerinnen führt sie an diesem Morgen ein schwieriges Gespräch. Die Qualitätsstandards der Partnergesellschaft sind sehr hoch. Erst letzte Woche musste sie in einer Videokonferenz mit einem unter Vertrag stehenden Seidenhersteller Druck machen, damit er den benötigten Stoff für die Fertigung in dieser Woche mit dem exakten Gewicht und der genauen Farbe liefern würde. Heute muss sie die Produktion auf einwandfreie Qualität überprüfen und sicherstellen, dass die Ware bis zum Nachmittag ganz sicher im Lager von Li & Fung im Stadtzentrum ankommt.

Ihre Arbeit ist gewiss anspruchsvoller als in der Zeit, als sie noch wenige Kleider pro Woche bestickte und sie in ihrem einzigen Verkaufsraum an die Frau brachte. Inzwischen muss sie Qualitätsvorgaben erfüllen und die Produktion einer ganzen Kette von Partnern koordinieren, die Entwürfe machen, Seiden kaufen und färben sowie die Modelle zusammennähen, damit sie schließlich bestickt werden können. Und sie musste schon Lehrgeld zahlen, als die bestellte Kleiderfarbe einer Kundin nicht 100-prozentig stimmte. Bei ihrer Arbeit unterstützt sie in ihrem Atelier ein Computer, der sie mit den anderen Beteiligten verbindet und sie über alle Vorgänge in der Produktionskette jederzeit auf dem Laufenden hält.

Um 11.00 Uhr ist ihre Videokonferenz vorbei. Xui Li setzt sich auf eine Tasse Tee mit ihrer Tochter Bao Yu zusammen. Bao Yu ist gekommen, weil sie von ihr einen Rat zu einem speziellen Problem bei den Basttaschen haben will, die sie über Alibaba verkauft, einen der weltgrößten Online-Vertriebe. Mutter wie Tochter wickeln über Alibaba Geschäfte ab: Xui Li handelt mit Süßwasserperlen, während Bao Yu Handtaschen aus Bast vertreibt, die in Handarbeit auf dem Land entstehen. Dabei nutzt Bao Yu das englischsprachige Alibaba. com, über das sie den internationalen Markt bedient, vor allem die besonders wichtigen Regionen um Boston und Kalifornien.[1] Dagegen kauft Xui Li hauptsächlich über www.1688.com Perlen von Großhändlern in ganz China. Eine echte Innovation für beide bedeutete die Investition dieses Unternehmens 2015 in Alibaba Cloud Computing. Über diese moderne Plattform der Rechnerwolke können sie Daten des elektronischen Handels in Höchstgeschwindigkeit verarbeiten und Kundenprofile aktualisieren. Als Xui Li 2010 dazustieß, gab es 50 Millionen registrierte Nutzer. Inzwischen sind es über eine Milliarde.

Nachdem sie ein kniffliges Problem der Logistik besprochen hat, will Bao Yu ihrer Mutter Musik vorführen, die sie selbst komponiert hat. Die nächste halbe Stunde lauschen beide Frauen melodischen Klängen. Während ihres Studiums an der Universität von Zhengzhou hatte Bao Yu die Chance, an einem Austauschprogramm mit Südkorea teilzunehmen. Dort erwachte ihre Begeisterung für Musik und fürs Schreiben erst so richtig. Begeistert hat sie auch ihre Erfahrungen mit OhmyNews. Diese Internetzeitung hatte es schon 2007 geschafft, mit einer Handvoll Festangestellten die Arbeit von Zigtausend »Bürgerjournalisten« zu orchestrieren. Diese reichten überall im Land Artikel und Meinungsäußerungen zu jedem Aspekt der aktuellen Ereignisse ein. In ihrer Zeit an der National University of Education in Seoul wurde Bao Yu auch auf die »Minihompys« aufmerksam, kleine Homepages, in denen fast alle in ihrem Umfeld Fotos, Tagebücher und Netzwerke veröffentlichten. Nach ihrer Rückkehr nach China erstellte sie ihre eigene Minihompy. Über sie hielt sie in den nächsten Jahren Kontakt zu ihren koreanischen Freunden und bekam zweimal Besuch von deren Kindern.

Mutter und Tochter sind beide Mikrounternehmerinnen, Xui Li im Bereich Stickerei und Bao Yu bei der Herstellung und dem Vertrieb von Handtaschen. Das Interessante an Xui Lis und Bao Yus Existenzen besteht darin, dass sie keine Vollzeitangestellten sind. Sie agieren vielmehr in Partnerschaft mit Li & Fung und als Verkäufer bei Alibaba hauptsächlich als selbständige Geschäftsfrauen, die allein entscheiden, was sie wann verkaufen, wie sie werben und was sie für ihre Ware verlangen.

Mikrounternehmer und wirtschaftliche Ökosysteme

Damit sind sie nicht allein. 2025 arbeiten Hunderte von Millionen Menschen auf dem Globus als Mikrounternehmer in Partnerschaften in sogenannten »Ökosystemen« zusammen.[2] Es handelt sich um Zusammenschlüsse Gleichgesinnter, die um eine Idee herum entstanden. Stärker als einzelne Firmen bestimmen diese »Cluster« aus Mikrounternehmern einen Teil der Ausrichtung des Marktes. Wie die meisten Mikrounternehmer haben Mutter und Tochter die Arbeit in Zusammenschlüssen um eine Geschäftsidee gewählt, die sie begeistert. Xui Li liebt Stoffe und kunstvolle Stickereien, während Bao Yu sich dafür einsetzt, dass die traditionelle Handwerkskunst der Region am Leben bleibt. Beide haben ihre persönliche Leidenschaft zu ihrem Beruf gemacht.

Li & Fung und Alibaba stellten ihnen eine Gestaltungsplattform bereit, über die sie sich mit ihren Lieferanten und Kunden vernetzen können, und förderten so die Entwicklung ihrer Fähigkeiten zu Kooperation und Innovation. Dagegen ist Alibaba eine Handelsplattform, die einfache Regeln formuliert und den Beteiligten den Marktzugang erleichtert. Zudem entwickelt es ständig neue Technologie, um ihre Mitglieder mit Instrumenten zu versehen, die ihre Vernetzung verbessern. Solche Instrumente reichen von den Vertriebsformularen für eBay, über die Mitglieder Waren verkaufen, bis zu einem Bewertungssystem, über das Käufer Urteile über Verkäufer abgeben und Verkäufer sich einen Ruf als zuverlässige Dienstleister aufbauen.

Mutter und Tochter haben an ihrer Geschäftätigkeit großen Spaß – nicht überraschend, denn statistisch gesehen begeistern sich Selbständige für ihre Arbeit doppelt so häufig wie Angestellte.[3]

Gut entwickelte wirtschaftliche Ökosysteme, dank derer Tausende von Mikrounternehmern Fähigkeiten und Kompetenzen entfalten können, gibt es übrigens nicht nur in China. In der Textilindustrie im italienischen Prato sind seit über 30 Jahren 15 000 Kleinunternehmen zusammengeschlossen, von denen die meisten unter fünf Beschäftigte haben. Dabei handelt es sich im Übrigen nicht um schlichte Heimindustrie, sondern um technisch bestens ausgestattete Unternehmen, die bei der Materialbeschaffung oder der Forschung und Entwicklung als Kooperativen zusammenarbeiten. Alle diese Ökosysteme bestehen aus Partnern oder Maklern, die sie untereinander verbinden. In der Industrie von Prato bringen sogenannte *Impannatori* Kleinbetriebe zusammen, damit sie gemeinsam Großaufträge abwickeln können.[4]

Als besonders angenehm empfinden Xui Li und ihre Tochter, dass sie ihr Ökosystem zwar unterstützt und ihnen die Arbeit erleichtert, sie aber nicht beherrscht. Mit wem und unter welchen Bedingungen sie Geschäfte betreiben, legen beide selbständig fest. Diese Autonomie bewährte sich bestens auch in Pratos Textilindustrie, die in dezentralisierter Zusammenarbeit einige der schönsten Modeprodukte der Welt hervorbrachte – so wie die Stickereien aus Henan zu den prachtvollsten der Welt gehören.

Im Jahr 2025 ist Xui Li Ende 60 und hat in ihrem bisherigen Leben gewaltige Umbrüche erlebt. Das wirtschaftliche Ökosystem, dem sie angehört, ist in vielerlei Hinsicht ein fast natürliches Ergebnis der Faktoren der Zukunft. Technische Fortschritte haben die Plattform geschaffen, über die sie sich kostengünstig mit Tausenden Partnern vernetzen kann. Ein solcher Grad an Vernetzung wäre 1990 noch undenkbar gewesen. Damals wurde in der Arbeitswelt noch hauptsächlich über Briefe kommuniziert. Im Jahr 2000 verbanden E-Mails zwar die Menschen, nicht aber Gruppen untereinander. eBay startete beispielsweise 1996. Im nächsten Jahrzehnt ermöglichten seine Plattform und Technik wie die Alibabas immer mehr Menschen über einen elektronischen Marktzugang eine unternehmerische Tätigkeit in der Produktion und im Handel.

Am Ende der Betrachtung dieses Nachmittags 2025 in Henan verweilen wir kurz bei dem Augenblick, als Xui Li ihren einzigen Enkel Chenh-Gong begrüßt, der in Schanghai soeben ein Studium in Elektronik abgeschlossen hat und in seinen Ideen schwelgt. Den Nachmittag über sprechen sie über ihre jeweiligen Projekte. Bao Yu hat von ihrer Mutter die Freiheitsliebe und den Spaß an einer Arbeit mitbekommen und geht in ihrem tatkräftigen und kreativen Leben voll auf. Wenn sie nicht mit Handtaschen aus Bast handelt, engagiert sie sich als aktives Mitglied der Website der Sibelius-Community, auf der sie ihre Werke als halbprofessionelle Komponistin veröffentlicht. Als sie damals einstieg, verfügte Sibelius bereits über 45 000 Partituren, die Mitglieder beigesteuert hatten, und täglich kamen 20 hinzu.[5] 2025 ist die Arbeit mit der Website noch spannender geworden, insofern inzwischen über den Globus verstreute Teams an komplexen Gemeinschaftsproduktionen mitwirken. Beim Abendessen sinnieren Großmutter, Tochter und Enkel über die wichtigste Lektion in ihrem Leben nach: dass es unendlich viel wichtiger ist, sich kreativ über das eigene Tun zu vermitteln, als durch Konsumverhalten Flagge zu zeigen.

Großmutter, Mutter und Enkel haben sich in ihrem Leben der Kreativität verschrieben. Deren Sinn erfuhr Xui Li während der Kulturrevolution. Weil ihre Eltern bettelarm waren, musste sie lernen, aus dem wenigen, was sie hatten, das Beste zu machen – und mit den eigenen Händen etwas zu schaffen, brachte ihr eine ungeheure Befriedigung. Auch wenn die handwerkliche Ausführung ihrer Kreationen inzwischen zumeist von ihren Stickerinnen in der Stadt erledigt wird, bleibt ihr noch immer die Begeisterung für die Arbeit an den Entwürfen. Und die 1981 geborene Bao Yu hat es geschafft, mit ihrer Kreativität bis weit über die Grenzen ihre Heimatstadt hinaus zu wirken. Die Website der Sibelius-Nutzer ist nur ein Beispiel, wie sie über ihre Leidenschaft für Musik große Freundschaften geschlossen hat. Die Verbreitung von Programmen wie Sibelius ermöglichte Millionen Menschen rund um die Welt ein Stück Selbstverwirklichung. Für sie ist Kreativität nicht das Privileg der wenigen, die einer »künstlerischen« Arbeit nachgehen, sondern eine Möglichkeit für viele.

Beide schauen sich einen Film an, den Chenh-Gong über YouTube ins Netz gestellt hat. Eine gewaltige Inspiration für ihn waren die raffiniert gestalteten Videos Lasse Gjertsens, eines Filmemachers aus Larvik in Norwegen.[6] Schon mit zehn Jahren gehörte Chenh-Gong zu der zwei Millionen Menschen umfassenden Fan-Gemeinde von Lasses Kurzfilmen an. Augenblicklich zeichnet er begeistert das ländliche Leben in der Provinz Henan auf, bevor es vollends der rasant fortschreitenden Urbanisierung zum Opfer fällt. Er ist Mitglied der wachsenden Gruppe von Menschen, die sich weltweit engagieren und organisieren. Schon früh schloss er sich der globalen Gruppe »Witness« an, die in Filmen Missstände dokumentiert und diese für die Weltöffentlichkeit ins Internet stellt.[7] Er selbst betätigt sich erzählerisch und mit verschiedenen Medien insbesondere als Chronist der Arbeitsverhältnisse, unter denen Fabrikarbeiter in der Provinz Henan noch immer leiden. Daneben gehört er einer weltweiten Gemeinde von Grafikkünstlern an, die zu topaktuellen Themen jene animierten Comics erstellen, die das Leben heutiger junger Chinesen mit prägen. Gegenwärtig arbeitet er intensiv daran, sich mit seinen Blogs, Animationen und Aufträgen einen Ruf aufzubauen. Bei einer Tasse köstlichen Tees führt Chenh-Gong seiner Großmutter seine Arbeit vor. Dann beobachten sie den Sonnenuntergang hinter einem Berg in der Ferne.

Warum sind Mikrounternehmer und kreative Lebensformen entstanden?

Wie in allen Szenarien habe ich auch diesen Tag im Leben von Xui Li, Bao Yu und Chenh-Gong aus den Teilaspekten der fünf Faktoren der Zukunft der Arbeit konstruiert. Hinter diesen Biografien steckt allgegenwärtige Technik. Wie Jill, Rohan, Amon und John nutzen alle Hightech-Mobilfunktechnik und die Rechnerwolke, aus der sie zu Niedrigstpreisen komplexe Programme herunterladen. Entscheidend für den Erfolg ihrer Unternehmen waren auch die technologischen Fortschritte, die kontinuierliche Zuwächse an Produktivität ermöglichten. Diese Geschichte zeigt auch, wie die Kräfte der Technisierung dafür sorgten, dass Megakonzerne wie Li & Fung zusammen mit Ökosystemen und Mikrounternehmern wie Xui Li und Tausenden weiteren entstehen konnten.

Aber ihre Erfolgsstory ist nicht nur eine der Technik. Sie zeigt zugleich, wie die Kräfte der Globalisierung das außergewöhnliche Wachstum Chinas ermöglichten, das zu einem der bedeutendsten Wohlstandsproduzenten der Welt aufstieg. Hinter der Technisierung und Globalisierung wirken weitere Kräfte: der Vormarsch der Bildung auf globaler Ebene und der Aufstieg Chinas und faktisch auch Indiens zu Zentren der Bildung. Immer stärker globalisiert hat sich auch die Innovation, die einst die Domäne der westlichen Welt gewesen war. Über China und Indien werden zahlreiche Unternehmen auf kostengünstige Weise zur Lösung einer Fülle von Problemen innovativ tätig und machen so Xui Li und Milliarden anderen das Leben deutlich leichter.

Und schließlich ist Xui Lis Geschichte auch die der höheren Lebenserwartung. Mit Ende 60 liebt sie wie Millionen andere auf der Welt ihre Arbeit und ist entschlossen, noch mindestens ein weiteres Jahrzehnt dabeizubleiben.

Faktor Technologie: stetige Produktivitätszuwächse

Ermöglicht wurde das hochproduktive Arbeiten Xui Lis und ihrer Familie durch bedeutende Fortschritte bei der Technik und der Vernetzung.[8] Historisch gesehen wurde die Produktivität der Arbeit hauptsächlich durch Innovationen im Technikbereich gesteigert. So war beispielsweise der Produktivitätszuwachs in den 1930er-Jahren in den südlichen USA darauf zurückzuführen, dass in dieser feuchtheißen Region Klimaanlagen eingeführt wurden.[9]

Der von der technischen Entwicklung angetriebene Trend hielt auch in der Zeit von 1995 bis 2000 an. Dabei sind die Produktivitätssteigerungen in den entwickelten Ländern das Ergebnis von massiven Investitionen in den IT-Bereich und in Verbesserungen der IT-Produkte. Ab 2000 verschoben sich die Gewichte bei den Zuwächsen dann von reiner Technologie hin zu einer Kombination aus Technik und organisatorischen Verbesserungen, wie sie durch eine Kultur der Innovation und des Teamworks entstanden. Dies machte Xui Lis Partnerschaft mit der Unternehmensgruppe Li & Fung so erfolgreich. Zu modernster Technik kam ein gewaltiges organisatorisches Kapital hinzu, das mit der Schaffung geeigneter Strukturen, der Auswahl der richtigen Partner und deren gründlicher Schulung und Weiterbildung aufgebaut wurde.[10]

Auch ermöglichte es die Technik, die Xui Li und ihre Kollegen nutzen, Ideen und Informationen fast zum Nulltarif zu verbreiten.

Niemals zuvor war es so einfach, Informationsprodukte so perfekt und so billig zu vervielfältigen. Wenn Chenh-Gong an 1000 Adressaten eine Broschüre verschickt oder Wikipedia nutzt, steigert er mit geringsten Kosten seine Produktivität. Das hat auch damit zu tun, dass sich zwar die Lebenshaltung von Xui Li und ihrer Familie fast jedes Jahr verteuert hat, nicht aber die Kosten für ihre Computer. Hier bekamen sie Jahr um Jahr immer bessere Qualität zu immer niedrigeren Preisen.[11]

Faktor Technologie: Megakonzerne und Mikrounternehmer

Die Arbeitsweise von Xui Li, Bao Yu und Chenh-Gong verändert hat auch ein Wandel in den Unternehmensstrukturen und insbesondere bei den Grenzen der Unternehmen. Technische Fortschritte haben größere Konzerne heranwachsen lassen, weil sich Menschen in größerem Stil leichter organisieren können. Dabei wurden aber die Grenzen zwischen Vollzeitarbeit und Teilnahme an Projekten oder Gemeinschaftsunternehmen durchlässiger. Kleine Geschäfte wie das Xui Lis können sich so mit anderen zusammentun und Cluster oder Ökosysteme bilden, die gemeinsam Größe und Gewicht besitzen. Genau diese Entwicklung ermöglichte auch den Aufstieg globaler Megakonzerne. Wie Li & Fung oder Alibaba sind diese in der Lage, blitzschnell Hunderttausende von Menschen zu koordinieren, die an Aufträgen für Millionen Kunden arbeiten. Um diesen Kern der Megakonzerne scharen sich Ökosysteme aus Tausenden kleiner Unternehmen, die sich alle koordinieren, um Dienstleistungen bereitzustellen oder an der Fertigung von Produkten mitzuwirken. Man denke nur kurz an die Anwendungen auf dem iPhone, von denen viele Tausend durch einzelne Kleinbetriebe oder Mikrounternehmer geschaffen werden. Sie alle bedienen den Markt des Ökosystems um Apple.

Das Faszinierende an diesen technischen Entwicklungen besteht darin, dass sie eine horizontale Koordination erleichtern, sodass auf die vertikale Koordination der Hierarchie immer mehr verzichtet werden kann. Ein Beispiel sind schon jetzt die Massen von Menschen, die mit Open-Source-Software an GNU/Linux arbeiten, um das System weiterzuentwickeln und zu verbessern. Oder die Weiterentwicklung der Online-Enzyklopädie Wikipedia, an der sich Hunderttausende beteiligen, um gemeinsam ein globales »Nachschlagewerk« zu erstellen.

Faktor Globalisierung: Chinas Jahrzehnte des Wachstums

Die Entwicklung, die zu einem Arbeitsalltag wie den Xui Lis, Bao Yus und Chenh-Gongs im Jahr 2025 führte, wurde aber nicht nur durch Fortschritte in der globalen Technik erreicht. Um sie richtig zu verstehen, muss man sich auch mit Chinas jüngster Geschichte befassen. Dieses Land hat sich zu Xui Lis Lebenszeit auf atemberaubende Weise weiterentwickelt. Schon als junge Erwachsene begegnete Xui Li ihrer wirtschaftlichen Lage mit Optimismus und Zuversicht[12] und erlebte 2015 mit, wie Chinas Wirtschaftsproduktion die der USA überflügelte.[13]

Die moderne Wirtschaftsgeschichte Chinas begann 1978, zwei Jahre nach dem Tod des Großen Vorsitzenden Mao Zedong. Damals machte der stellvertretende Staatsratsvorsitzende Deng Xiaoping auf einer Rede vor dem Parteikongress deutlich, dass die Regierung Privatinvestitionen fördern würde. In der folgenden Dekade erzielten chinesische Dörfer wie Huaxi und Liutuan mit Investitionen in Dorfunternehmen, die sich ganz China zum Vorbild nahm, spektakuläre Erfolge. Zwischen 2005 und 2010 lag Chinas jährliches Wirtschaftswachstum stets über zehn Prozent. Wie die meisten ihrer Freunde ist Xui Li eine eiserne Sparerin.[14] Als Xui Li 2008 ihre erste Kreditkarte erhielt, waren in ganz China nur fünf Millionen solcher Karten im Umlauf, während es in den USA bei einem Viertel der Bevölkerungsgrößen bereits 1,3 Milliarden waren.[15] 2010 herrschten harte Lebensbedingungen. Xui Li schuftete in einer der örtlichen Fabriken für ein Jahreseinkommen von umgerechnet circa 3500 Dollar.

Aber trotz der Härten sparte sie wie die meisten chinesischen Arbeiter vorausschauend Kapital für ihre Zukunft an. Noch 2008 betrug die gesamtwirtschaftliche Bruttosparquote (einschließlich der von Einzelpersonen, Unternehmen und dem Staat) 54 Prozent des Bruttoinlandsprodukts – verglichen mit 15 Prozent in den USA und 20 Prozent in den meisten Teilen Europas.[16]

Seit den 1980er-Jahren hatten Xui Li und ihre Kollegen ihre Position als Produktionsstätte für die ganze Welt erlangt. Viele ihrer Kollegen arbeiteten in Fabriken, die für Nike Schuhe und für Apple Einzelteile für Mobiltelefone fertigten. Der gewaltige Produktionssektor, dem Xui Li angehörte, war durch die niedrigeren Löhne der chinesischen Arbeiter, aber auch durch eine staatliche Politik zur Förderung der Industrialisierung herangewachsen. Im gleichen Zeitraum erlebte China einen rasanten Ausbau seiner Infrastruktur, der für den Transport und Export der Waren notwendig war. So waren 2010 im Land über 40 Flughäfen in Bau. Auf die Art entstanden nicht nur integrierte inländische und internationale industrielle Produktionsketten, die Entwicklung sorgte auch für eine kontinuierliche Verstädterung.

2010 machte Xui Li die Erfahrung, dass ihre Arbeit und die anderer immer anspruchsvoller wurden. Zuvor hatte sie in einer Fabrik gearbeitet und nebenher einige Stickerinnen in ihrem Betrieb beschäftigt. Sie kündigte, um sich auf den Ausbau ihres Geschäfts zu konzentrieren. In den folgenden Jahren verbesserte sie kontinuierlich ihre Marktposition, weil sie und ihre Partner sich verstärkt um Innovation bemühten, um Kosten zu senken und die Produkte attraktiver zu machen.[17] 2015 schloss sie sich dem Unternehmensnetzwerk von Li & Fung an und erhielt Zugang zu flexiblen Netzwerken, dank der sie mit über 12000 Betrieben in über 40 Ländern eng zusammenarbeiten konnte. In nur einem Jahrzehnt war aus ihrer lokalen Welt ein globales Universum geworden.

Wenn sich Xui Li in ihrem Heimatland umschaut, erkennt sie klar, dass Chinas fantastisches Wachstum von einer Handvoll Regionen ausging. Diese zogen die meisten qualifizierten Menschen an und brachten den Großteil seiner Innovationen hervor. Xui Li kennt sehr wohl die deutlichen Unterschiede zwischen Städten wie Schanghai, Shenzhen und Peking einerseits und dem ländlichen China andererseits, wo die Massen noch im Jahr 2010 von weniger als umgerechnet 150 Dollar pro Monat leben mussten.[18] Sie kann beobachten, wie sich in China – wie im Großteil der Welt von 2025 – die Zentren von

Talent und Know-how zusehends verdichten, sodass immer stärkere regionale Unterschiede entstehen.

Doch trotz des rasanten Wachstums war China 2010 noch immer ein Schwellenland: Im Report zur Wettbewerbsfähigkeit des Weltwirtschaftsforums von Davos rangierte das Land auf Platz 30. Im Human Development Index für menschliche Entwicklung der Vereinten Nationen landete es nur auf Platz 81. Seither haben der Ausbau der Infrastruktur überall in China, die Erhöhung der Alphabetisierungsrate und die Qualifizierung seiner Arbeiterschaft seine Wettbewerbsfähigkeit stetig verbessert. Aber Xui Li kennt auch die gewaltige Herausforderung für China, sicherzustellen, dass die riesige Landbevölkerung vom rasanten Wachstum in den Bereichen Industrie und Wissen ebenfalls profitiert.

Faktor Globalisierung: globale Führer bei der Bildung

Der Aufstieg der globalen Klasse der Kreativen, der auch Xui Lis Tochter und ihr Enkel angehören, spiegelt einen breiter angelegten Trend bei der Bildung in einem Großteil Asiens wider. 2010 verfügten Europa und die USA anteilig zur Gesamtbevölkerung über mehr Kinder mit höherer Bildung als China oder Indien. (In Indien waren 2010 noch 33 Prozent der Einwohner Analphabeten.) Verglichen mit europäischen bildungsstarken Ländern wie Finnland (hier verfügten 27 Prozent der Bevölkerung über 15 Jahren über höhere Abschlüsse) wirkten Indien und China wie Nachzügler.

Dass die beiden Länder dennoch eine gewaltige Masse an Hochqualifizierten hervorbrachten, liegt zum Teil an der schieren Größe ihrer Bevölkerungen. 2010 umfasste Asiens Bevölkerung vier Milliarden Menschen, eine Zahl, die bis 2030 auf fünf Milliarden anwachsen wird. Derweil werden die relativ stabilen Bevölkerungen Europas und Amerikas zusammen genommen im gleichen Zeitraum bei ungefähr 1,5 Milliarden Menschen verharren.

Besonders wichtig in Sachen Bildung ist dabei allerdings, welche Fächer in Indien und China studiert werden. Während sich Studenten im Westen für ein ganzes Spektrum an Fachgebieten einschließlich der Geisteswissenschaften und Künste entscheiden, konzentrieren sich Chinesen wie Xui Lis Enkel und Inder wie Rohan oder sein Bruder entschieden auf Naturwissenschaften und Technik. Als Folge davon produzierten Indien und China 2008 jeweils doppelt so viele Abgänger mit höheren Abschlüssen in den Ingenieur- und Computerwissenschaften als die USA. Wichtig ist ebenso, dass im gleichen Jahr in den USA 40 Prozent der Masterabschlüsse und 60 Prozent der Doktortitel in Ingenieurwissenschaften von Ausländern erworben wurden – zumeist Angehörige der indischen und der chinesischen Diaspora.

Und Indien und China haben in Xui Lis Lebenszeit nicht nur ihre Bildungsanstrengungen erhöht. Sie sind zudem zu Zentren der nicht staatlichen Nachwuchsförderung geworden. Ein Beispiel ist Rohans Bruder Amit, der mit über 10 000 weiteren seine erste Berufsausbildung von dem indischen IT-Unternehmen Infosys auf dessen Campus in Bangalore erhielt.

Trotz der enormen Bildungsanstrengungen zeichnet sich 2025 in den aufstrebenden Industrien Indiens und Chinas ein chronischer Mangel an Führungskräften ab. Das liegt daran, dass der einschlägige Bedarf der Unternehmen schneller gewachsen ist als die Bildungsinfrastruktur beider Länder. Als Folge ist der verfügbare Talentpool für Führungskräfte hier schnell ausgeschöpft – anders als in Europa und den USA, wo multinationale Konzerne wie General Electric, Philips, Shell oder Unilever seit den 1950er-Jahren in großem Stil und systematisch Nachwuchs heranzogen. Ein weiterer Faktor ist auch die frühere wirtschaftliche und politische Entwicklung in beiden Ländern: Indien hatte seine Wirtschaft bis in die 1990er-Jahre hinein abgeschottet und so die Entwicklung von Führungstalenten drastisch beschränkt. Und in China hatte die Kulturrevolution einer ganzen Generation – auch den Eltern von Xui Li – fast jede Bildungs- und Ausbildungsmöglichkeit geraubt.[19]

Ein weiteres Problem für Chinas und Indiens Wirtschaften ist die Qualität der Ausbildung. Außer wenigen Elitefakultäten für Wirtschaft waren die Universitäten in China und Indien eher lokal und auf Breitenbildung ausgerichtet und hatten so gut wie keine Lehrkräfte und Studenten, die einen weltweiten Spitzenplatz besetzten. Das weltweite Hochschulranking der *Times* von 2009 zeigt, dass von den 20 Spitzeneinrichtungen nur zwei außerhalb der USA und Europas ansässig waren, keine davon in Asien. Chinas beste Hochschule, die Tsinghua University, kam auf Platz 49, während in Indien keine unter den 100 besten vertreten war.[20]

Unternehmensgruppen wie Li & Fung oder Alibaba haben so in Schwellenländern wie China oder Indien Probleme, für ihr rasantes Wachstum die notwendigen Fachkräfte zu rekrutieren und zu halten (2010 betrug die Fluktuation bei den Hightech-Beschäftigten 25 bis 30 Prozent) und gleichzeitig aus einem sehr dürftigen Reservoir an Managernachwuchs Personal der Weltklasse zu schöpfen.

Faktor Globalisierung: Sparinnovationen

Viele Techniken, die Xui Lis Leben komfortabler machen – ihr Kühlschrank, ihr Wasseraufbereitungsgerät oder ihr Auto –, sind allesamt Beispiele für billige Innovationen, die in China oder Indien entwickelt wurden. In der Vergangenheit stellten die entwickelten Länder der westlichen Welt mit Japan die Innovationszentren der Welt dar. Das deutlichste Beispiel war das Silicon Valley, das eine Vielzahl von Unternehmen wie Google hervorbrachte, das mit seiner Marktkapitalisierung Mitte 2010 zu den teuersten Konzernen weltweit gehörte. Ebenso Deutschland, das weiterhin Spitzenprodukte entwickelte, oder Japan, das seit den 1950er-Jahren ein Nährboden für Innovationen war. Diese Konzentration auf die entwickelte Welt spiegelte sich in den Standorten der Labore für Forschung und Entwicklung wider, die von den multinationalen Konzernen resolut in den jeweiligen Heimatländern gehalten wurden.

Um 2010 setzte hier ein Wandel ein. Forschung und Entwicklung wurden nun ein eher globales als regionales Phänomen, das sich nur auf die entwickelte Welt beschränkte. Investitionen, Bildung und eine strategisch ausgerichtete Politik zur Förderung neuer Technologien ließen in den aufstrebenden Wirtschaftsräumen neue Innovationscluster entstehen. Beispiele sind der Aufstieg der Nano- und Biotechnologien in Peking, der digitalen Medien und der Genomforschung in Seoul, der Biotreibstoffe in Brasilien und der Antriebstechnik in Polen.

Ein Antrieb der Entwicklung von Sparinnovationen in Indien und China war die Rückkehr der jeweiligen Diaspora. Zwischen 1980 und 1999 wurden 25 Prozent der Start-up-Firmen im Silicon Valley von indischen oder chinesischen Unternehmern betrieben, die ein jährliches Einkommen von 17 Milliarden Dollar erwirtschafteten. Bis 2005 war dieser Anteil auf 30 Prozent gestiegen.[21] Ab 2010 setzten viele dieser Unternehmer ihre Fähigkeiten und Netzwerke in ihren Heimatländern ein, samt ihrer wirtschaftlichen Dynamik.

In Indien lag der Schwerpunkt der Wertschöpfung im IT-Sektor, anfänglich angeführt von Unternehmen wie Wipro, Infosys, Tata Consulting Services und HCL Technologies. Viele starteten ihre Existenz als verlängerte IT-Werkbank für die Industrieländer. Aber so, wie sich die chinesischen Hersteller in der Wertschöpfungskette nach vorn arbeiteten, bewegte sich auch Indiens IT-Bereich weiter voran. So hatten beispielsweise 1995 Airbus und Boeing beide ihre Backoffice-Aufgaben in indische Unternehmen ausgegliedert. Diese beteiligten sich 2009 an so komplexen Aufgaben wie dem Infosys-Design für ein Segment der Tragfläche des Airbus A380. Derweil wirkte HCL Technologies an zwei wichtigen technischen Entwicklungen in den Bereichen Kollisionsverhütung und Landung bei Sichtweite null mit.

Besonders interessant daran war, dass der Schwerpunkt dieser Innovationen weitgehend auf der Kostensenkung lag. Ressourcen wurden überlegter eingesetzt und die Produkte mit Blick auf Sparsamkeit neu konstruiert. Der 2008 erstmals vorgestellte Kleinstwagen Nano der Tata-Gruppe beispielsweise sollte als »One Lakh Car« bei Neuanschaffung nur 100 000 indische Rupien (circa 1400) Euro kosten. Durch Innovationen bei der Montage, der Zulieferung und in der Wertschöpfungskette konnte sein Preis auf ungefähr 40 Prozent der Kosten eines europäischen Kleinwagens gedrückt werden. Dabei geht es nicht nur um Produktinnovation. So konnte Bharti Airtel die Kosten von Mobilfunkdiensten durch radikale Innovationen im Zulieferbereich drastisch senken.

Bewerkstelligt wurden diese Innovationen zuweilen durch Unternehmer, die völlig neue Geschäftsfelder erschlossen hatten. Xui Li und ihre Familie nehmen ihre Geldtransfers alle an ihrem Mobiltelefon vor. Führend bei dieser Entwicklung war nicht der Westen, sondern vielmehr die kenianische Firma Safaricom, die ab 2007 die entsprechende Dienstleistung auf Handys anbot.[22] Im Anschluss an den

Erfolg von Safaricom übernahm MTN, Afrikas größter Provider für die Mobiltelefonie, die neue Technik und führte sie in vielen weiteren afrikanischen Ländern und dann auch in China und Indien ein.[23]

Faktor Demografie: Die Lebenserwartung steigt

Und ein weiterer Faktor unterstützte Xui Li bei der Gestaltung ihres Berufslebens: die Tatsache, dass sie wie Millionen Menschen auf der Welt auch noch in ihren 60ern und 70ern produktiv arbeiten kann. Und manche können dies noch deutlich länger.

Der bedeutende Pionier der Managementlehre Peter Drucker wurde einst gefragt, was er für die bedeutendste Veränderung in der zeitgenössischen Arbeitswelt halte. Interessanterweise nannte er weder die Technisierung noch die Globalisierung, sondern das, was er für das Wunder des 21. Jahrhunderts hielt: die phänomenal gestiegenen Lebenserwartungen.[24] Seit den 1950er-Jahren hat die Langlebigkeit in einem Großteil der Welt so stark zugenommen, dass viele der gesunden Kinder, die im Jahr 2010 geboren wurden, auf ein über 100 Jahre währendes Leben hoffen können. Über dieser Entwicklung gerieten während Xui Lis Arbeitsleben althergebrachte Vorstellungen zum Renteneintrittsalter, zur Beschäftigung von über 65-Jährigen und zu Rentenzahlungen ins Wanken.[25]

Wie Drucker feststellte, ist das Phänomen tatsächlich außergewöhnlich. In Westeuropa wurden um 1800 beispielsweise keine 25 Prozent der Männer 60 Jahre alt, während 2010 über 90 Prozent dieses Lebensalter erreichten. Ein 60-Jähriger im Jahr 2010 hatte ungefähr noch dieselbe restliche Lebenszeit vor sich wie ein 43-Jähriger im Jahr 1800. 2010 galten 60-Jährige als Menschen mittleren Alters, während sie um 1800 als Greise gegolten hatten. Xui Li ist überall von Menschen umgeben, die in ihren 60ern und 70ern Beschäftigungen nachgehen, die wenige Jahrzehnte zuvor noch die Domäne der Jüngeren gewesen waren. Um wieder wandern zu können, lassen sich Freunde von ihr in den 80ern neue Kniegelenke einsetzen, während andere mit Ende 90 am Herzen operiert werden.[26]

In Xui Lis Kreis wird viel darüber diskutiert, wie lange Menschen leben werden. Sie selbst ist entschlossen, bis in ihre Hunderter weiterhin produktiv zu arbeiten. Dabei zählt sie auf eine hochmoderne Medizintechnik, die sich in rasantem Tempo weiterentwickelt. 2010 las sie einen Artikel des Zukunftsforschers Raymond Kurzweil, wonach sich dank medizinischer Fortschritte die Lebensspanne der Menschen zwischen 2010 und 2050 radikal ausweiten und sich zugleich die Lebensqualität im Alter verbessern würde. Kurzweil gab sich überzeugt, dass in dieser Zeitspanne der Alterungsprozess zunächst gebremst, dann gestoppt und schließlich umgekehrt werden könne. Dank neuerer und verbesserter Medizintechnik wie der Nanotechnologie könnten mikroskopisch kleine Maschinen durch den Körper reisen und alle möglichen Schäden an den Zellen reparieren.[27] Xui Li hält sich bei den Fortschritten auf dem Laufenden und hofft, alle verfügbare Technik nutzen zu können, damit sie ein langes produktives Leben führen kann.[28]

Dieses letzte Szenario einer positiven Zukunft zeigt auf, wie Technologie, Globalisierung und Langlebigkeit gemeinschaftlich Xui Li und ihrer Familie ein erfüllendes Arbeitsleben verschafft haben. Als Unternehmerin verfügt Xui Li über alle Vorteile der Verbindungen zu einer starken Plattform und zu anderen in den wirtschaftlichen Ökosystemen, die in Zukunft eine so bedeutende Rolle spielen werden. Zu dem Szenario um Xui Li und ihre Familie sollten Sie sich abschließend folgende Fragen stellen:

Erstens: Sehen Sie Ihre berufliche Zukunft in einem großen Unternehmen? Oder stellen Sie sich eher vor, wie Xui Li selbständig und unternehmerisch zu arbeiten? Wenn Sie sich für die zweite Alternative entscheiden, sind die erste – die hin zu einer meisterhaften Beherrschung in einer Serie von Bereichen – und die zweite Neuorientierung – die hin zum innovativen Brückenbauen – von entscheidender Bedeutung.

Zweitens: Wie lange werden Sie Ihren Erwartungen nach berufstätig bleiben? Wollen Sie wie Xui Li bis in Ihre 70er weiterarbeiten? Wenn ja, müssen Sie sich genau überlegen, wie Sie Ihre Energie und Kraft einsetzen wollen. Vielleicht hoffen Sie, wie John und Susan in Bangladesch ein ausgeglichenes Arbeitsleben zu gestalten.

Und schließlich: Was denken Sie, wo Sie leben werden? In einer immer stärker globalisierten Welt kann man an unterschiedlichsten Orten hervorragend leben, und trotzdem wie Xui Li am globalen Markt teilhaben.

TEIL IV DIE WENDE IN DIE ZUKUNFT

Die nächsten Jahrzehnte seines Berufslebens vorzubereiten, ist ein höchst spannendes Unternehmen. In ihnen wirken Kräfte, die in Zukunft viele unserer althergebrachten Vorstellungen zu Job und Karriere über den Haufen werfen. Überall auf der Welt werden überkommene Hierarchien zusammenbrechen. Die Vorstellung von einer Arbeitszeit von 9.00 bis 17.00 Uhr wird stark unter Druck geraten. Und die Benachteiligten der Vergangenheit werden Chancen erhalten, sich dem globalen Talentpool anzuschließen. Die kommenden Jahrzehnte werden uns alle mit den positiven, aber auch mit negativen Aspekten der Zukunft konfrontieren. Auch wenn in den traditionellen Arbeitsstellen und Berufslaufbahnen Zwänge und Frustrationen herrschten, so brachten sie doch ein gewisses Maß an Sicherheit mit sich. Und eine Arbeitszeit von 9.00 bis 17.00 Uhr bedeutete als ein starrer Rahmen zwar Monotonie, gab dem Leben aber einen festen Rhythmus ohne ständige Erreichbarkeit vor. Dass sich den Menschen fast überall auf der Welt neue Chancen eröffnen, bringt gewaltige Vorteile, setzt aber auch diejenigen stark unter Druck, die in die einstmals privilegierten Regionen der Welt hineingeboren wurden.

Unsere Welt ändert sich in einem atemberaubenden Tempo so, dass viele Überzeugungen zur Arbeit und den Arbeitsweisen über Bord gehen. Abgelöst werden sie durch neue bedeutende Chancen und mehr Wahlmöglichkeiten. Vor diesem Hintergrund können Sie

Ihr Drehbuch für eine persönliche Laufbahn schreiben, die Erfüllung und Sinn in Ihr Leben bringt.

Dazu müssen Sie allerdings aktiv notwendige Entscheidungen treffen, mit deren Konsequenzen leben und notwendige Kompromisse schließen. Das Angenehme am traditionellen Beschäftigungsverhältnis war eine Sicherheit ähnlich der einer Beziehung zwischen Eltern und ihren Kindern. Der Arbeitnehmer konnte die wichtigen Entscheidungen zu seinem Berufsleben noch getrost dem Arbeitgeber überlassen. Nun aber bewegen wir uns auf eine Beziehung zwischen Erwachsenen zu, die gesünder und eher in der Lage ist, in ein Berufsleben Sinn hineinzubringen. Dazu müssen wir alle allerdings auch unsere Wahlmöglichkeiten planvoller, entschlossener und tatkräftiger nutzen. Benötigt wird Reflexivität, die Fähigkeit, darüber nachzudenken, was wir werden und welche Entscheidungen wir dazu treffen wollen.

Wie können Sie angesichts der Faktoren der Zukunft und der geschilderten Alltagsszenarien eine Arbeitsexistenz gestalten, die Spaß und Sinn in Ihr Leben bringt? Und welche Ratschläge geben Sie dazu gegebenenfalls Ihren Kindern? Diese Fragen standen sozusagen am Anfang meiner Erkundungsfahrt in die Zukunft: darüber nachzudenken, was ich meinen Kindern mit Blick auf ihr künftiges Arbeitsleben raten würde.

Ein guter Ausgangspunkt ist ein Verständnis der Faktoren, die Ihr künftiges Berufsleben prägen werden, weil Sie nur mit diesen Einsichten mögliche Szenarien entwerfen können. Bei der Auseinandersetzung mit diesen Faktoren werden wir mit der überwältigenden Erkenntnis konfrontiert, dass die Welt sich auf eine Weise verändert, die wir bislang nur erahnen können. Danach müssen Sie die verschiedenen Faktoren der Zukunft speziell auf Ihr besonderes Berufsleben beziehen, wenn Sie dieses für das Morgen gestalten wollen. Die zuvor geschilderten Alltagsszenarien machen deutlich, wie sich die großen Faktoren der Zukunft im Kleinen widerspiegeln – als Miniaturbeispiele für deren konkrete Auswirkungen in der Realität. Sie zeigen die Gefahr auf, dass immer mehr Menschen in die Isolation geraten, globalen wirtschaftlichen Trends ausgeliefert und in zersplitterte anonyme Existenzen gedrängt werden könnten. Obwohl Fiktionen, enthalten diese düsteren Szenarien ausreichend Realität, um als Warnung zu dienen:

Sie geben uns Hinweise, was wir vermeiden müssen, wenn wir ein sinnvolles und freudiges Berufsleben für die Zukunft gestalten wollen.

In der zweiten Gruppe der Alltagsszenarien habe ich die Faktoren so verarbeitet, dass die Arbeitswelt der Zukunft in einem möglichst positiven Licht erscheint. Wir haben gesehen, dass die Zukunft immer mehr Chancen bietet, ein zutiefst kooperatives und solidarisches Leben zu führen, Existenzen aufzubauen, die ausgeglichen und sinnstiftend sind und in denen man als Unternehmer und kreative Produzenten Wert schöpfen kann.

Dabei stehen Sie allerdings vor der Herausforderung, Chancen so zu nutzen und Entscheidungen so zu treffen, dass möglichst viele von den positiven und möglichst wenige von den negativen Seiten der Zukunft durchschlagen. Wie kann das gelingen? Ich meine dazu: Wenn Sie sich beruflich eine großartige Zukunft schaffen wollen, müssen Sie an Ihren Vorstellungen, Ihren Wissens- und Kompetenzbereichen sowie an Ihren Arbeitspraktiken und -gewohnheiten einiges grundlegend ändern. Diese Veränderungen müssen wir zunächst im Licht der drei Arten Kapital oder Ressourcen betrachten, über die wir alle verfügen.

Auf Kapital und Ressourcen aufbauen

Die erste Ressource für Ihr Berufsleben – sie wird in vielen Kulturen besonders gepriesen – ist Ihr geistiges Kapital. Es besteht aus Ihrem Wissen und Ihrer Fähigkeit, Fragen und Probleme gründlich und intelligent zu durchdenken. Darauf zielen die meisten Schulungen und Fortbildungen ab, die kognitive Fähigkeiten erhöhen und erlerntes Wissen vertiefen sollen. Beim Aufbau Ihrer Berufslaufbahn spielt Ihr geistiges Kapital eine Schlüsselrolle, denn es umfasst Ihre Wissensbereiche und Ihre Fähigkeit, in Ihnen kompetent zu arbeiten. Dass das geistige Kapital zur Schaffung wertvoller Arbeit und zum Aufbau wertvoller Laufbahnen in Zukunft immer wichtiger wird, liegt auf der Hand.

Die erste Neuorientierung betrifft so den Ausbau Ihres geistigen Kapitals. In der Vergangenheit waren breit angelegte allgemeine

Kenntnisse und Fähigkeiten nützlich, aber dies wird sich meiner Ansicht nach in Zukunft ändern. In einer vernetzten, globalisierten und technisierten Welt werden immer Tausende, ja Millionen andere Menschen dasselbe können wie Sie, es aber schneller, billiger und vielleicht sogar auch besser zu leisten vermögen. In Zukunft werden Sie sich verstärkt von der Masse absetzen müssen. Möglich wird dies durch Tiefe, dadurch, dass man Zeit und Ressourcen investiert, um sich ein umfassendes Ganzes an Wissen und Können zu schaffen. Mit anderen Worten: um meisterhafte Beherrschung zu erlangen. Sich hier nur auf einen Bereich zu konzentrieren, birgt freilich Risiken. Was geschieht, wenn dieser verschwindet, keine wertvollen Perspektiven mehr bietet oder Sie zu langweilen beginnt? In der Vergangenheit waren eingleisige Laufbahnen wegen der relativ kurzen Arbeitsbiografien die Regel. Für die Zukunft bieten längere Arbeitsbiografien die Möglichkeit, auf einem Gebiet spezialisiertes Können zu erwerben und sich durch Wechsel und Wandel auf verwandten Gebieten weiterzuentwickeln oder sogar komplett Neues zu beginnen. Die erste Neuorientierung, die vom oberflächlichen Generalisten zum Meister auf einer Reihe von Gebieten, zielt auf die Frage ab, wie Sie Ihr geistiges Kapital in den kommenden Jahrzehnten am besten entfalten und weiterentwickeln können.

Die zweite Art Ressource, die für Ihr künftiges Berufsleben Wert hat, ist Ihr soziales Kapital: die Summe aller Ihrer Beziehungen und die Breite und Tiefe Ihrer sozialen Netzwerke. Manche Ihrer Beziehungen werden stark und eine Quelle großer persönlicher Bereicherung sein, während viele andere schwächer ausgeprägt sind und Ihnen Anschluss an ganz unterschiedliche Gruppen ermöglichen. Mein Standpunkt lautet hier: Die Breite und Tiefe dieser Beziehungen und Netzwerke werden für unser künftiges Arbeitsleben eine immer wichtigere Rolle spielen. Deswegen müssen sie bewusst aufgebaut und gestaltet werden.

In einer Welt, in der allenthalben Isolation droht, müssen wir vor allem Kontakte knüpfen und pflegen, die unserer seelischen Regeneration dienen. In einer Welt, in der Innovation und Kreativität im Vordergrund stehen, spielt auch die Vielfalt der Netzwerke eine entscheidende Rolle. Erfolg baut auf einer Balance zwischen den verschiedenen Arten Ihrer Beziehungen und Ihrer Netzwerke auf, die

Ihre Arbeit bestimmen. Dies bedeutet: Sie müssen sich von vielen Vorurteilen darüber verabschieden, was es für ein Leben auf der Siegerseite braucht. Natürlich wollen Sie sich von der Masse absetzen, aber gerade diese Masse – oder zumindest die »Weisheit der vielen« – verhilft Ihnen paradoxerweise mit zum Erfolg. Künftiger Erfolg erfordert deshalb die zweite Neuorientierung: die weg vom isolierten Einzelkämpfer hin zum innovativen Brückenbauer.

Sie müssen also beides: Mit meisterhaftem Wissen und Können herausragen und zugleich Teil eines Kollektivs aus anderen Meistern werden, die gemeinsam Werte schaffen. Denn als isolierter Einzelkämpfer müssen Sie mit Tausenden anderen ohne die Möglichkeiten konkurrieren, die Ihnen eine Masse bietet.

Die dritte Art Ressource, über die Sie verfügen, ist Ihr emotionales Kapital: das Maß Ihrer Fähigkeit, sich selbst zu verstehen und über Ihre eigenen Entscheidungen nachzudenken. Es ist aber auch die Fähigkeit, emotionale Widerstandsfähigkeit und Stärke aufzubauen, die mutiges Handeln dringend erfordert. Aber am wichtigsten: Das emotionale Kapital betrifft Ihr Verständnis und Ihre Fähigkeit, die Entscheidungen zu treffen, die Ihnen Zufriedenheit im Leben bringen und es Ihnen ermöglichen, mit Ihren Werten und Ihrer Arbeit in Harmonie zu leben. Die Neuorientierung, die Sie zur Erweiterung dieses persönlichen Kapitals brauchen, ist die komplexeste. Sie erfordert, dass Sie, Ihre Freunde und – so vorhanden – Ihre Kinder genau darüber nachdenken, welche Art Berufsleben Sie anstreben. Wenn Sie sich anschauen, welche Faktoren in den kommenden Jahrzehnten Ihre Welt prägen werden, wird deutlich, dass es nicht genügen wird, allein auf einen hohen Lebensstandard zu setzen. Wichtiger für den Aufbau von emotionalem Kapital werden Ihre Entscheidungen und die Konsequenzen sein, die Sie zu tragen bereit sind. Meiner Ansicht nach wird die Qualität von Erfahrungen über die Quantität von Konsum immer mehr die Oberhand gewinnen, werden Begriffe wie »Glück« und »Entspannung« andere wie »Wohlstand« und »Luxus« als den Gradmesser für eine gelungene Arbeitsbiografie in Zukunft ablösen. Die dritte und letzte Neuorientierung speist sich so aus den Quellen des emotionalen Kapitals, um von einem Arbeitsleben, das von unersättlichem Konsum beherrscht wird, wegzukommen und zu einem des begeisterten Produzierens zu gelangen.

Die Alltagsszenarien zur Zukunft der Arbeit zeigten deutlich, dass wir alle eine Chance haben, uns ein Berufsleben aufzubauen, das unsere Werte widerspiegelt und im Einklang zu unseren Überzeugungen steht. Wir können uns einen einzigartigen Lebensentwurf schaffen. Hinter der Vielfalt solcher Entwürfe stecken unterschiedliche Entscheidungen und Kompromisse, die alle nicht einfach sind. Viele werden ein Maß an Überlegung und Tatkraft erfordern, das sich die meisten für die Weichenstellungen in die künftige Arbeit kaum hätten vorstellen können. Wer dieses Unternehmen nicht für lohnenswert hält, der werfe nochmals einen Blick auf die geschilderten Zukunftsszenarien. Interessanterweise sind nämlich einige der positiven Aspekte der Zukunft schon jetzt unter uns, wenn auch »ungleich verteilt«.

Für Sie, Ihre Freunde und Ihre Kinder ist Untätigkeit keine Option. Wer wollte schon planlos in eine Zukunft stolpern, in der böse Überraschungen drohen? Die Frage ist, was man tun soll. Wenn Sie nur Energie aufwenden, begeben Sie sich zwar auf einen Weg, aber nicht unbedingt auf den zum kreativen Mitgestalten, zu sozialem Engagement oder einem kreativen Leben, die zu einer Gestalteten Zukunft unbedingt gehören. Vielmehr müssen Sie bewusst, artikuliert und zweckdienlich aktiv werden, um die drei notwendigen Neuorientierungen umzusetzen: bereit sein, sich mit der notwendigen Ausdauer und Entschlossenheit zum Meister in Serie weiterzuentwickeln; die Tatkraft und guten Willen aufbringen, um in einem reichen Netzwerk aus unterschiedlichen interessanten Menschen zum innovativen Brückenbauer zu werden; und schließlich aus dem traditionellen Konzept von Arbeit, in dem Geld und Konsum im Mittelpunkt stehen, ein neues zu schmieden, das eher den eigenen emotionalen Bedürfnissen nach Erfahrungen und Begeisterung entspricht.

8 DIE ERSTE NEUORIENTIERUNG: VOM OBERFLÄCHLICHEN GENERALISTEN ZUM MEISTER IN SERIE

Der Erfolg Ihrer beruflichen Zukunft wird zum Teil von Ihrer Fähigkeit abhängen, das geistige Kapital aufzubauen, das die Basis Ihrer wertschöpfenden Fähigkeiten bildet. In der Realität heißt dies, zu erkennen, welche Fähigkeiten und Kompetenzen in der Zukunft besonders gefragt sein werden. Und zu wissen, wie man diese am besten entwickelt.

Dabei ist eine grundlegende Neuorientierung notwendig, die weg vom oberflächlichen Generalisten, der sich mit vielem ein wenig auskennt, hin zum Meister in Serie führt, der auf einer Reihe von Gebieten gründliche Kenntnisse und Fähigkeiten besitzt. Als oberflächlicher Generalist hatten Sie den Vorteil, dass Sie sich nach allen Seiten hin absichern konnten. Da Sie sich bei vielem ein wenig auskannten, war es unwichtig, wenn einiges von dem, was Sie konnten, nur sehr geringen Wert hatte. Aber die Währung der Zukunft werden wertvolle Kompetenzen sein: Also müssen auch Sie auf etwas setzen, das dereinst gebraucht wird, und sich Gedanken machen, wie Sie darin am besten Meister werden. Wenn Sie wissen, welche der fünf Faktoren Ihre persönliche Zukunft prägen, müssen Sie sich fragen, welche Kompetenzen besonders wertvoll und für Investitionen lohnenswert sein werden. Auch müssen Sie eingehend darüber nachdenken, welche Berufslaufbahnen mit welchen Wissens- und Fachgebieten im Kommen sind. Ihre Herausforderung besteht darin, sich zu spezialisieren und sich mit der Zeit auch auf anderen Gebieten und über neue Netzwerke durch Wechsel und Wandel persönlich weiterzuentwickeln und ein meisterhaftes Können zu erwerben. Bei dieser Neuorientierung geht es um zwei Kompetenzbereiche:

- **Meisterhaftigkeit in Serie:** Der Schwerpunkt liegt hier auf der Gründlichkeit bei den beruflichen Kenntnissen und Fähigkeiten in Bereichen, die in den nächsten beiden Jahrzehnten wahrscheinlich gefragt sein werden.
- **Selbstvermarktung:** Hier liegt der Schwerpunkt darauf, bewusst in den Aufbau von Referenzen zu investieren, mit denen Sie – und diejenigen, die Ihnen wichtig sind – in den globalen Talentpool eintreten und sich dort behaupten können.

Argumente gegen oberflächliche Kenntnisse und Fähigkeiten

Ein Generalist mit oberflächlichen Fähigkeiten sind Sie dann, wenn Sie von vielem etwas beherrschen und von sich sagen können, Sie seien ein Alleskönner. In den letzten 80 Jahren ist die Bedeutung von meisterhaften und gründlichen handwerklichen Fähigkeiten, die über die Rollen von Lehrling und Meister erworben wurden, deutlich geschwunden. Außerhalb der traditionellen Handwerksberufe traten die oberflächlichen Generalisten einen Siegeszug an. So gewannen in der Wirtschaft der nicht spezialisierte »Generaldirektor« und zahlreiche Beschäftigte mit begrenzt spezialisierten Fertigkeiten an Bedeutung.

Einst bildeten Generaldirektoren einen Eckstein in der traditionellen Unternehmenskultur, Führungskräfte, die den Großteil ihres Erwerbslebens in einer Firma oder einem Industriebereich verbrachten. Sie wurden zu klassischen »Männern für den Konzern«.[1] Sie kannten hervorragend das Unternehmen und konnten es in jedem Teil der Welt vertreten. Dank ihrer Kontakte zur Firmenzentrale waren sie mit dessen Ethos und Kultur bestens vertraut und konnten für deren Eigner Entscheidungen treffen. Für diese Generaldirektoren galt ein Deal: Dafür, dass sie Kompetenzen und Fähigkeiten entwickelten, die sich nicht auf andere Unternehmen übertragen ließen – eine Führungskraft des Autoherstellers Ford hätte Schwierigkeiten gehabt, seine Position bei einem Softdrink- und Süßwaren-hersteller wie Cadbury auszuüben –, erhielten sie eine Beschäfti-gungsgarantie auf Lebenszeit.

Seit den 1920er-Jahren blieben die meisten Großunternehmen bei dieser Abmachung. Sie richteten Schulungsprogramme ein, die den begabtesten Nachwuchs im Schnellverfahren an die Spitze brachten, und bauten qualifizierte Führungskräften als mögliche interne Kandidaten für die Spitzenjobs auf. In dieser Managergeneration war manch einer für sein Unternehmen zu stark spezialisiert, aber zugleich auch zu allgemein aufgestellt, um seine Fähigkeiten anderswo nutzen zu können. Aber das spielte keine Rolle, da ihm das Unternehmen eine Beschäftigung auf Lebenszeit garantierte.

Dagegen haben heutige Generalisten das Problem, dass der traditionelle Vertrag für eine lebenslange Beschäftigung nicht mehr gilt. Sie müssen sich auf einem Arbeitsmarkt behaupten, auf dem das vollständige Überblicken eines einzigen Unternehmens kaum noch gefragt ist.

Mit breit gefächerten, aber oberflächlichen Kenntnissen und Fähigkeiten geriet aber nicht nur diese Gruppe in eine berufliche Sackgasse: Ähnlich erging es anderen, die es nicht bis an die Spitze schafften und davon lebten, Mitarbeiter zu überwachen oder für Projekte Informationen zu sammeln, Berichte zu schreiben oder Empfehlungen zu geben.

Welche Zukunft diese Gruppe von Führungskräften erwartet, dämmerte mir, als mein Sohn Dominic mit 16 Jahren einen Aufsatz über die Vogelgrippe verfassen musste. Diese Aufgabe hatte ihm seine Biologielehrerin zur Vorbereitung auf seine Prüfung gestellt. Er sollte die Geschichte der Infektion, ihre Verbreitungswege und die Maßnahmen darstellen, mit denen sich die britische Regierung auf eine eventuelle Pandemie vorbereitet hatte.

Ich beobachtete Dominic zwei Stunden lang. Zunächst durchforstete er die Quellenangaben im Wikipedia-Artikel zur Vogelgrippe, vertiefte sich dann in ausführlichere Artikel aus medizinischen Fachzeitschriften und befasste sich abschließend mit dem Artikel der britischen Regierung zum Thema. Er machte Exzerpte, zog Daten heraus und erstellte anhand von ihnen Landkarten und Schaubilder. Nach vier Stunden hatte er einen Essay verfasst, wie ich ihn in meinem zweiten Universitätsjahr geschrieben hätte.

Aber hatte er nun wirklich eine Ahnung von der Vogelgrippe? In gewissem Sinn schon, aber eben nur eine sehr allgemeine und ober-flächliche, ein Wissen, das er sich anhand von Informationsschnip-seln aus öffentlich zugänglichen Quellen angeeignet hatte. Was ihm fehlte, waren eigene Gedanken zum Thema, fundierte Standpunkte oder wichtige Einblicke, die andere nicht hatten. Um keine Missver-ständnisse aufkommen zu lassen: Mehr hätte ich von einem 16-Jäh-rigen auch nicht erwartet.

Er hat das geleistet, was ein heller Kopf seines Alters mit einem Breitband-Internetzugang überall auf der Welt leisten kann. Er hat sich Informationen auf zusammenhängende und durchdachte Weise einverleibt. Ein solcher »Hansdampf in allen Gassen«, der in einem breiten Spektrum an Wissensbereichen oberflächliche Kennt-nisse erwirbt, hat heute allerdings ein Problem: Sein Hauptkonkur-rent sitzt nicht neben ihm, ja er sitzt nicht einmal in Mumbai, son-dern heißt Wikipedia und Google Analytics und besteht aus der Myriade technischer Anwendungen, die oberflächliches Wissen ersetzen werden. Wer meint, seine Netzwerke, die er mit so viel Zeit aufgebaut hat, seien wirklich nützlich, dem sei gesagt, dass Anwen-dungen von LinkedIn und Facebook jede Person mit einem Internet-anschluss zu einem Netzwerker der Weltspitze machen.

Mit den Argumenten, die ich gegen das oberflächliche Wissen und Können eines Generalisten vortrage, schwingt gleichsam das Pendel zurück, das im 19. Jahrhundert vom traditionellen Handwerk weg in Richtung der mechanisierten Arbeit ausschlug. Mit dem Sie-geszug der Fabriken wanderten damals ausgebildete Handwerker und ungelernte Landarbeiter vom Land in die Städte zur Arbeit in die Fabriken ab, die überall in England und später in Nordamerika entstanden. Für die Art Arbeit, die diese Abwanderung begleitete, gibt es das Bild vom »kleinen Rädchen im Getriebe«, mit dem die Beschäftigten in der Fabrikproduktion gemeint sind. Die Mechani-sierung der Arbeit bedeutete die Zerlegung der Produktionsabläufe in kleinstmögliche Schritte, die von Arbeitern mit beschränkten und oberflächlich angelernten Fähigkeiten – im Grunde von menschli-chen Automaten – erfüllt werden konnten. In den Textilmühlen zum Beispiel wurden so Kreativität bei der Arbeit und die »Person als Ganzes« überflüssig. Reine Arbeitsstunden genügten.

Brianas Ururgroßvater arbeitete in den 1930er-Jahren noch in den

Ford-Werken in Detroit: Er ging morgens in die Montagehalle, stellte sich mit den Kollegen ans Fließband und kehrte abends nach Hause zurück. Er war ein austauschbares Teilchen in der Arbeitsmaschinerie. Wenn er seinen Jahresurlaub nahm oder sich krankmeldete, konnte ihn problemlos jeder andere am Fließband ersetzen.

Vor dem 19. Jahrhundert konnten sich viele Handwerksmeister deshalb spezialisieren, weil sie allein arbeiteten. Sie fertigten einen Stuhl, ein Stück Kleidung oder einen Karren mit minimaler Unterstützung durch andere von Anfang bis Ende selbst. Allerdings waren diese Arbeiten vergleichsweise einfach. Mit der Arbeitsteilung wurden deutlich komplexere Leistungen wie die Fabrikation eines Automobils möglich. Die Herausforderung in der heutigen Wissensgesellschaft besteht nun darin, gründliche Kenntnisse in einem bestimmten Bereich zu erwerben und zugleich Netzwerke zu schaffen, um die fundierten Kenntnisse anderer anzuzapfen, weil die Aufgaben und Arbeiten seit dem 19. Jahrhundert vielfach komplexer geworden sind. Wir brauchen das Wissen und das tief verwurzelte Können der Handwerker des 18. Jahrhunderts und gleichzeitig Strukturen wie jene, durch die am Ende des 19. eine Arbeitsteilung entstehen konnte.[2]

Natürlich waren im 19. Jahrhundert nicht für sämtliche Arbeiten die Fähigkeiten oberflächlicher Generalisten gefordert. In dieser Zeit unternahmen die Angehörigen freier Berufe – so Anwälte, Ärzte, Ingenieure und Architekten – vielmehr gewaltige Anstrengungen, um ihre Fachkompetenz auszubauen und ihre Berufe gegen andere abzugrenzen: Berufsverbände entstanden, die den Eintritt in den Berufsstand regelten, streng darauf schauten, wer ausgeschlossen werden konnte, die Vergütungsstrukturen festlegten und für die Einhaltung von »Qualitätsstandards« sorgten, wie sie später hießen. In den nächsten Jahrzehnten folgten weitere Berufsgruppen mit ähnlichen Bestrebungen.

Um die Argumente gegen oberflächliche Kenntnisse und Fähigkeiten zusammenzufassen: Breit angelegte und allgemeine Kenntnisse in Unternehmensführung sind zu einem bestimmten Zeitpunkt zwar wertvoll, aber zu stark auf ein Unternehmen zugeschnitten, als dass sie so einfach auf andere übertragen werden könnten. In einer Welt der zeitlich begrenzten Arbeitsverträge können sie schnell in die Sackgasse führen. Gleichzeitig können oberflächliche Fähigkeiten durch Online-Auskunftsmittel wie Wikipedia und Webanalysewerk-zeuge wie Google Analytics rasch ersetzt werden.

Um in Zukunft Erfolg zu haben, müssen Sie deshalb gründlichere Kenntnisse und Fähigkeiten entwickeln. Dazu müssen Sie allerdings auch herausfinden, welche in Zukunft überhaupt gebraucht werden, und sicherstellen, dass Sie diese auf mehreren Gebieten erwerben und weiterentwickeln. Mit anderen Worten: Sie müssen sich zum Meister in Serie entwickeln.

Meisterhaftigkeit in Serie: die Bedeutung von Gründlichkeit

Wenn allgemeine, oberflächliche Fähigkeiten in eine Sackgasse füh-ren können, wie kann man dann wertvolle Fähigkeiten in Serie erwerben, die man meisterhaft beherrscht? Das ist die schwierige Übung, um herauszubekommen, wie Sie sich am besten ein künfti-ges Arbeitsleben mit Wert und Sinn aufbauen können:

- Zunächst müssen Sie ein gründliches Verständnis dafür ent-wickeln, warum einige Kompetenzen wertvoller sind als andere. Diese Einsicht gibt in den kommenden Jahren eine wichtige Ori-entierung.
- Dann müssen Sie eine gründlich durchdachte Prognose darüber erstellen, was in Zukunft Wert haben wird. Natürlich können Sie nicht genau wissen, welches Wissen und welche Fähigkeiten wirk-lich gefragt sein werden. Aber wenn Sie wissen, wie Sie sich ange-sichts der fünf zukunftsbestimmenden Faktoren verhalten werden, können Sie eine qualifizierte Schätzung abgeben.
- Die ermittelten Fähigkeiten und Kompetenzen müssen Sie im Auge behalten – dabei aber trotzdem Ihren Vorlieben nachgehen.
- Steigen Sie dann richtig tief in die Sache ein, um es auf dem betref-fenden Gebiet zu meisterhaften Fähigkeiten zu bringen.
- Halten Sie sich schließlich bereit, durch Wechsel und Weiterent-wicklung auch auf anderen Gebieten meisterhaftes Können zu erwerben.

Verstehen, warum manche Kompetenzen geschätzt werden

Zu jeder Zeit gelten manche Fähigkeiten als wertvoller als andere. Dies liegt allgemein daran, dass leicht erkennbar ist, dass sie Werte schaffen, und andere sie nach diesem Kriterium bewerten können. Weil sie selten sind und bei ihnen die Nachfrage das Angebot übersteigt. Und weil sie schließlich andere oder Maschinen nur schwierig nachahmen können.

Weil sie Werte schaffen

Damit eine Fähigkeit oder Kompetenz wertvoll ist, muss klar ersichtlich sein, dass sie hohen Wert schafft. Die Vorstellungen davon, was wertvoll ist, haben sich mit der Zeit verändert. Im 18. Jahrhundert war beispielsweise das Handwerk der Glasbläserei wertvoll, weil Glas von den Wohlhabenden geschätzt wurde und zu einem eleganten Leben immer mehr dazugehörte. Im 19. Jahrhundert galten die Fähigkeiten des Ingenieurs als besonders wertvoll, weil ab 1830 der Wohlstand einer Stadt davon abhing, ob sie an das Eisenbahnnetz angeschlossen war. Als Erbauer der Great-Western-Eisenbahn stieg der britische Ingenieur Isambard Kingdom Brunel so zu einer Galionsfigur seiner Zeit auf. Ab dem 20. Jahrhundert verlor das Ingenieurwesen in Großbritannien an Bedeutung, während es in Deutschland weiterhin hoch in Kurs stand: Die Konstrukteure und Ingenieure von BMW und Mercedes-Benz genießen höchstes Ansehen, und das Ingenieurwesen gilt noch immer als wichtige Zukunftsbranche.

Fähigkeiten, Kompetenzen und Können erleben Zeiten der Hochkonjunktur und des teilweisen oder vollständigen Niedergangs, sobald sie als eher unwichtig gelten oder ihr Wert grundsätzlich infrage gestellt wird. Ein Beispiel ist das Investmentbanking. Richard Fuld, der damalige CEO und Chairman der Investmentbank Lehman Brothers, verdiente 2006 40 Millionen und 2007 34 Millionen Dollar. Einige Manager in konkurrierenden Finanzinstituten kassierten ähnlich hohe Summen. Gerechtfertigt wurden diese mit dem hohen Maß an Wertschöpfung, zu dem sie maßgeblich beigetragen hatten. Erwirtschaftete ein Investmentbanker beispielsweise 100 Millionen Dollar Gewinn, galten zehn Millionen Dollar für ihn als faire Vergütung. Der Bankrott von Lehman Brothers 2008 und die sich anschließende weltweite Bankenkrise erschütterten die Grundlage, auf der sich der Wert des Investmentbankings bemaß. Als Konsequenz gelten auch die Fähigkeiten und Kompetenzen, die in dieser Branche benötigt werden, als weniger wert. Deshalb werden auch deutlich weniger der besten Köpfe diese Berufslaufbahn anstreben.[3]

Sie müssen folglich die schwierige Prognose wagen, welche Fähigkeiten und Kompetenzen im Jahr 2025 am meisten Wert schaffen (oder als besonders wertschöpfend gelten) werden.

Weil sie selten sind

Fähigkeiten und Kompetenzen werden wertvoll, weil sie selten sind oder als selten gelten. Klar ist: Wenn alle dasselbe können und es zu diesen Fähigkeiten und Kompetenzen einen riesigen Talentpool gibt, lassen sich mit ihnen keine Spitzenpreise erzielen. Diese Logik steckt beispielsweise hinter der Bewertung von Fußballspielern der Weltklasse. Von den Hunderten von Millionen Fußball spielenden Jungs auf der Welt träumen viele vom Weltruhm. Talentsucher der führenden Fußballklubs fahnden alljährlich nach seltenen Talenten, sogar in den brasilianischen Favelas oder südafrikanischen Slums, aus denen einige Stars stammen. Kaum wurde ein Spieler für einen Klub angeworben, muss er die Seltenheit seiner Fähigkeiten auf dem Rasen ständig neu unter Beweis stellen. Zigmillionen Menschen sehen ihn spielen und ziehen eigene Schlüsse darüber, ob er wirklich Seltenheitswert besitzt oder sogar einzigartig ist.[4]

Weil Fußballtalente der Weltspitzenklasse selten sind, gelten sie als wertvoll. Und das gilt auch für andere. Zu jeder Zeit in der Geschichte verknappen sich die Ressourcen, weil eine Nachfrage das Angebot übersteigt: weil entweder Beschäftigte (zumeist altersbedingt) aus Betrieben ausscheiden oder weil ein bestimmtes Können verstärkt nachgefragt wird.

Diese Trends beim Angebot knüpfen sich eng an die demografischen Variablen. Überall auf der Welt gibt es Industrien, in denen in den nächsten beiden Jahrzehnten deutlich mehr Beschäftigte aus dem Berufsleben ausscheiden werden, als andere neu eintreten können. Ein Beispiel ist die Luft- und Raumfahrtindustrie. So wird Boeing ein deutlicher Fachkräftemangel prophezeit. In diesem Konzern, einem der wichtigsten Produzenten und Exporteure der USA, treten bis 2015 40 Prozent der qualifizierten Beschäftigten ins Rentenalter ein. Damit gehen ihm potenziell 60 000 gut ausgebildete und erfahrene Mitarbeiter verloren.[5] Und Fachkräftemangel droht nicht allein Boeing in den USA. Im produzierenden Gewerbe dort waren 2009 allgemein schon 19 Prozent der Beschäftigten mindestens 54 Jahre und nur sieben Prozent unter 25 Jahre alt. Dabei betrifft dieses Phänomen nicht nur die USA. In der gesamten industrialisierten Welt deuten die Fakten und Zahlen der demografischen Entwicklung mit dem Rückzug der größten Kohorte in der Geschichte der Menschheit – den Babyboomern – auf einen gigantischen Mangel an qualifizierten Fachkräften und Talenten hin.

Beispiel Großbritannien: Zwischen 2007 und 2017 werden die Babyboomer nach dem Renteneintritt 11,5 Millionen offene Stellen hinterlassen. 2010 sahen sich die Unternehmen mit ersten Schwierigkeiten konfrontiert, für Bereiche wie Naturwissenschaften, Technik, Ingenieurwesen, Mathematik und Projektmanagement qualifizierten Nachwuchs zu finden. Die britische Regierung prognostiziert, dass die Nachfrage nach entsprechenden Qualifikationen im nächsten Jahrzehnt weiter steigen wird. Nach Schätzungen werden allein im Vereinigten Königreich bis 2017 zusätzliche 1,3 Millionen Menschen mit Fachwissen und technischem Können und 900 000 Führungskräfte und höher qualifizierte Arbeitnehmer benötigt.[6]

Fähigkeiten werden auch dann rar, wenn eine plötzlich hochschnellende Nachfrage das verfügbare Angebot übersteigt, typischerweise dann, wenn neu entwickelte Technologien völlig neue Kenntnisse verlangen. Als beispielsweise Programme in Fortran oder Java auf den Markt kamen, waren Fähigkeiten beim Programmieren in diesen Sprachen hochbegehrt.

Sie stehen also vor der Herausforderung, abzuschätzen, welche Fähigkeiten und Kompetenzen im Jahr 2025 Mangelware sein werden.

Weil sie schwer nachzuahmen sind

Um wertvoll zu sein, muss eine Kompetenz oder Fähigkeit schließlich schwer nachzuahmen sein, ob durch andere oder durch Technik. Leicht nachzuahmende Fähigkeiten wandern zum billigsten Nachahmer ab. So wurden zwischen 1985 und 2010 über 768 000 Backoffice-Jobs ins Niedriglohnland Indien verlegt.[7] Und Chinas Industrie für ausgegliederte Produktion stellte 2009 fast 700 000 neue Mitarbeiter ein.[8]

Nachahmen können neben Menschen natürlich auch Maschinen. Die Automatisierung begann Mitte des 19. Jahrhunderts, als mechanische Webstühle in den Städten von Lancashire Tausende ausgebildete Weber arbeitslos machten, und setzte sich mit der Einführung der Fließbänder in den Montagehallen in Detroit fort. Heute sind es anstelle von Maschinen eher Computerprogramme, die Menschen durch Nachahmung ersetzen. So trat Desktop-Publishing an die Stelle vieler Mitarbeiter in den Herstellungsabteilungen von Buchverlagen. Verwaltungsabteilungen konnten dank moderner Programme für Tabellenkalkulation verschlankt werden. Und Entwicklungen in der Robotik werden wahrscheinlich auch die Beschäftigungssituation in den Bereichen Dienstleistung und Pflege verändern.[9]

Die Herausforderung für Sie besteht darin, Kompetenzen, Fähigkeiten und Fertigkeiten zu entdecken und zu entwickeln, die andere und insbesondere Maschinen nur schwer erwerben können. Schauen Sie sich die fünf Faktoren an, die Ihre Arbeit in den kommenden Jahrzehnten prägen werden. Welche Fähigkeits- und Kompetenzbereiche werden wohl am wahrscheinlichsten als wertschöpfend gelten? Welche werden selten sein? Und welche können von anderen nur schwer nachgeahmt werden?[10]

Zukunftssichere Laufbahnen und Fähigkeiten

Im Folgenden unterscheide ich zwischen Laufbahnen, die nach meiner Einschätzung in den kommenden Jahrzehnten im Aufwind, und besonderen Fähigkeiten, die wertvoll sein werden, und zwar sowohl für diejenigen, die sie beherrschen, als auch für die Gesellschaft, in der sie ausgeübt werden. Von denen, die sie beherrschen, werden manche, so in den Biowissenschaften, hohe Verdienste erwarten können, während andere, so Anwälte, sich wohl mit eher durchschnittlichen Einkommen bescheiden müssen. Grob versprechen drei Arten von Laufbahnen – abgesehen von denen, die immer wertvoll sein werden – für das kommende Jahrzehnt Wert, wenn man sich die fünf zukunftsbestimmenden Faktoren anschaut: Interessenvertretung von der Basis her, soziales Unternehmertum und Mikrounternehmertum.

Laufbahn: Interessenvertretung der Basis

Im Jahr 2009 entwickelten die Strategen des Shell-Oil-Konzerns zwei Szenarien zur Zukunft der Energieressourcen. Im »Blueprint-Szenario« für das Jahr 2050, dem einer eher planvollen Entwicklung, spielen interessanterweise lokale, regionale und globale Aktivisten eine wichtige Rolle. Die Strategen von Shell zeigten sich überzeugt, dass in einer zusehends transparenten Welt die wichtigen Anstöße auf nationaler Ebene weniger von oben oder von zentraler Stelle als vielmehr von profilierten lokalen Akteuren kommen werden. Den Wandel herbeiführen werden viele erfolgreiche Einzelinitiativen, die sich weltumspannend vernetzen und ausbreiten und den Charakter der internationalen Diskussion schrittweise verändern. Für mich sind diese Graswurzelaktivisten Menschen, die sich als erste an Experimente wagen, innovative Lösungen erproben und dabei auch auf altbewährte Praktiken zurückgreifen. Hinter ihnen stecken Werdegänge wie der Miguels, der mit anderen auf der ganzen Welt in einem Projekt für den Nahverkehr zusammenarbeitet, um den Kohlendioxidausstoß einer Stadt zu senken. Oder Laufbahnen wie Johns, der einer Gemeinde in Bangladesch Kontakte zu seiner Heimatstadt in Oklahoma verschafft hat und nebenher zum Verfechter einer neuen Politik der Wasserversorgung wurde. Oder Chenh-Gong, der in der chinesischen Provinz Henan sein Können und seine Kenntnisse dazu einsetzt, um mit Kurzfilmen die Umweltprobleme auf dem Land um seine Heimatstadt zu dokumentieren. Natürlich greift die Bezeichnung »Berufswahl« hier wohl etwas zu kurz. Aber auch wenn weder Miguel noch John oder Chenh-Gong von ihrem Engagement leben, ist es für alle doch ein wichtiger Teil ihres Arbeitslebens.

Wir können erwarten, dass solche Aktivitäten in allen Bereichen, die Menschen wichtig sind, groß im Kommen sein werden, von der Schulbildung für Kinder in Entwicklungsländern über die Ausrottung endemischer Krankheiten bis hin zu einer Unterstützung von Kleinstbetrieben. Man kann erwarten, dass um den Aufbau und die Förderung von sozialem Engagement zahlreiche Organisationen entstehen werden. Es können Nichtregierungsorganisationen sein wie Save the Children, das sich unserem Forschungsverbund *Future of Work* angeschlossen hat. Diese NGO, die sich den Kinderrechten verschrieben hat, unterstützte bereits 2010 mit einem ausgefeilten Programm Menschen bei der ehrenamtlichen Arbeit vor Ort oder bei der Vertretung der Interessen ihrer Schützlinge. Es können aber auch Organisationen wie Projects Abroad sein, das 2010 über 18 500 Freiwillige in Projekte auf so verschiedenen Gebieten wie Schule, Naturschutz, Medizin und Journalismus ins Ausland entsandt hat.[11]

Laufbahn: soziales Unternehmertum

Für einige wird das Engagement darin bestehen, dass sie als profilierte lokale Akteure Energien mobilisieren und Konzepte entwickeln, wie eine Sache vorangebracht werden kann. Andere werden ihre Führungsqualitäten und ihr Management-Know-how dazu einsetzen, Organisationen aufzubauen, die sozialen Bedürfnissen dienen. Den Kern des sozialen Unternehmertums bildet der Wille, eine Organisation aufzubauen und zu führen, die gesellschaftlichen Wandel schafft. Während sich die Leistungsfähigkeit eines Wirtschaftsunternehmens am Gewinn und den Erträgen bemisst, beurteilen soziale Unternehmen ihre Ergebnisse auf einer breiten Basis.

Der Held des sozialen Unternehmertums ist für viele junge Menschen Professor Muhammad Yunus, der 1976 ein Aktionsforschungsprojekt mit dem Ziel startete, ein System für Bankdienstleistungen zu errichten, das Arme vom Land mit Krediten versorgt. Aus dem Projekt ging die Grameen Bank – Grameen bedeutet in Bengali »ländlich« oder »Dorf« – hervor. Auf dem Mikrofinanzgedanken beruhend, versorgt die Bank die Ärmsten – zumeist Frauen – mit Kleinstkrediten vornehmlich zum Aufbau von Geschäften, die sie aus der Armut holen. Bis November 2009 hatte die Grameen Bank an acht Millionen Menschen 8,6 Milliarden Dollar an Mikrokrediten vergeben. Der Mikrofinanzsektor arrivierte seither zu einer globalen Industrie mit einem Umsatz von 30 Milliarden Dollar.

Ein weiteres Beispiel ist Blake Mycoskie, der Gründer von TOMS Shoes. Erstmals begegnet bin ich ihm auf der Inntown Conference in Norwegen im Frühjahr 2010. Soeben aus Los Angeles eingetroffen, fesselte Blake seine Zuhörer mit der Geschichte, wie er in Argentinien barfüßige Kinder gesehen und daraufhin TOMS Shoes mit der Mission aufgebaut hatte, für jedes verkaufte Paar Schuhe ein bedürftiges Kind mit einem weiteren Paar zu versorgen. Bis April 2010 wurden bei den »Shoe Drop« genannten Aktionen 600 000 Paar Schuhe in über 20 Ländern verteilt, unterstützt von zahlreichen Freiwilligen, die beim Anpassen halfen.

Überall auf der Welt sprießen soziale Unternehmen aus dem Boden, so zum Beispiel die NIKA Water Company, die abgefülltes Wasser in den USA verkauft und den Gewinn zu 100 Prozent dazu einsetzt, Menschen in Entwicklungsländern mit Trinkwasser zu versorgen. Oder der Lebensmittelhersteller Newman's Own, der seine Erträge vollständig zur Unterstützung verschiedener Bildungsprojekte einsetzt.

Aber nicht nur Einzelne machen hier das Rennen. Insbesondere in Asien und Europa schließen sich soziale Unternehmer zu Teams, Netzwerken und Bewegungen für den Wandel zusammen. Hier spielt bereits die Generation Y eine Rolle, von der wir für die kommenden Jahrzehnte erwarten können, dass sie die Entwicklung weiter vorantreibt. So investiert beispielsweise die Gruppe Young Social Pioneers in Australien aktiv in junge soziale Unternehmer – wie auch die Universität Bilgi in Istanbul in der Türkei.

Soziale Unternehmer gewinnen immer mehr an Bedeutung. 2010 betrieben die führenden Wirtschaftsfakultäten Programme darüber, wie man sozialer Unternehmer wird. Die Ergebnisse finden sich alljährlich in Ranglisten der Wirtschaftsmagazine *Fast Company* und *BusinessWeek* wieder. Dabei zeichnet sich deutlich ab, dass das Internet und die sozialen Netzwerke zu einem wichtigen Hilfsmittel für den Erfolg und die Zusammenarbeit zahlreicher sozialer Unternehmer werden. Sie verbreiten auf globaler Ebene ihre Ideen, ermöglichen es den Netzwerken und Investoren, sich weltweit weiterzuentwickeln, und schaffen Chancen, mit wenig oder ganz ohne Anfangskapital etwas zu bewegen.[12]

Laufbahn: Mikrounternehmer

Xui Li, ihre Tochter und ihr Enkel sind drei Generationen von Mikrounternehmern. Keiner von ihnen beschäftigt mehr als fünf Angestellte, und alle arbeiten selbständig. Klein- und Kleinstbetriebe spielten in der Wirtschaft der Entwicklungs- und Schwellenländer von jeher eine Schlüsselrolle. Und auch in den USA[13] waren beispielsweise 40 Prozent und in Großbritannien[14] 47 Prozent der Erwerbstätigen in kleinen Betrieben beschäftigt.

Aber Mikrounternehmertum wird im Jahr 2025 eine völlig neue Bedeutung haben. Auch wenn wir davon ausgehen können, dass Großbetriebe noch existieren werden – und tatsächlich deutet einiges darauf hin, dass diese weiter wachsen –, werden anteilig wahrscheinlich mehr Menschen selbständig oder in einer kleinen Gruppe mit anderen arbeiten. Viele werden in den wirtschaftlichen Ökosystemen tätig sein, die im Umfeld der großen Konzerne entstehen. Wie die Tausenden von Selbständigen, die die Anwendungen für das iPhone entwickeln, agieren auch diese als kleine Glieder in der Wertschöpfungskette. Oder sie sind wie Xui Li Teil einer umfassenden Zusammenarbeit von Tausenden von Menschen, die zu einer Art Großindustrie zusammengeschlossen sind.

Unabhängig vom jeweiligen Mechanismus der Koordination können wir erwarten, dass ein größerer Anteil an wertschöpfender Arbeit in Unternehmen von Selbständigen ausgeführt werden wird. Hauptantrieb dieser Entwicklung sind freilich die kontinuierlich fallenden Preise im IT-Bereich, kombiniert mit der Allgegenwart der Rechnerwolke, die es selbst kleinsten Betrieben ermöglicht, dank hochmoderner Analysesoftware Aufträge an Land zu ziehen, mit Dritten zusammenzuarbeiten und Kunden Rechnungen zu stellen. Von herausragender und weiter wachsender Bedeutung sind zudem die Möglichkeiten, Unternehmen koordiniert über das Internet dadurch zu kapitalisieren, dass Interessenten zu Spenden oder zu

Investitionen in spannende oder gewinnversprechende Ideen aufgerufen werden.[15]

Von diesen drei im Aufwind begriffenen Laufbahnen abgesehen, können wir ebenso erwarten, dass Bündel von Kompetenzen immer wertvoller, seltener und schwieriger nachzuahmen sind. Insbesondere in den Biowissenschaften, im Gesundheitsbereich, bei der kreativen und innovativen Steigerung der Energieeffizienz sowie bei der Betreuung und Pflege werden mehrere Kompetenzen im Verbund desto wichtiger werden, je stärker die Auswirkungen der fünf Zukunftsfaktoren spürbar werden.

Kompetenzbereich Biowissenschaften und Gesundheit

Absolut sicher ist, dass die Biowissenschaften in den nächsten beiden Jahrzehnten zu einem Schlüsselsektor des Wachstums qualifizierter Beschäftigung werden. Denn die schlichte Wahrheit lautet: Egal wie gesund wir sind und wie lang wir leben, wir wollen immer besser aussehen und länger leben. Wir können damit rechnen, dass sich Biotech- und Gesundheitscluster entwickeln werden. Als erste Art Cluster entstehen rund um die Welt »Kur- und Wellness-Zentren«, die zum Teil darauf abzielen, die Bedürfnisse der alternden Bevölkerung in der entwickelten Welt zu befriedigen. So waren 2010 in Europa bereits zahlreiche solche Kurzentren rund um das Mittelmeer in Bau, während es ältere Nordamerikaner scharenweise nach Florida und in die US-Südstaaten zog. Dank ihrer Vielzahl an Thermalquellen konnte sich die Türkei bereits als Spezialist für Gesundheit und Wellness positionieren.[16] Und auch Osteuropa bereitet sich auf die Beherbergung einer großen Anzahl von Babyboomern vor, die ebenfalls Gesundheit und Erholung suchen.[17]

Gleichzeitig werden Cluster um die Biowissenschaften immer bedeutender, da Universitäten, Unternehmen im Gesundheitsbereich und Pharmafirmen, Joint Ventures und Dienstleister enger zusammenarbeiten. Die Bucht von San Francisco sowie »Gene Town« in Boston und Cambridge, Massachusetts, haben sich als erste Biotech-Cluster formiert. In ihnen ballt sich auf relativ engem Raum eine kritische Masse an akademischen und industriellen Einrichtungen zusammen.[18] In Europa gab es 2010 drei biomedizinische Cluster: einen britischen im Dreieck zwischen Oxford, Cambridge und London, einen in der französischen Hauptstadt Paris und einen im Medicon Valley am Öresund zwischen Schweden und Dänemark. Asiens bislang größter biomedizinischer Cluster mit über 13 000 Beschäftigten war bislang Singapur. Für das nächste Jahrzehnt können wir prognostizieren, dass entsprechende Cluster in Kobe und Osaka in Japan an Stärke zulegen werden. In China fand die biomedizinische Forschung 2010 in Schlüsseluniversitäten statt, ohne dass es bereits einen ausgereiften Cluster gab, der die Lücke zwischen Grundlagenforschung und kommerzieller Nutzung der Ergebnisse schließen konnte. Dennoch können wir für die kommenden Jahrzehnte erwarten, dass die chinesische Regierung investieren wird, damit sich Cluster hier rasch entwickeln können.

Womit wird sich diese Biomedizin beschäftigen? Sie wird auf alle Fälle nachgefragt werden. So verzeichnete die biomedizinische Technik 2010 trotz der Rezession in den USA eine Wachstumsrate von 72 Prozent – als der am rasantesten wachsende Kompetenzbereich. Ihre Beschäftigten werden im nächsten Jahrzehnt MRT-Apparate, Asthma-Inhalatoren und Kunstherzen entwickeln. Bis 2025 sind noch bedeutendere Innovationen zu erwarten. So wird die Nanomedizin medizinische Geräte, Verfahren und Implantate entwickeln, die auf der submikroskopischen Ebene ansetzen, darunter »Frachtkähne«, die Krebszellen im Blutkreislauf aufspüren. Und Chirurgen werden Patienten mit zusätzlicher Speicherkapazität im Gehirn versorgen, damit ihre Gedächtnisleistungen verbessert oder sensorische Ausfälle ausgeglichen werden. Die Stammzellforschung zeigte 2010 erste Erfolge und wird in Zukunft zu einer bedeutenden Industrie heranwachsen. Stammzellen können zur Reparatur eines geschädigten Rückenmarks, zur Züchtung von Transplantaten und vielleicht sogar zur Herstellung von Ersatzgliedern genutzt werden. Allerdings ist diese Technologie auch mit ethischen Konflikten behaftet, sodass Hürden überwunden werden müssen, um ihr großes Potenzial zu nutzen. Als 2010 Forscher grünes Licht bekamen, um menschliche embryonale Stammzellen an Menschen zu nutzen, sahen dies viele als den Startschuss für eine vielversprechende Industrie an.[19]

Kompetenzbereich alternative Energien

Ein gewaltiges Potenzial an Arbeit schlummert auch in den Bereichen alternative Energien und Energieeffizienz. Um die Erschließung neuer Energien werden weiterhin Industriezweige entstehen. 2010 waren Windkraft, Solarenergie und Wellenkraft bereits aufstrebende Industriebranchen. Indien investierte beträchtlich in die Nutzung der Windkraft. In China arbeiten Forscher an neuen Entwicklungen im Bereich Solarenergie. Es ist abzusehen, dass die Nachfrage nach Fachkönnen im Sektor der Erschließung erneuerbarer Energien rasant steigen wird, teils durch staatliche Vorgaben zur Entwicklung emissionsfreier Fahrzeuge, teils durch steuerliche Anreize, die die Massenproduktion solcher Fahrzeuge fördern. Der Ausbau der Wind- und Solarenergiegewinnung wird Elektrofahrzeugen, die mit Batterien, Brennstoffzellen oder Hybridtechnik angetrieben werden, einen Boom bescheren. Ingenieure, die im Bereich erneuerbare Energien beschäftigt sind, werden sicher händeringend gesucht werden. Benötigt werden aber auch die PR-Spezialisten, Planungsfachleute und tatsächlich all die anderen, die schon auf dem traditionellen Energiesektor eine Rolle spielten. Tatsächlich schafft der Bereich der erneuerbaren Energien pro gewonnene Energieeinheit, pro Einheit installierter Kapazität und pro investierten Euro mehr Jobs als die herkömmliche Energiegewinnung.[20]

Die Stellen, die künftig in den Bereichen Biotech, Gesundheit und nachhaltige Energien entstehen, bilden einen wahrhaft globalen Arbeitsmarkt. Sie erfordern ein hoch spezialisiertes und zugleich breit gefächertes Können, das an verschiedenen Stellen auf der Welt erworben wird. Wo ist Ingenieurkompetenz verfügbar? Sie sucht man am besten in Indien, wo 2009 über 400 000 Ingenieure ihre Ausbildung abschlossen.[21] Und wo IT-Kenntnisse gefragt sind, bietet sich China an, in dem im gleichen Jahr 6,1 Millionen graduierte Fachkräfte in den Arbeitsmarkt eintraten.[22]

Dies beinhaltet, dass sich der Wettbewerb um solche Stellen zunehmend globalisiert und dass der prognostizierte Fachkräftemangel in einem Großteil der industrialisierten Welt durch begehrten Nachwuchs aus anderen Orten in der Welt behoben werden könnte. Dabei ist im Auge zu behalten, dass die gefragten Leistungen nicht immer vor Ort erbracht werden müssen. Als Beispiel arbeitet auch Miguel mit anderen rund um den Globus zusammen, um die Stadt Lucknow darin zu unterstützen, ihren CO_2-Ausstoß zu verringern. Um einer Stadt auf der anderen Seite des Globus beim Energiesparen zu helfen, geht er aktiv auf Cluster von Energiespezialisten zu, die in Kopenhagen bis Brasilien ihren Sitz haben. Und Rohan kann dank moderner Roboter- und Übertragungstechnik an Operationen teilnehmen, die an einem beliebigen Ort auf der Welt stattfinden.

Kompetenzbereich Kreativität und Innovation

In einer Zeit, in der die Mechanisierung und die Automatisierung der Vergangenheit wieder durch Arbeitsweisen ersetzt werden, die eher aufs Ganze zielen, erneuern und schöpferisch wirken, haben Kreativität und Innovation Auftrieb. Die schöpferischen Industrien werden auch deshalb boomen und vermehrt das Alltagsleben durchdringen, weil Erfahrungen immer wichtiger werden als Konsum: Diejenigen, die einfallsreich Erfahrungen schaffen, gestalten und umsetzen, werden so über wertvolle Fähigkeiten verfügen. Dass diese »Kreative Klasse« allmählich aus dem Dunkel tritt, verdanken wir Wissenschaftlern wie Richard Florida, der ihre Bestrebungen und Bedürfnisse erforscht hat.[23] Florida errechnete, dass schon 2008 in der entwickelten Welt zwischen 25 und 30 Prozent der Erwerbstätigen im Kreativsektor beschäftigt waren, zu dem er allerdings auch Naturwissenschaft und Technik, Forschung und Entwicklung, die technischen Zweige der Kunst sowie wissensbasierte Berufe wie Medizin, Finanzmanagement und Jura zählt.

Offenbar lassen Menschen überall auf der Welt das dröge Einerlei hinter sich und entdecken die bunte Vielfalt der Kreativität. Bei der Arbeit unseres ersten Forschungsverbundes *Future of Work* habe ich dies aus erster Hand erfahren. Am Ende der Konferenz schlug ich wie immer vor, zu ihm einen Abschlussbericht anzufertigen. Diese Art Schriftwerk ist wahrscheinlich so manchem bekannt und steht gleich mehrfach in vielen Regalen herum. Aber mein hochkreatives Team, Julia Goga-Cooke und Marzia Aricò, hatte andere Ideen. Sie schufen für jeden Teilnehmer eine Box mit 60 Karten darin, die durch Worte, Geschichten, Bilder und Cartoons die Schlüsselaspekte der Zukunft illustrierten. Sie tauften die Box »Spiel mit der Zukunft« und luden Gruppen von Führungskräften dazu ein, mit den Karten Spiele zu machen – mit begeisterten Reaktionen. Viele dieser Manager machten dabei wohl erstmals die Erfahrung, wie man auf hohem Niveau fantasievoll und kreativ gestalten kann. Vielleicht veränderten sich ihre Erwartungen. Wenn sie wieder eine »normale« Präsentation miterleben oder einen Bericht erhalten, stellen sich einige sicher die Frage, ob es keine fantasievolleren Alternativen gibt.

Julia und Marzia sind Mitglieder in einer wachsenden und einflussreichen Gruppe von Leuten, die sich der Kreativität und schöpferischen Gestaltung bei der Arbeit verschrieben haben. Sie lehnen vorgegebene Positionen ab und suchen stets nach alternativen Wegen, um Informationen darzustellen und mit Kunden zu interagieren. Auch wenn bei diesen kreativen Neukonzeptionen häufig Fehlversuche vorkommen, ist dieser wichtige Prozess Quelle für ein Gewässer, das ohne ihn austrocknen würde. Wir wissen, dass diese »Kreative Klasse« in den kommenden Jahren weiter heranwachsen und an Einfluss gewinnen wird. Dabei wird die Trennlinie, die diese »Kreativen« von den Führungskräften und Beschäftigten in Betrieben trennt, immer durchlässiger werden. Die Karten und Präsentationen meines Teams haben mir vor Augen geführt, dass sich die traditionelle »Kunst« inzwischen gewandelt hat und in einen »ästhetisch-intellektuellen« Sektor eingeflossen ist. Das höchst erfolgreiche kalifornische Unternehmen IDEO führte vor, dass eine Gruppe von Leuten, die als Produktdesigner gestartet sind, über die Jahre zu Designern und Schöpfern von Erfahrungen und Organisationspraktiken werden kann. Innovation und Kreativität bei der Schöpfung von Marken und beim Aufbau einer Reputation werden immer wichtiger. Wie viele weitere Tom Fords werden 2025 Maßstäbe für guten Geschmack und Außendarstellung setzen?

Was wird die kreative Klasse tun? Der deutsche Zukunftsforscher Matthias Horx listet über 100 kreative Berufe auf, darunter »Architekten, Animateure, … Comiczeichner, Choreografen, … Designer, DJs, Dokumentarfilmer, Event-Agenten, Entertainer, … Fitnesstrainer, Fotografen, Forscher, … Grafikdesigner, … Kabarettisten, …

Lektoren, ... Märchenerzähler, ... Medientrainer, ... Maler, Musiker, Musen, ... Prediger, Praxisphilosophen, ... Rapper, ... Starköche, Stuntmänner, Schönheitschirurgen und Webdesigner«.[24] Natürlich werden einige dieser Kreativberufe verblassen und die Konturen verwandter Berufe annehmen, während andere im Kommen sind und wir erwarten können, dass sie in den nächsten Jahrzehnten wachsen.

Wie wird der Alltag dieser Kreativen aussehen? Man könnte sich vorstellen, dass sie auf einer einsamen Insel in einer warmen Meeresregion sitzen und sich in stiller Beschaulichkeit dem Schöpfungsprozess hingeben. Tatsächlich ist diese Vorstellung denkbar weit von der Realität entfernt und wird es wohl auch bleiben. Angehörige der kreativen Klasse wollen eine möglichst große Nähe zu Gleichgesinnten. Sie scharen sich in bestimmten Regionen auf der ganzen Welt in großer Anzahl zu Clustern zusammen, die bis 2025 aller Wahrscheinlichkeit nach eine noch größere Rolle spielen werden. Kreativcluster entstehen überall auf der Welt und ziehen Menschen an, die voneinander lernen und miteinander Geschäfte tätigen wollen.[25] Energie und Antrieb ziehen diese Cluster aus dem eigenen »Inneren« der Ideen und Kreativität, die freigesetzt werden, wenn Menschen mit verwandten, aber unterschiedlichen Fähigkeiten und Kenntnissen aufeinanderprallen. Sie werden zu »Hotspots« der Innovation und Gestaltungskraft, wie ich es genannt habe.[26] Chenh-Gong, dessen Alltag wir in den Szenarien der Gestalteten Zukunft erkundet haben, arbeitet als einer dieser Kreativen in einem Innovationscluster in Schanghai. Wie viele in seinem Umfeld blüht er in einem Mix aus Know-how und Ideen auf und schafft Werte aus der gewaltigen Vielfalt, die er um sich herum erlebt.

Ein letzter Gedanke zum Eintritt in die kreative Klasse: Matthias Horx trifft eine interessante (wenn auch nicht voll fundierte) Aussage zu deren wirtschaftlichem Potenzial. Ihm zufolge wird sich die Einkommensverteilung innerhalb dieser Klasse so stark polarisieren, wie es schon jetzt unter den Tennisspielern, Models, Designern, Regisseuren, Werbefachleuten und Opernsängern der Fall ist. Nach seiner Prognose wird sich der Wohlstand ungefähr so verteilen: 80 Prozent müssen mit relativ wenig über die Runden kommen, sind deswegen aber nicht unbedingt unglücklich. 18 Prozent verdienen gut, und weitere zwei Prozent werden den Jackpot knacken: Sie sind als Hochbegabte in der Lage, durch Vermarktung ihrer persönlichen Marke gewaltige Werte zu schaffen. Nach Horx' Sicht verteilen die akademischen Berufe – Anwälte, Physiker, Architekten, Professoren – über ihre Verbände (zum Beispiel durch eine Festlegung von Mindesthonoraren) die Ressourcen innerhalb ihrer »Zunft«. Auch wenn es in diesen Berufen Superstars gibt, so müssen die sich den Aufstieg hart erarbeiten. Dagegen gibt es in der aufstrebenden Kreativindustrie keine zünftigen Verteilungsmechanismen, sodass wahrscheinlich – wie jetzt schon bei den Tennisspielern und Models – eher das Prinzip »alles für den Sieger« gelten wird. Diejenigen, die in die kreative Klasse eintreten wollen, sollten dies bedenken.[27]

Kompetenzbereich Coaching und Betreuung

In einer immer virtueller werdenden Welt werden manche Aufgaben immer wichtiger: anderen bei der Lebensbewältigung zu helfen, überarbeitete Beschäftigte psychisch aufzubauen oder den Herausforderungen der wachsenden Zersplitterung der Zeit zu begegnen. Die Fähigkeiten von Coaching und Betreuung gewinnen so in den nächsten beiden Jahrzehnten zunehmend an Bedeutung.

Der amerikanische Wirtschaftskommentator Robert Reich nennt diese Aufgaben »erkaufte Zuwendung« und beschreibt sie unter den fünf C: »Computing, Caring, Catering, Consulting, Coaching« – Computerbetreuung, Pflege, Bewirtung, Beratung, Coaching.[28] Matthias Horx fasst es treffend so: »Es gibt Menschen, die Duft-Design anbieten. Uns vorsingen. Gegen Bezahlung Ordnung auf dem Schreibtisch machen. Etwas vorlesen. Und in neuen Ritualformen begraben oder plastinieren.«[29]

Einige dieser Dienstleistungen werden virtuell erbracht werden. Wir können erwarten, dass eine Heerschar von Mikrounternehmern virtuelle persönliche Coachs entwickeln, die private und berufliche Avatare gestalten und steuern und dafür sorgen, dass persönliche »Marken« funktionieren. Und sie werden Ratschläge dazu erteilen, wie sich besonders funktionsfähige persönliche und berufliche Netzwerke aufbauen lassen. Auch kann man sich darauf gefasst machen, dass virtuelle und reale Dienstleister den Herausforderungen einer zersplitterten Welt begegnen: Virtuelle »Wust-Organisatoren« werden helfen, komplexe elektronische Leben zu organisieren, E-Mails zu bewältigen, Daten zu speichern und Identitäten zu managen. Und im Narrowcasting werden Spezialisten Werbe- und andere Inhalte zielgruppengenau aufarbeiten.[30]

Wie die neuen Kreativen sind diese Dienstleister der »Zuwendung« ein wesentliches Ergebnis der Lebens- und Arbeitswelten, die sich in den kommenden Jahrzehnten herausbilden werden. Ihre Arbeit ist mit dem Prinzip verknüpft, dass bis 2025 viele eher auf fruchtbaren Erfahrungen als auf unersättlichen Konsum setzen, denn häufig sind sie es, die diese Erfahrungen bereitstellen. Am oberen Ende sind es individuell entwickelte, maßgeschneiderte und einzigartige Erfahrungen und Erlebnisse, die eigens für den Kunden kreiert werden. Diese Dienstleister werden dabei helfen, den schmalen Grat zu finden, der narzisstische Selbstdarstellung von einer differenzierteren Präsentation und Kennzeichnung seiner selbst trennt. Sie werden an der Entwicklung persönlicher Blogs arbeiten, dafür sorgen, dass Fotografien und Avatare realistisch sind, aber mehr noch Lebensläufe gestalten und Menschen wie Amon und Rohan darin unterstützen, sich durch einen weltweiten Arbeitsmarkt zu navigieren. Sie werden großes Theater empfehlen, erlebnisreiche Sabbatjahre gestalten und durch Haarschnitte, Massagen und Fitness markante Persönlichkeiten entwickeln helfen.

Absehbar ist ebenso, dass ein Schwerpunkt dieser betreuenden Aufgaben auf dem Wohlergehen von Familien liegen wird. Auch wenn die Familien kleiner werden und häufiger zusammengewürfelt und zersplittert sind, kann man bei den Eltern der Generationen Y und Z ein starkes Bedürfnis voraussetzen, für ihre Kinder das Beste zu tun und ihre Familien möglichst gut zu fördern. Vorrang haben dann betreuende und erziehende Dienstleistungen, die Anregungen geben und allgemein für mehr Wohlergehen und Glück sorgen.

Wo werden diese betreuenden und coachenden Arbeitsstellen angesiedelt sein? Natürlich überall da, wo die Klienten sind. Wenn die kreative Klasse Cluster bildet, siedeln sich an den betreffenden Standorten auch Dienstleister an, die persönliche Betreuung und Fürsorge anbieten. Auch können wir erwarten, dass diese vornehmlich in den Kur- und Wellness-Regionen der Welt arbeiten werden.

Wie wir bei der dritten Neuorientierung noch sehen, könnten die zuwendenden und betreuenden Klassen durchaus das Rückgrat des regenerativen Umfeldes bilden, das für das Wohlergehen der Erwerbstätigen um 2025 entscheidend sein wird.

Abschließend ein Hinweis zur Arbeitsmigration: In der Vergangenheit wurden viele betreuende und pflegende Dienstleistungen von Migranten erbracht. So exportierten 2009 die Philippinen 95 000 Haushälterinnen und Kindermädchen in die entwickelte Welt. In Großbritannien arbeiteten die Krankenhäuser mit einem hohen Anteil an Pflegepersonal aus Afrika. Wir können erwarten, dass die Migration von Betreuenden und Pflegenden mit der Entstehung neuer Arbeitsmärkte zunehmen wird. So strömten nach dem Beitritt Polens 2006 zur Europäischen Union in zwei Jahren 265 000 Polen zum Leben und Arbeiten nach London.[31] Beschäftigung fanden sie typischerweise in Handwerk, Betreuung und Pflege: Sie putzten, malten und sanierten heruntergekommene Londoner Wohnhäuser oder betreuten die Kinder und Alten der viel beschäftigten Familien in der Stadt.

Und setzen Sie auf das, was Ihnen Spaß macht

Hier liegt mein Dilemma. Ausgangspunkt dieser Erkundungsfahrt in die Zukunft der Arbeit war ein Gespräch mit meinen Söhnen beim Frühstück. Christian wollte Journalist werden, Dominic Medizin studieren. Im Rückblick auf die vorangegangene Erörterung kann man wohl mit Recht sagen:»Medizin ist gut. Ausgezeichnet, Dominic!« – »Journalismus ist schlecht, eine schlechte Wahl, Christian!« Ist Ihnen aufgefallen, dass reiner Journalismus unter den Spitzensektoren für 2025 nicht auftauchte? Das hat einen einfachen Grund: Die Anzahl der weltweit gelesenen gedruckten Zeitungen ist drastisch gesunken. Online-Inhalte sind in der großen Mehrheit gratis verfügbar, auch wenn dies wahrscheinlich nicht so bleiben wird. Zudem konkurrieren Blogger mit Millionen anderer, die ebenfalls irgendwie kritzeln können.

Was also sage ich meinem Sohn Christian, wenn sein Herz am Journalismus hängt? Natürlich sage ich nichts. Er ist von seiner Entscheidung so überzeugt, dass ihm meine Meinung dazu wenig nützt. Ebenso klar ist, dass es weitaus wichtiger ist, einen Beruf zu wählen, den man liebt, als Wünsche von Eltern zu erfüllen. Man denke nur an all die Anwälte, Buchhalter und Bankkaufleute im Bekanntenkreis, denen man in die Berufswahl hineingeredet hat und die ihre Entscheidung bereuen. Hier aber liegt die Einschränkung: Klugerweise setzt man für die Zukunft auf das, was man liebt, tut es aber mit Weitblick. So wird Christian beispielsweise erkennen müssen, dass er es in diesem Beruf kaum zu Wohlstand bringen wird und er unglaublich hart arbeiten muss, um in der Kakofonie des Internets seiner Stimme Gehör zu verschaffen. Zudem wird er sicher irgendwann in einen ähnlichen Bereich überwechseln und sich im Verlauf seines Arbeitslebens in einem ganz anderen Bereich komplett neu aufstellen müssen.

Die Wende in die Zukunft schaffen heißt vor allem, Entscheidungen, Kompromisse und deren Konsequenzen verstehen. Man kann zwar die fünf Faktoren der Zukunft analysieren und Prognosen aufstellen, welche Laufbahnen und Fachkenntnisse am zukunftsträchtigsten sein werden. Aber auch wenn es sinnvoll ist, fundiert Annahmen zur Zukunft zu treffen (wie ich es getan habe), so bleiben sie immer nur Annahmen. Da sich die Zukunft nicht mit großer Zuverlässigkeit vorhersagen lässt, ist man klug beraten, wenn man auf das setzt, was man liebt und was einen begeistert. Und noch mehr: Wenn Sie wirklich bis ins 70. Lebensjahr arbeiten wollen, suchen Sie sich eine Arbeit, die Ihnen wirklich Spaß macht. Aber wir werden noch sehen: Wenn Ihre Entscheidung gefallen ist, können Sie es sich nicht mehr leisten, zu dilettieren oder sich als Generalist zu verzetteln. Sie müssen vielmehr meisterhafte Beherrschung entwickeln.

Woher wissen Sie, was Ihnen Spaß macht? Ich glaube, dass man eine Arbeit vor allem dann liebt, wenn sie einem sinnvoll erscheint und man sie fachlich gut beherrscht. Wie soll man eine Arbeit lieben, die unsinnig erscheint oder bei der man das Gefühl hat, sie nie richtig gut erledigen zu können. Sinn ist eine sehr persönliche Wahrnehmung. So begeistert sich mein Sohn Christian deswegen für den Journalismus, weil er ihn für eine höchst wichtige Aufgabe hält. Andere mögen ihn ebenfalls für eine sinnvolle Tätigkeit halten, können sich für ihn aber nicht erwärmen, weil sie nicht glauben, die entsprechenden fachlichen Fähigkeiten erwerben zu können. Christian liebt den Journalismus, weil er Sinn in ihm sieht und er für seine Ergebnisse beim Schreiben und Recherchieren ausreichend positives Feedback bekommen hat. Ihm ist vollauf bewusst, dass seine Wahl schiefgehen könnte, aber hier kommen mögliche Wechsel und Weiterentwicklungen ins Spiel!

Auf das zu setzen, was einen begeistert, spielt in der künftigen Arbeitswelt eine wichtige Rolle. Wer für sich eine Tätigkeit findet, die er liebt, wird wahrscheinlich länger bei ihr bleiben und sie als sinnvoll erleben. Das wird immer wichtiger werden: Denn wie ich im Zusammenhang mit der dritten Neuorientierung vorhersage, werden wir einen Wandel weg vom Konsum und hin zu fruchtbaren Erfahrungen erleben. Bei dieser künftigen Wende rücken Spaßerlebnisse, Zeit mit anderen, Herausforderungen und die Arbeit am Sinn stärker in den Mittelpunkt. Wenn schöpferische Erfahrungen und Sinnstiftung Vergütung und Konsum als Hauptantrieb für Arbeit ablösen sollen, müssen Sie sich genau überlegen, welche Arbeitsstellen Sie annehmen und welche Kompetenzen Sie entwickeln.

Nach meiner Einschätzung werden Wissen, Kreativität und Innovation die künftige Basis sein, auf der viele entscheiden, wovon sie in Zukunft leben wollen. Und diese Entscheidung hängt von unseren instinktiven Haltungen und Einstellungen gegenüber Arbeit ab. Wenn wir unsere Tätigkeit hassen oder sie als unbedeutend oder sinnlos empfinden, können wir unmöglich kreativ sein. Wir können andere nicht betreuen oder für sie sorgen, wenn uns diese Art Arbeit langweilt oder eintönig erscheint. Wir können einen Arbeitsalltag natürlich trotzdem anständig hinter uns bringen, investieren dann aber nicht jene zusätzliche Energie, die in jede Arbeit, die man liebt, automatisch mit einfließt.

Sein Fach meisterhaft beherrschen

Ihre Zukunft dreht sich darum, ein Fachkönnen zu erwerben und zu erhalten. Dieses besteht aus einer Mischung aus gründlichen Kenntnissen und Fähigkeiten in einer Vielfalt einzelner Kompetenzbereiche. Ich erinnere an meinen 16-jährigen Sohn, der einen passablen

Aufsatz zur Vogelgrippe auf Universitätsniveau verfasst hat – in wenigen Stunden anhand von Wikipedia und einer eingehenden Beschäftigung mit verschiedenen Artikeln aus medizinischen Fachzeitschriften. Mir geht es hier darum, klarzumachen, dass diese oberflächlichen Fähigkeiten nicht den gleichen Wert besitzen wie gründliche, spezialisierte Kenntnisse. Denn überall auf der Welt haben viele zu den gleichen Informationen Zugang und können oberflächliche Kenntnisse erwerben.

In gewissem Sinn bedeutet dies eine Rückbesinnung auf das Konzept vom erlernten handwerklichen Können, das während der industriellen Revolution unterging. Wer sich auf einem Gebiet ein meisterhaftes Können aneignet, kann gelegentlich auch die Trennlinie zwischen Arbeit und Spiel überwinden. Wie ein Handwerker zu denken, wird in Zukunft wichtiger werden: Und wer innovativ und kreativ sein will, muss sich auch wie ein Kind dem Spielen hingeben können.

Denken wie ein Handwerker

Wenn ich an die Zukunft und den Grad an erforderlicher Spezialisierung denke, ziehe ich unwillkürlich den Vergleich zum mittelalterlichen Handwerker und dessen Erzeugnissen, die wir zum Teil heute noch bewundern. Durch die Mechanisierung der Arbeit während der industriellen Revolution ging ein großer Teil des traditionsreichen handwerklichen Könnens verloren: Die Handwerker wanderten in die Städte ab, arbeiteten in stark unterteilten Produktionsabläufen und wurden stärker austauschbar.

Die Handwerker des Mittelalters hatten ihre Fertigkeiten über Jahre hinweg immer stärker verfeinert. Wie sie lernten, lehrten und sich in Zünften organisierten, ist beispielhaft für einen Berufsstand und wirft interessante Fragen zur Zukunft Ihrer Arbeit auf.

Um ein Handwerk wie die Glasbläserei, die Töpferei oder die Vergoldung eines Stuhls zu erlernen, absolvierte der angehende Handwerker Lehrjahre, in denen er eine Tätigkeit immer und immer wiederholte. Mit ständigen Wiederholungen, aber an neuen Gegenständen entwickelte er sein Können weiter. Der Soziologe Richard Sennett[32] nannte diesen Zirkel »den Vorzug der wiederholten Praxis«. Durch wiederholtes Tun geht uns ein Können oder Wissen in Fleisch und Blut über. Wie Sennett bemerkte, erwerben Handwerker ihre gründlichen Fertigkeiten dadurch, dass sie andere beobachten und durch ständig neue Praxis ein »stilles« – unausgesprochenes und unkodifiziertes – Wissen tief in sich verankern. Dies wirft natürlich wichtige Fragen zur Zukunft auf, wenn unsere Zeit – wie an Jills Beispiel illustriert – immer stärker zersplittert und wir kaum noch Gelegenheit finden, uns nachhaltig auf eine Sache zu konzentrieren und andere zu beobachten. Dabei ist beides für ein gründliches Erlernen und die Entwicklung von Fähigkeiten entscheidend.

Die mittelalterlichen Handwerker lernten durch wiederholtes Tun und achteten zudem darauf, wo sie ihr Handwerk ausübten. Sie arbeiteten charakteristischerweise in Werkstätten nahe beieinander und wohnten in unmittelbarer Nähe ihres Arbeitsplatzes. Tatsächlich schliefen und aßen sie oft direkt an der Arbeitsstätte, oft sogar mit den Kindern, sodass Arbeit und Familienleben unmittelbar ineinander übergingen. In gewissem Sinn nimmt dies die Arbeit der Zukunft vorweg, die dank technischer Fortschritte und wegen der Notwendigkeit zur Verringerung des CO_2-Ausstoßes vermehrt im häuslichen Bereich stattfinden wird.

Die damaligen Werkstätten waren mehr als Orte gemeinsamer Arbeit. Sie bildeten den Kern des Systems der Zünfte, die als aktive Interessenvertretung des Handwerks und als dessen geistiges Kapital dienten, das dem Berufsstand seine wirtschaftliche Macht sicherte.[33]

Die Zünfte legten fest, nach welchen Regeln Lehrlinge ausgesucht und Meistertitel erworben wurden, ähnlich wie heute die Kammern in Fachbereichen wie Recht oder Medizin, die die berufsständische Selbstverwaltung und Qualitätssicherung übernehmen.

Hatte ein Anwärter die Aufnahme als Lehrling in die Zunft geschafft, absolvierte er in der Regel eine siebenjährige Lehrzeit, die häufig von den Eltern finanziert wurde. Nach dem erfolgreichen Aufstieg zum Gesellen arbeitete er fünf bis zehn Jahre weiter und konnte dann sein Können als Meister unter Beweis stellen. Ich gehe nicht davon aus, dass so lange Ausbildungszeiten in Zukunft notwendig sein werden, da technische Hilfsmittel und Medien für ein beschleunigtes Lernen sorgen. Allerdings sind Gedanken darüber interessant, was notwendig ist, um ein oberflächliches zu einem gründlichen Können weiterzuentwickeln und wie viel »stilles«, also verinnerlichtes Wissen dafür gebraucht wird.

Die ausgebildeten und etablierten Handwerker des Mittelalters traten nicht als isolierte Einzelunternehmer auf. Vielmehr bestimmte die Zunft über ihre Zulassung und ihren beruflichen Aufstieg und sicherte die Qualität ihrer Arbeit. Ein Ehrenkodex verpflichtete die Handwerker zum Erhalt ihres Rufs sowie zum Erwerb von Vertrauen und persönlichen Verdiensten. Als Teil ihrer Aufgabe legte die Zunft Regeln fest, nach denen sich ihre Redlichkeit bemaß. Und dies war entscheidend, denn der Wohlstand jedes Handwerkers hing letztlich davon ab, ob er sich einen Namen mit seinen Erzeugnissen machen konnte, die auf immer deutlichere Weise seinen persönlichen Stempel trugen. Hatte der Handwerker zu Beginn seiner Lehre die Arbeit des Meisters nachzuahmen versucht, so entwickelte er mit der Zeit in einem langwierigen Prozess allmählich eine persönliche Handschrift, an der andere sein Werk erkennen konnten.

Das mittelalterliche System des Handwerks verlor ab dem 18. Jahrhundert schrittweise an Bedeutung, weil Maschinen die traditionelle Glasbläserei oder die Töpferscheibe ablösten. Trotzdem lohnt es sich, darüber nachzudenken, was uns diese traditionellen Werdegänge, die auf den Erwerb eines meisterhaften handwerklichen Könnens abzielten, über die Zukunft sagen können. Für mich beinhaltet das mittelalterliche Handwerk für die Zukunft drei Lehren:

Erstens wird der Standort – wie von Richard Florida vertreten – für den Erwerb gründlicher Kenntnisse zusehends wichtig werden. Wie die Handwerker des Mittelalters wollen wir in der Nähe derer arbeiten, von denen wir lernen können. So wie der Erwerb gründlicher Kenntnisse immer bedeutender wird, so werden auch die Entscheidungen darüber, wo wir lernen und in welchen Gemeinschaften wir leben, immer wichtiger.

Zweitens hat die Technik zwar unsere Lernprozesse und den Erwerb von Wissen beschleunigt, doch deutet vieles darauf hin, dass gründliches Können nur zu erreichen ist, wenn in Übung, Ausbildung und Weiterentwicklung beträchtlich viel Zeit investiert wird. Möglicherweise müssen bis zu 50 Prozent der mit Arbeit verbrach-

ten Zeit faktisch auf Übung und die Weiterentwicklung von Fertigkeiten verwendet werden. Mit Blick auf absolute Zahlen deutet, wie
oben erwähnt, einiges darauf hin, dass zur Erlangung einer wirklich
meisterhaften Beherrschung auf einem Gebiet über 10 000 Stunden
Praxis erforderlich sind.[34]

Und schließlich erinnert das Beispiel der Handwerker daran, dass
persönliche Markenzeichen bei der Gestaltung von ausgefeiltem
Können eine entscheidende Rolle spielen. Wie wir noch sehen, wird
die schmale Gratwanderung zwischen Personal Branding – der
Markenbildung – und der Akzentsetzung auf der einen und der
Pflege eines reinen Narzissmus auf der anderen Seite immer bedeut-
samer werden. Parallelen beim Erwerb meisterhafter Beherrschung
sehen wir bei der Teilnahme in dem Mehrspieler-Online-Rollenspiel
World of Warcraft. In dieser virtuellen Welt reisen und leben Menschen in Gilden, wobei jeder Mitspieler in einem bestimmten Fachkönnen oder Handwerk Kompetenz erwirbt. Die Spieler konzentrieren und spezialisieren sich in einem Höchstmaß auf einen
bestimmten Bereich, in dem sie es schließlich zu meisterhaftem
Können bringen. Wie mittelalterliche Handwerker treten sie in Gilden ein und arbeiten mit anderen Mitgliedern zusammen, die auf
ganz anderen Gebieten versiert sind. Dies ermuntert zum Erwerb
von meisterhaftem Können auf einer Reihe von Gebieten, da sich die
jeweiligen Experten mit anderen aus verwandten und völlig fremden Kompetenzbereichen zusammentun. Wie in der realen Welt
werden die höchsten Niveaus an Können in Tausenden Stunden
Übung erreicht. Dazu muss man oft mindestens einmal pro Woche
24 Stunden am Tag durchspielen. Offenbar braucht der Aufbau von
Fähigkeiten in der virtuellen Spielwelt ebenso viel Geduld wie die
Entwicklung fassbarer Qualifikationen in der Realität. Diese Spieler
nutzen ein Spiel, um eine meisterhafte Beherrschung zu entwickeln.
Und wie wir sehen werden, kann die Bereitschaft, sich auf Spiele ein-
zulassen, in vielen Fachbereichen für den Erwerb eines meisterhaften Könnens entscheidend sein.

Spielen wie ein Kind

Die mittelalterlichen Handwerker wurden darauf gedrillt, ihre Meister zu imitieren und nach vielleicht 20 Jahren Arbeit eine eigene Handschrift zu entwickeln. Ihre Welt war nicht Innovation, sondern Imitation. Auch wenn die Strenge und Gründlichkeit der alten Handwerkerausbildung für uns vorbildlich sein kann, gilt es auch die Bedeutung von Innovation und Kreativität zu erkennen. Dazu müssen wir den Blick weg vom Handwerker hin auf das Kind lenken. Da Innovation und Kreativität zu Gütesiegeln hochwertiger Arbeit werden, müssen die Bedingungen unserer Arbeit so ausgelegt sein, dass auch kindliches Spiel und Kreativität gedeihen können.

Traditionell ging es bei der Verwaltung von Unternehmen betont um Rationalisierung und Beständigkeit. Spaß und Spiel wurden nicht völlig ausgemerzt, standen aber nicht im Zentrum der Arbeit. Wenn aber eine meisterhafte Beherrschung erlangt werden soll, die über reine Imitation hinausgeht, werden Spiel und Kreativität zusehends wichtiger. Arbeit wird zum Spiel, wenn wir Dinge tun, die wir gewöhnlich sein lassen, oder wenn wir andere, die wir normalerweise tun, plötzlich unterlassen; wenn wir Verhaltensweisen, die wir gewöhnlich kontrollieren, auf die Spitze treiben, und die Muster unseres gesellschaftlichen Alltagslebens auf den Kopf stellen. Meine Kollegen Charalampos (Babis) Mainemelis und Sarah Ronson nennen dies Verkehrung, Intensivierung, Übertretung und Abstinenz – die vier Kardinalpunkte für spielerisches und festlich ausgelassenes Verhalten.[35] Wir spielen, wenn wir unser Alltagsleben hinter uns lassen, von den gewöhnlichen Grenzen von Zeit und Raum befreit sind, uns frei und zwanglos fühlen, flexibel werden und die normalen Verbindungslinien, die wir zwischen den Mitteln (unserem Tun) und den Zwecken (dessen Ergebnis) ziehen, aus dem Auge verlieren. Anstatt Bedingungen oder Konsequenzen ist dies vielmehr der ureigene Stoff, aus dem das Spiel besteht.

Kreative wie Werbeagenten, Autoren, Designer, Planer und Sozialtheoretiker betreiben ihre Kreativität typischerweise mit Fantasie und Vorstellungskraft. Sportler wetteifern, Berater und Forscher erkunden, Mathematiker lösen Rätsel, und Therapeuten setzen zuweilen therapeutische Spiele ein. Keine dieser Berufsgruppen bringt es ohne Spiel zum Meister.[36] Damit Meisterschaft gelingt, braucht es die

Bereitschaft zum Spiel. Und Sie werden Ihr benötigtes meisterhaftes Können nur dann entwickeln, wenn Ihre Arbeit Sie begeistert, wenn Sie den Weg zur Meisterschaft lieben und sich herausgefordert fühlen.[37]

Das Spiel ist deshalb von zentraler Bedeutung, weil in ihm bisweilen Stücke von Verhalten zusammenfließen, die in der Arbeit normalerweise außen vor bleiben. Dazu gehört, Verbindungen außerhalb der gewöhnlichen Arbeitsbeziehungen zu knüpfen und mit anderen spielerisch mit verschiedenen Gedanken und Abläufen zu experimentieren. Wie wir an hinterer Stelle beim Thema der Ideenreichen Masse sehen werden, sind spielerische Interaktionen, gesellige Zusammenkünfte und Hobbys ein gutes Mittel, um solche großen Gruppen unter Strom zu halten.

Bei der Arbeit der Zukunft wird es immer mehr darum gehen, die Barrieren zwischen Beruf und Leben, zwischen Arbeit und Spiel niederzureißen. Der Sozialwissenschaftler, der an einem Samstagabend in die Oper, ins Theater oder ins Sportstadion geht, findet dort möglicherweise eine Fülle von Informationen oder Anregungen für seine Forschungen darüber, welche Rolle Gefühle in den Interaktionen von Arbeitsgruppen spielen. Bei einem Abend in einem Restaurant mit Freunden kann ein Innenausstatter Ideen und Einsichten gewinnen, wie man so einen Betrieb am besten einrichtet. Der kreative Geist stellt seine Arbeit am Ende des Tages nicht ein. Vielmehr überschreitet und durchbricht er die Grenzen zwischen »Arbeit« und »Freizeit«.[38]

Dies hat übrigens bereits Karl Marx völlig erkannt. So stellte Marx fest, dass die Arbeitsteilung, die die industrielle Revolution begleitete, die Interessen der Arbeiter von denen der Gemeinschaft abkoppelte und die Arbeiter so zu passiven Konsumenten degradierte. Für Marx sollte Arbeit anders aussehen. Im Zentrum seines Denkens stand ein festes Konzept von sinnvoller Arbeit als ein Prozess aktiver Selbstverwirklichung, im Gegensatz zu passiver Produktion und Konsum.[39] Im Rückgriff auf die Arbeitstheorie des Wertes, die an prominentester Stelle von Adam Smith und David Ricardo vertreten wurde, verfocht Marx einen Begriff des Wertes, der da entsteht, wo der Mensch Arbeit an einem Objekt ausübt, und definierte Arbeit somit als einen von Natur aus kreativen Prozess. Für Marx ziehen Menschen Sinn aus ihrer beachteten Kreativität und aus einem

Zusammenwirken mit ihrer Umwelt, das greifbare Verbesserungen und Werte schafft.

Nach seiner Überzeugung riss die Zersplitterung der Arbeitsabläufe und die Konzentration der Arbeiter auf ein einzelnes Detail im übergeordneten Produktionsprozess eine Kluft zwischen Produktion und Produkt, zwischen Schöpfung und geschaffenen Ding auf. In dem bürokratischen Produktionsprozess, der ab der industriellen Revolution in Erscheinung trat, ist Arbeit als Prozess der Selbstverwirklichung nicht mehr erkennbar. Die meisten von uns sind vom Produkt unserer Arbeit entfremdet und schaffen stattdessen einen Wert, den wir – über die monetäre Vergütung – nur indirekt erfahren. Deshalb definieren wir unseren Wert und den unserer Arbeit immer weniger danach, wie viel wir erzeugen, und stattdessen immer stärker nach Höhe unserer Bezahlung. Die enge Beziehung zwischen Wert und Arbeit, die unser Berufsleben mit Sinn erfüllt, verschwindet so in der Versenkung.

Wie Marx befasste sich auch der Philosoph Jean-Paul Sartre begeistert mit dem Thema der Arbeit als einem sinnstiftenden Unternehmen. Dabei interessierte er sich für die Authentizität und die Individualität.[40] Für unser Berufsleben wichtig und authentisch ist demnach die tief greifende Erfahrung, die zu einer meisterhaften Beherrschung führt. Authentizität und Individualität müssen verdient, nicht nur erlernt werden. Nach Sartre definieren wir uns durch unsere Interaktionen beständig selbst und treffen mit ihnen Entscheidungen darüber, wie wir uns neu definieren. Der Mensch ist nur die Summe seiner Taten, also hängt ein sinnvolles Leben von sinnvoller Arbeit ab. In ihren Schriften machen Marx und Sartre deutlich: Wenn wir den Arbeitsplatz als etwas vom Reich der Freude und des Sinns Verschiedenes akzeptieren, verwässert ein Teil unseres Wesens durch mechanische Wiederholung. Und damit verlieren wir unsere Authentizität.

Sich durch Wechsel und Weiterentwicklung breiter aufstellen

Wenn Sie sich über lange Zeiträume meisterhafte Fähigkeiten aneignen, setze Sie sich der Gefahr aus, sich zu sehr einzuengen und schließlich zu erstarren. Aber wertvoll sein wird in der Zukunft die Fähigkeit, verschiedene Bereiche gründlicher Beherrschung wertschöpfend miteinander zu kombinieren. Diese Kombination kann auf zweierlei Weise erfolgen.

Die Kombination aus gründlich ausgebildeten Fähigkeiten kann anstatt im eigenen Kompetenzbereich auch aus den Fähigkeiten im eigenen Netzwerk erfolgen. So kann eine große breit gefächerte Masse eine Vielfalt an Ideen und Erkenntnissen bereitstellen. Zu diesem Gedanken kehren wir im Zusammenhang mit der nächsten Neuorientierung zurück – wenn wir die Ideenreiche Masse und die Gestaltung eines Grenzen überwindenden Netzwerkes behandeln.

Auch kann man eine Kombination aus gründlich ausgebildeten Fähigkeiten erwerben, indem man sich selbst in mehr als nur einem Bereich weiterentwickelt. Eine allzu starke Verengung lässt sich sicher dadurch vermeiden, dass man in verwandte Meistergebiete überwechselt und sich selbst in der Weiterentwicklung neu erfindet. Wechsel und Weiterentwicklungen finden statt, wenn man auf einem Spezialgebiet gründliches Wissen, Erkenntnisse und Fähigkeiten erwirbt und diese dann in einem benachbarten Bereich einsetzt; oder wenn man eine Kompetenz, die man beherrschte, aber verloren hat, für sich wiederentdeckt.

Meine Freundin Herminia Ibarra hat sich mit Menschen befasst, die so eine Art Karrierewandel durchmachen.[41] An ihre Forschungsarbeit erinnert wurde ich, als ich mit mehreren Frauen vor einem Forum des Women in Business Club der London Business School einen Vortrag halten sollte. Das Forum trug den Titel »Noch nicht ausgetretene Pfade«. Die Diskussionsteilnehmerinnen waren Frauen, die Meisterinnen in Serie geworden waren. Für mich waren sie brillante Illustrationen der Kraft, die im Wandel steckt, um zukunftssichere Laufbahnen aufzubauen. Ihre Werdegänge sahen so aus:

Von der Unternehmensberaterin zur Dokumentarfilmerin und Aktivistin

Lorella Zanardo startete ihr Berufsleben in Italien nach einem Abschluss im Studienfach Zeitgenössisches Englisches Theater, für das sie sich sehr begeistert hatte. Sie trat in eine große Firma für Unternehmensberatung ein, arbeitete einen Großteil ihres Berufslebens als Beraterin und wurde Meisterin darin, Berichte zu verfassen, Kunden an ihr Unternehmen zu binden und Geschäfte zu analysieren. Gegen Mitte ihres Berufslebens ärgerte sich sie immer mehr über die Art und Weise, wie die italienischen Medien Frauen darstellten, und beschloss mit Freundinnen, einen Dokumentarfilm darüber zu drehen. Das Ergebnis wurde ein gewaltiger Hit: Unter dem Titel *Il Corpo delle Donne*[42] wurde der Film von über einer Million Zuschauern begutachtet und löste hitzige Debatten darüber aus, welches Frauenbild in den italienischen Medien vorherrschte.

Lorella hatte langfristig Zeit und Energie in ihre Schulung zur Unternehmensberaterin investiert. Als ihr die Darstellungsweisen von Frauen im italienischen Fernsehen stärker ins Bewusstsein rückten, entdeckte sie ihre einstige Liebe zum Theater wieder. Sie zog sich schrittweise aus ihrer angestammten Tätigkeit zurück und investierte immer mehr Zeit in die Bereiche Film und Dokumentation. Sie entwickelte sich so weiter, wie es Herminia Ibarra an klassischen Beispielen für Wenden in der Karriere beobachtet hatte. Sie bahnte sich aktiv den Weg in ein neues Denken, anstatt sich einen Weg auszudenken, um zu einem neuen Handeln zu kommen. Lorella wuchs in ein neues Gebiet gründlichen Könnens hinein, indem sie sich der neuen Welt schrittweise aussetzte, neue Beziehungen knüpfte und in neue Rollen schlüpfte. Allmählich fasste sie Optionen für eine neue Zukunft ins Auge, die sie dann ausprobierte. Grundlage ihrer Weiterentwicklung war hier eher ein Handeln als ein Denken.

Von der Führungskraft zur Autorin und zum Coach

Mireille Guiliano verbrachte den Großteil ihres Berufslebens in der französischen Wirtschaft und endete als Führungskraft bei LVMH, einem weltweiten Branchenführer der Luxusindustrie. Auf Geschäftsreisen rund um den Globus fiel ihr auf, dass Frauen außerhalb Frankreichs häufig wenig Selbstvertrauen hatten und sich in ihrer Haut unwohl fühlten. Daraufhin schrieb sie ein Buch über ein Gespür für das *Savoir-faire*, das sichere gesellschaftliche Auftreten der Pariserinnen. Es verkaufte sich weltweit millionenfach. Inzwischen arbeitet Mireille an einem vierten Buch.

Wie viele der gewandelten Existenzen, die Herminia Ibarra beobachtet hatte, musste Mireille erst einmal eine neue Welt erkunden und hing gewissermaßen zwischen verschiedenen Identitäten, während sie auslotete, ob sie sich von der Führungskraft zur Autorin weiterentwickeln konnte. Wie viele empfand sie dieses Leben zwischen zwei Welten, dieses Hin-und-her-Pendeln zwischen ihren althergebrachten Aufgaben und einem möglichen Selbst, das sich am fernen Horizont abzeichnete, als ziemlich anstrengend. In dieses neue Ich investierte sie irgendwann immer mehr Zeit und Energie. Wie Lorella zog sie bei ihrer Weiterentwicklung Energie unter anderem aus dem Gefühl, dass sie ihr Tun und ihr neues Selbstverständnis so besser zur Deckung bringen konnte.

Von der Börsenmaklerin zur Personalchefin und Komikerin

Heather McGregor trat nach ihrem Abschluss in Betriebswirtschaft an der London Business School als Börsenmaklerin in einen Bankenkonzern ein und brachte es zu einer der am höchsten dotierten Maklerinnen in diesem Geschäft. Nachdem sie auf ihrem Gebiet meisterhafte Beherrschung erworben hatte, wandte sie sich dem Aufbau eines eigenen Geschäfts zu. Gleichzeitig feilte sie an ihren Fähigkeiten als Autorin und schrieb für die Samstagsausgabe der *Financial Times* die berüchtigte Kolumne »Mrs. Moneypenny«. 2010 vollzog sie einen weiteren Wechsel – mit der Vorbereitung eines Komödienbeitrags für das Theatersommerfestival in Edinburgh.

Dies sind Meisterinnen in Serie: Sie verfügen über einen Kern an besonders wertvollen Fähigkeiten in Bereichen, die sie begeistern (Analyse, Schreiben, Kreativität oder Geschäftssinn), und haben um diesen Kern untergegangene Leidenschaften wiederentdeckt (Lorellas Begeisterung fürs Kreative), frühere Ideen auf meisterhafte Weise umgesetzt (Mireilles Beobachtung zu Pariserinnen) oder sich auf ganz neue Pfade begeben (so Heathers Entdeckung, dass sie satirisches Talent besitzt). Diese Neuerfindung hat die einzelnen Schichten ihres Lebens durchdrungen. Obwohl es, äußerlich betrachtet, so aussieht, als hätten sie Brüche vollzogen (Beraterin zur Dokumentarfilmemacherin, Maklerin zur Komödienschreiberin), spiegelt sich in diesem Wandel häufig eine tiefer liegende Kontinuität wider.

Die Regeln des Wandels

Ich glaube, dass beruflicher Wandel mit Blick auf die Zukunft der Arbeit immer wichtiger wird. Herminia Ibarra hat solche Personen, die sich weiterentwickelt haben, studiert und zeigt uns, wie wir aktiv beide Notwendigkeiten unter einen Hut bringen können: uns einerseits zu spezialisieren und uns andererseits angesichts veränderter Bedingungen in andere Richtungen weiterzuentwickeln.

Erstens: Verzichten Sie lieber auf den sofortigen großen Sprung ins Unbekannte. Machen Sie lieber Experimente, die Ihnen deutlicher vor Augen führen, welche Chancen Sie haben. Mireille schrieb zunächst einige Artikel für Lokalzeitungen und wartete die Reaktion darauf ab. Manche Experimente erfolgen unbeabsichtigt, andere dagegen vorsätzlich und planvoll. Einige bieten die Chance, neue Möglichkeiten zu erkunden, während andere nur bestehende Vermutungen bestätigen. Oft verlaufen solche Experimente spielerisch: So schrieb Heather ein Stück für das Sommerfestival in Edinburgh über ihr Leben als Kolumnistin.

Zweitens: Um die Möglichkeiten für einen Wandel zu erkennen, schaffen Sie sich ein vielschichtiges Netzwerk aus Menschen, die anders sind als Sie: die Ideenreiche Masse. Ein solches Netzwerk versorgt Sie nicht nur mit Ideen und Einsichten, es dient auch als eine wichtige Vergleichsbasis. So hatte Lorella zu ihren Kommilitoninnen im Studienfach Zeitgenössisches Englisches Theater Kontakt gehalten. Während sie in der Unternehmensberatung Karriere machte, bauten sich andere eine Laufbahn im Theater- und Filmwesen auf. So konnte sie treffsicherer beurteilen, ob eine solche Existenz auch für sie tragfähig sein konnte – anhand des kritischen Vergleichs mit den ehemaligen Kommilitoninnen. Wenn Sie sich auf einem neuen Gebiet zu entwickeln beginnen, lassen Sie sich auf Experimente ein und erwerben neuartige Fähigkeiten. Und zudem setzen Sie bei Ihren Kontakten neue Schwerpunkte. Dass ein Wandel in Isolation klappt, können Sie nicht erwarten. Stattdessen ist wichtig, dass Sie sich Leute suchen, die Ihnen beim Erkennen von Möglichkeiten helfen. So können Sie Ihr nächstes Selbst aufbauen: durch Beobachtung und Nacheifern von Menschen, die Sie bewundern. Dies ist wichtig, denn eine neue Bezugsgruppe verkörpert einige der Werte, Normen, Haltungen und Erwartungen, die einen Teil Ihrer neuen Identität bilden werden. Mit der Zeit wird Ihre neue Bezugsgruppe zu einer wichtigen »Praxisgemeinschaft« werden.

Drittens und letztens: Die meisten, die sich beruflich verändern, starten mit kleinen Projekten nebenher, während sie weiter in Vollzeit ihrem Hauptberuf nachgehen, um sich so allmählich in andere Bereiche vorzutasten. Andere reduzieren ihre Arbeitszeit, um externe Aufträge zu erfüllen, Beratertätigkeiten auszuüben oder einem Zweitjob nachzugehen, in dem sie dann neue Fähigkeiten erwerben. Man muss breit sein, »nochmals die Schulbank zu drücken«, um auf einem neuen Gebiet Übung zu bekommen und Erfahrungen zu sammeln. Schon beim Experimentieren kann man neue Fähigkeiten entwickeln. So begann auch John im geschilderten Zukunftsszenario als Berater für die Dörfer in Bangladesch ganz neue Kenntnisse zu erwerben, während er weiterhin für seine Vertriebsfirma arbeitete.

Wenn Sie in ein anderes Interessengebiet hineinwachsen wollen, müssen Sie sich Zeit lassen. Herminia gebraucht hier den französischen Ausdruck *reculer pour mieux sauter:* »Anlauf nehmen«. Wenn Sie einen Wandel vollziehen wollen, ist wichtig, dass Sie sich die Zeit lassen, über Ihre getroffenen Entscheidungen nachzudenken. Schon wenig Zeit kann wichtig sein, wenn Sie den Rahmen des Vergangenen sprengen und einen neuen für eine mögliche Zukunft abstecken wollen.

Selbstvermarktung: Referenzen schaffen und gestalten

Was hilft Ihnen dabei, sich aus einer Masse herauszuheben, die jede Minute globaler und fachkundiger wird? Erste Erkenntnisse dazu habe ich gewonnen, als mein Freund, der indische Wirtschaftswissenschaftler Sumantra Ghoshal, und ich vor Jahren besonders erfolgreiche Unternehmen unter die Lupe nahmen. Wie wir feststellten, waren sie hauptsächlich in Bereichen aktiv, die sie mit ihrem gesamten Sektor teilten. Sie imitierten nur die besten Methoden der anderen. Aber zudem zeichnete ihre Praxis auch immer etwas Besonderes und Einzigartiges aus, das wir den »Signaturprozess« nannten. Mit ihm hoben sie sich aus der Masse heraus: mit einer besonderen Art der Zusammenarbeit der Führungskräfte auf Besprechungen, mit einem besonderen Verfahren bei der Auswahl neuer Mitarbeiter, einer besonderen Struktur oder ganz eigenen Entscheidungsprozessen. Das Wichtige daran: Diese »Signatur« war für das Unternehmen einzigartig und brachte ihm einen besonderen Nutzen.[43]

Das Gleiche gilt bei den Marken von Verbrauchsgütern: Die erfolgreichsten setzten ebenfalls darauf, ihre eigene besondere Signatur zu erstellen, die sie von anderen Marken unterschied. Youngme Moon[44], Professorin für Marketing, nennt dies »feindliche Marken« in dem Sinn, dass sie sich aus dem umgebenden Einerlei herausheben, indem sie sich unnahbar und nur für Kenner gemacht geben. Moon verweist auf den Mini Cooper, einen der kleinsten Pkws auf dem US-Markt, der bei der Markteinführung mit einem Plakat mit einer einzigen Zeile beworben wurde: »XXL XL L M S MINI«. In einer späteren Werbung tauchte ein Mini auf dem Dach einer Geländelimousine auf. Diese Marke war bereit, vorherrschende Erwartungen zu sprengen.

In einem Massenmarkt muss das Unterscheidende, Einzigartige – die Signatur – klar hervorgehoben werden, und dies gilt für Konzerne und Marken ebenso wie für individuelle Fähigkeiten und Kompetenzen. Es ist abzusehen, dass der Markt für Talente immer stärker umkämpft sein wird, weil immer mehr Menschen überall auf der Welt Chancen bekommen, ihre Fähigkeiten zu entfalten. Auch

Sie werden immer stärker gefordert sein, sich mit Referenzen ein scharfkantiges Profil zu schaffen und an diesem immer weiter zu feilen. Die wichtige Frage lautet, wie Sie dies bewerkstelligen. Wie wir gesehen haben, kann man davon ausgehen, dass der Anteil der Beschäftigten, die in traditioneller Manier nur für ein Unternehmen Vollzeit arbeiten, schrumpfen wird. Die neu entstehenden ungebundenen, auf einem reichen Wissen basierenden, dynamischen und projektbezogenen Aufgaben der Zukunft verheißen klar mehr Erfüllung. Aber sie verlangen eine zersplitterte Vielfalt an Fertigkeiten in Kompetenzbereichen, die sich rasch verändern und die zudem von vielen beherrscht werden. Dadurch droht der Einzelne in der Masse unterzugehen. Nehmen wir das Beispiel Amons, der bei sich zu Hause in Kairo an Projekten mit Menschen arbeitet, denen er nie persönlich begegnet ist. Und in die beteiligten Unternehmen hat er auch noch nie einen Fuß gesetzt. Amon ist nahezu unsichtbar. Jill, die einen Vertrag für eine Dreitagewoche in einer Firma hat, ist nur ein klein wenig sichtbarer. Im Unternehmen weiß man natürlich, dass sie dort beschäftigt ist, wer sie ist und woran sie arbeitet. Aber kennt man auch ihr Potenzial? Die Fähigkeiten und Kenntnisse, die sie in anderen Bereichen erworben hat? Weiß man wirklich, was sie für das Unternehmen leisten könnte?

Das Problem der Unsichtbarkeit

Wir müssen nicht bis ins Wirtschaftsleben der 1990er-Jahre zurückblenden, um zu erkennen, dass das Problem der Unsichtbarkeit immer stärker um sich greift. Schon ein Rückblick ins Jahr 2009 lässt ahnen, wie Unsichtbarkeit entstehen kann.

Stellen Sie sich für einen Augenblick vor, Sie seien im Jahr 2009 als Angestellter im mittleren Management in ein großes Unternehmen eingetreten, zum Beispiel in den Mars-Konzern im US-Hauptquartier in Hackettstown, New Jersey. Vielleicht haben Sie die Stelle auch deshalb angenommen, weil der Hauptsitz von Mars Chocolate kürzlich renoviert wurde. Sie waren überwältigt von dem großen Solarpark oder den offen angelegten Büro- und Konferenzräumen. Gelockt haben Sie vielleicht auch das Vergütungspaket und die Tätigkeitsbereiche der Stelle. Aber etwas anderes, das Ihnen der Job ebenfalls brachte, haben Sie damals gar nicht bemerkt: Sichtbarkeit.

Tatsächlich besteht das wertvollste Gut an dieser Arbeit darin, dass Sie sichtbar sind, sogar in höchstem Maße. Als Sie die Stelle in der Konzernzentrale antreten, gibt alles um Sie herum Hinweise darauf, wer Sie eigentlich sind. Ihre weithin kommunizierte Einstufung und die Bezeichnung Ihrer Stelle verraten, welche Referenzen und Erfahrung Sie mitbringen. Die Größe Ihres Büros und die Marke Ihres Firmenwagens zeigen jedem an, auf welcher Stufe der Hackordnung Sie stehen. Das Gehalt, der Titel, die Bürogröße und die Wagenmarke verraten allesamt auf subtile Weise, wie viel Macht Sie besitzen. Und dies beeinflusst wiederum, wen Sie in den nächsten Monaten kennenlernen werden. Und das betrifft nicht nur die Mitarbeiter im Büro. Ihre Teilnahme an Schulungsprogrammen des Konzerns an den angesehenen Wirtschaftsfakultäten der Welt signalisiert den Managern anderer Unternehmen sogleich Ihren Status. Ihre weithin beachteten Firmenreferenzen sind ein erster Anknüpfungspunkt, über den Sie Kontakte zu anderen Teilnehmern aufnehmen, die Ihnen irgendwann in der Zukunft nützlich sein könnten.

Und Ihre Referenzen kommen nicht nur in Ihrer Stellenbezeichnung, der Größe Ihres Büros, der Marke Ihres Firmenwagens und Ihren Managerschulungen deutlich zum Ausdruck. Damit nichts vergessen wird, ist im ausgeklügelten System der Personalabteilung von Mars alles gespeichert. Hier liegen in digitaler Form Ihre Referenzen bereit: die Daten zu Ihrem Vorstellungsgespräch, zur Punktezahl Ihrer Leistungsbeurteilungen, Ihre Bewertung durch Kollegen, Ihre Position auf der Beförderungsliste, Ihre Beurteilung zu Ihren gegenwärtigen und wahrscheinlich künftigen Leistungen sowie zu Ihrem Potenzial. Auf dieser Grundlage kann sich jede Führungskraft jederzeit und überall auf der Welt bequem ein Bild davon machen, wer Sie sind. Bei Mars – und faktisch in jedem beliebigen Unternehmen – sind Sie immer sichtbar. Der Konzern hat weder Zeit noch Mühe gescheut, um für Sie Referenzen zu sammeln, festzuhalten, was Sie über die Jahre gebracht haben, und sogar vorherzusagen, wie Sie sich nach Meinung der Chefs in Zukunft weiterentwickeln müssen. Sie mussten zur Zusammenstellung Ihrer

Referenzen wenig beitragen. Der Konzern hat fast alles für Sie erledigt.

Aber hier liegt der Haken. In den kommenden Jahrzehnten werden Sie sich immer weniger darauf verlassen können, dass ein Unternehmen Sie sichtbar macht und für Sie Referenzen erstellt. Das liegt teils daran, dass sich das künftige Arbeitsleben mit lockereren Bindungen an Unternehmen abspielen wird. Vielleicht arbeiten Sie wie Amon an verschiedenen Projekten, zu denen Sie über Unterverträge von unterschiedlichen Auftraggebern verpflichtet wurden. Oder Sie könnten wie Jill nur einige Tage pro Woche arbeiten. Oder wie Xui Li als Mikrounternehmer irgendwo in dem wirtschaftlichen Ökosystem tätig werden, das ein Großunternehmen umgibt. Und selbst diejenigen, die noch für ein Unternehmen Vollzeit arbeiten, dürften ganz andere Verhältnisse vorfinden als die bei Mars im Jahr 2009. Da die Unternehmensstrukturen flacher und weniger hierarchisch aufgebaut sein werden, werden weniger wohlklingende Stellenbezeichnungen gehobenen Status signalisieren. Auch werden Sie aus Gründen der CO_2-Reduktion eher von zu Hause als vom Büro aus wirken und eher mit dem Zug als mit einem protzigen Firmenwagen reisen. Und bei der Arbeit sind Sie die meiste Zeit mit Projekten beschäftigt, bei denen der Chef häufig wechselt und Sie wahrscheinlich ebenso oft mit externen wie mit internen Mitarbeitern zusammenarbeiten. Als Konsequenz sind die althergebrachten Attribute, die Sie sichtbar machten, möglicherweise verschwunden.

Das bedeutet: Da Sie für mehrere Unternehmen auf einer lockereren und flexibleren Basis arbeiten, müssen Sie mit anderen Methoden auf sich aufmerksam machen, um in einer Welt der Unsichtbaren besser in Erscheinung zu treten. Dazu gibt es drei wichtige Wege. Erstens können Sie für sich eine Marke oder eine Signatur als persönliches Erkennungszeichen entwickeln und aktiv an Ihrer Reputation arbeiten. Zweitens können Sie sich nach dem Beispiel von Berufsgruppen wie Anwälten oder Ärzten eine berufsständische Vertretung oder eine »virtuelle Zunft« aufbauen, wie ich sie genannt habe. Und drittens können Sie sich Tatkraft und Engagement bewahren, indem Sie auf eine Laufbahn entsprechend der »Glockenspielkurve« setzen, die ein reichhaltiges Berufsleben aus mehreren Mosaiksteinen ergibt.

Markenzeichen und Signaturen kreieren

Ich verwahre meine Lieblingsbücher in meinem Arbeitszimmer in einem schönen Bücherregal. Eher klein, ist es aus handgeschnitztem abgelagertem Eichenholz gefertigt. Der flüchtige Betrachter übersieht an ihm leicht ein interessantes Detail. Auf der linken Seite, direkt über einem Brett, sitzt eine kleine geschnitzte Maus. Eine meiner Freundinnen besitzt sechs ebenso schöne Esszimmerstühle, ebenfalls aus abgelagerter Eiche. Auf einem Bein an ihrer linken Seite entdeckt man die gleiche Schnitzerei. Jedem Liebhaber solcher Eichenmöbel signalisiert dieser kleine Nager eines: dass der Esszimmertisch, der Stuhl, das Regal oder der Geschirrschrank aus der Werkstatt des Meistertischlers Robert Thompson stammt.[45] Seit 1919 stellen Generationen von Handwerkern diese schönen Möbel aus abgelagerter Eiche her – mit einer geschnitzten Maus als unverkennbarem Markenzeichen.

Handwerksmeister, Programmierer, Physiker und Filmemacher

Aber nicht nur Schreinermeister kennzeichnen ihr Produkt mit einer Marke. Eines der Wunder der frühen Blütezeit des Internets war die Schöpfung von Linux, eines außergewöhnlichen Beispiels für Open-Source-Software. Geschaffen wurde es von ehrenamtlichen Programmierern, die diese Gratissoftware noch heute weiterentwickeln und weiterverbreiten. Tatsächlich wären zur Entwicklung der 30 Millionen Programmzeilen des Linux-Codes von 2001 8000 Jahre Arbeit eines Einzelnen notwendig gewesen.[46] Ihre Tausende von ehrenamtlichen Programmierern arbeiten in einem Basar[47] zusammen, wie es Eric Raymond genannt hat. Auf ihm wird Software über das Internet sozusagen vor den Augen aller entwickelt. Diese erstmals von Linus Torvalds, dem Leiter des Linux-Projekts, ersonnene Entwicklung steht im Gegensatz zu dem Kathedralen-Modell, bei dem der Quellcode während einer Software-Entwicklung nur einem beschränkten Kreis von Entwicklern zugänglich ist. Der Vorteil der Arbeitsweise des Basars, so Eric Raymond, bestehe darin, dass »angesichts ausreichend vieler Augen, die auf das Programm gerichtet sind, sämtliche

Fehler unerheblich ausfallen«. Wenn der Quellcode offenliegt, kann er von der Öffentlichkeit getestet, untersucht und Experimenten unterzogen werden, sodass alle Arten Programmfehler rasch entdeckt werden. Die Herausforderung bei dieser Programmierung mit einem offenen Quellcode besteht darin, dass die Beiträge von Einzelpersonen leicht in der Masse untergehen, sodass diesen Anerkennung versagt bleibt. Mit anderen Worten: Sie könnten im Dunkel verschwinden. Aber die Linux-Programmierer respektieren die Entwicklungen anderer und kennzeichnen besonders eindrucksvolle Stücke Software mit dem Namen des jeweiligen Schöpfers.

Ein weiteres Beispiel sind die wissenschaftlichen Artikel, die aus der Gemeinschaft der Physiker des CERN hervorgehen. Das bei Genf angesiedelte CERN ist eines der größten Forschungszentren der Welt. Es beherbergt alljährlich Tausende von Wissenschaftlern aus 580 Einrichtungen, die die gewaltige Flut an Daten auswerten und diskutierten, die der dortige Teilchenbeschleuniger Large Hadron Collider (LHC) bei Experimenten innerhalb eines kurzen Zeitraums auswirft. Die Daten werden aufgeteilt und in einer globalen Computerinfrastruktur ausgewertet – mit einem Zugriff über das Internet auf Tausende von Computern rund um den Globus. 2010 kam dabei die Rechnerleistung von über 100 000 Prozessoren an 130 Standorten in 34 Ländern zum Einsatz. Über 8000 Physiker auf der ganzen Welt erhielten so nahezu in Echtzeit Zugriff auf LHC-Daten, die dank der fremden Rechnerleistung ausgewertet werden konnten. Diese kollektive Anstrengung ist von wahrhaft globalem Ausmaß. Und so arbeitet denn auch die Hälfte der weltweit tätigen Forscher in der Hochenergiephysik an Projekten des CERN.

In dieser weltweiten Forschungsgemeinschaft bringen die Teilnehmer auf faszinierende Art ihre Beiträge ein. Da sie wie die Programmierer von Linux in großen virtuellen Teams aus oft über 100 Beteiligten gemeinsam an einer Tranche der Gesamtdatenmenge arbeiten, kann dies ein schwieriges Unterfangen sein. Bei dieser Zusammenarbeit sammeln sie eigene Erkenntnisse, lassen andere an ihnen teilhaben und legen einen ersten Entwurf zu ihren Gedanken im Web Kollegen zur Kommentierung vor. Interessant dabei ist, dass auch in einem Team von über 100 Wissenschaftlern jeder einzelne Beteiligte in den entstehenden Artikeln in alphabetischer Reihenfolge namentlich genannt wird. So wird jeder Einzelbeitrag gewürdigt. Wie die Schreiner der Werkstatt in North Yorkshire arbeiten diese Wissenschaftler in einem Team zusammen, machen aber die Leistung des Einzelnen kenntlich.

Diese Art der Zusammenarbeit von Physikern auf der ganzen Welt hatte übrigens auch tief greifende Auswirkungen auf unsere Arbeitswelt: 1989 unterbreitete nämlich der britische Informatiker Tim Berners-Lee seinem Arbeitgeber CERN schriftlich den Vorschlag, ein dezentrales Informationssystem mit dem Ziel zu entwickeln, die Forscher auf der Welt für einen leichteren Austausch von Daten besser miteinander zu vernetzen. Bis 1990 hatte er die drei Kernstandards des World Wide Web, URL, http und HTML, festgelegt und erste Browser- und Server-Software geschrieben. 1991 wurde der Gemeinschaft der Teilchenphysiker ein frühes Websystem zur Nutzung freigegeben und fand rasch in der akademischen Welt Verbreitung. Um 1994 wurde es von einem breiteren Spektrum an Universitäten und Forschungseinrichtungen eingesetzt. Die anfangs tröpfchenweise hinzukommenden Webseiten schwollen bald zu einem Strom an. Der Rest ist Geschichte.

Ein weiteres Beispiel ist der Film *Avatar.* Ich habe ihn mir gleich nach Erscheinen angeschaut und auch den Nachspann am Ende verfolgt: Eine schier endlose Liste an Namen zog vorüber ... 1000 Beteiligte wurden genannt, vom Regisseur bis hinunter zu den Caterern und Fahrern. Alle, die an dem gigantischen, 250 Millionen Dollar teuren Projekt mitgewirkt hatten, wurden für den jeweiligen Beitrag (die fantastischen 3-D-Darstellungen waren übrigens mit Linux erstellt worden) öffentlich gewürdigt.

Handwerksmeister, Software-Programmierer, Physiker und Filmemacher achten darauf, dass sie ihre Arbeit als ihr persönliches Werk kennzeichnen. Auf die Art können andere ihre Leistungen einschätzen und sie selbst sich einen Ruf aufbauen.

Dabei hat es nichts mit Narzissmus zu tun, wenn man eine vertrauenswürdige Marke aufbauen will. Dies ist für ein erfolgreiches Berufsleben vielmehr entscheidend. Im Jahr 2025 wird es allerdings nicht mehr genügen, in alle Welt hinauszuposaunen, wie großartig die eigene Arbeit ist. Es sei daran erinnert, dass »Markenentwickler« in einer expandierenden Branche arbeiten, sodass Millionen anderer ebenfalls auf den Aufbau einer Marke setzen. Viele Selbstdarstellungen werden dabei übertrieben, unrealistisch oder schlicht irreführend sein.

Entscheidend ist die stetige Arbeit am Aufbau einer vertrauenswürdigen persönlichen Marke, die Sie aus der Unsichtbarkeit herausholt, dabei aber ein authentisches und realistisches Bild vermittelt.

Dabei wird zunehmend wichtiger werden, dass Sie Ihren Ruf stärken und schützen. Dazu müssen beispielsweise Handwerker, Computerprogrammierer oder Physiker an erster Stelle gute Arbeit leisten und erst dann der Welt verkünden, wie gut sie ist.[48] In den kommenden Jahren werden den Erwartungen nach immer komplexere Mittel zur Verbreitung eines Rufs zur Verfügung stehen. Wie bei eBay und Elance könnten beispielsweise Kunden über Arbeiten Bewertungen abgeben, die in zusammengefasster Form anderen zugänglich gemacht werden.

Geprüfte Referenzen

Referenzen wie diese werden bei der Beschreibung und Bewertung Ihrer Arbeit eine bedeutende Rolle spielen. Natürlich ist es schwierig, Leistungen ohne Vergleichsgrundlage und unabhängig zu bewerten. Deshalb können wir erwarten, dass unabhängige Bewertungsdienste an Bedeutung gewinnen, wenn es darum geht, Angebote zu positionieren und bisherige Leistungen zu beurteilen.

Beispiele für solche Bewertungsdienste gibt es bereits, so die Verbraucherverbände, die Produkte wie Autos oder Waschmaschinen testen. Wir können erwarten, dass Menschen mit gleichen Qualifikationen und Kompetenzen sich verstärkt um den Aufbau von Infrastrukturen bemühen werden, in denen Mitglieder gewählt und ebenfalls von anderen bewertet werden – ähnlich den mittelalterlichen Zünften. Verbände wie diese werden in dem Maß an Bedeutung gewinnen, in dem selbständiges Arbeiten zur Regel wird.

Kunden bei eBay müssen sich darauf verlassen können, dass ihnen das gekaufte Produkt wie beschrieben frei Haus geliefert wird. Und die Verkäufer zählen darauf, dass sie ihr Geld bekommen. Beide Aspekte sind für einen funktionierenden Online-Einzelhandel entscheidend. Deswegen hat eBay ein komplexes Bewertungsverfahren für Käufer und Verkäufer entwickelt, um deren Vertrauenswürdigkeit sicherzustellen. Wir können erwarten, dass auch die Anbieter und Auftraggeber von Dienstleistungen immer häufiger durch Mittler auf ihre Zuverlässigkeit und Leistungen hin überprüft und bewertet werden.

Ein frühes Beispiel ist der Online-Marktplatz oDesk. Über seine Plattform wickelt oDesk für Auftraggeber die Einstellung, Bezahlung und Entlassung von Beschäftigten ab. Angebote für Arbeiten sind in einem Online-Verzeichnis abrufbar, wobei das Spektrum der Laufzeiten von wenigen Stunden bis zu Monaten reicht. Sind die Beschäftigten unter Vertrag, überwacht sie die Software von oDesk während des Arbeitstages. Sie registriert zum Beispiel die Häufigkeit ihrer Tastenanschläge und Mausklicks und macht sogar in zufällig ausgewählten Zeitabständen Aufnahmen mit einer Webcam. Die Auftragnehmer stellen erhaltene Bewertungen ins Netz, damit potenzielle Auftraggeber ihre zu erwartenden Fähigkeiten einschätzen können. Zur Qualitätssicherung werden Käufer und Verkäufer nach der Transaktion nach einem Fünfsternesystem bewertet. Für Freiberufler gelten dabei folgende Kriterien: Fähigkeiten, Qualität der Leistung, Verfügbarkeit, Pünktlichkeit und Teamfähigkeit. Die Gesamtzahl der bislang geleisteten Arbeitsstunden und die Vergütungssätze tauchen ebenfalls auf. Die »Arbeitgeber« erhalten per Feedback durch die Selbständigen ebenfalls eine Bewertung – mit der Höhe der Gesamtvergütung für einen Auftrag, der Anzahl ausgeschriebener Aufträge, der Anzahl der Auftragsvergaben und der Dauer der bisherigen Mitgliedschaft. In der Gesamtbewertung – sie macht das Profil aus – wird für beide Parteien auch die Anzahl der eingegangenen Feedbacks genannt. Wie bei eBay gilt: Je höher die Bewertung und je mehr Feedbacks, desto besser der Anbieter. Leistungsstarke Einsteiger bei oDesk erarbeiten sich in ungefähr zwölf Monaten Vertrauen und bauen sich einen Ruf auf, der sie zu stark nachgefragten Dienstleistern macht.

Wie schon heute oDesk deutlich zeigt, nehmen sich die erfolgreichsten Selbständigen, die via Internet vermittelt werden, die Zeit, um ihre persönliche Marke aufzubauen, wenn sie Kunden pünktliche Qualitätsarbeit anbieten. Insbesondere bei Aufträgen zur Software-Entwicklung werden die Vertragslaufzeiten häufig von Tagen auf Monate und sogar Jahre verlängert. Hier ist ein Hinweis zum Trend vom Generalisten zum Spezialisten angebracht: Schon 2010 erwiesen sich bei oDesk diejenigen Selbständigen am erfolgreichsten, die über eine einzigartige Mischung an Fähigkeiten und Kompetenzen verfügten, die sich schwer nachahmen ließen und selten angeboten werden. So wurde allgemeines Fachkönnen im IT-Bereich auf globaler Basis zu globalen Marktpreisen angeboten und in Anspruch genommen. Und die höchsten Preise wurden da erzielt, wo sich die Leistung am Ende als die günstigste, kundenfreundlichste oder qualitativ beste erwies.

Die Bewertung und Erstellung von Referenzen durch einen einzelnen Arbeitgeber wird künftig nicht mehr selbstverständlich sein. Deswegen wird es immer wichtiger, eigene Leistungen zu kennzeichnen, ob mit einer geschnitzten Maus, einer Software-Signatur, der Paraphe unter dem Zeitungsartikel, einer Nennung im Abspann eines Films oder einer Bewertung bei oDesk.

Zünften und Verbänden beitreten

Der Aufbau eines Rufs wird über Gemeinschaften von Leuten mit ähnlichen Fähigkeiten und Kompetenzen geschehen, die über Netzwerktechnik ihre Kunden finden, sich mit anderen zu Großprojekten zusammenschließen, Wissen austauschen und ihre Reputation verbreiten und schützen. Dabei bestehen bedeutende Unterschiede zu dem zentralisierten und hierarchischen Kontrollsystem vieler traditioneller berufsständischer Körperschaften.

Interessant ist hier die Analogie zu dem System, nach dem manche älteren Berufsgruppen wie Ärzte oder Anwälte Fragen um den Ruf und die Referenzen behandelten, und deren neuerliche Bemühungen, dabei verstärkt den Cyberspace einzubeziehen. Diese Standesvertretungen entstanden ursprünglich mit dem Ziel, die Referenzen ihrer Mitglieder durch Standards und einheitliche Bezeichnungen transparent zu machen, ähnlich wie einst die mittelalterlichen Handwerkerzünfte. Mit oft hoch komplizierten Systemen der Qualitätskontrolle mit Empfehlungen und Beratungen versuchten sie sämtliche Mitglieder des Standes mit aussagekräftigen Referenzen zu versorgen, damit diese ihre Qualifikationen und Spezialisierungen nachweisen konnten.

Auch wenn Zünfte auf das Mittelalter zurückgehen, so steht doch zu erwarten, dass ähnliche berufsständische Körperschaften auch in Zukunft Konjunktur haben werden, da sich mehr oder weniger spezialisierte Fachkräfte mit ähnlichem Können zu virtuellen Gemeinschaften zusammenschließen werden. Entstehen werden so berufsspezifische Verbände (ähnlich denen für Ärzte und Anwälte), Arbeitsmakler, die Anbieter und Auftraggeber von Dienstleistungen zusammenbringen (so oDesk und Elance), sowie regionale Interessenvertretungen für Dienstleister und Unternehmen.

Diese »Zünfte« werden die Rolle der traditionellen Personalabteilungen – man denke an die von Mars – insofern ersetzen, als sie Instrumente schaffen, mit denen Erwerbstätige über die Abwicklung ihrer aufeinanderfolgenden Projekte für verschiedene Unternehmen sich so etwas wie eine Laufbahn aufbauen können. Derlei Verbände werden sich darauf spezialisieren, Zulassungsstandards zu entwickeln, Stellen industrieweit auszuschreiben und Vergütungsrichtlinien zu erstellen. Einige Berufe wie Buchhalter und Anwälte haben solche generalisierten Zulassungssysteme über Jahrzehnte hinweg bereits entwickelt. Für andere wie Software-Entwickler und Projektmanager beginnen sich unternehmensübergreifende Standards herauszubilden.

Viele der alten Standesvertretungen verwenden inzwischen die neuen Technologien. Als virtuelle Gemeinschaften unterstützen sie Mitglieder immer stärker dabei, Aufträge an Land zu ziehen, neue Informationen oder Geschäftsverbindungen aufzuspüren, ihr Geschäft in einer breiteren Öffentlichkeit zielgenauer zu vermarkten oder geschäftliche Entscheidungen rechtsgültig zu machen. So entstanden beispielsweise Sermo für US-Ärzte, Lawlink für US-Anwälte, NewDocs für Zahnärzte und H-Net für Sozialwissenschaftler als virtuelle Zusammenschlüsse ihrer Mitglieder.

Sermo ist eine der größten Online-Communitys für Ärzte in den USA.[49] Hier arbeiten praktizierende US-Ärzte, die 68 Spezialgebiete in allen 50 Bundesstaaten abdecken, in schwierigen Fällen zusammen. Sie tauschen Erfahrungen mit Arzneien, Medizingeräten und klinischen Behandlungsmethoden aus. Verbreitet werden so neue Erkenntnisse, die Leben retten können, aber über konventionelle medizinische Quellen noch nicht verfügbar sind. Über dieses Forum erhalten Ärzte in Echtzeit Unterstützung in einem ganzen Spektrum von Fragen, das von der Patientenversorgung bis zur Praxisführung reicht.

Was die Reputation angeht, so bewerten die Ärzte bei Sermo ihre Kollegen nach der Qualität ihrer Beiträge und Antworten auf eingereichte Fragen. Besonders gut bewertete Mitglieder sind entsprechend häufige Adressaten von Anfragen und Bitten um Rat. Hinter dem Netzwerk steht die Philosophie, dass ein Arzt allein nicht über so viel Kompetenz verfügen kann wie ein kooperierender Verbund an Medizinern. Sermo operiert zudem als ein Forschungsmedium, das auf kollektive Beobachtung setzt. Durch deren raschen Austausch können Ärzte die Patientenversorgung verbessern. Zu seiner Finanzierung verkauft Sermo Einblicke in die ärztlichen Kommentare an außenstehende Kunden, die sich so über aktuelle Vorgänge im Klinikwesen und über medizinische Trends auf dem Laufenden halten können.

Der Beitritt geschieht im Schnellverfahren, bei dem der Status als zugelassener praktizierender Arzt überprüft wird. Nach der Registrierung erhalten neue Mitglieder ein Pseudonym ihrer Wahl. Da nur das Pseudonym und das Spezialgebiet eines Auskunft gebenden Arztes einsehbar sind, funktioniert Sermo als eine anerkannte, aber anonyme Community. Eigene Technik überprüft in Echtzeit die Referenzen der Ärzte und sorgt so für ein vertrauensvolles Umfeld der Zusammenarbeit, bei dessen Funktionieren Aspekte der Theorie der sozialen Netzwerke, der Spieltheorie, der Prognosemärkte und der Informations-Arbitrage einfließen.

Während Sermo hauptsächlich als informations- und wissensbasiertes Netzwerk zur Diskussion von Problemen fungiert, setzt das Anwaltsnetzwerk Lawlink mit seinen 6000 Mitgliedern einen etwas anderen Schwerpunkt. In ihm können Anwälte ihr persönliches Profil in ein Netzwerk stellen und so öffentlich machen.[50] Anwälte können untereinander kommunizieren – durch Rechtsforen und juristische Gruppen über Twitter. Sie können die wichtigsten Nachrichten aus dem Bereich Recht bewerten und Foren zu Themen ihrer Wahl moderieren. Ebenso können sie Einblick in rechtlich relevante Dokumente geben und zu anderen Fragen stellen. Und sie können nach Rubriken geordnete Werbeanzeigen aufgeben oder andere durchsehen. Und jede Woche erscheinen über 100 neue Verzeichnisse mit Stellen für Anwälte.

Da die Unternehmen Mitarbeiter immer häufiger auf der Basis von kurzzeitiger Projektmitarbeit einstellen und einen immer größeren Anteil ihrer Wertschöpfung aus Subunternehmern und wirtschaftlichen Ökosystemen ziehen, können wir erwarten, dass Methoden zum Aufbau und zur Stärkung einer Reputation immer wichtiger werden. Beschäftigte wie Amon und Jill, die in flexiblen Netzwerken mit organisatorischen Aufgaben arbeiten, erhalten mit ihrem Eintritt in eine solche Zunft eine Einbindung in stabile Gemeinschaften, während sie von Projekt zu Projekt springen.[51]

Karriere als Glockenspiel, Kurven und Mosaike

Berufliche Werdegänge werden immer seltener in traditionellen Bahnen, als eine Kurve nach oben oder als eine Glockenkurve verlaufen, bei der man am Ende seiner Erwerbsbiografie »herunterschaltet«. Vielmehr vollziehen sie sich in einer ganzen Serie glockenförmiger Kurven – sogenannten »Glockenspielkurven«, in denen Energien und gebündelte Ressourcen anwachsen, stagnieren und wieder weiterwachsen.

Dies ist eine direkte Folge der Faktoren Demografie und Langlebigkeit, die unser Arbeitsleben zusehends prägen werden. Über die Hälfte der nach 2000 geborenen Kinder wird voraussichtlich länger als ein Jahrhundert leben.[52] Neben dieser guten Nachricht lautet die schlechte, dass sich nur wenige von uns darauf verlassen können, dass ihre Rente für den gewünschten Lebensstandard ausreicht, wenn sie mit 65 Jahren aus dem Erwerbsleben ausscheiden. Die Rechnung ist einfach: Als das Rentensystem in den 1880er-Jahren in der entwickelten Welt eingeführt wurde, lag die allgemeine Lebenserwartung unter 50 Jahren. Stellen wir uns vor, dass die im Jahr 2000 Geborenen bis zu ihrem 65. Lebensjahr arbeiten, aber über die Hälfte von ihnen weit über 100 Jahre alt wird. Diese würden dann 35 Jahre lang Rente beziehen, was ungefähr 30 Prozent ihres gesamten Lebens ausmachen würde. Ökonomisch wäre dies schlicht unhaltbar.

Problematisch ist hier nicht nur die wirtschaftliche Seite: In der Realität ertragen viele den Gedanken nicht, 30 oder 40 Jahre ein

Rentnerdasein in Untätigkeit zu verbringen. Viele wollen weiterarbeiten und bis in ihre 70er einen fruchtbaren Beitrag für die Gesellschaft leisten. Stellte sich das Erwerbsleben einst als ein Sprint dar, so ist aus ihm inzwischen ein Marathon geworden. Wie bereiten Sie sich auf diese Veränderung vor?

Vollzeitarbeit funktionierte in den 1980er- und 1990er-Jahren noch ungefähr so: Ein durchschnittlicher Arbeitnehmer trat in seinen 20ern in ein Unternehmen ein und arbeitete sich bis Mitte 30 mühselig in die mittlere Führungsebene nach oben. Wenn er erfolgreich war, stiegen sein Einkommen und Einfluss weiter, bis er in den 50ern auf dem Gipfel seiner Erwerbs- und Schaffenskraft angelangt war. Mit Anfang 60 war dann alles mit dem Renteneintritt vorbei. In dieser traditionellen »Karrierekurve« steigen die für die Arbeit benötigten Ressourcen und Energien ab den 20ern immer weiter an, bis die Erwerbsbiografie an ihr jähes Ende gelangt: auf dem Höhepunkt von Macht und Ansehen. Diese traditionelle Kurve ist für die Zukunft keine Option. Was aber tritt an ihre Stelle? Eine zweite Kurve könnte die Gestalt einer Karriere haben, bei der »heruntergeschaltet« wird. Sie ähnelt eher einer Glocke, wenn die Karriereressourcen, die Energie und der Wert zwischen 20 und 50 aufgebaut werden und in einen Prozess der Verlangsamung eintreten, bis man in seinen 70ern oder 80ern endgültig aus dem Berufsleben ausscheidet. Eine dritte Option sind die Glockenspielkurven, wie Tammy Erickson sie nennt.[53]

Stellen wir uns den Verlauf einer solchen Glockenspielkurve vor. Sie besuchen bis Anfang 20 ein College und treten für eine Zeit lang in ein großes Unternehmen ein, vielleicht bis Sie 30 Jahre alt sind. In dieser Zeit erwerben Sie auf einem Gebiet gründliche Sachkenntnis und meisterhafte Beherrschung. Mit 30 Jahren nehmen Sie ein Sabbatjahr, um zu reisen oder in einem Projekt für Freiwillige mitzuarbeiten. Mit 31 arbeiten Sie in einem Projekt für verschiedene Unternehmen, um Ihren Erfahrungsschatz auf eine breitere Basis zu stellen. Nach Ihrer Rückkehr wollen Sie einen Tempowechsel und verbringen deshalb die nächsten drei Jahre im Jobsharing. In Ihren 40ern machen Sie nochmals ein Jahr lang eine Vollzeitausbildung, bei der Sie auf Ihrem bisherigen meisterhaften Können aufbauen, und wechseln dann in einen zweiten Bereich des meisterhaften Könnens über. In Ihren 40ern und Anfang 50 investieren Sie beschleunigt Energie in diesen zweiten Bereich und nehmen Mitte 50 ein weiteres Sabbatjahr, in dem Sie reisen oder ehrenamtlich tätig sind. Nach der Rückkehr werden Sie mit Ende 50 oder Anfang 60 Mikrounternehmer. Dabei bauen Sie auf den beiden Fertigkeitsbereichen auf, in denen Sie Meister sind, und arbeiten bis in Ihre 70er und 80er weiter.

In dieser »Glockenspielkurve« wirken viele Energien beim Aufbau neuer Fähigkeiten in unterschiedlichen Bereichen zusammen, ebenso Zeit zum Nachdenken und für begeistertes ehrenamtliches Engagement. Ein ganzes Mosaik an Tätigkeiten entsteht. Ein solches Arbeitsleben ist deutlich flexibler als ein traditionelles, das in einer Glockenkurve abgebildet wird. Und es bezieht die verlängerte produktive Lebensspanne besser ein als ein Arbeitsleben, das nach einem Herunterschalten endet. Es ermöglicht mehr Flexibilität und trägt dem Anschwellen und Verebben von Energie und Begeisterung besser Rechnung. Wenn Sie Ihr zukünftiges Arbeitsleben als Glockenspielkurve konzeptionieren, können Sie erwägen, wie Sie Ihre Zeit nutzen, welcher Arbeitsrhythmus am besten in Ihre jeweilige Lebensphase passt, welche wirtschaftliche Situation – Möglichkeit zum Ansparen oder Nutzung von Erspartem – sich daraus ergibt und wie Sie sich in den jeweiligen Phasen Ihrer Laufbahn am besten Herausforderungen schaffen und das jeweils gewünschte Maß an Verantwortung übernehmen.

Klar ist, dass der Erwerb meisterhafter Fähigkeiten und der Aufbau eines interessanten Arbeitslebens bedeuten, dass Ausbildung nicht mit der Schule oder Hochschule endet. Der Aufbau eines wertvollen und interessanten Arbeitslebens bedeutet in immer stärkerem Maß lebenslanges Lernen und sich weiterzuentwickeln, um sich so zu erneuern und neuen Antrieb zu gewinnen. Dazu muss man sich auch Auszeiten zur beruflichen Neuorientierung gönnen, wieder die Schulbank drücken, neue Fähigkeiten erwerben oder bereit sein, eine Lehre bis zum Meister zu durchlaufen.

Ein Tätigkeitsmosaik legen

Die Glockenspielkurve umfasst viele Möglichkeiten. Es geht um die Schaffung eines Mosaiks aus mehreren Elementen, zu denen Phasen der Arbeit, des Lernens, der Auffrischung von Wissen und der Weiterentwicklung sowie erneuter Arbeit gehören können. Jeder von uns wird sein persönliches Tätigkeitsmosaik schaffen, aber wir können davon ausgehen, dass in ihm mehrere Teilchen enthalten sind: so Phasen, die wir »Sabbatjahre« nennen könnten, in denen man sich über einen längeren Zeitraum für andere engagiert; dringend benötigte Zeit zum erneuten Lernen, Aktualisieren oder Auffrischen von Fähigkeiten und Wissen; und Zeiten, die ganz für eine weitere Ausbildung genutzt werden.

Ein Beispiel ist John, der aus seiner Arbeit für sein Dorf in Bangladesch Befriedigung zieht. Nach Jahren hatte er sich entschlossen, zunächst Wochen und später sogar Monate als Helfer in dem Dorf zu leben. Dabei ist John nicht allein. Überall auf der Welt treffen Menschen die Entscheidung, einen Teil ihres Arbeitslebens im Ausland zu verbringen. So beträgt in der Organisation Voluntary Service Overseas das Durchschnittsalter der 1500 ehrenamtlichen Helfer 41 Jahre. Diese arbeiteten in über 34 Ländern in Aufgabenbereichen, die von Unternehmensberatung bis Meeresbiologie reichen.[54] Für Projects Abroad operieren Menschen zwischen 16 und 75 in 25 Ländern in Tätigkeitsfeldern, die sich vom Schulunterricht über die Menschenrechte bis hin zum Journalismus erstrecken.[55] Dabei fasziniert, wie viele Menschen wie John solche Erfahrungen als zutiefst anregend und verjüngend empfinden. Wir können erwarten, dass mit der Zeit immer mehr Unternehmen – auch aus Kostengründen – Mitarbeitern reduzierte Wochenarbeitszeiten oder dreimonatige Auszeiten anbieten werden. Gleichzeitig werden ehrenamtliche Organisationen immer mehr Möglichkeiten bieten, solche Zeit sinnvoll und erfüllend zu nutzen.

Überall auf der Welt investieren Menschen viel Zeit und Geld, um ihre Fähigkeiten und Kenntnisse weiter auszubauen. Dieser Trend wird sich in den kommenden Jahrzehnten wahrscheinlich verstärken. Wie beim Thema Zukunftsfaktor Technologie aufgezeigt, wird das Lernen verstärkt auch außerhalb von Unterrichtsräumen im Alltag und auf unterhaltsame Weise stattfinden.[56] Das Internet wird unser Lernverhalten potenziell dadurch verändern, dass ein immer größerer Anteil des Weltbestands an Büchern, Vorträgen und anderen Wissensmaterialien online verfügbar wird, vieles gratis oder gegen geringe Gebühren. Und auch beim elektronischen Lernen sind bedeutende Fortschritte zu erwarten. So kletterten die Umsätze des Marktes für elektronische Weiterbildung im Unternehmensbereich von 6,6 Milliarden Dollar im Jahr 2002 auf 17,2 Milliarden 2008. Diese Investitionen werden in den kommenden Jahrzehnten weiter wachsen.[57]

Wer in einer Online-Umgebung, kombiniert mit persönlichem Kontakt lernt, macht schneller und nachhaltiger Fortschritte, als wenn er nur am Unterricht in einem Raum teilnimmt. Dieses »kombinierte« Lernen ist die erfolgreichste Methode zum Wissenserwerb, und in diesem Segment sind ebenfalls gewaltige Entwicklungen zu erwarten.[58] Auch können wir davon ausgehen, dass Videospiele und Simulationen verstärkt in der Lehre eingesetzt werden, um mit fantasievollen Herausforderungen Neugierde zu wecken und die Motivation zu stärken. *World of Warcraft*, das modernste solcher Spiele, spornt seine Teilnehmer dazu an, sich immer komplexeren Herausforderungen zu stellen. Simulierende Spieltechnologien werden verstärkt dazu dienen, das lebenslange Lernen zu fördern, das für die Laufbahnen der Zukunft entscheidend sein wird.

Mit Blick auf Ihre Arbeit der Zukunft und die der Menschen, die Ihnen wichtig sind, ist eines klar: Die althergebrachten Vorstellungen von Laufbahnen werden ihre Realitätstauglichkeit verlieren. Angesichts der Faktoren, die Ihr Arbeitsumfeld in den kommenden Jahrzehnten prägen, müssen Sie überkommene Vorstellungen revidieren, neue Kompetenzen erwerben und alte Gewohnheiten überwinden. Beim Thema der ersten Neuorientierung haben wir gesehen, dass die Technologie und die Globalisierung den Wettbewerb bedeutend verschärfen werden, weil Milliarden Menschen überall auf der Welt Zugang zum globalen Talentpool erhalten und Computer einen Großteil der Arbeit ersetzen, die zuvor von qualifizierten Beschäftigten erledigt wurde. Sie werden sich aus der Masse herausheben müssen: indem Sie beträchtlich in den Erwerb meisterhafter Fähigkeiten investieren und zudem Ihre einzigartige »Signatur« finden und an ihr feilen.

Obwohl meisterhafte Beherrschung und Signaturen immer wichtiger werden, dürfen diese nicht aus der statischen Perspektive gesehen werden. Die länger werdende Lebenserwartung verschafft vielen eine reale Perspektive, weit über 90 Jahre lang und länger zu leben. Wie ein einfaches Rechenexempel gezeigt hat, müssen viele mindestens 50 Jahre lang erwerbstätig sein, wenn sie nicht auf besondere Weise für ihr Alter vorgesorgt haben. In der Vergangenheit wurde die Erwerbsleistung dieser Jahre in einer traditionellen Kurve abgebildet, die mit dem Renteneintritt auf null abfiel. Es ist abzusehen, dass an ihre Stelle in den nächsten paar Jahrzehnten eine Serie von Glockenkurven – ein Glockenspiel – tritt, die das Auf und Ab einer Reihe von Investitionen wiedergeben, die dem Ausbau von Fähigkeiten wie auch der seelischen Regeneration dienen.

In den fünf Jahrzehnten, in denen wir vielleicht arbeiten, verfügen wir über drei Arten von Kapital. Beim Thema der ersten Neuorientierung haben wir näher betrachtet, was wir tun müssen, damit unser geistiges Kapital – gründliche und besondere Kenntnisse – weiterhin ausreicht, um uns in der Arbeitswelt behaupten zu können. Das Thema der zweiten Neuorientierung handelt davon, was für den Aufbau eines sozialen Kapitals notwendig ist, das Werte und Erholung schafft.

9 DIE ZWEITE NEUORIENTIERUNG: VOM EINZELKÄMPFER ZUM INNOVATIVEN BRÜCKENBAUER

Die kommenden Jahrzehnte bieten die Chance, sein soziales Kapital auf nie da gewesene Weise auszubauen. Wenn fünf Milliarden Menschen untereinander vernetzt sind und immer stärker an der Gemeinschaft teilhaben können, bieten sich dazu schier endlose Möglichkeiten. Das Problem ist nur: Wie kann man in einer Welt, die sich immer mehr im virtuellen Raum abspielt, Überforderungen und ein zersplittertes Arbeitsleben vermeiden und der Isolation entgehen? Wenn Sie aus der hypervernetzten Welt das Beste machen wollen, müssen Sie gründlich umdenken, was Zusammenarbeit, Vernetzung und Innovation betrifft.

Wie wir beim Thema der ersten Neuorientierung gesehen haben, gibt es mit Blick auf die Zukunft der Arbeit ein großes Paradox: Man muss sich als einzigartiger Spezialist und Meister von der Masse abheben, zugleich aber auch eng in sie eingebunden sein. Traditionell wurde Arbeit so gesehen, dass Erfolg auf persönlichem Antrieb, Ehrgeiz und Konkurrenz beruhte. Jetzt aber hängt Erfolg immer stärker von einer subtilen, aber potenten Mischung aus meisterhafter Beherrschung und Vernetzung ab – von einer Kombination aus geistigem und sozialem Kapital.[1]

Dass hier anstelle des Entweder-oder ein Sowohl-als-auch gilt, hat einen einfachen Grund. Spezialisierte Fähigkeiten, Know-how und Netzwerke schaffen zwar Wert, aber Ihr Wert allein ist dabei nicht genug. In einer vernetzten, globalen Welt ist die Entwicklung von Innovation und Kreativität von höchster Bedeutung, wenn man sich auf die kommenden Jahrzehnte vorbereitet. Und Kreativität und Innovativkraft entwickeln Sie vor allem dadurch, dass Sie das Know-how, die Fähigkeiten und die Netzwerke anderer anzapfen. In dieser Synthese oder Kombination stecken die wahren innovativen Möglichkeiten.

Ein gigantisches Potenzial entsteht, wenn zu den Faktoren Globalisierung und Technisierung eine Vernetzung hinzutritt, die viele Gemeinschaften ins Leben ruft. Stellen Sie sich die spannenden Möglichkeiten vor, wenn Sie mit über fünf Milliarden Menschen vernetzt sind. Sie werden mitbekommen, was diese erlebt und erfahren haben, Sie werden über Ihre Probleme reden und sich gegenseitig unterstützen und zu Massen organisieren, die gleiche Interessen teilen. Und wenn Sie die Möglichkeiten zur Teilnahme und den »kognitiven Überschuss« entdecken, werden Sie auf den Großteil des untätigen Fernsehkonsums verzichten, dem viele von uns gefrönt haben.[2] Klar ist ebenso, dass diese Vernetzung weltumspannend sein wird. Nicht nur Amerikaner werden mit Amerikanern und Chinesen mit Chinesen vernetzt sein, sondern vielmehr werden sich Communitys über Themen vernetzen, die sie interessieren und elektrisieren. In diesen fünf Milliarden Menschen schlummert das Potenzial, sich zu einem der wichtigen Netzwerke der Zukunft, zur Ideenreichen Masse zu entwickeln.

Aber wie wir beim Thema der ersten Neuorientierung – der hin zur meisterhaften Beherrschung in Serie – gesehen haben, liegt der Motor der Wertschöpfung in den kommenden Jahrzehnten nicht nur in der Breite, sondern auch in der Tiefe des Wissens, die durch Gründlichkeit und Stetigkeit des Lernens erworben wird. Die Grundlage Ihrer meisterhaften Beherrschung sind persönliche Fähigkeiten und Kenntnisse. Und die entwickeln sich selten in Abschottung. Meisterhafte Beherrschung entsteht vielmehr in einer zusammengestellten relativ kleinen Gruppe von Menschen, die auf dem Weg zur Meisterschaft Feedback und Unterstützung geben können. Ein solches Aufgebot zusammenzustellen und zusammenzuhalten, ist der entscheidende Punkt, wenn zur meisterhaften Beherrschung eine gute Vernetzung hinzukommen soll.

Neben der klar zutage liegenden positiven Seite birgt die Supervernetzung auch negative Aspekte. Wer von physischen Kontakten abgeschnitten ist und sein Leben verstärkt in virtuellen Räumen lebt, die wenig reale Zuwendung und Rückhalt bieten, spürt leicht Isolation, Einsamkeit und Zerrissenheit. Wie wir beim Faktor Gesellschaft gesehen haben, droht immer mehr Familien die Entwurzelung. Sie leben über Regionen und Länder verstreut und bestehen aus Mitgliedern, die den Großteil ihres Lebens arbeiten. Eine Gemeinschaft, die Geborgenheit und Rückhalt bietet – ein regeneratives Umfeld, wie ich es nenne –, wird für uns alle immer wichtiger.

Das Aufgebot der Unterstützer

Der Ausdruck »Aufgebot« begegnete mir erstmals bei unserer Beschäftigung mit den Mitgliedern der Generation Y. In einem Gespräch fragte ich die 23-jährige Inez, eine frischgebackene Unternehmensberaterin, wie sie ihre Aufgabe erledigte. Zu meiner Überraschung deutete sie auf ihren Computerschirm, in dessen unteren Bereich sich eine Reihe von Namen und Gesichtern entlangzog. »Das ist mein Aufgebot. Das reitet mit mir los. Wir helfen uns gegenseitig aus der Klemme.« Ich erinnerte mich schlagartig an die Cowboyfilme aus meiner Kinderzeit: In einer Kleinstadt im amerikanischen Mittleren Westen sucht sich der Sheriff (zwangsläufig Henry Fonda oder Charlton Heston) einen Trupp vertrauenswürdiger Männer zusammen, die er zu seiner Unterstützung braucht. Dann schwingen sich alle in den Sattel und galoppieren aus der Stadt. Als die Kamera in ihre Staubwolke schwenkt, kann jeder Zuschauer sicher sein, dass diese Truppe jede Herausforderung meistert. Die Vorstellung eines solchen Aufgebots ist so populär, dass sie sogar die Vorlage für das kürzlich entstandene Videospiel *Red Dead Redemption* lieferte, das im Wilden Westen von 1911 spielt. Die Mitspieler sind aufgefordert, online Trupps zu bilden und durch eine Open-World-Umgebung zur reisen, in der sie anderen Trupps die Stirn bieten, jagen und allerlei Gefahren trotzen.

Ihr Aufgebot an Unterstützern ist eine kleine Gruppe von Leuten – ich vermute selten mehr als 15 –, von denen Sie sicher sind, dass sie Ihnen helfen, wenn es hart auf hart kommt. Manche sind vielleicht langjährige Freunde. Einige arbeiten am gleichen Ort wie Sie, andere aber anderswo. Manche sehen Sie vielleicht häufig, während weitere möglicherweise in einem anderen Land leben. Mein kleines Erlebnis mit Inez und ihrem Aufgebot erinnerte mich an die Geschichte von Frank und Fred, die ich in meinem Buch *Glow*[3] erzählt habe: Es handelt davon, wie man Energie und Innovation in seine Arbeit bringt. Die Geschichte geht ungefähr so:

Fred und Frank erhalten beide den Auftrag für ein schwieriges Projekt, das auch noch in einem atemberaubenden Tempo abgewickelt werden muss. Fred weiß sofort, was zu tun ist. Er ruft seine Frau an und teilt ihr mit, dass es in den nächsten Wochen immer spät werden wird. Ihm ist klar, dass ihn dieses Projekt für die gesamte Zeit komplett vereinnahmt. Dann schließt er seine Bürotür und verlangt von der Sekretärin, ihn bloß nicht zu stören. Er weiß: Diese Herausforderung duldet keine Ablenkung. Dann lotet er das Notwendige aus und erstellt die Projektpläne. Fred sieht seine Arbeit als Riesenaufgabe, die außer ihm keiner bewältigt. Natürlich ist ihm bewusst, dass er zeitweise andere einbeziehen muss, um Details auszuarbeiten, aber für die federführende Planung ist er zuständig. Mit diesem Gedanken zieht er sich zurück, damit er sich ungestört auf seine Aufgabe konzentrieren kann.

Frank verfolgt den umgekehrten Ansatz. Kaum hat er die Aufgabe bekommen, durchforstet er seine Erinnerung nach Bekannten, die hier helfen können. Schon nach Minuten ruft er einige an und fragt sie nach ihrer Meinung. Ein alter Freund ist darunter, mit dem er vor über zehn Jahren zusammengearbeitet hat. Von ihm weiß er, dass er schon mit einer ähnlichen Herausforderung konfrontiert war. Der Freund gibt ihm in fünf Minuten die entscheidenden Hinweise, worauf er achten muss, damit das Projekt nicht aus dem Ruder läuft. Als Nächstes ruft Frank einen Bekannten aus neuerer Zeit an, dem er selbst erst letzte Woche geholfen hatte. Der Bekannte kennt sich in einigen Aspekten des Projektes gründlich aus und gibt Frank Ratschläge, wie er die Sache am besten strukturiert. In der Zeit, in der Fred seine Bürotür zugemacht und die Sekretärin um Ruhe gebeten hat, hat Frank sein Aufgebot zusammengetrommelt. Und was eine hervorragende Unterstützertruppe ausmacht und was sie leisten kann, lässt sich so zusammenfassen:

- Die relativ kleine Gruppe besteht aus Leuten, die Sie rasch kontaktieren können. Sie haben ähnliche Fachkenntnisse, die sich so gut überschneiden, dass sie Ihre Sprache sprechen und rasch zusätzlichen Nutzen schaffen können.

- Die Angehörigen des Aufgebots vertrauen Ihnen, denn es ist nicht das erste Mal, dass Sie so einen Ritt unternommen haben. Sie kennen diese Leute seit einiger Zeit. Sie mögen und unterstützen Sie gerne.

- Um ein Aufgebot an Unterstützern zusammenzubekommen, müssen Sie an wichtigen sozialen Fähigkeiten feilen, Betreuungskompetenz erwerben und lernen, wie Sie am besten mit Vielfalt umgehen und mit Menschen, auch in der virtuellen Welt, gut kommunizieren.

Diese Unterstützer helfen Ihnen genau deshalb so gut aus der Patsche, weil sie wissen, mit welchen Schwierigkeiten Sie kämpfen, und Ihnen helfen können, ohne Sie von der Aufgabe abzulenken. Stellen Sie sich einen Henry Fonda oder Charlton Heston vor, die Männer um sich scharen, die schlecht reiten können oder lahme Pferde haben. Bei einem solchen Aufgebot steht und fällt alles damit, dass es rasch mit Ihnen losgaloppieren kann. Ähnlichkeiten und gemeinsame Fähigkeiten sind von großem Vorteil, denn sie bringen Tempo und Gründlichkeit ins Spiel. Ein solches Netzwerk wird in Zukunft immer wichtiger werden, aber seine möglichen Nachteile dürfen nicht unbeachtet bleiben. Sie können Ihnen zwar blitzschnell aus der Klemme helfen, gehen an Probleme aber alle auf dieselbe Art heran. Sie denken nur in eine Richtung, weil sie Ihnen ähnlich sind und bei Ihnen so viel Vertrauen genießen, dass sie von ihrem gewohnten Denken und Handeln selten abweichen. Wenn Sie also vor einer besonders komplizierten Herausforderung stehen, die nur mit Innovation zu bewältigen ist, wird Ihnen so ein Aufgebot an Unterstützern selten helfen. Eine zündende Idee bekommen Sie dann nur von einer deutlich vielfältigeren und größeren Gemeinschaft: von der Ideenreichen Masse.

Die Ideenreiche Masse

Sie kennen dies: Jemand stellt Ihnen jemand anders vor, der etwas sagt, von dem Sie sofort begeistert sind. Sie erkennen in seinen Gedanken vielfältige Möglichkeiten, die Ihr Handeln beeinflussen könnten. So widerfuhr es mir vor einigen Jahren in der nordspanischen Kleinstadt am Mittelmeer, in der ich lebe. Ich saß mit der Freundin einer Freundin in einem Café an der Uferpromenade. Wir plauderten über Opernmusik, für die wir beide schwärmen. Während wir an unseren Kaffees nippten, rief meine neue Freundin einen Passanten herbei und stellte ihn mir vor. Wie sich herausstellte, war der Fremde einer der berühmtesten Chocolatiers von ganz Spanien. Er kreierte sogar Schokoladen für das legendäre Restaurant *El Bulli* nördlich von Barcelona.

Als er sich auf einen Kaffee zu uns gesetzt hatte, erzählte ich von dem Buch, für das ich damals recherchierte. Ich berichtete von meinen Gedanken zum Begriff der *Hotspots*, von Orten und Zeitpunkten, in denen Ideen plötzlich zünden.[4] In den nächsten fünf Minuten wurde unsere Unterhaltung immer angeregter. Wir heckten eine Idee aus: Er würde eine Schachtel mit Schokoladen in Geschmacksrichtungen zusammenstellen, die die drei Kernelemente eines Hotspots verkörperten – pünktlich zum Erscheinen meines Buchs im gleichen Jahr. Eine Schokolade sollte nach Kooperation schmecken (wir wählten süßen Karamell), eine andere Netzwerke und Brückenbauen symbolisieren (eine salzige Überraschung), eine weitere für die Energie der Initialzündung stehen (mit dem Senföl von Wasabi) und die letzte schließlich auf süße und explosive Weise den Hotspot versinnbildlichen.

Wenige Wochen nach unserer Begegnung waren die Schokoladen fertig kreiert, sodass ich sie verteilen konnte, als ich zum Erscheinen meines Buchs einen Vortrag über den Begriff »Hotspot« hielt. Der Einfall war wohl nichts Weltbewegendes, aber eine nette Idee, die mich und andere in den nächsten paar Jahren amüsierte. Wie viele Bücher erscheinen schon zusammen mit Schokoladenkreationen?

Der Chocolatier gehörte nicht zu meinem Aufgebot an Unterstützern. Ich hatte ihn zufällig kennengelernt. Wir lebten in völlig verschiedenen Welten. Aber der Zusammenprall verschiedener Welten löst manchmal eine Initialzündung aus, bei der Innovation entsteht. Ihr Aufgebot wird Ihnen in manchen Situationen zwar mühelos ein Problem lösen helfen, aber Sie dürfen nicht erwarten, dass es echte Innovation hervorbringt. Dazu sind sich die Mitglieder zu ähnlich. Man erinnere sich an Miguel, der bei seinem Versuch, das Verkehrsproblem in Lucknow zu lösen, über sein Netzwerk auf die junge indische Unternehmerin stieß. Wie ich in Spanien nutzte er das Potenzial einer Ideenreichen Masse, eine Vielzahl ganz unterschiedlich gearteter Menschen, die die Welt auf eine jeweils ganze eigene Weise betrachten. In Zukunft werden wir alle eine Ideenreiche Masse benötigen, denn aus dieser Mischung aus unterschiedlichen Ideen und Einsichten geht Innovation hervor. Die Kennzeichen einer guten Ideenreichen Masse sehen so aus:

- Sie besteht aus Leuten am Rand Ihres persönlichen Netzwerks, häufig sind es Freunde von Freunden. Sie sind ganz anders als Sie, aber bereit, Verbindung aufzunehmen.
- Es sind viele: Ihr Aufgebot an Unterstützern kann aus nur drei Leuten bestehen, Ihr Netzwerk in der Ideenreichen Masse kann Hunderte umfassen.

Sie werden zu vielen in Ihrer Ideenreichen Masse nur virtuellen Kontakt haben. Sie erreichen Sie über Facebook oder folgen ihnen auf Twitter oder lesen ihre Blogs. Wo bleibt die physische Welt?

Das regenerative Umfeld

Dies ist das große Problem in unserer entstehenden globalen und technisierten Welt: Noch bevor Sie wissen, wo Sie stehen, verlaufen alle Ihre Kontakte über Online-Kanäle, weil der virtuelle Raum emotional immer verlockender und leichter erschließbar wird. Isolation, Einsamkeit und eine Verarmung an dem drohen, was Menschen immer gebraucht haben: nette Gespräche, herzliche Umarmungen und positive Stimmung. In der Vergangenheit waren unsere abgeschlossenen Gemeinschaften und Familien unser regeneratives Umfeld. Dass es sie auch noch in Zukunft gibt, ist keineswegs selbstverständlich. Wenn die Globalisierung die Menschen in alle Winde zerstreut und wenn die traditionelle Familie immer weiter auseinanderbricht, müssen wir deutlich bewusster darauf achten, uns solche vertrauten Beziehungen aufzubauen und sie zu pflegen.

Und hier kommt das regenerative Umfeld ins Spiel. Im Gegensatz zur Ideenreichen Masse schwebt dieses Umfeld nicht im virtuellen Raum. Und anders als Ihr Aufgebot an Unterstützern besteht es nicht aus Leuten, die ähnliche berufliche Qualifikationen und Interessen haben wie Sie. Es sind vielmehr Menschen, zu denen Sie physisch Kontakt haben, mit denen Sie sich häufig treffen, mit denen Sie lachen, zusammen essen, Erlebnisse austauschen und sich entspannen. Diese Menschen werden für Ihre Lebensqualität und für Ihr seelisches Wohlbefinden entscheidend sein.

Das regenerative Umfeld der Zukunft wird meinen Vorstellungen nach unterschiedliche Formen annehmen. Einige werden sich für ein Leben in der Gemeinschaft mit Menschen entscheiden, denen sie nahe sein wollen. Andere werden sich gezielt in solchen Städten oder Gemeinden niederlassen, in denen sie leicht Kontakte knüpfen und mit anderen ins Gespräch kommen können. Deswegen habe übrigens auch ich mich für einen Wohnsitz in einer spanischen Kleinstadt entschieden, in der das Leben noch ein Tempo hat, das Entspannung und Freundschaftspflege fördert. Und wieder andere werden zur größeren Familie zurückfinden und eine Lebensform wählen, bei der sie mit mehreren Generationen in unmittelbarer Nähe zueinander wohnen. Die Betonung liegt hier auf »wählen«. Was einst als selbstverständlich galt, muss heute planvoll gestaltet werden.

In vielerlei Hinsicht ist dies potenziell der verblüffendste und interessanteste Aspekt der Netzwerke und Gemeinschaften in der Zukunft: Denn wenn sich die virtuellen Welten blitzschnell weiterentwickeln, müssen sich auch unsere physischen Kontakte weiterentwickeln, wobei wir uns hier aber nicht auf die Technik verlassen können.

Ein Aufgebot an Unterstützern zusammenstellen

Sie müssen eine schwierige Entscheidung treffen? Ein gewaltiges Problem lösen? Oder eine komplizierte Aufgabe erfüllen? An wen wenden Sie sich? Vielleicht entscheiden Sie sich wie Fred, die Sache allein zu erledigen, vielleicht glauben Sie, die Antworten schon gefunden zu haben, oder Sie wollen den Ruhm für die Lösung ganz alleine ernten. Freds Weg mag bei einfachen oder leicht lösbaren Aufgaben ans Ziel führen, aber wer immer mehr als Einzelkämpfer ans Werk geht, läuft Gefahr, dass er überfordert wird, eingleisig denkt und auf spannende Anregungen verzichten muss.

Für schwierige Entscheidungen werden Sie verstärkt ein Aufgebot brauchen. Dies war Ihnen schon immer klar: Wie oft haben Sie einen Freund oder eine Freundin angerufen und um Unterstützung bei der Lösung eines schwierigen Problems gebeten? Vielleicht wollten Sie einen Rat, was andere in gleicher Lage taten, oder eine Meinung zu den Lösungen, die Ihnen eingefallen sind? Wir haben schon immer solche Unterstützer um uns geschart und werden sie in Zukunft immer nötiger brauchen.

Denken Sie an die Menschen, an die Sie sich wenden können, wenn Sie wie Frank oder Fred ein schwieriges Problem lösen müssen. Ich vermute, dass Sie diese an zwei Händen oder auch nur an einer Hand abzählen können. Wenn Sie mit ihnen reden, steigen Sie wahrscheinlich rasch tief ins Thema ein und verfallen ins »Fachsimpeln«. Ich kann mir vorstellen, dass Außenstehende immer mehr Mühe hätten, Ihnen zu folgen.

Tiefes gegenseitiges Verständnis

Zu meinem Aufgebot gehört meine Freundin Tammy Erickson: Ihren Namen habe ich in diesem Buch bereits genannt. Sie und ich kennen uns über zehn Jahre. In dieser Zeit haben wir zwei Artikel für die *Harvard Business Review* geschrieben und an einem Forschungsprojekt zur Kooperation gearbeitet, das ich bislang noch nicht zu einem Buch verarbeitet habe. Tatsächlich sehe ich Tammy eher selten: Sie lebt bei Boston, während ich einen Großteil meiner Zeit in

London verbringe. Aber wir sorgen dafür, dass wir uns regelmäßig sehen. Ich verbringe einmal im Jahr mindestens ein Wochenende auf ihrer Farm, und wenn sie in London zu tun hat, wohnt sie bei mir. Unsere Gespräche drehen sich rasch um gemeinsame Interessengebiete. Wir reden über die Paradoxe, die bei der Schaffung einer kooperativen Kultur auftreten – das Thema begeistert uns beide –, oder über den Entwurf zu einem neuen Buch, denn wir sind beide tatkräftige Autorinnen.

Tammy gehört zu meinem Aufgebot. Ich weiß, dass ich sofort Unterstützung bekomme, wenn ich sie anrufe. Dazu war sie in der Vergangenheit immer bereit: Sie half mir bei der gedanklichen Ausarbeitung eines Modells der Zusammenarbeit, machte mir neuen Mut, als meine Energie bei der Arbeit an einem Buch schwand, und gab mir Ratschläge, als ich mit meinem Sohn ein schwieriges Problem auszufechten hatte. Und ich gehöre zu Tammys Aufgebot: Sie weiß, dass sie wie stets in der Vergangenheit auf Unterstützung zählen kann, wenn sie mich anruft.

Solche Aufgebote bieten ein gewaltiges Maß an Rückhalt und Wert und werden in Zukunft noch wichtiger werden. Aber während manche ihrer Aspekte wie Vertrauen schon immer entscheidend waren und dies auch bleiben, werden sich andere verändern. So leben Tammy und ich beispielsweise nicht im selben Land, sodass wir den Kontakt zumeist über die virtuellen Kanäle aufrechterhalten. Wir können vorhersagen, dass global gefragte Kompetenz eine immer größere Rolle spielen wird. Folglich wird es auch immer unwahrscheinlicher, dass diejenigen, die zu unserem Aufgebot an Unterstützern gehören, in der Nähe oder auch nur in derselben Zeitzone wohnen. Das Aufgebot, das Inez um sich geschart hat, besteht aus erstaunlich vielen Leuten, die in anderen Ländern leben. Wie ich Tammy kennt sie diese seit vielen Jahren mit persönlichen Begegnungen, aber inzwischen leben sie über die ganze Welt verstreut.

Aufgebote an Unterstützern beruhen auf Vertrauen. Erinnern Sie sich an Charlton Heston in seiner Rolle als Sheriff? Als er seine Truppe zusammenstellte, wählte er nicht unbedingt seine besten Freunde aus, sondern besonders zuverlässige Leute, die bereit waren, die anstehenden Aufgaben zu erfüllen. Natürlich spielte Sympathie auch eine Rolle, aber sie war bei der Auswahl nicht das

Hauptkriterium. Entscheidend war das Vertrauen, dass jeder Einzelne mit der Gruppe würde mithalten können.

Auch wenn der Vergleich etwas hinkt, ist das Wesentliche doch hoffentlich deutlich geworden: Ein Aufgebot an Unterstützern zu rekrutieren, heißt nicht, die engsten Freunde ins Boot zu holen. Es geht um ein Netzwerk aus Personen, denen Sie vertrauen und die Sie ebenfalls unterstützen werden, wenn sie Hilfe brauchen. Es gibt also zwei Bedingungen, die ein hervorragendes Aufgebot ausmachen: Das potenzielle Netzwerk muss Menschen umfassen, die füreinander insofern wertvoll sein können, als sie bei den Wissens- und Kompetenzbereichen ausreichend viele Gemeinsamkeiten haben, und die zudem einander vertrauen und bereit sind, Zeit zu opfern, um den jeweils anderen zu unterstützen.

Überlappende Interessengebiete

In der Zeit, die der die Wildwestfilme spielen, bemaß sich der Nutzen des Aufgebots vor allem an den Reitkünsten, wenn diese Truppe flüchtige Bankräuber jagte oder in die nächste Stadt galoppierte. Heute und noch mehr in Zukunft wird sich dieser daran bemessen, wie schnell und fundiert die Mitglieder mit ihrem Wissen und ihrer Erfahrung zur Lösung eines Problems beitragen können.

Als Frank einen Kollegen anrief, mit dem er bereits zusammengearbeitet hatte, konnte er sofort tief in die Materie einsteigen, weil sich beide bestens auskannten und schon kleinere Details besprechen konnten. Frank und sein Kollege tauschten jenes »stille« Wissen aus, das die Mobilisierung des Aufgebots besonders wertvoll macht. Es geht um eine Art Wissen und Können, das in Jahren der Erfahrung angesammelt wird, Ideen, wie man ein Problem durch abgekürzte Verfahren oder eine besondere Herangehensweise schneller löst. So gründliche Erfahrungen und Erkenntnisse sind selten schriftlich niedergelegt, weshalb Wikipedia ein Aufgebot von Unterstützern denn auch nicht ersetzen kann.

Das Problem besteht darin, dass diese Art stilles Wissen im Gegensatz zu den – schriftlich fixierbaren und gut weiterzuverbreitenden – expliziten Kenntnissen nur in einem vertrauten Umfeld transferiert wird. So führen Tammy und ich deshalb so offene und tiefgründige Gespräche, weil unser langjähriges Vertrauensverhältnis auf einer engen Beziehung und einer genauen Kenntnis basiert, in welchen Lebens- und Arbeitsbedingungen die jeweils andere steckt.

Sich ein Netzwerk, ein Aufgebot an Unterstützern zu schaffen, die ihr Fachkönnen und -wissen einbringen, bedeutet weitaus mehr, als sich einfach nur zu vernetzen. Es heißt nicht, sich einfach eine Adressdatenbank aufzubauen, über die man möglichst viele Leute erreicht. Wir werden sehen, dass dies beim Aufbau einer Ideenreichen Masse, nicht aber bei dem eines Aufgebots an Unterstützern funktioniert. Beim Aufgebot ist bei den Ideen und dem Wissenshorizont ein tiefes wechselseitiges Verständnis notwendig. Es geht um mehr als um Kontaktaufnahme, nämlich um die Bereitschaft, dem anderen zuzuhören und von ihm zu lernen, und um die Fähigkeit, Gleichgesinnte zu gewinnen, die Sie unterstützen.

Das Problem liegt darin, dass klassisches Networking auch zu einem Spiel werden kann, bei dem man sich in einem möglichst positiven Licht präsentiert. Allzu oft geht es dabei nur um perfekte Selbstdarstellung mit dem Ziel, andere zu beeindrucken. Anstatt echter Gespräche und Austauschs finden Selbstinszenierungen und Imagebildungen statt. Auf dieser Basis kann man sich kaum ein Aufgebot an Unterstützern aufbauen und auch kein Vertrauen schaffen.

Vertrauen und Wechselseitigkeit

Das Aufgebot zeichnet sich dadurch aus, dass die Unterstützer rasch erreichbar sind. Als Frank einen Kollegen anrief, brauchte er seinen Rat sofort. Wenn ich Tammy anrufe, kann ich mich darauf verlassen, dass sie mir ihre Meinung zum Thema in ein paar Minuten mitteilen kann. In beiden Fällen basiert dieses Verhältnis auf einem tiefen Vertrauen und darauf, dass man sich richtig gut versteht. Tammy und ich kennen einander bestens. Wir haben über die Jahre Zeit miteinander verbracht. Wir wissen, woher die andere kommt, mit welchen besonderen Problemen sie sich herumschlägt und in welchen Bereichen des Wissens und Könnens wir uns weiterentwickeln. Am Anfang dieses tiefen Vertrauens und gegenseitigen Verstehens stand oft eine intensive Neugierde, Zuhören und Einfühlung.

Das Aufgebot besteht aus Leuten, in die Sie Zeit investiert haben, um sie genauer kennenzulernen und von ihren Erfahrungen zu profitieren. Es entsteht auch dadurch, dass man nach einer gemeinsamen Basis sucht und gemeinsame Probleme entdeckt. Erst der gleiche Hintergrund und die gleiche Basis machen es möglich, fruchtbar zusammenzuarbeiten, um Schwierigkeiten zu bewältigen oder Chancen zu nutzen. Dabei werden nicht nur Kenntnisse und Erfahrungen ausgetauscht, es entstehen sogar ganze neue Erkenntnisse und Ideen, weil stilles Wissen angezapft wird.

Wenn zwei Parteien erkennen, dass sie Probleme gemein haben, und oft die Erfahrung machen, dass sie sich gegenseitig bei der Lösung helfen können, entsteht Vertrauen, werden die Fundamente für eine längerfristige Beziehung gelegt. Als besonders wichtiges Mittel, um Vertrauen zu vertiefen, kann man die Mitglieder seines Aufgebots miteinander bekannt machen. So stellte mir Tammy den MIT-Professor Tom Mallone vor, von dem die Gedanken zu virtuellen Zünften stammen, die ich beim Thema erste Neuorientierung dargelegt habe. Ich stellte Tammy meinem lieben Freund Gary Hamel vor, mit dem sie später in mehreren Projekten zusammengearbeitet hat.

Die Gegenseitigkeit, der einfache Austausch von Ideen und Kontakten bildet ein solides Fundament für Vertrauen. Denken Sie nochmals einen Augenblick an die Leute in Ihrem Aufgebot an Unterstützern. Wie haben Sie zueinandergefunden? Haben Sie zu den Mitgliedern oder haben die Mitglieder zu Ihnen gefunden? Vermutlich war beides der Fall. Ich habe Tammy gefunden (auch wenn uns ein gemeinsamer Freund einander vorgestellt hat), während Julia Goga-Cooke, die ebenfalls meinem Aufgebot angehört und die inzwischen mit mir im Forschungsverbund *Future of Work* zusammenarbeitet –, mich gefunden hat. Als ich eines Tages in meinem Zimmer saß, spazierte sie herein und teilte mir mit, dass sie von meinem Buch *Hot Spots* begeistert sei. Wenn man ein Aufgebot zusammenstellt, muss man nicht nur Leute zusammenstellen, sondern auch welche anziehen.

Andere anziehen

Beim klassischen Networking geht es um eine Push-Strategie: Sie entdecken Leute, die für Sie hilfreich sein könnten, und suchen nach Wegen, sich bei andern einzuführen. Als treibende Kraft investieren Sie Energie, um den Kontakt anzuleiern. Der Aufbau eines Aufgebots funktioniert anders. Tatsächlich entsteht so eine Gruppe häufig dadurch, dass die Mitglieder sich gegenseitig anziehen. Die beste Art, vielversprechende Mitglieder ausfindig zu machen, besteht folglich darin, Mittel zu finden, um sie zu sich herzuziehen. Was sie anzieht, ist gemeinsames Wissen, eine Basis an gemeinsamen Interessen und eine ähnliche Art, an Probleme heranzugehen. Es geht darum, Leute anzuziehen, anstatt Kontakte zu forcieren.

Bei der Zusammenstellung möglicher Mitglieder Ihres Aufgebots lautet folglich eine Frage: Wie schaffen Sie ein Forum, über das Sie bekannt machen können, womit Sie sich beschäftigen? In meinen Fall sind es die Bücher, die ich schreibe: Sie machen sehr deutlich, mit welchen Fragen ich mich herumschlage. Aber man muss kein Buch schreiben, um Aufmerksamkeit zu wecken. Sie müssen nur vorrangig öffentlich über die Fragen reden, mit denen Sie sich befassen, damit andere sehen können, ob sie sich mit ihren Interessen decken. Sie können Vorträge halten, Ihre Ideen über einen Blog verbreiten oder sich Communitys aus Leuten mit gleichen Interessen anschließen. Um andere anzuziehen, müssen Sie auf Sendemodus schalten. Aber berichten Sie dabei nicht nur von Ihren Leistungen, sondern auch von den Problemen, mit denen Sie kämpfen. Wenn Sie über Ihre begeisternden Themen und über Ihre Herausforderungen reden, dann wird für andere deutlich, ob sie sich Ihrem Aufgebot anschließen wollen.

Die Truppe, die unser Wildwestheld zusammentrommelte, bestand wahrscheinlich aus ähnlichen Leuten aus der Stadt. Heute und noch mehr in Zukunft beruht ein Aufgebot zwar auf gleichen Interessen, aber die Mitglieder blicken auf diese mit unterschiedlichen Augen: Manche sind sogar virtuell. Dadurch wird die Sache deutlich komplizierter, aber auch weitaus interessanter und dynamischer. Um ein Aufgebot zusammenzubringen, braucht es eine Reihe kooperativer Fähigkeiten, die wahrscheinlich deutlich besser entwickelt sind, als viele sie heute aufbringen: zum Beispiel die Fähigkeiten, in einer virtuellen Umgebung zu interagieren.

Virtuelle Unterstützung

Da Technik Menschen auf immer ausgeklügeltere Weise miteinander vernetzt, können wir erwarten, dass Unterstützung über virtuelle Kanäle immer mehr zur Regel wird. Schon 2010 erlebten wir auf faszinierende Weise die Entstehung virtueller Communitys von Menschen mit, die bereit waren, sich gegenseitig zu betreuen und zu unterstützen, kurz, virtuelle Aufgebote aus Unterstützern zu schaffen. In der Ärzte-Community Semco stellen Mediziner ihre Probleme vor, zu denen andere Ratschläge und Hinweise geben. Auch Rohan, der fiktive Chirurg in Indien, gehört einer virtuellen Gemeinschaft an, die ihn nach Kräften unterstützt. Ähnliches leistet die virtuelle Kanzlei Lawlink. In gewissem Sinn verwirklichen diese Communitys die gewöhnlichen Ideale der Solidarität unter Berufskollegen. Ein weiteres Beispiel ist Horsesmouth, wo man um Rat und Betreuung nachsuchen und die Leute finden kann, die bereit sind, sich seinem Aufgebot an Unterstützern anzuschließen.[5]

Da das Aufgebot – und tatsächlich Arbeit im Allgemeinen – sich immer mehr in den virtuellen Raum verlagert, wird die Fähigkeit, grenzüberschreitend Kooperation aufzubauen und Begeisterung zu wecken, immer wichtiger. Auch wenn diese Fähigkeiten virtueller Communitys 2010 noch in den Kinderschuhen steckten, werden sich diese den Erwartungen nach stetig weiter verbessern. Für einige Mitglieder unseres Forschungsverbundes aus Hightech-Firmen wie Nokia oder Thomson Reuters ist virtuelles Arbeiten längst die Regel. Das Mitglied David Dalpe, der bei Reuters beschäftigt ist, gibt zum Aufbau eines virtuellen Aufgebots an Unterstützern beispielsweise folgende Tipps:

Erstens: Leute, die Sie in Ihr Aufgebot einbeziehen wollen, werden vermehrt in anderen Zeitzonen arbeiten. Sie müssen sich also sorgfältig überlegen, wann sie erreichbar sind, und »das Leid teilen«, wie David es nennt: sodass es beispielsweise nicht immer nur die Leute in Hongkong sind, die um Mitternacht noch Anrufe bekommen.

Zweitens: Über nicht öffentliche soziale Netzwerke wie Yammer kann man zwar hervorragend im Gespräch bleiben, aber persönlichere Begegnungen, und sei es auch nur eine Videokonferenz über Skype, sind ebenfalls notwendig. Kommunizieren Sie in einem virtuellen Aufgebot an Unterstützern lieber zu viel als zu wenig: Sie können nicht erwarten, dass alle Ihre Mails gelesen werden. In einem solchen Aufgebot ist auch wichtig, kulturelle Probleme sofort offen und ehrlich anzusprechen. Wenn sie unter den Teppich gekehrt werden, schwelen sie weiter.

Drittens: Wenn Sie Unterstützer anziehen, geht es dabei nicht allein darum, dass diese Ihre Interessen- und Kompetenzbereiche teilen. Sie müssen auch gerne kooperieren und von anderen lernen wollen.

Und schließlich: Ihr Aufgebot beruht auf gegenseitigem Entgegenkommen, gemeinsamem Lernen und erwarteter Unterstützung. Sie leisten sich gegenseitig dann Unterstützung, wenn diese gebraucht wird. Das heißt nicht, dass auf eine Struktur ganz verzichtet werden kann. Benötigt werden »Operationsprinzipien«, wie David sie nennt. Dazu gehören beispielsweise einfach das Wissen, wie Leute gerne kommunizieren und wann sie zur Unterstützung bereit sind, oder aufwendigere Mittel wie die, das Aufgebot regelmäßig darüber zu informieren, woran man gerade arbeitet und welche Ideen man entwickelt.

Sich eine Ideenreiche Masse schaffen

Ich stelle Ihnen einige Fragen: Glauben Sie, dass die meisten Menschen eine neue Arbeit durch Empfehlungen von Bekannten oder durch Menschen finden, die sie kaum kennen? Nächste Frage: Wer kann die Verkaufszahlen von Computern für die nächsten sechs Monate wohl besser vorhersagen? Der Verkaufschef der Firma oder eine Masse von Leuten, die mehrheitlich nicht in dieser Firma arbeiten?

Wenn Sie sich in beiden Fällen für die zweite Antwort entscheiden, wissen Sie bereits, wie leistungsfähig große lose Netzwerke sein können. Die Globalisierung und Technisierung werden deren natürliche Kraft weiter stärken.

Die erste Frage – wie Menschen ihre Jobs finden – stammt von dem Soziologen Mark Granovetter.[6] Die Vermutung lautete, dass Jobs vor allem über persönliche Verbindungen zu Freunden, zur Familie oder engen Mitarbeitern – Mark nennt sie die »starken Bindungen« – gefunden würden. Nun fand Mark aber heraus, dass es gerade nicht in erster Linie die starken Bindungen waren, über die Menschen eine neue Arbeitsstelle fanden. Die entscheidenden Hinweise kamen nicht von einem engen Freund, sondern eher vom Freund eines Freundes oder auch nur von einem Bekannten oder sogar entfernten Bekannten. Sie verliefen also über die sogenannten »schwachen Bindungen«. Und so schrieb Mark denn einen Artikel zur »Stärke der schwachen Bindungen«, der unserer Vorstellungen über den Informationsfluss und über Netzwerke von Grund auf veränderte. Wenn es darum geht, eine Arbeitsstelle zu finden, nützt ein Kontakt nicht wegen seiner besonderen Nähe zu uns oder wegen der Position und des Einflusses der betreffenden Person. Wichtig ist vielmehr, dass die Person verschiedene Personen kennt und deshalb auf unterschiedliche Informationen stößt. Wenn man seine gesamte Zeit nur mit Bekannten, Nachbarn und Kollegen verbringt, die im gleichen Umfeld arbeiten wie man selbst, erfährt man selten Neues.

Über ein großes lockeres Netzwerk an Bekannten zu verfügen, so fand Mark heraus, bietet den Vorteil, dass man eine deutlich größere Informationsquelle anzapfen kann. Und je verschiedener diese Bekannten sind, desto breiter ist das Spektrum der nutzbaren Informationen. Seit dem Erscheinen von Marks Artikel 1973 hat das Konzept um die Ideenreiche Masse beständig an Bedeutung gewonnen, weil die sozialen Medien Gelegenheiten geschaffen haben, Wissen, das über schwache Bindungen transferiert wird, mit geringstem Aufwand anzuzapfen.

Wenden wir uns der zweiten Frage, der zur Prognose zu den Verkaufszahlen von Computern, zu: Scott Page, ein Professor für komplexe Systeme, hat die Leistungsfähigkeit dieser »Großen Massen« einer Prüfung unterzogen.[7] Page interessierte sich für die Frage, inwieweit zuverlässige Prognosen eher von einer Masse als von einem Einzelnen getroffen werden können. In seiner Studie befasst er sich mit der Zuverlässigkeit von Prognosen zu Verkaufszahlen. Dabei fand er heraus, dass Massen bessere Prognosen abgaben als Einzelne, sogar dann, wenn es sich um eine besonders fachkundige Person handelte. Ebenso stellte er fest, dass Prognosen desto genauer zutrafen, je mehr Vielfalt die jeweilige Masse auszeichnete, insbesondere bei Vorhersagen zu komplexen Phänomenen.

Schon 2010 tauchten Beispiele für eine Nutzung der Ideenreichen Masse – das sogenannte Crowdsourcing – in vielen verschiedenen

Bereichen auf, so mit »Yahoo! Answers«, in dem Menschen mit speziellen Wissensgebieten auf Fragen antworten, denen man mit anderen Online-Mitteln nicht auf die Spur kam. Oder »Mechanical Turk«, ein Internetmarktplatz, über den man anderen Aufgaben stellen kann, die nur mit menschlicher und nicht mit künstlicher Intelligenz lösbar sind. Zu weiteren Crowdsourcing-Aktivitäten gehörten: Distributed Proofreaders, über das Leute Entwürfe für elektronische Texte Korrektur lesen; Foldit, das ein allgemeines Publikum dazu auffordert, spielerisch Proteine zu falten, um Faltstrategien zu entdecken; GeniusRocket, bei dem Werbeaufträge ausgegliedert werden, darunter die Herstellung von Werbetexten, Grafikdesign, Webdesign und Videos; und Idea Bounty, eine Werbeagentur, die Kreativität »outsourct«.[8] Und natürlich deckte die Zeitung *Daily Telegraph* in Großbritannien 2009 einen Skandal unter den Mitgliedern des britischen Unterhauses auf, indem es 700 000 Dokumente für Spesenabrechnungen ins Internet stellte und über 20 000 Nutzer nach gefälschten Abrechnungen suchen ließ.

Wenn diese Ideenreiche Masse für die Zukunft so wichtig wird, wie wollen Sie sie dann nutzen? Sicher: Solche Ideenreichen Massen entstehen von selbst und können nicht kontrolliert werden, aber dennoch kann man beeinflussen, wie schnell sie entstehen, wie sie sich entwickeln und welche Form sie annehmen.

Große, breit angelegte und vielfältige Netzwerke sind auf drei Arten gestaltet. Erstens haben Menschen, die Ideenreiche Massen entwickeln, Erfahrung darin, eingetretene Pfade zu verlassen. Damit meine ich, dass sie lieber die Räume außerhalb ihres üblichen Erfahrungsbereichs erkunden und ihren Bekanntenkreis dabei so erweitern, dass auch ganz andersartige Menschen einbezogen werden. Zweitens muss man bei der Entwicklung einer Ideenreichen Masse oft die Fähigkeit mitbringen, sich wie ein soziales Chamäleon zu verhalten. Wenn Sie die Netzwerke von Menschen durchstreifen, die sich von Ihnen völlig unterscheiden, tun Sie gut daran, sich bis zu einem gewissen Grad anzupassen. Und schließlich geht es beim Aufbau einer Ideenreichen Masse nicht einfach nur um eine Push-Strategie, bei der Sie Kontakte knüpfen, sich vernetzen und Namen merken. Es geht auch um eine Pull-Strategie, also darum, Leute aus verschiedenen Netzwerken, die sich für Sie interessieren, auf sich aufmerksam zu machen.

Ausgetretene Pfade verlassen

Ausgedehnte Netzwerke aus unterschiedlichen Menschen bauen Sie sich dann auf, wenn Sie Zeit und Ressourcen opfern, um Aktivitäten nachzugehen, die für Sie eigentlich untypisch sind. Sie können in einen Klub eintreten, der sich mit Dingen beschäftigt, mit denen Sie nichts zu tun haben, sich einen Vortrag mit einem Thema anhören, das für Sie ganz neu ist, oder an einer Teambesprechung in einer anderen Abteilung oder einem Fremdunternehmen teilnehmen. Unabhängig von der Aktivität geht es darum, in ein neues Umfeld einzutreten und neue Gesichter zu sehen. Sie können sich beruflich mit Leuten umgeben, die sich von denen unterscheiden, von denen sie üblicherweise lernen. Es kann schon genügen, wenn man einen anderen Weg zur Arbeit oder durch das Großraumbüro nimmt. So stellte sich beispielsweise bei einer Studie zur Entstehung von Netzwerken heraus, dass neue Kontakte häufig durch »Zufälle« entstehen wie dem, wie ein Weg verläuft oder an wem ein Treppenaufgang vorbeiführt.[9]

Ein Chamäleon werden

Denken Sie einen Augenblick über die verschiedenen Gruppen nach, denen Sie angehören oder über die Sie etwas wissen. Stellen Sie sich zu ihnen drei einfache Fragen: Wie ziehen sich ihre Mitglieder gewöhnlich an? Wie steht es mit ihrer Pünktlichkeit? Welche Wörter benutzen sie am häufigsten?

Ich vermute, dass Sie für jede Gruppe ein eigenes Bild malen können. Vielleicht kleidet sich die eine tendenziell konservativ, verficht Pünktlichkeit und spickt ihre Reden mit analytischen Begriffen und Daten. Eine andere Gruppe, die Sie kennen, gibt sich vielleicht kreativer, kleidet sich eher auffallend und farbfroh, nimmt es mit den Zeiten nicht so genau und bedient sich eines eher emotionalen Sprachgebrauchs. Und Mitglieder einer weiteren Gruppe sehen sich vielleicht als Computerfreaks: Sie wählen unauffällige Kleidung, kommunizieren lieber über das Internet als direkt mit Leuten und gebrauchen einen Technikjargon voller Abkürzungen. Diese Unterschiede sind keineswegs oberflächlich. Sie sind vielmehr die äußeren Anzeichen der Normen, die in der Gruppe tief verankert sind. Sie spielen beim Aufbau der Identität der Gruppen eine wichtige Rolle, stützen deren Selbstverständnis und − noch wichtiger − signalisieren, wer nicht dazugehören soll.

Die Herausforderung für jemanden, der sich eine Ideenreiche Masse aufbauen will, besteht nun darin, Netzwerke einzubeziehen, die so unterschiedlich sind wie die drei beschriebenen Gruppen. Man muss nicht sämtliche Mitglieder aller Gruppe kennen, aber wenn man ein breit angelegtes und vielfältiges Netzwerk aufbauen will, ist wichtig, dass man zu einem oder zwei ihrer Mitglieder eine Brücke schlägt. Mit diesem Brückenschlag müssen Sie die Barrieren überwinden, die die Gruppe aufgerichtet hat, um »Andersartige« draußen zu halten. So wird die erste, eher traditionsbewusste Gruppe jemandem mit Misstrauen begegnen, der sehr kunstbeflissen ist und den sie für weniger bodenständig hält. Die kreative, kunstbegeisterte Gruppe wird erst einmal Ihre schöpferischen Ideen kennenlernen wollen, ehe sie bereit ist, sich Ihnen zu öffnen. Krawattenträger stoßen bei ihnen auf Argwohn. Und bei den Computerfreaks lösen Gefühlsduselei und Autorität Misstrauen aus. Auch wenn diese Darstellung übertrieben und klischeehaft ist, verdeutlicht sie, was uns tendenziell im Weg steht, wenn wir uns eine Ideenreiche Masse aufbauen wollen: Wir verstehen die Normen andersartiger Gruppe nicht, sodass uns der Zugang zu ihren Netzwerken versperrt bleibt.

Die Fähigkeit, Netzwerke zu schaffen und dabei Brücken zu Gruppen mit ganz unterschiedlichen Normen zu schlagen, ist das Studiengebiet des akademischen Forschers Martin Kilduff. Besonders interessiert sich Kilduff für die Art Menschen, die Klüfte zu anderen besonders gut überbrücken können. Dabei stellte er fest, dass die besten auf diesem Gebiet gewissermaßen die Eigenschaften von Chamäleons besitzen.[10] Sie sind offenbar hervorragend in der Lage, ihre Haltungen und Verhaltensweisen ganz an die Erwartungen einer Gruppe anzupassen. Wie ein Chamäleon, das seine Farbe zur Tarnung an den Hintergrund angleicht, verändern sie sich je nach Umfeld. Sie passen sich in der Sprechweise, der Wortwahl, den geäußerten Überzeugungen und schon in der Kleidung an. Hinter ihrer hervorragenden Anpassungsfähigkeit steckt ein gutes Gespür für die Verhaltenssignale in ihrem Umfeld, das sie ständig auf die Gruppennormen hin abtasten. Dabei verfügen sie übrigens durchaus über einen Kern eigener Überzeugungen und verleugnen sich nicht komplett. Aber ihre Stärke besteht offenbar in einem Gespür dafür, inwieweit sie sich anpassen müssen und wo sie sich im Kern treu bleiben können.

Martin Kilduff fand heraus, dass hervorragende menschliche Chamäleons ein Persönlichkeitszug auszeichnet, den er »Selbstüberwachung« nennt. Die besten Chamäleons sind gute Selbstüberwacher, die in einer Situation Hinweise auf Gruppenerwartungen erkennen und sich rasch an sie anpassen können. Schlechte Selbstüberwacher sind schlechte Chamäleons, denn sie übersehen häufig diese subtilen Signale und regieren auf sie so insgesamt schlechter. Dabei gilt aber die schlichte Wahrheit: Unabhängig davon, wie gut Sie in Selbstüberwachung sind, wenn Sie von Ihrem Netzwerk aus Brücken zu Gruppen aus völlig anderen Leuten schlagen wollen, tun Sie gut daran, zu beobachten, welche Normen dort gelten, und sich ein Stück weit an sie anzupassen. Andernfalls bleiben Sie immer Außenseiter in Gruppen, die für Ihre Ideenreiche Masse sehr wichtig sein könnten.

Leute anziehen

Sie können umherstreifen, sich Gruppen anpassen und ausgetretene Pfade möglichst meiden. Das ist eine kraftvolle Möglichkeit, um diese Ideenreichen Masse aufzubauen. Aber neben einer solchen Push-Strategie können Sie auch eine Pull-Strategie verfolgen: Verschiedene Leute anziehen, die sich an *Ihre* Gruppennormen anpassen und auf *Ihren* Pfaden wandeln wollen. Die Pull-Strategie ist für den Aufbau des Aufgebots an Unterstützern wichtig und spielt auch beim Aufbau eines breit angelegten Netzwerks aus unterschiedlichen Gruppen und Menschen eine bedeutende Rolle. Menschen, die andere anziehen, tun dies deshalb, weil sie als offen wahrgenommen werden und Hemmschwellen, sie zu kontaktieren, dadurch besonders tief liegen. Sie gelten als Leute, die gut erwidern können. Deshalb stellen Freunde ihnen begeistert ihre Freunde vor. Ihre größte Anziehungskraft besteht allerdings darin, dass sie den Eindruck interessanter und faszinierender Menschen vermitteln und klare Wege aufzeigen, über die man sie leicht erreichen kann: zum Beispiel Plaudereien über Twitter oder Blogs, in denen sie zu Kommentaren auffordern, schriftliche Beiträge oder kurze Videos, in denen sie ihre Ideen verarbeitet haben. In diesem »Zeitalter der Partizipation« wird es nicht mehr genügen, einfach nur nach neuen Pfaden zu suchen. Wichtig ist zudem, sein geistiges Kapital und seine besonderen Kompetenzen so darzustellen, dass sie andere anziehen.

Ein regeneratives Umfeld suchen

Zerrissenheit und Isolation könnten die beherrschenden Gefühle in Ihrer künftigen Arbeitswelt sein. In der eigenen Wohnung in Megastädten isoliert, virtuell überall auf dem Globus beschäftigt und von der eigenen Familie abgeschnitten zu sein, erscheint als eine düstere und öde Zukunftsperspektive. Der Wirtschaftswissenschaftler Robert E. Lane bezeichnet sie als das Modell der »Mangelernährung« und fasst es so: »Nach meiner Hypothese grassiert eine Art Hungersnot, wenn es um innige Zwischenmenschlichkeit, gut erreichbare Nachbarn, Geborgenheit, Einbindung in einen Kreis und um solidarisches Familienleben geht.«[11]

In der Vergangenheit mussten wir uns über ein regeneratives Umfeld wenig Gedanken machen und auch nicht an ihm arbeiten: Dafür sorgten schon die Familie und eine Gemeinschaft um uns herum. In Zukunft können wir damit nicht mehr rechnen. Vielmehr müssen wir das einst selbstverständlich Vorhandene aktiv suchen und gestalten. Während das Aufgebot an Unterstützern und die Ideenreiche Masse eine Zeit lang im virtuellen Raum zusammengehalten werden können, zeichnet sich das regenerative Umfeld gerade dadurch aus, dass es physisch präsent ist. Wenn man sein regeneratives Umfeld gestaltet, ist die Standortfrage folglich ein wichtiger Aspekt.

Regenerative Orte suchen

In einer Welt der immer breiter gefächerten Wahlmöglichkeiten müssen wir uns sehr genau überlegen, in welchem physischen Umfeld wir leben wollen. Wie wir beim Thema Globalisierung gesehen haben, werden sich immer mehr Menschen für ein Leben in den Städten der Welt entscheiden und sich da niederlassen, wo es Menschen mit gleichen Fähigkeiten und Interessen gibt.

Ein Paradox der Zukunft besteht meiner Ansicht nach darin, dass in dem Maß, in dem die Welt virtueller wird, die Bedeutung des Physischen wächst. Dass wir ein regeneratives Umfeld um uns haben, können wir nicht mehr als selbstverständlich voraussetzen. In der Vergangenheit bestimmte noch die Lage unseres Arbeitsplatzes unseren Wohnort und umgekehrt. Ein Beispiel ist Brianas Vater: Als Fließbandarbeiter in der Detroiter Automobilindustrie wählte er seinen Wohnsitz so, dass er in angemessener Zeit zum Arbeitsplatz pendeln konnte.

Dies wird sich teilweise ändern, weil die wissensbasierte wie auch die um Pflege und Fürsorge zentrierte Arbeit globaler wird. Die zuerst genannte Arbeit wird zudem virtueller. Wir können folglich annehmen, dass die Auswahl des Lebensmittelpunktes stärker von persönlichen Vorlieben bestimmt wird. Zudem steht zu erwarten, dass diese Vorlieben auch von wachsenden Rücksichten auf den persönlichen CO_2-Ausstoß diktierten werden. Lange Wege zur Arbeit werden wirtschaftlich und ethisch vielfach nicht mehr vertretbar sein. Wir wollen nahe am Arbeitsplatz wohnen und in einem mitmenschlichen Umfeld leben, das uns aufbaut.

Ein regeneratives Umfeld stelle ich mir so vor, dass die Menschen in ihm leicht Bekanntschaft schließen und miteinander ins Gespräch kommen können. Hier geht man eher zu Fuß, als isoliert in seinem Wagen zu fahren, wohnt nahe bei Freunden oder teilt mit ihnen sogar eine Wohnung.

Alljährlich küren Zeitungen und Magazine wie *Wallpaper* oder *Monocle* die attraktivsten Städte rund um den Globus. Und akademische Forscher wie Richard Florida studieren Orte, die regenerative Umfelder fördern und hohe Lebensqualität bieten.[12] In seiner Studie zu den USA führte Florida vor, dass man Orte hoher Lebensqualität auf einer Landeskarte sichtbar machen kann. Seine Ergebnisse zeigen, dass einige Regionen und Städte in der Lage sind, ihre Bürger glücklich zu machen und ihnen Erholung zu bieten. Dabei setzte Florida unter anderem folgende Faktoren als wichtig an:

Erstens: Ein gewählter Wohnort wirkt dann regenerierend, wenn er Spannung und kreative Anregungen bietet: Parks, offene Räume und Kulturevents schaffen regenerative Zyklen, die kreative Energie freisetzen. Dabei spielt auch Ästhetik, die Schönheit der Stadt oder der umliegenden Landschaft, eine wichtige Rolle – als »Schönheitsprämie«, wie Wirtschaftswissenschaftler es nennen. Solche Städte oder Gemeinden ziehen tendenziell andere Kreative an, die offen für neue Erfahrungen sind.

Zweitens: Ein Wohnort ist regenerativ, wenn Menschen dort sie selbst sein, sich offen äußern und ihre Individualität kultivieren können. In einer Welt, in der viele ihre Heimatorte mit den gewohnten Normen und Bräuchen verlassen, wird dieses Gefühl von Identität immer wichtiger. Um sich in seiner Identität ungehindert ausdrücken zu können, braucht es ein offenes und tolerantes Umfeld.

Drittens: Ein regeneratives Umfeld bietet Möglichkeiten, Menschen kennenzulernen und Freundschaften zu schließen. Wo eher zu Fuß gegangen als im Auto gefahren wird, begegnet man leichter Menschen. Und wo es Straßencafés gibt, wird man sich eher grüßen und einen Schwatz miteinander halten.

Und schließlich: Regenerative Umfelder vermitteln auch ein Gefühl des Stolzes – sei es im Fanklub der lokalen Mannschaft, beim Treffen mit netten Nachbarn oder wenn man eine grandiose Kulisse genießt.

Wo liegen diese regenerativen Gemeinschaften? Als Richard Florida die Städte und Regionen in den USA unter die Lupe nahm, kam er zu dem Ergebnis, dass dabei die Lebensphase berücksichtigt werden muss. Für die »Jungen und Ruhelosen«, wie er sie nennt, sind die besten Umgebungen Ballungsräume wie San Francisco oder kleine Regionen wie die um Boulder, Santa Barbara und Ann Arbor. Für Verheiratete mit Kindern regenerativ wirken familienfreundliche Viertel von Städten wie Boston, San Diego oder New York. Ältere, deren Kinder aus dem Haus sind, haben San Francisco oder Seattle zur Auswahl. Außerhalb der USA tauchen in der Rangliste von *Monocle* für Europa an der Spitze Städte wie Kopenhagen, München, Zürich, Helsinki, Wien und Stockholm auf. In Kanada sind es Montreal sowie Vancouver, in Australien Melbourne sowie Sidney und in Asien Fukuoka sowie Kyoto. Wir können erwarten, dass in den kommenden Jahrzehnten weitere Städte in die Liste aufgenommen werden.

Wenn man einen regenerativen Wohnort gefunden hat, welcher Lebensstil herrscht dann dort vor? Wie wir gesehen haben, verändern sich rasch die Familienstrukturen. Die Patchwork- löst die traditionelle Familie immer mehr ab. So werden wohl auch die Toleranz gegenüber der Vielfalt an Lebensformen und die Wahlmöglichkeiten bei ihnen zunehmen, wie es bei vielen Aspekten der Zukunft der Fall ist. Wir werden uns meiner Erwartung nach bewusster ein regeneratives Umfeld aufbauen, zum Beispiel durch die Entscheidung, ob wir in einer Wohngemeinschaft, in einem Mehrgenerationenhaus oder allein, aber mit engem Anschluss an Freunde wohnen wollen. Klar ist, dass bei allen diesen Lebensentscheidungen enge Freundschaften eine große Bedeutung haben werden.

Das regenerative Umfeld: Freundschaften kultivieren

In einer künftigen Welt der immer größeren Entfernungen, der weiter voranschreitenden Technisierung und des immer geringeren Vertrauens in die Institutionen sind Freundschaften nicht mehr selbstverständlich und müssen bewusst kultiviert werden. Menschen sind von Natur aus höchst soziale und wahrscheinlich auch zu Kooperation und Empathie neigende Wesen. Es gehört zu unserem Wesen, dass wir Freundschaften knüpfen und uns mit Menschen umgeben, die uns durch Unterstützung, Zuneigung und Liebe verbunden sind. Dies galt für die Vergangenheit und wird auch in Zukunft gelten.

Die starken Bindungen von Freundschaft und Vertrauen haben ihren natürlichen Ursprung in der Familie. In diesem Hort einer gemeinsamen Vergangenheit und einer geplanten Zukunft herrschte, historisch betrachtet, der zuverlässigste Rückhalt. Aber wie wir gesehen haben, reißen Familien immer häufiger auseinander, werden neu zusammengestellt und über große Entfernungen und Zeitzonen zerstreut. Das heißt übrigens nicht, dass sie deswegen unbedingt schlechter Unterstützung leisten. Vielleicht schaffen die sozialen Medien Kommunikationskanäle – mit Videokonferenzen und einer virtuellen Anwesenheit –, die ebenso gut funktionieren wie Begegnungen in der physischen Welt.

Aber das ist nicht der Punkt. Es wird immer Familienbande geben, aber sie werden immer häufiger im virtuellen als im physischen Raum gepflegt werden müssen, weil die Familienmitglieder dorthin ziehen, wo es Arbeit gibt und wo regenerative Umgebungen locken. Wo bleiben dann die engen, liebevollen und entspannten Beziehungen zu Menschen, mit denen man sich versteht? Wenn es Beziehungen zu Partnern sind, müssen sie mehr sein als nur das. In einer Welt zunehmender Zersplitterung, wachsenden Lärms, vermehrter Ablenkungen und steigender Entfernungen zu anderen wird es immer wichtiger, starke und innige Freundschaften aufzubauen, die mehr sind als ein Aufgebot an Unterstützern. Dafür ein geeignetes Umfeld zu schaffen, ist übrigens nicht unbedingt die Aufgabe der Arbeitsumgebung. Aber Arbeit muss ausreichend Raum und Zeit lassen, damit man solche Freundschaften aufbauen kann.

Dabei ist Zeit die wichtigste Ressource. Wenn Ihre Welt zeitlich völlig zersplittert ist und die Prioritäten anderer überhandnehmen, bringen Sie nicht mehr genug Tatkraft und Willen auf, um in tiefe Freundschaften zu investieren. Angesichts der räumlichen und zeitlichen Zerrissenheit, die unsere Zukunft prägen wird, ergeben sich Freundschaften nicht mehr von selbst. Sie wollen aufwendig geknüpft, gefördert und gepflegt werden. Ein Prozess, der in der Vergangenheit auf natürlichem Wege ablief, muss in Zukunft immer stärker aktiv gestaltet werden.

In der Vergangenheit war es angemessen, zwischen Arbeit – der Informationsorganisation und den Aufgaben – und Freizeit – Familie und Freunde – eine klare Trennlinie zu ziehen. Da diese Linie aber immer mehr verschwimmt, werden Freundschaften immer mehr Teil der Arbeitswelt. Wie ich bei meiner Forschung zu den Grenzen zwischen Arbeit und Freizeit herausfand, können erfüllende Freundschaften und private Partnerschaften der Arbeit positive Impulse geben, wie auch umgekehrt ein vereinsamtes und chaotisches Privatleben die Arbeit negativ beeinflussen kann. Starke und tiefe Freundschaften steigern unser Wohlbefinden und spenden uns Kraft, Energie und Widerstandsfähigkeit, die uns bis in die Arbeit begleiten. Wie können in einer immer schneller tickenden und stärker zerrissenen Welt solche Beziehungen noch entstehen und gepflegt werden?

Um die Zukunft zu erkennen, muss man bisweilen in die Vergangenheit blicken, zum Beispiel ins Jahr 100 vor Christus, als der römische Staatsmann Cicero seine Gedanken zu einem erfüllenden Leben niederschrieb. In einer Reihe von Briefen erläuterte er, warum er Freundschaften für ein erfüllendes Leben als zentral ansah.[13] Was mir an diesen Briefen vor allem auffiel und was diese Rückblende um 2000 Jahre denn auch zukunftsweisend macht, ist die Tatsache, dass Cicero Freundschaften vornehmlich als eine langfristige Investition begreift. Diese begreift er dabei übrigens nicht einfach als Geben und Nehmen oder Leistung und Gegenleistung. Vielmehr vertritt er ein ehr kooperatives und gemeinschaftliches Konzept von Freundschaft.

In Ciceros Briefen entdecke ich viele Aspekte, auf denen auch die regenerativen Freundschaften der Zukunft beruhen werden: den Gedanken, dass Freundschaft nicht als selbstverständlich angenommen werden kann, dass über sie nachgedacht und dass in sie investiert werden muss. Und dass in ihrem Zentrum gemeinsame Interessen und Werte stehen. Auch wenn Freunde vom Typ ganz unterschiedlich sein können, brauchen sie eine Basis an gemeinsamen Interessen und Erfahrungen. Freundschaften wachsen auf der Grundlage von wechselseitigem Wohlwollen, Zuneigung und immer tiefer gehenden Gesprächen.

Wie Cicero es ausdrückt: »Es ist die befriedigendste Erfahrung in der Welt, wenn man mit jemandem über jedes Thema auf Erden so offen reden kann wie mit sich selbst.«[14] Freundschaften wirken regenerierend, weil sie nicht nur einem Zweck dienen, sondern in vielerlei Hinsicht bereichern und als »glanzvolle Strahlen der Hoffnung in die Zukunft« weisen.[15] Das Entgegenkommen von Freundschaft beruht auf Liebe abseits jedes Nützlichkeitskalküls. Cicero leitet das von ihm gebrauchte Wort »Freundschaft«, *amicitia*, aus dem lateinischen *amor* für »Liebe« ab. Diese tiefe Zuneigung baut auf gemeinsamen Interessen und zuvorkommenden und großmütigen Akten auf. Aber wie Cicero vor 2000 Jahren auch schon beobachtete, scheitern solche tiefen innigen und bereichernden Freundschaften oft an Habgier und Ehrgeiz.

Noch heute kann sich jeder Besucher in Rom anhand der antiken Ruinen ein Bild davon machen, wie Cicero und seine Kollegen in Kontakt kamen, gemeinsame Interessen pflegten und Freundschaft schlossen: Breite Gehwege durchzogen die Stadt, viele Tempel und Foren luden zum Verweilen und Plaudern ein, und wie alle wohlhabenden Staatsmänner verfügte wahrscheinlich auch er über einen Garten, in dem er Gäste empfing. Das antike Rom war wie heute nur noch wenige Städte so angelegt, dass es Geselligkeit, Unterhaltung und die Pflege von Freundschaften förderte. Deshalb ist es für die Zukunft der Arbeit so wichtig, sich einen Wohnort zu suchen, der Raum für Geselligkeit bietet.

Wie also können wir in einer künftigen Arbeitswelt, die immer lockerere Bindungen und eine immer stärkere Zersplitterung kennzeichnen, diese regenerierenden Beziehungen pflegen? Meiner Ansicht nach werden unsere Entscheidungen, wie wir arbeiten, eine wichtige Rolle dabei spielen, ob wir Freundschaften pflegen können oder ob ein zersplitterter und isolierender Alltag den Erhalt von Freundschaften unmöglich macht.

Arbeit fördert innige Freundschaften, wenn sie einem ein Leben in einer regenerativen Umgebung ermöglicht, die – wie es für Cicero das alte Rom tat – das natürliche Entstehen von Freundschaften fördert. Arbeit darf nicht jeden Augenblick voll vereinnahmen, sondern muss genügend Freiräume und Ruhe für die Gespräche lassen, aus denen Freundschaften erwachsen. Und schließlich müssen die Motivationen und Erwartungen an Arbeit so ausgewogen sein, dass Geld und Macht nicht im Mittelpunkt stehen. Das folgende Zitat Ciceros könnte in Zukunft noch größere Bedeutung erlangen als es bereits in der Vergangenheit hatte. Cicero denkt über ein Gespräch mit seinem Freund Scipio nach:

Indessen – ich komme nämlich immer wieder auf Scipio zurück, auf den meine ganzen Ausführungen über die Freundschaft zurückgehen – Scipio klagte wiederholt darüber, dass es die Menschen mit allen möglichen anderen Dingen genauer nähmen: jeder wisse genau, wie viele Ziegen und Schafe er habe; die Zahl der Freunde aber könne er nicht benennen. Bei der Anschaffung der erwähnten Tiere gäben die Leute acht, bei der Wahl ihrer Freunde aber passten sie nicht auf [...].«[16]

Was im Alten Rom galt, wird in Zukunft noch mehr gelten, ein verblüffender Schluss, der sich aus Ciceros Reflexionen ziehen lässt: Freundschaften brauchen Zeit und Pflege, wenn man ihre Freuden genießen will. Wichtig ist, dass man sein Arbeitsleben so ausbalanciert gestaltet, dass zur Pflege von Freundschaften ausreichend Zeit und Freiräume bleiben. Scipio warnt davor, materiellen Gütern größeres Gewicht beizumessen.

Wir treten in eine paradoxe Zukunft, in eine Welt ein, die immer stärker vernetzt und globalisiert ist, dabei aber auch immer stärker zersplittert und Menschen in die Isolation drängt. Wege zu finden, dieses Paradox zu umgehen, spielt eine entscheidende Rolle, wenn man ein Arbeitsleben mit Sinn und Wert gestalten will. In der Vergangenheit entwickelten sich unsere Beziehungen und Netzwerke quasi von selbst. Aber wie vieles in der Zukunft wird dies so nicht mehr funktionieren. Neue Gewohnheiten und Einstellungen sind gefragt: Wir müssen in Gruppen investieren, die Ideen und Erkenntnisse bereithalten, bereit sein, auf andere, die anders sind, zuzugehen, und wie Cicero Zeit und Mühe darauf verwenden, Freundschaften zu schließen und zu pflegen, um uns so ein regeneratives Umfeld zu schaffen.

Wer sich Freiräume schafft, um Freundschaften zu pflegen, erschließt sich viel Kraft für die Zukunft. Und wir sind gut beraten, wenn wir Scipios dringenden Rat beherzigen und persönliche Weiterentwicklung, Sinn und Freundschaft über den Erwerb materieller Güter stellen.

Darum geht es bei der letzten Neuorientierung, von der jetzt die Rede ist.

10 DIE DRITTE NEUORIENTIERUNG: VOM UNERSÄTTLICHEN KONSUMENTEN ZUM BEGEISTERTEN PRODUZENTEN

Diese Neuorientierung mit Blick auf seine Vorstellungen, Fähigkeiten und Gewohnheiten ist am schwierigsten zu bewältigen. Es geht um eine Wende hin zu einem Arbeitsleben, das Sinn, Begeisterung und positive fruchtbare Erfahrungen verkörpert, und um eine Abkehr von einem Arbeitsleben, in dem in althergebrachter Manier Geld und Konsum die wichtigste Triebfeder sind. Diese besonders schwierige Neuorientierung erfordert ein eingehendes Verständnis dafür, welche Wahlmöglichkeiten man hat, eine intelligente Sicht, welche Konsequenzen diese haben, und den Mut, aktiv Entscheidungen zu treffen. Ohne diese dritte Neuorientierung werden Sie aber kaum das künftige Arbeitsleben gestalten können, das Sie sich wünschen und verdienen.

Diese ist deshalb entscheidend, weil wir mit Blick auf die Industrialisierung der Arbeit an einem historischen Wendepunkt stehen. Wir haben erlebt, dass sich die »traditionellen« – wie man sie nennen könnte – Berufslaufbahnen und Arbeitsformen allmählich aufgelöst haben. Ersetzt werden sie nun durch eine neue Form der Arbeit mit einem neuen Deal, der deutlich größere Freiheiten und Chancen bietet. Die Zukunft bietet Ihnen Gelegenheit, an Aufgaben zu arbeiten, die Sie begeistern, und Kollegen zu finden, von denen Sie lernen und an denen Sie wachsen können. Sie können Ihre Arbeitszeit mit Ihren Verpflichtungen gegenüber der Familie, Freunden und sich selbst besser in Einklang bringen. Möglichkeiten, den Rahmen der Arbeit aktiv mitzubestimmen, gewinnen mit der zunehmenden Auflösung der traditionellen Laufbahnen weiter an Bedeutung. Aber das alles ist nicht selbstverständlich. Um Ihre Chancen zu nutzen, müssen Sie einige schwierigen Entscheidungen darüber treffen, wer Sie sein und woran Sie glauben wollen und zu welchen Konsequenzen und Kompromissen Sie bereit sind.

Ein Blick in die Zukunft zeigt, dass die Art Ihres Arbeitens, die das traditionelle Modell ablöst, bis zu einem gewissen Grad davon abhängt, welche Schwerpunkte Sie setzen, wie entschlossen Sie sind und welche Tatkraft Sie aufbringen. Wie wir beim Thema der ersten Neuorientierung gesehen haben, werden Sie in den kommenden Jahrzehnten eine interessante und sinnvolle Arbeit nur dann gestalten können, wenn Sie bereit sind, sich unter Einsatz von Zeit und Konzentration zu einem Meister zu entwickeln und dies während Ihres gesamten Arbeitslebens tun. Ebenso brauchen Sie Energie, Ruhe, Kraft und Begeisterung, um sich das regenerative Umfeld und die Ideenreiche Masse aufzubauen, die im Zentrum der zweiten Neuorientierung stehen. Aber wie wir an den Szenarien einer Vorgegebenen Zukunft gesehen haben, können wir diese Neuorientierungen nur dann bewältigen, wenn wir Arbeit und Privatleben besser in Einklang miteinander bringen und uns für unsere berufliche und persönliche Weiterentwicklungen Zeit nehmen.

Die dritte Neuorientierung steht vielfach für das, worum es meines Erachtens in der künftigen Arbeitswelt gehen könnte und sollte: für eine Abkehr von einer Arbeit, die einen komplett vereinnahmt, und die Hinwendung zu einer ausgeglichenen und sinnvolleren Art der Beschäftigung. Aber im Kern zielt diese Neuorientierung deutlich tiefer. Die bessere Work-Life-Balance, wie man es nennt, steht schon seit Jahrzehnten auf der Agenda. Die Belastungen eines unausgeglichenen Lebens sind ebenso gut dokumentiert wie seine Auswirkungen auf junge Mütter und Väter. Das Problem ist keineswegs neu und erscheint vielen Kommentatoren als unlösbar.

Ich glaube dagegen, dass es durchaus lösbar ist und dass die fünf Faktoren, die unsere Zukunft prägen, zudem die Chance bieten, Lösungswege kraftvoll und konzentriert anzugehen. Es geht um schwierige Fragen und Probleme. So formulierte beispielsweise ein Mitglied unseres Forschungskonsortiums *Future of Work* – nennen wir es Tom – sein persönliches Dilemma so:

Hohe Lebensqualität wird als perfekte Work-Life-Balance definiert. Aber kann man sie genießen, wenn man die Karriereleiter nur in einem durchschnittlichen Tempo erklimmt? Die Medien schreiben Helden mit Schlagzeilen hoch wie »der jüngste Millionär aller Zeiten« et cetera. Ständig impft man uns Vorstellungen ein, die uns in einen erbitterten Konkurrenzkampf stürzen. Das wird man nur mit gewaltigen Mühen ändern können. Werden die Medien jemals einen Mann feiern, der ein großartiger Vater war, ein wirklich entwicklungsorientierter Vorgesetzter, der es nur bis zum mittleren Management brachte und keine Million an Aktienoptionen verdient hat?

Ich vermute, dass Sie solche Fragen auch schon beschäftigt haben, ob Sie ein Babyboomer sind, der Generation X angehören oder als Mitglied der Generation Y eben erst ins Berufsleben eingestiegen sind. In unserem Forschungsverbund haben wir auch Stimmen von Mitgliedern gehört, die wichtige Entscheidungen zum Warum und Wie von Arbeit getroffen hatten. So sagte eine leitende Mitarbeiterin der karitativen Organisation Save the Children:

Ich bin natürlich (etwas) voreingenommen, aber meiner Meinung nach begeistern sich diejenigen, die sich für eine Arbeit im gemeinnützigen Sektor entschieden haben, für die Idee, Erfahrungen zu sammeln. Wir begnügen uns mit weniger Geld, als wir für vergleichbare Leistungen im privaten Sektor bekommen würden, bekommen also weniger »Quantität an Konsum« und dafür mehr Qualität an Erfahrung. Das deckt sich mit unseren Vorstellungen einer Entlohnung. Welche Belohnung gäbe es sonst in Organisationen, die Leistung nicht mit Geld vergüten können? Für mich sind die wichtigen Erfahrungen die von Führung, Verantwortung und Entscheidung. Sie tragen dazu bei, dass ich mich am Arbeitsplatz wohlfühle. Und in der Rückschau wäre ich zu so manchen materiellen Opfern bereit gewesen, wenn ich diese Chancen schon früher hätte nutzen können.

Bei der dritten Neuorientierung geht es um Klarheit, Entscheidungen, Konsequenzen und Kompromisse. Die Mitarbeiterin drückte hier die Kompromisse aus, zu denen sie bereit war. Die Dilemmas und Wahlmöglichkeiten, mit denen die Teilnehmer des Forschungsverbundes zur Zukunft der Arbeit konfrontiert sind, teilen offenbar Millionen Menschen rund um die Welt. Dabei sind sie keineswegs neu. Sie rücken nur wegen der Faktoren, die auf unsere Zukunft einwirken, immer stärker ins Blickfeld.

Sie wurden mir bereits vor einigen Jahren drastisch vor Augen geführt, als ich an einer Konferenz teilnahm, die für die Seniorgesellschafter eines großen Fachbetriebs veranstaltet wurde. In der Personalabteilung waren Besorgnisse wegen der hohen Arbeitsbelastung von vielen dieser Gesellschafter laut geworden. Manche waren praktisch Workaholics, und viele litten an stressbedingten Erkrankungen. Deswegen hatte das Team in der Personalabteilung vor einigen Monaten eine Filmcrew engagiert, um Interviews mit den Kindern der Seniorgesellschafter zu machen. Das Team fragte sie, wie es denn ihrem Papa gehe (tatsächlich waren es mehrheitlich Männer).

Und die aufgezeichneten Interviews wurden nun im Konferenzraum gezeigt, in dem sich über 100 Gesellschafter drängten. In den fünf Minuten, die der Film höchsten dauerte, herrschte eine emotionsgeladene Atmosphäre. Man kann sich vorstellen, was die Kinder über ihre Väter sagten. Auf treffende und eindringliche Weise beschrieben sie diese Männer, die sie so selten zu Gesicht bekamen. In den fünf Minuten wurde die Gruppe der 100 mit den unmittelbaren Konsequenzen ihrer Entscheidungen geballt konfrontiert: von der, am Wochenende zu arbeiten, spät nach Hause zu kommen oder sonntagabends schon wieder zu gehen. Ich glaube, die Vorführung ließ niemanden ungerührt. Auch mir hat sie sich so sehr ins Gedächtnis gebrannt, dass ich mich noch 15 Jahre später bewegt an sie erinnere.

Natürlich müssen nicht nur berufstätige Väter harte Entscheidungen treffen und unerwartete Konsequenzen tragen. Vor ein paar Jahren befragten mein Forschungsteam und ich Führungskräfte in ganz Europa zu ihrer Arbeit und ihrem Leben. Wie wir herausfanden, waren fast 100 Prozent der Männer Väter, während von den Frauen nur knapp 60 Prozent Mütter waren, von denen die meisten dann auch nur ein Kind hatten. Bei Interviews mit diesen Frauen – die meisten waren Mitte 40 und darüber – zeigte sich, dass viele der Kinderlosen eigentlich Kinder hatten haben wollen und dass manche unter ihrer Situation sogar litten.[1]

Bei ausführlicheren Gesprächen stellten wir fest, dass sich die wenigsten bewusst gegen Kinder entschieden hatten. In der Rückschau stellten sie fest, dass ihnen die Tragweite ihrer Entscheidungen vielfach nicht bewusst gewesen war oder dass sie die Konsequenzen und notwendigen Kompromisse nicht richtig kalkuliert hatten.

Dies ist typisch für viele Entscheidungen darüber, welche Rolle Arbeit in unserem Leben spielen soll. Deren Konsequenzen stellen sich erst allmählich heraus oder kommen unerwartet. Viele der weiblichen Führungskräfte, die auf ein Leben ohne Kinder zurückblickten, sahen dies als eine Folge von Entscheidungen, deren Konsequenzen sich erst allmählich und unerwartet herauskristallisierten, so Probleme, einen Partner zu finden, Kinder mit ihm zu planen oder einfach der gewaltige Arbeitsdruck.

Der traditionelle Deal um die Arbeit

Warum taten wir uns so schwer, zu entscheiden, wie wir arbeiten wollen? Und auf welcher Grundlage sollen wir uns hier neu orientieren? Bei dieser dritten Neuorientierung geht es um eine Abkehr vom alten Deal um Arbeit hin zu einem neuen »zukunftsorientierten«. Das traditionelle Konzept Arbeit sah für viele ungefähr so aus:

> Ich arbeite, damit ich Geld bekomme, damit ich mir etwas leisten kann, und das macht mich glücklich.

Im Zentrum dieses althergebrachten Konzepts steht das Streben nach einem hohen Einkommen und nach Konsum. Und tatsächlich haben viele in der entwickelten Welt in den letzten beiden Jahrzehnten immer schneller Geld ausgegeben und immer unersättlicher konsumiert.

In der Rückschau wird immer deutlicher, in welchem Ausmaß dieser Deal gepflegt wurde. Wenn ich mir vorstelle, dass man meine Großmütter ins Jahr 2010 versetzen würde, staunten sie nicht nur über die heutigen Technologien oder über die Verhältnisse in meiner Familie, in der von vier Geschwistern nur noch eines verheiratet ist, sondern vor allem über die Berge an materiellen Gütern, die die meisten in der entwickelten Welt besitzen. Meine Familie ist da keine Ausnahme. Wir besitzen pro Person einen Computer und einen »fürs Haus«. Meine Söhne haben beide einen Fernseher in ihrem Zimmer. Zudem besitzen wir eine Geschirrspül- und eine Waschmaschine, einen Trockner und endlos viele Küchengerätschaften.

In den letzten fünf Jahrzehnten prägte der private Verbrauch in der entwickelten Welt maßgeblich die Gesellschaft – eine Story des endlos weiter wachsenden Konsums an Autos, Häusern, Genussmitteln und Geräten. Unser Konsumverhalten hat sich stets an unsere Lebensweise und verfügbare Technik in der Gesellschaft angepasst. So gab 1874 eine durchschnittliche amerikanische Familie beispielsweise 56 Prozent ihres Budgets für Lebensmittel aus. Bis 1901 war dieser Anteil auf 47 Prozent gefallen, sodass sich neue Formen des Warenkonsums eröffneten.[2] Die frei werdenden Mittel nutzen viele Familien für die Anschaffung eines Autos. In den USA stieg beispielsweise die Anzahl der Pkws von ungefähr 20 Millionen in den 1930er-Jahren auf 60 Millionen um 1960 und auf über 100 Millionen zu Anfang der 1970er-Jahre.[3] Der Trend zur Verstädterung und Pkw-Nutzung erreichte in den 1990er-Jahren China, wo 2009 26 Millionen Wagen auf den Straßen fuhren.[4] In den USA verlagerten sich die Konsumausgaben zudem weg von den Lebensmitteln hin zu Eigenheimen, die vielfach mit Billigkrediten gekauft wurden – in Vorstädten, wie sie überall in der westlichen Welt neu entstanden. Den verbesserten Zugang zu Wohneigentum ermöglichten Finanzinnovationen wie Hypotheken mit variablen Zinsen und verbriefte Subprime-Kredite.

Die Auswirkungen der fünf Faktoren: Warum der traditionelle Deal um die Arbeit zerbricht

Die traditionelle Vorstellung, wonach wir arbeiten, um Geld zu verdienen, damit wir konsumieren können, weil dies angeblich zufrieden macht, funktioniert inzwischen nicht mehr, falls sie überhaupt jemals funktionierte. Angesichts der fünf Faktoren, die unsere

Arbeitswelt prägen werden, erweist sich dieses althergebrachte Konzept als immer weniger tragfähig und der Wechsel zu einem zukunftsträchtigen Konzept als immer wichtiger.

Die Kräfte der Demografie stellen das traditionelle Konzept von Arbeit infrage. Viele aus der Generation Y haben dessen Folgen auf eine noch krassere Weise zu spüren bekommen als ihre Eltern. Wie die Kinder im Video auf der Konferenz für Seniorgesellschafter war ihre Generation jahrzehntelang Leidtragende dieses Stils von Arbeit. Sie wissen genau, was es heißt, wenn Eltern jeden Abend spät nach Hause kommen, unterwegs alle paar Minuten das Smartphone checken und die Wochenenden für Geschäftsreisen opfern. Für die Generation Y und diejenigen, die nach ihr kommen, liegt klar auf der Hand, welche Konsequenzen es hat, wenn man sich für eine bestimmte Art Arbeit entscheidet. Das heißt natürlich nicht, dass sie unbedingt andere Entscheidungen treffen als ihre Eltern. Es ist sehr gut möglich, dass ein Teil ebenso hart arbeiten wird. Aber sie werden ihre Entscheidungen mit Blick auf die Konsequenzen deutlich bewusster treffen. Und wenn sie zu so harter Arbeit bereit sind, werden sie für sie eine entsprechende Bezahlung und Anerkennung fordern. Die Zeiten des »Gratifikationsaufschubs« sind längst vorbei.

Unter Druck gerät der traditionelle Deal um die Arbeit auch durch die Kräfte der Globalisierung und der Wirtschaft. Die Zeiten der Sparhaushalte in den entwickelten Ländern und die Erkenntnis, dass es weiterhin Jahre des Booms und der Krisen geben wird, schärfen den Blick dafür, dass es bei Arbeit nicht nur um Geld und Konsum gehen kann: dass sie mehr bringen muss. Und natürlich legt auch das Bewusstsein dafür, dass wir unseren Ausstoß an Treibhausgasen reduzieren müssen, dem Konsum immer stärker Zügel an.

Auch die Kräfte der Technisierung setzen das altgediente Konzept der Arbeit unter Druck. Hier galt traditionell die Abmachung, dass der Arbeitgeber den Mitarbeitern die Entscheidungen über die Art der Arbeit abnahm: Arbeit fand in einer Art Eltern-Kind-Beziehung statt, bei der davon ausgegangen wurde, dass jeder auf die gleiche Weise arbeiten wollte und dass sich diese Abmachung positiv auswirkte. Tatsächlich zeigte die Technik und wird weiterhin zeigen, dass Menschen nicht durchweg denselben Deal wollen und dass sie sich der Konsequenzen des althergebrachten Konzepts der Arbeit heute deutlich bewusster sind. Die Eltern-Kind-Beziehung mutiert vermehrt zu einer zwischen Erwachsenen. Dabei werden die Konsequenzen von Entscheidung sichtbarer und die Optionen größer. Technische Innovationen schaffen immer größere Wahlmöglichkeiten mit Blick auf das Wie und Wo unserer Arbeit, eine Entwicklung, die sich in Zukunft wohl fortsetzen wird. Dank technischer Mittel können inzwischen viele Beschäftigte wählen, ob sie ihre Arbeit zu Hause oder in der Konzernniederlassung erledigen, ob sie mit Mitgliedern ihres Teams virtuell oder im persönlichen Kontakt kommunizieren, oder ob sie lieber zeitlich versetzt als sofort arbeiten. Die Zukunftsszenarien für 2025 haben gezeigt, wie man sich diese immer größeren Wahlmöglichkeiten vorzustellen hat.

Die Technologie schafft größere Möglichkeiten und macht die Konsequenzen von Entscheidungen sichtbarer. So zeigt ein Blick in soziale Medien, in Blogs und auf Websites, dass Menschen überall auf der Welt darüber reden, welche Entscheidungen sie zur Arbeit getroffen haben, und herauszubekommen versuchen, mit welchen Konsequenzen sie rechnen müssen. Ein Beispiel sind berufstätige Mütter. Als ich 1990 meinen Sohn zur Welt brachte, war ich als erste Professorin an der London Business School schwanger geworden. Ich hatte keine Ahnung, was ich tun sollte und wie sich meine Schwangerschaft auswirken würde. Ich hatte eine Entscheidung getroffen, ohne auch nur zu ahnen, was mich erwartete. Hier hat sich inzwischen viel geändert. Wer im Internet um das Thema »Familie und Beruf« oder »Berufstätige Mütter« herumgoogelt, erhält eine gewaltige Fülle an Informationen auf Websites, Blogs und in Foren, auf denen sich betroffene Frauen endlos mit anderen austauschen können. Und nicht nur berufstätige Mütter, sondern auch berufstätige Väter bekommen beste Entscheidungshilfen.

Die sozialen Medien haben eine vernetzte Welt geschaffen, in der jeder, der in einem Dilemma steckt, von Millionen anderer rund um den Globus erfahren kann, wie sie diese Lage gemeistert haben und welche Konsequenzen ihre Entscheidungen hatten.

Gleichzeitig wachsen in der Gesellschaft stetig die Akzeptanz für eine Vielfalt an Lebensstilen und die Abneigung gegen ein alles bestimmendes Berufsleben. Überall auf der Welt tritt an die Stelle des traditionellen Familienmodells aus den Eltern und zwei Kindern eine Vielfalt anderer Konstruktionen: Geschiedene Eltern heiraten erneut und leben mit Kindern aus zwei Ehen zusammen, lesbische und schwule Elternpaare ziehen Kinder auf, und ältere Frauen erfüllen sich mit Leihmüttern Kinderwünsche. Der Vielfalt scheinen keine Grenzen gesetzt. Interessanterweise entwickeln die Menschen in dem Maß, in dem sie ihre Wahlmöglichkeiten im Privatleben nutzen, auch die Überlegung und geistige Energie, um im Berufsleben Entscheidungsfreiheit auszuüben. Mit der Diversifizierung der Lebensstile wächst das Bedürfnis, die traditionelle Arbeitswelt durch flexiblere Modelle zu ersetzen.

Auch die Debatte über den CO_2-Ausstoß rückt die Konsequenzen vieler traditioneller Arbeitspraktiken stärker ins Licht. Ist es beispielsweise zeitgemäß, Menschen zur Arbeit im Büro zu zwingen, wenn sie beim Pendeln einen großen Teil ihres Quantums an klimaschädlichen Emissionen aufbrauchen und ihre Aufgaben auch von zu Hause aus erledigen können? Wird man von Mitarbeitern verlangen, dass sie zu Sitzungen mit Kollegen in eine andere Weltregion fliegen, wenn diese per Knopfdruck auch als Videokonferenz im Büro stattfinden kann? Die Notwendigkeit, CO_2-Emissionen zu reduzieren, macht die Konsequenzen der traditionellen Arbeitspraktiken so richtig deutlich und offenbart einige Vorteile flexiblerer Formen von Beschäftigung.

Durch das Zusammenwirken der Faktoren der Zukunft bietet sich für die kommenden Jahrzehnte die außergewöhnliche Chance, eine Form von Arbeit zu gestalten, die uns erneut beglückende Inhalte und hochwertige Erfahrungen beschert. Das Ende der automatisierten Tätigkeiten, die wachsende Bedeutung häuslicher Büroarbeit, die zunehmenden Wahlmöglichkeiten und die Akzeptanz von Vielfalt schaffen zusammen die Grundlagen für eine Wende bei der Ausrichtung der Arbeit.

Der Wind des Wandels bläst bereits, aber in welche Richtung? Kann Arbeit so gestaltet werden, dass sie mit einem Privatleben besser in Einklang zu bringen ist? Dass die Vielfalt der menschlichen Bedürfnisse besser berücksichtigt wird? Und dass sie unter flexibleren Rahmenbedingungen stattfindet? Ich glaube schon. Die fünf zukunftsprägenden Faktoren schaffen enorme Impulse für einen Wandel, der die Grundlage für die neuen Formen von Arbeit bildet, die in den nächsten beiden Jahrzehnten vielleicht entstehen.

Dieser Wandel wirft allerdings grundsätzlichere und emotionalere Fragen auf: solche um Macht, Status, Bedürfnisse und Wünsche sowie um die Rolle, die Geld und Konsum mit Blick auf Arbeit spielen. Und auch die Frage, wie sehr Erfahrungen geschätzt und verstanden werden. Das Problem hat zwei Seiten: Zum einen sind Arbeit, Geld, Konsum und Status so eng miteinander verknüpft, dass eine Entkoppelung schwierig werden dürfte, zum anderen wird aber die Bedeutung von Geld und Konsum oft über- und der Einfluss fruchtbarer Erfahrungen häufig unterschätzt.

Die zentrale Rolle, die Geld und Status im traditionellen Deal um die Arbeit spielten

Im Kern des althergebrachten Deals um Arbeit steckte die Vorstellung, dass wir tätig werden, um Geld zu verdienen. Aber bei einem Blick in die Zukunft müssen wir uns fragen, ob es beim Arbeiten wirklich nur ums Geldverdienen geht.

Natürlich spielt Geld bei der Erwerbsarbeit eine Schlüsselrolle. Wenn wir weniger verdienen, als wir zum Leben brauchen, verlieren auch sämtliche anderen Erfahrungen bei der Arbeit ihren Sinn. Ich glaube nicht, dass die Arbeiter, die überall in Asien in Fabriken zu Niedriglöhnen schuften, sich dieser Tage über den tieferen Sinn von Arbeit den Kopf zerbrechen. Wie der amerikanische Psychologe Abraham Maslow 1954 so scharfsinnig feststellte, gibt es eine Pyramide der Bedürfnisse, deren Basis die Sicherheit bildet.[5] Maslow würde allerdings auch darauf hinweisen, dass diese schlecht bezahlten Arbeiter rasch neue Bedürfnisse entwickeln, die in der Pyramide immer weiter oben angesiedelt sind.[6] Ist erst einmal materielle Sicherheit vorhanden, gewinnt das Bedürfnis nach Zusammengehörigkeit – »Ich arbeite, weil ich gerne mit netten Kollegen zusammen bin« – größere Bedeutung, gefolgt vom Bedürfnis nach Selbstachtung – »Ich arbeite, damit ich meine Fähigkeiten weiterentwickeln kann« – und schließlich von dem nach Selbstaktualisierung – »Ich arbeite wegen der Chance, mein wahres Potenzial auszuschöpfen.« Obwohl Geld nur die Basis der maslowschen Bedürfnispyramide bildet, wurde es oft ganz ins Zentrum des traditionellen Deals um

Arbeit gerückt. Warum? Dafür ist eine ganze Reihe von Annahmen verantwortlich, die sich interessanterweise eher als Trugschlüsse denn als Realitäten erwiesen.

Da ist zunächst die Annahme, dass Geld glücklich mache. Die Logik des traditionellen Deals lautete: »Ich arbeite gegen Bezahlung, um mir die Konsumgüter zu leisten, die mich glücklich machen.« Da inzwischen viele auf der Welt ihre Grundbedürfnisse decken können, wissen wir, dass dies ein Trugschluss ist. Mehr Geld bringt nicht mehr Glück. Wir wissen dies von Lotteriegewinnern, die nach anfänglichen seelischen Höhenflügen entdecken, dass sich die Euphorie rasch verflüchtigt. Aber man muss nicht in der Lotterie gewonnen haben, um den Einfluss von Geld auf die Zufriedenheit gewaltig zu überschätzen. So könnte man meinen, dass eine Gehaltserhöhung um 25 Prozent mit dem Berufsleben zufriedener macht, weshalb viele dieses Ziel verbissen anstreben. Tatsächlich aber sind diejenigen, die 25 Prozent mehr verdienen, mit ihrem Leben keineswegs zufriedener.[7] Wir lassen uns von unseren Vorstellungen, was glücklich macht, anscheinend nur allzu leicht täuschen.

Warum ist dies eine Täuschung? Unter anderem deshalb, weil wir mit höherem Einkommen unseren Lebensstil an den neuen Wohlstand anpassen und eine neue Vorstellung darüber entwickeln, was uns glücklich macht. Lotteriegewinner verlieren zunehmen das Interesse und die Begeisterung an Erfahrungen, die sie zuvor genossen haben, so am Lesen oder an gutem Essen. Sie geraten in die sogenannte »hedonistische Tretmühle«.[8] Einfach gesagt, neigt der Mensch dazu, etwas, das er dankbar annimmt, schon am nächsten Tag als selbstverständlich zu betrachten. Wenn wir einen Leckerbissen zu oft genießen, verliert er allmählich seinen Reiz.[9]

Lotteriegewinner erfahren einen »abnehmenden marginalen Nutzen«: Je mehr sie besitzen, desto weniger schätzen sie den Besitz. Wichtig ist hier die Einsicht, dass der abnehmende marginale Nutzen bei Geld und Konsum eine Rolle spielt, nicht aber bei anderen Formen der Erfahrung. Je mehr man beispielsweise seine Fähigkeiten und Kenntnisse vertieft oder in Freundschaften investiert, desto mehr erfährt man eine Steigerung anstatt einer Abnahme des marginalen Nutzens. Je mehr man verdient, desto weniger schätzt man den Verdienst. Aber je erfahrener man auf Gebieten wie der Freundschaft oder der meisterhaften Beherrschung wird, desto mehr genießt man diese Erfahrungen.[10]

Was für Einzelne gilt, gilt auch für Nationen. Die Bürger in reicheren Ländern sind nicht glücklicher als die in ärmeren Staaten. Zwar gilt: Wenn in Gemeinden, Regionen und Nationen die Armut grassiert, sind Glück und Zufriedenheit weniger verbreitet als dort, wo mehr Wohlstand herrscht. Menschen sind unglücklich, wenn ihre Kinder an behandelbaren Krankheiten sterben, wenn ihr Trinkwasser verseucht ist oder wenn sie im Winter frieren und im Sommer unter der Hitze leiden. Aber wenn die Grundbedürfnisse erst einmal gedeckt sind, steigert Geld offenbar weder Zufriedenheit noch Glück.[11]

Es wird immer deutlicher, dass uns das Geld im traditionellen Deal um Arbeit nicht besonders glücklich oder zufrieden macht. Und dieser Deal hat auch unerfreuliche Konsequenzen. Die Gier nach Geld und materiellen Gütern ist schlechter zu stillen als das Bedürfnis nach anderen Arten des Erlebens. Man weiß aus eigener Erfahrung, wie schnell die Freude über eine Neuanschaffung nachlässt und dem Bedürfnis nach noch mehr Konsum weicht. Auch knüpfen sich der Wunsch nach immer mehr und eine übertrieben materialistische Einstellung oft an Ziele, die schlecht für die persönliche Entwicklung sind, weil sie entweder zu leicht oder gar nicht erreichbar sind. Wer immer materialistischer wird, neigt eher zu untätigem Konsum. So verbringen Menschen mit deutlich ausgeprägten materialistischen Bedürfnissen mehr Zeit vor dem Fernseher, während die anderen eher gemeinsam mit anderen aktiv werden oder ihre Zukunft planen.[12]

Der traditionelle Deal um die Arbeit verführt uns dazu, Geld und Status zu überschätzen und die Zufriedenheit zu unterschätzen, die wir aus fruchtbaren Erfahrungen ziehen können. Während das Geld im Zentrum des traditionellen Deals um Arbeit steht, wird der Wert der meisten, wenn nicht aller Freuden der Arbeit und des Privatlebens nicht geschätzt.[13] Diejenigen Aspekte des Arbeitslebens, die am meisten Erfüllung bringen, sind eben nicht käuflich. Man denke einen Augenblick über die eigene Gemütsverfassung im letzten Monat nach und erinnere sich an die Zeitpunkte, zu denen man sich wirklich glücklich, zufrieden und fröhlich fühlte. Einige dieser positiven Gefühle werden natürlich auch von Käufen herrühren, aber viele entstammen Erlebnissen, die es gratis gibt: die Freuden von

Freundschaften, das Erfolgserlebnis, eine Aufgabe gut erledigt zu haben, der Spaß mit Kindern, ein herrlicher Spaziergang in der Natur oder ein Sonnenauf- oder -untergang.

Wie wir Geld und Konsum lieben lernten

Wenn wir uns selbst umorientieren oder anderen bei einer Neu-orientierung helfen wollen, müssen wir erst einmal verstehen, wieso Millionen von Menschen in der entwickelten Welt – und inzwischen auch in den Schwellenländern – Geld und Konsum lieben lernten. Die Geschichte des Konsums beginnt in der Kindheit. Es überrascht nicht, wenn Eltern, für die der materielle Wohlstand wichtiger ist als menschliche Nähe oder Wärme, bei ihren Kindern Sehnsüchte nach Konsum wecken. Und auch stundenlanger Fernsehkonsum verstärkt Wünsche nach mehr Geld und Konsum. Der Psychologe Tim Kasser und seine Kollegen fassten es treffend so: »Diese als Ersatz-eltern fungierenden Fernsehgeräte porträtieren käufliche Waren als den Inbegriff des Lebens. Während wir Kinder vor Pornografie schützen, setzen wir sie sorglos den eindringlichen Lektionen mate-rialistischer Verlockungen aus.«[14]

Aber auch noch nach der Kindheit geht diese Prägung zum Kon-sum weiter. Immer wieder macht uns der traditionelle Deal um Arbeit deutlich, dass materielle Belohnungen gut seien, und ver-stärkt so immer weiter den Eindruck, dass es beim Arbeiten allein ums Geldverdienen gehe. Am Ende entdecken wir: »Ich muss Geld lieben, weil ich so hart für es arbeiten muss.«[15] Mit der Zeit beginnt sich der monetäre Wert, der unserer Arbeit inhärent ist, selbst zu verstärken. Wir gelangen zu der Überzeugung, dass Arbeit nur dann positiv sei, wenn sie Geld bringt, und negativ, wenn wir an ihr nichts verdienen. Geldverdienen wird so immer stärker zum Zweck von Arbeit und verstärkt unsere materialistischen Ziele.

Geld und Arbeit verstärken sich als Ziele selbst. Aber es gibt einen weiteren Grund, warum wir uns an den traditionellen Deal klam-mern, in dessen Zentrum Geld und Konsum stehen. In der Gesell-schaft in vielen Ländern dient Geld nicht nur als Mittel zum Zweck für Konsum, sondern ist auch ein soziales Kennzeichen, das den Status anzeigt und so zu einem wichtigen Teil der Identität geworden ist. Der Kauf von Waren und Dienstleistungen zeichnet uns als Person aus.[16] Natürlich gibt es viele andere Wege, seine Identität zu bekräftigen. Wir können uns durch starke Freunde, Verdienste, sportliche Leistungen, Freundlichkeit gegenüber Kindern oder auch über die Herstellung einer schönen Patchwork-Decke auszeichnen. Aber in vielen Gesellschaften rund um den Globus ist Geld das hervorstechende Merkmal für Status, weshalb es ganz ins Zentrum der persönlichen Bestrebungen rückte. Wenn wir uns so von anderen absetzen wollen, werden die Einsätze immer höher. Bezugspunkte verändern sich und eskalieren, sodass das »Mithalten mit den anderen« zu einem wichtigen möglichen Antrieb wird, durch Arbeit an mehr Geld zu kommen.[17]

Wenn wir Geld überschätzen, unterschätzen wir die anderen Aspekte unseres Arbeitslebens. Wie schon erwähnt, hat Tom, ein Mitglied des Forschungsverbundes *Future of Work*, das Dilemma so beschrieben:

> Werden die Medien jemals einen Mann feiern, der ein großartiger Vater war, ein wirklich entwicklungsorientierter Vorgesetzter, der es nur bis zum mittleren Management brachte und keine Million an Aktienoptionen verdient hat?

Tom hat erkannt, dass die Gesellschaft Erfahrungen, die ihm persönlich wichtig sind, einfach nicht wertschätzt: fruchtbare Erfahrungen wie die, ein guter Vater oder eine entwicklungsorientierte Führungskraft zu sein. Das Gleiche gilt übrigens auch für andere Erfahrungen wie Kameradschaft oder Freundschaft in und außerhalb der Arbeit. Auch wenn wir wissen, dass die Qualität von Arbeit im Leben zu einem großen Teil an der Kollegialität hängt,[18] sind vielen Unternehmen ihre Mitarbeiter und das Betriebsklima offenbar gleichgültig. Tom mag fruchtbare Beziehungen am Arbeitsplatz schätzen, aber sein Arbeitsumfeld schätzt sie nur selten. Offenbar haben Geschäftsabläufe Hierarchien und Rollen entstehen lassen, die in gewisser Weise die menschliche Persönlichkeit neutralisieren und gegenüber den Möglichkeiten, Erfahrungen zu machen und Freundschaft zu pflegen, gleichgültig machen. Wie der Wirtschaftswissenschaftler Robert E. Lane bemerkt, ist »Freundschaft keine Handelsware«.[19]

Geld stand nicht nur deshalb im Zentrum des traditionellen Deals um Arbeit, weil es Konsum ermöglicht, sondern auch, weil es Status vermittelt.

Natürlich ist das Geld nicht bei allen Tätigkeiten der eigentliche Zweck von Arbeit, wie es in dem bereits angeführten Zitat der leitenden Mitarbeiterin von Save the Children heißt:

> Welche Belohnung gäbe es sonst in Organisationen, die Leistung nicht mit Geld vergüten können? Für mich sind die wichtigen Erfahrungen die von Führung, Verantwortung und Entscheidung. Sie tragen dazu bei, dass ich mich am Arbeitsplatz wohlfühle. Und in der Rückschau wäre ich zu so manchen materiellen Opfern bereit gewesen, wenn ich diese Chancen schon früher hätte nutzen können.

Diese Mitarbeiterin erkennt, dass Arbeit in einer Organisation, die nicht nach Profit strebt, Bestrebungen stärkt, die nicht materialistisch sind. Am meisten schätzt sie, dass sie Erfahrungen in der Führung sammeln, Verantwortung übernehmen und Entscheidungen treffen kann. Diese Ziele ihrer Arbeit sind ihr wichtig.[20]

Wenn das Wesen von Arbeit – auch unter Einfluss der fünf zukunftsbestimmenden Faktoren – neu geprägt wird, wie kann künftige Arbeit dann aussehen? Wenn wir die dritte Neuorientierung vollziehen, wird Arbeit eher zu einer fruchtbaren Erfahrung als zum Mittel für den ausschließlichen Zweck, unersättliche Konsumwünsche zu erfüllen.

Die Wende: Fruchtbare Erfahrungen ins Zentrum des Deals um Arbeit stellen

Was braucht es, um die dritte Neuorientierung zu vollziehen und Arbeit eher als fruchtbare Erfahrung denn als Tätigkeit zu begreifen, die hauptsächlich dem Gelderwerb dient?

Wir wissen bereits, dass Arbeit eine breite Vielfalt an fruchtbaren Erfahrungen bietet. In den letzten Jahren habe ich Menschen darum gebeten, über folgende Fragen nachzudenken: »Warum arbeite ich?« – »Und warum habe ich mich für meine Art Arbeit entschieden?« Im Folgenden typische Antworten:

- Ich arbeite, weil ich gerne Zeit mit anderen verbringe, die ich schätze und von denen ich lernen kann. Solche Beziehungen sind mir wichtig.
- An meiner Arbeit liebe ich, dass ich richtig eingespannt bin: Ich genieße die Herausforderung, schwierige Aufgaben zu lösen, das Gefühl zu haben, wirklich etwas leisten zu müssen. Das verschafft mir einen Adrenalinstoß.
- Ich schätze an meinem Job die Flexibilität: Ich kann Zeit mit meinen Kindern verbringen, wenn sie Ferien haben. Das bedeutet mir viel.
- Ich arbeite, um zu lernen. Ich will alle meine Ideen weiterentwickeln. Für mich ist Arbeit eine großartige Lehranstalt.
- Ich arbeite gerne da, wo ich andere führen kann. Ich finde Führung ungeheuer anregend und spannend.
- Ich kann jedes Jahr eine einmonatige Auszeit nehmen und eine gemeinnützige Organisation unterstützen. Das empfinde ich als wirklich wertvoll.
- Ich finde es spannend, in einer Situation das Gefühl zu haben, besser zu werden und Fortschritte zu machen. Mir macht Spaß, meine Fähigkeiten weiterzuentwickeln und das Gefühl zu haben, mich selbst zu fordern.

All dies sind fruchtbare Erfahrungen: Kollegialität und Betreuung zu erfahren, gefordert zu sein und sich weiterzuentwickeln, verantwortlich Macht und Führung auszuüben, für Kinder da zu sein oder sich gemeinnützig zu engagieren. In der Vergangenheit ging es nach traditioneller Sichtweise bei Arbeit vor allem um Gelderwerb. Die Zukunft könnte ein komplexeres Konzept von Arbeit bestimmen, bei dem es um Erfahrungen, um unsere Bedürfnisse und Sehnsüchte geht.

Der Weg für die dritte Neuorientierung ist frei. Standen zur Zeit der Industriearbeit vornehmlich Geld und Konsum im Zentrum des traditionellen Deals um Arbeit, so ließe sich dieser für die Zukunft ungefähr so neu formulieren:

▪ Ich arbeite, um fruchtbare Erfahrungen zu sammeln. Positive Erfahrungen sind die Basis meines Glücks.

Dieses Konzept verneint keineswegs, dass die Bezahlung von Arbeit wichtig ist: Sie ist ja zur Befriedigung der Grundbedürfnisse notwendig. Aber in vielen entwickelten Ländern der Welt wird ein höheres Einkommen nicht unbedingt mehr Erfüllung oder Zufriedenheit am Arbeitsplatz bringen. Für sie werden eher fruchtbare Erfahrungen sorgen. Die mosaikartigen künftigen Arbeitsbiografien – und die sie begleitenden Glockenspielkurven – erfordern eine neue Einstellung des Einzelnen zu seiner Arbeit, bei der nicht mehr die Bezahlung im Zentrum steht. Das Geld muss in einem ausgewogenen Verhältnis zu den anderen Quellen der Erfahrungen bei der Arbeit stehen.

Dies bedeutet eine grundlegende Wende sowohl in unserer Auffassung, was Arbeit sein sollte, wie auch bei dem Deal, den Arbeitgeber und -nehmer miteinander schließen. Was steht dieser Wende für die kommenden Jahrzehnte im Wege? Und wie können sie diejenigen herbeiführen, die sich eine befriedigende, erfüllende und zukunftsorientierte Arbeitsbiografie wünschen? Wenn Sie diese grundlegende Wende bewerkstelligen wollen, müssen Sie sich deutlich klarer darüber werden, welche Möglichkeiten Sie haben, welche Konsequenzen Ihre Entscheidungen mit sich bringen und welche Kompromisse Sie schließen müssen.

Möglichkeiten, Konsequenzen und Kompromisse

Die Wende vollziehen heißt, zu aktiven Entscheidungen bereit sein. Es geht beispielsweise darum, auf Bezahlung zu verzichten und ein Jahr Auszeit zu nehmen. Oder eine Existenz als Mikrounternehmer anzustreben, mit allen Risiken, die das mit sich bringt. Oder eine flexible Arbeitszeit oder eine Stelle im Jobsharing zu wählen, um mehr Zeit für Familie und Freunde zu haben. In Zukunft wird es sicher deutlich größere Wahlmöglichkeiten geben als in der Vergangenheit. Traditionell haben zumeist die Unternehmen für ihre Mitarbeiter die Entscheidungen darüber getroffen, was den Deal um die Arbeit bestimmte. Dieses wird immer mehr durch autonome und selbstbestimmte Mitarbeiter festgelegt werden. Dazu brauchen sie aber eine reflektiertere Einstellung, wenn sie Entscheidungen treffen und mit deren Konsequenzen konfrontiert werden.

Entscheidungen zu fällen ist nicht schwierig: Wir treffen sie ständig, in jeder wachen Minute unseres Lebens. Aber viele von uns sind nicht darauf vorbereitet, ihre Wahlmöglichkeiten zu erkennen und die Konsequenzen ihrer Entscheidungen abzusehen.

Der Philosoph Peter Koestenbaum und sein Kollege und Freund Peter Block haben sich mit dem Wesen unserer Entscheidungen eingehend auseinandergesetzt.[21] Sie sehen die Sache so: Wenn wir uns fragen, wie wir unser künftiges Arbeitsleben und faktisch auch die Institutionen für die nachfolgende Generation gestalten wollen, müssen wir verantwortliche Entscheidungen über unser Leben treffen. Einige von diesen werden Angst oder ein schlechtes Gewissen auslösen, weil sie eigene Erwartungen oder die anderer nicht erfüllen. Dabei ist allerdings wichtig, dass wir sie als Entscheidungen bewusst erkennen, in eine innere Debatte eintreten und die Paradoxe abwägen, die sie mit sich bringen. Koestenbaums und Blocks Botschaft lautet: Unser Arbeitsleben gewinnt nicht dadurch Sinn, Charakter und Struktur, dass wir unsere Entscheidungsmöglichkeiten verleugnen oder uns der Angst ergeben, sondern dadurch, dass wir gerade diese Gefühle erfahren. Wenn wir uns unseren Möglichkeiten verschließen, unsere Angst und ein schlechtes Gewissen unterdrücken und es versäumen, über die Paradoxe zu reden, geht uns ein Großteil des Reichtums unseres Arbeitslebens verloren. Sah die Abmachung des traditionellen Beschäftigungsverhältnisses vor, dass für uns entschieden wird, so lautet die Abmachung für die Zukunft nun, dass wir die Entscheidungen selbst treffen.

Als wir im Forschungsverbund *Future of Work* über Zukunft redeten, stießen wir auf zahlreiche Paradoxe und Dilemmas bei den Wünschen zur künftigen Arbeit. Ein Dilemma beschrieb eine Teilnehmerin so:

Ich glaube, dass die unteren Ebenen der maslowschen Bedürfnispyramide deshalb dominieren, weil Arbeitgeber keine anderen Mittel gefunden haben, ihre Mitarbeiter zu belohnen und ihnen Anerkennung zu geben. Für mich ist Geld (und damit mein Eigenheim oder Auto) zum Beispiel keine besonders gute

Motivation für die Arbeit, aber mein Arbeitgeber hat die Entscheidung getroffen, meine Leistungen über die Bezahlung zu würdigen. Mir wäre etwas anderes lieber, aber es gibt keine andere Form der Anerkennung, also will ich auch wie alle um mich herum mehr Geld, weil ich das gleiche Maß an Anerkennung haben will. Ich akzeptiere mehr Geld stellvertretend für Anerkennung und wäre demotiviert, wenn meine Leistungen nicht wenigstens durch die Bezahlung gewürdigt würden. Aber dieses System der Anerkennung von Leistungen entspricht nicht meinen persönlichen Bedürfnissen.

Die Mitarbeiterin spürt in sich neue Bedürfnisse, die der Arbeitgeber nicht befriedigt, weil er ihr nur durch Bezahlung Anerkennung spendet. Wenn sich die Schwerpunkte beim Deal um Arbeit weg von der Bezahlung und hin zur fruchtbaren Erfahrung verschieben, werden viele solche Dilemmas sichtbar werden. Die Herausforderung besteht darin, die verfügbaren Wahlmöglichkeiten zu erkennen und bereit zu sein, auch Besorgnisse und ein schlechtes Gewissen zu akzeptieren, die mit Entscheidungen verbunden sein können.

Ich kann mir beispielsweise vorstellen, dass viele der Väter, die an der Konferenz für die Seniorgesellschafter teilnahmen, dieses Dilemma sehr gut kannten: Wenn sie sich Zeit für ihre Kinder nahmen, hatten sie Sorge, es könne auf Kosten ihres Aufstiegs und ihrer Gehaltsstufe gehen, und bei der Arbeit mit Kunden und Kollegen hatten sie ein schlechtes Gewissen wegen ihrer Kinder. Solche Entscheidungen sind keine Win-win-Situationen und werden es meiner Ansicht nach auch in Zukunft nicht werden. Und wie wir gesehen haben, werden die fünf zukunftsprägenden Faktoren für noch größere Wahlmöglichkeiten sorgen und damit auch mehr Gelegenheiten schaffen, sich zu sorgen und ein schlechtes Gewissen zu haben.

Bei dieser Neuorientierung stoßen wir an eine Hürde, die sich bereits im Zusammenhang mit den Alltagsszenarien zur Vorgegebenen Zukunft und den in ihnen wirkenden Kräften gezeigt hat. Dabei geht es darum, wie sich die Rahmenbedingungen künftiger Arbeit verändern werden. Auch wenn andere – der Arbeitgeber, die Gesellschaft insgesamt oder unser unmittelbares Umfeld – unsere Wahlmöglichkeiten einschränken, besitzen wir eine Entscheidungsfreiheit, die über den Bereich Familie, unsere Kultur und unser organisatorisches Umfeld hinausgeht. Auch wenn unsere Entscheidungen zuweilen tatsächlich den äußeren Lebensumständen geschuldet sind, so kann man sie, wie Erich Fromm es fasste, auch als »Flucht vor der Freiheit« sehen: als Anpassung an die Normen eines Unternehmens oder der Gesellschaft, als Missachtung der individuellen Einzigartigkeit.[22]

Da die Wahlmöglichkeiten immer größer und die Konsequenzen von Entscheidungen immer deutlicher sichtbar werden, wird kluges Entscheiden immer bedeutender. Aber natürlich werden Entscheidungen weitgehend auch davon bestimmt, wie Arbeit organisiert ist und wie sie in unserem Unternehmen oder unserem jeweiligen Land entlohnt wird.[23]

Aber unabhängig vom Umfeld werden wir mit den Folgen unserer Entscheidungen zuweilen auf so drastische Weise konfrontiert wie die Führungskräfte, die ihren Kindern zuhörten, als sie über sie als ihre Väter redeten, oder wie die Managerinnen, die auf ein Leben ohne Kinder zurückblicken, oder wie ich selbst, wenn ich mit schlechtem Gewissen sehe, wie sich mein aufreibendes Arbeitsleben auf meine Fähigkeiten als Mutter ausgewirkt hat. Wir alle haben miterlebt, wie andere mit den Folgen ihrer Entscheidungen auf schmerzhafte Weise konfrontiert wurden, wie Ehen am häufigen Reisen oder an Überstunden zerbrachen. Die Erkenntnis kommt meistens erst dann, wenn etwas im Leben zerbricht. Es kann unsere Ehe, unsere Gesundheit oder unsere Kinder treffen, die dann in Schwierigkeiten geraten. An solchen Punkten tritt schmerzlich zutage, welche Konsequenzen Entscheidungen haben können. Aber wie Robert Reich bemerkt: »Kann uns zuverlässiger vor Augen geführt werden, dass wir unbewusst Entscheidungen getroffen haben? Müssen wir erst auf eine schmerzhafte Erfahrung warten?«[24]

Wenn wir unsere Entscheidungen bewusster treffen, treten wir in drei verschiedene Diskussionen ein. Die erst ist die Debatte, die wir darüber geführt haben, wie sich Zukunft gestalten wird – über die künftige Technik, Vernetzung, Geschwindigkeit und Globalisierung sowie deren Auswirkungen auf unsere Arbeit. Die zweite dreht sich darum, wie sich Zukunft auf uns auswirken könnte, und insbesondere mit Blick auf die Vorgegebene Zukunft. In dieser Debatte stellen wir uns unseren Befürchtungen darüber, wie sich unser

Arbeitsalltag in einer Welt entwickeln könnte, in der Isolation und Zersplitterung herrschen und es eine gewaltige Unterklasse aus neuen Armen gibt. Die dritte Diskussion ist das private Gespräch, das wir in unserem engsten Umfeld über die Schwierigkeiten und Dilemmas führen, mit denen wir bei unseren Entscheidungen zu unserer Arbeit konfrontiert sind.

Diese drei Diskussionen sind verschiedene Reaktionen auf die Wirkkräfte, die unsere Zukunft bestimmen werden. Bei manchen Gelegenheiten werden wir in alle drei Gespräche einsteigen, ohne zwischen ihnen die Verbindungen zu sehen. Wir erkennen, welche unglaubliche Entwicklung die Globalisierung nehmen und welche Chancen sie uns in den kommenden Jahrzehnten bringen wird, ohne dass wir erkennen, welche Auswirkungen dies auf unsere Arbeit und auf die derer, die nach uns kommen, haben wird. Aber wenn wir die anstehenden umfassenderen Veränderungen wirkungsvoll meistern wollen, müssen wir die Zusammenhänge zwischen diesen drei Bereichen des Nachdenkens erkennen. In Robert Reichs Worten:

> Es ist Zeit für eine umfassendere Diskussion darüber, welche Kombination von wirtschaftlicher Dynamik und sozialem Frieden wir für uns selbst, unsere Familien und unsere Gesellschaft wollen. Und welche öffentlichen Entscheidungen wir brauchen, um diese Ausgewogenheit zu erreichen.[25]

Diese Diskussion ist deshalb wichtig, weil wir mit jedem Schritt in unserem Arbeitsleben Entscheidungen treffen, mit denen wir auch unser Leben aufbauen. Es sind spontane Entscheidungen in dem Sinn, dass sie von Minute zu Minute erfolgen, aber auf Dauer gesehen unserem Leben den Geschmack, unserer Existenz den Grundton und unserer Arbeit die Struktur geben.

Aber trotz ihrer Spontaneität sind diese Entscheidungen insofern selbstbestimmt, als wir sie oft automatisch und ohne nachzudenken treffen. Niemand zwingt mich, jedes Wochenende zu arbeiten oder wenig Zeit mit meinen Kindern zu verbringen, und es wird auch niemand gezwungen, sich ein großes Auto oder ein Eigenheim anzuschaffen. Um unseren freien Willen auszuüben, müssen wir entscheiden. Alternativen gibt es immer. Wenn wir die Struktur unseres künftigen Arbeitslebens erwägen, sind wir dazu aufgerufen, bewusste Entscheidungen zu treffen, anstatt automatisch zu wählen. Verantwortung verwässert zu begreifen, »führt zu Feigheit, wo Courage entscheidend ist, oder zu Vermessenheit, wo Zurückhaltung gebraucht wird«.[26] Wie Koestenbaum es fasst:

> Wer behauptet, er »habe keine Wahl«, und dies auch so meint, hat beschlossen, unsere menschliche Natur zu verleugnen. Mit diesem Satz haben wir uns frei entschieden, aus der Menschheit aus- und ins Tierreich oder ins technische Reich der Apparate oder der Elektronik einzutreten.[27]

Natürlich sind wir bei der Nutzung unserer Wahlmöglichkeiten auf bestehende Alternativen festgelegt. Briana verfügt über andere Alternativen als Rohan, der im ländlichen Indien geboren ist, oder als jemand, der 2020 in einem wohlhabenden Vorort von Boston aufwuchs. Aber bei der Gestaltung ihres Arbeitslebens sind alle mit derselben Herausforderung konfrontiert: Sie müssen zwischen ihrem freien Willen (was in ihrer Macht steht) und der objektiven Realität (was sie nicht vermögen) unterscheiden und die Verantwortung ihres freien Willens und die Unvermeidlichkeit dessen akzeptieren, was sie nicht verändern können.

Unsere Zukunft erfinden

Wenn wir über die dritte Neuorientierung nachdenken, stellt sich uns die Frage, wie wir unsere Zukunft erfinden können. In der Vergangenheit wurden viele Entscheidungen zu unserer Arbeit und Zukunft von den Unternehmen getroffen, für die wir arbeiteten. Aber wo Hierarchien und Kommandostrukturen, die Entscheidungswege von oben und der unflexible Umgang mit Mitarbeitern verschwinden, tun sich breite Wahlmöglichkeiten auf. Wenn wir wählen und unsere Zukunft erfinden, werden wir mit Dilemmas, Ängsten und Schuldgefühlen konfrontiert. Sich deshalb vor Entscheidungen zu drücken, ist indes keine Option. Wie sehen angesichts einer immer breiteren Auswahl kluge Entscheidungen für die Zukunft aus? Dazu gebe ich zwei Prognosen ab: Erstens wird unsere

Zukunft immer stärker eher durch unsere individuellen und einzigartigen Bestrebungen, Bedürfnisse und Fähigkeiten als durch Festlegungen unserer Arbeitgeber bestimmt werden. Und zweitens wird sich beim Deal um Arbeit der Schwerpunkt weg von Geld und Konsum hin zu Erfahrungen verlagern.

Eine Zukunft um das gestalten, was uns wichtig ist

Was mir wichtig ist, ist Ihnen vielleicht unwichtig. Die Art Zukunft, die ich mir wünsche, wollen Sie möglicherweise nicht. Wir müssen alle eine eigene Zukunft der Arbeit gestalten. Diesen Gedanken habe ich bereits in meinem Buch *The Democratic Enterprise* von 2004 ausgeführt.[28] Ich vertrat darin die Ansicht, dass die Gestaltung der eigenen Arbeit immer stärker durch individuelle Entscheidungen geprägt werden wird. Als tragendes Konzept habe ich dabei – stark beeinflusst von den Gedanken des Philosophen David Held zum Wesen der Demokratie – den Begriff des Staatsbürgers verwendet.[29]

Das Buch ist nicht unbedingt zum perfekten Zeitpunkt erschienen. 2004 hielten die Konzernvorstände und Verwaltungsräte stur an ihrer Art Unternehmensführung fest – ganz im Sinne des traditionellen Beschäftigungsverhältnisses – und vertrauten fest darauf, dass sie wüssten, was für ihre Mitarbeiter das Beste sei. Auch waren viele Möglichkeiten wie Arbeiten im virtuellen Raum, Mikrounternehmertum oder Büroarbeit zu Hause beim damaligen Stand der Technik noch schwer umzusetzen. 2004 passte der Gedanke an die individuelle Wahl nicht so recht in den Zeitgeist. Die westliche Welt erlebte einen Wirtschaftsboom, der teilweise durch die Kostenvorteile in Indien und China befeuert wurde. Indien wurde zum Dienstleister für Abwicklungen und China zur Produktionsstätte für Unternehmen überall in den USA und Europa. Die Welt begann sich zu globalisieren, auch wenn der Westen seine feste privilegierte Position behielt. Die fünf Faktoren der Zukunft, die die Welt inzwischen so deutlich umstrukturieren, waren 2004 noch nicht voll zum Tragen gekommen. Kein Wunder, dass eine Diskussion über die Notwendigkeit, mehr Wahlmöglichkeiten und Sinn in die Arbeitswelt zu bringen, Unternehmen zu ermuntern, ihre Mitarbeiter als Individuen zu behandeln, und die Menschen zu ermutigen, mehr Verantwortung für sich selbst zu übernehmen, damals auf taube Ohren stieß. In dieser Übergangszeit stand Selbstreflexion noch nicht auf der Agenda.

Vieles hat sich seither geändert. Die sich damals herauskristallisierenden fünf Faktoren der Zukunft rücken jetzt deutlich in den Blickpunkt. Die technische Entwicklung hat dafür gesorgt, dass die Mitarbeiter in den Unternehmen nicht mehr nur auf der vertikalen, sondern auch auf der horizontalen Achse vernetzt sind. Und sie hat einen Grad an Transparenz geschaffen, der die verfügbaren Wahlmöglichkeiten und deren Konsequenzen deutlich sichtbarer macht.

Im Jahr 2004 waren wir darauf gestoßen, dass Menschen sehr unterschiedliche Bedürfnisse haben. Nur wollte das damals keiner wissen. Damals hatte die multinationale Supermarktkette Tesco mit Technik aus dem Marketing ungefähr so, wie sie Kundenprofile angefertigt hatte, auch Profile von Mitarbeitern erstellt. Sie erhoben Daten zu einzelnen Angestellten und teilten die Gruppe der Befragten in einzelne Segmente auf. Dabei erhielten sie höchst interessante Ergebnisse. Anstatt alle das Gleiche zu wollen, hatten die Mitarbeiter mit Blick auf ihre Arbeit völlig unterschiedliche Wünsche. Manche wollten natürlich die Karriereleiter erklimmen und setzten auf einen Status, der sich in Geld ausdrückte. Andere sehnten sich vor allem nach flexiblen Arbeitszeiten, um tagsüber ihre Kinder betreuen oder Elternteile pflegen zu können. Einige suchten in der Arbeit möglichst viel Spaß und Spiel, während anderen eine faire Bezahlung das Allerwichtigste war.

Ebenso interessant war, dass es auch innerhalb eines Segmentes Unterschiede bei anderen Aspekten des Lebens gab. Nicht nur Ältere wollten hart arbeiten, während die Jungen Spaß bei der Arbeit suchten. Einige über 50-Jährige wollten Vergnügen, während einige unter 20-Jährige eisern arbeiten wollten. Unterschiede gab es auch beim Geschlecht: Nicht nur Mütter wollten Zeit für Kinder und nicht nur Männer eine steile Karriere. Manche Frauen hofften auf den großen Aufstieg, während einige Männer bei den Kindern zu Hause bleiben wollten. Wie die Führungskräfte bei Tesco herausfanden, hatten ihre Mitarbeiter höchst individuelle Bedürfnisse, die zum Teil von persönlichen Lebensumständen abhingen, so davon, ob sie kleine Kinder hatten. Ihre Persönlichkeit und ihre persönlichen Erwartungen spielten ebenfalls eine Rolle. Diese Profile ließen sich dagegen nicht mit einem Algorithmus vorhersagen. Denn klar ist: Mit der Vervielfältigung der Wahlmöglichkeiten steigt auch die Vielfalt, wie diese Möglichkeiten genutzt werden.

Mit Blick auf die dritte Neuorientierung ist folglich wichtig, dass wir die Vielfalt der menschlichen Bedürfnisse und Bestrebungen – für uns und andere – erkennen und wertschätzen. Einfach gesagt: Erfahrungen, die mir wichtig sind und für die ich Opfer bringen würde, sind anderen vielleicht unwichtig. Wenn wir dies erkennen, können wir uns ein künftiges Arbeitsleben vorstellen, das persönliche Bedürfnisse besser berücksichtigt, und uns dem Gedanken öffnen, dass Arbeit so gestaltet werden kann, dass diese gewürdigt und befriedigt werden.

Weniger konsumieren und gemeinsam besitzen

Bei der Arbeit der Zukunft wird es immer mehr darum gehen, unsere Entscheidungen zu reflektieren und deren Konsequenzen mit scharfem Blick im Auge zu behalten. Auch wenn sich einige für traditionelle Beschäftigungsformen entscheiden werden, sage ich voraus, dass auf diese Abmachung immer weniger setzen werden. Wie an der Generation Y bereits absehbar ist, will ein immer größerer Anteil an Menschen eine Form von Arbeit, die durch mehr motiviert ist als vornehmlich durch Geld und Konsum. Da die Wahlmöglichkeiten größer und die Konsequenzen von Entscheidungen besser absehbar sind, werden viele darauf setzen, sich ein erfüllendes Arbeitsleben zu schaffen, das sich in ein ausgewogenes Verhältnis zum übrigen Leben bringen lässt. Diese Neuorientierung wird natürlich nicht leicht umzusetzen sein. Wir können prognostizieren, dass sie in der vorherrschenden Kultur in Unternehmen, die traditionelle Beschäftigung favorisieren, zunächst nicht ohne Reibungen umzusetzen ist.[30] Aber auch wenn manches in den Unternehmen und Gesellschaften die Mitarbeiter davon abhält, über ihren Tellerrand hinauszublicken, bin ich überzeugt, dass immer mehr von ihnen neue Möglichkeiten jenseits der althergebrachten Abmachung um Arbeit ausloten werden.[31]

Wenn wir unsere Erwerbszukunft gestalten, bieten sich Kompromisse an: So könnten wir auf ganz große Anschaffungen wie ein

Eigenheim oder ein PS-starkes Auto verzichten, die beide als Ziele im Zentrum traditioneller Beschäftigung standen.[32] Historisch gesehen, spielte beides in unserem Identitätsgefühl eine Rolle und wurde in gewissem Sinn zum »sozialen Kennzeichen«. So sind wir zu der Frau mit den sechs Handtaschen von Prada, dem Typen mit dem BMW oder dem Kind mit dem iPod geworden. Im traditionellen Deal um Arbeit und Entlohnung bestimmten solche Anschaffungen, wer wir in unserer Gesellschaft sind. Aber in einem zukunftsorientierten Konzept von Arbeit definieren wir uns möglicherweise weniger durch das, was wir uns leisten, als vielmehr durch die Erfahrungen, die wir uns schaffen. Wie entwickelt sich dann unser Konsumverhalten?

Können wir ein Stück Konsumverzicht lernen? Für einige Kommentatoren ist ein solcher Wandel entscheidend.[33] Sie verweisen darauf, dass der Wunsch nach Wohneigentum viele wirtschaftlich und an einem bestimmten Ort in einer Welt festgenagelt hat, die immer mehr Mobilität und Flexibilität verlangt. Auch wurde darauf hingewiesen, dass der Besitz von großen Wagen mit hohem Benzinverbrauch, insbesondere in Amerika, das Leben in der Gemeinschaft zerstört und tote Stadtzentren und öde Vorstädte geschaffen hat.

Wenn sich unsere Arbeit weniger um materiellen Konsum drehen soll, müssen wir neue Wege zu hoher Lebensqualität finden. Als ein Aspekt dieses Wandels müssen wir lernen, Ressourcen gemeinsam zu besitzen. Nehmen wir das Beispiel der Rechnerwolke, bei der komplexe IT-Programme und Systeme schon jetzt gemeinsam benutzt und nach Bedarf heruntergeladen werden. Das Gleiche funktioniert mit Pkws. Bereits heute gibt es in vielen europäischen Städten Carsharing-Modelle. Vor meinem Haus in Primrose Hill in London steht ein städtisches Auto, das ich nach Bedarf nutzen kann, ebenso ein städtisches Fahrrad, das ich dann nutze, wenn es bei uns einmal nicht regnet. Wie von manchen vorgeschlagen, werden wir eines Tages vielleicht auch in der Lage sein, regenerative Umfelder aufzubauen, indem wir unsere Wohnstatt mit anderen teilen.

Den Wandel vollziehen

Stellen wir uns einen Augenblick vor, dass wir in Zukunft entscheiden, uns nicht mehr von Konsumfülle als wichtigstem Bestreben beherrschen zu lassen. An ihre Stelle könnte eine Fülle anderer Bestrebungen und Statuswünsche treten: die Qualität unserer Familie und die tiefe Zuneigung für unsere Freunde vielleicht oder der Aufbau einer sinnvollen und spannenden Arbeit oder eine neuerliche Konzentration auf Kreativität und Kunst.

Was könnte zum Scheidepunkt werden, an dem diese Wende eintritt? Eine Rolle wird das sich verändernde Umfeld der Institutionen und Regierungen spielen. Allerdings bin ich zutiefst überzeugt, dass eine Wende hier deshalb eintreten wird, weil die Menschen beginnen, sich über ihre Arbeit und deren Sinn grundlegende Gedanken zu machen. Ich erwarte nicht, dass dies ein individueller Denkprozess bleibt, sondern sehe vielmehr die reale Möglichkeit, dass die Menschen sich über diese Themen austauschen und sich zu einer immer globaleren Bewegung zusammenschließen. Menschen, die andere Wege gingen, gab es schon immer. Um ihre Lebenswelt zu gestalten, zogen sie sich in ein Kloster zurück, gründeten in abgelegenen Gebieten eine Gemeinde oder riefen eine Kommune ins Leben. Angesichts der Globalisierung und der Vernetzung können diese »Graswurzelbewegungen« immer mehr zum Motor des Wandels werden. Dies erinnert an die Shell-Studie, in der zur künftigen Nutzung der Ressourcen verschiedene Szenarien für 2050 entworfen werden: Auf der einen Seite steht die staatliche Gesetzgebung, auf der anderen die Kraft und Dynamik von Gruppeninitiativen, die sich über Technik vernetzen und in den Blickpunkt rücken, dass die Globalisierung als Kraft Aufmerksamkeit verdient.[34]

Wie wir gesehen haben, könnte die Neuorientierung weg vom Konsum und hin zu Erfahrungen zu einem besonders wichtigen Kennzeichen der Zukunft der Arbeit werden. Beschränkung könnte zum neuen Bedürfnis avancieren ...

Die Arbeit, wie wir sie kennen, entwickelte sich nach der industriellen Revolution, als Maschinen die Arbeitsabläufe, die Orte, an denen die Arbeit stattfand, und Einstellungen der Menschen gegenüber Zeit und Arbeit veränderten. Die Arbeiter wurden eher als

Maschinen wahrgenommen, und die Mechanisierung der Arbeit ließ maschinenähnliche Bedürfnisse entstehen. Als Kehrseite der Entwicklung waren wir wie Maschinen für unser Tun nicht mehr verantwortlich.

Sie werden mit weitreichenden Entscheidungen konfrontiert, wenn Sie die Veränderungen erkennen, die das Umfeld Ihrer Zukunft prägen werden. Wenn Ihnen wie vielen, mit denen ich während meiner Recherchen geredet habe, ein stärker ausgeglichenes Leben, eine sinnvolle Arbeit und die schrittweise Entfaltung Ihrer Fähigkeiten wichtig sind, dann müssen Sie die entsprechenden Änderungen einleiten und die Verantwortung für Ihr künftiges Arbeitsleben übernehmen.

Dies heißt, Sie müssen zu Ihren Besorgnissen eine neue Einstellung gewinnen und sich den Ängsten, die sich aus Dilemmas ergeben, offensiv stellen, anstatt sie einfach zu leugnen. Sich angesichts anstehender Entscheidungen für die Zukunft zu sorgen, ist normal und das ganz natürliche Verhalten einer Person, die über sich selbst nachdenkt und über ihre Gefühle Rechenschaft ablegt. Sie müssen diesen Gefühlen weder ausweichen noch sie leugnen, sondern vielmehr erkennen, dass Ihre Dilemmas die Chance bieten, sich über Dinge klar zu werden. Während die fünf Faktoren der Zukunft an den Fundamenten der bisher bekannten Formen von Arbeit nagen, bietet sich Ihnen die Gelegenheit, Verantwortung für Ihr Leben zu übernehmen – jetzt und für die Zukunft. Sie sind weder ein Kunstgeschöpf noch ein kleines Rädchen im Getriebe Ihrer Firma, sondern jemand, der Entscheidungen treffen und deren Konsequenzen verantworten kann. Dazu müssen Sie sich über Ihre Gefühle und Unzulänglichkeiten ehrlich Rechenschaft ablegen und fähig sein, auch unliebsame Risiken einzugehen und mutig aktiv zu werden.

Wie gehen Sie mit Ihrer Besorgnis darüber um, wie Sie sich ein sinnvolles und erfülltes Arbeitsleben von hoher Qualität aufbauen? Hier kehren wir zum Thema der zweiten Neuorientierung zurück: Ihre Fähigkeit, Ihre Zukunft zu gestalten und diejenigen, die Ihnen wichtig sind, bei der Gestaltung ihrer Zukunft zu unterstützen, hängt auch von der Qualität Ihrer menschlichen Kontakte, von Ihrem regenerativen menschlichen Umfeld ab: von diesen wenigen engen, vertrauten und aufmunternden Freunden, mit denen Sie echte Begegnungen in einer Atmosphäre des geduldigen und einfühlsamen Zuhörens haben. Ihnen können Sie Ihre wahren Gefühle anvertrauen und Ihre Gedanken und Erfahrungen offenbaren. In solchen Gesprächen können Sie sich Ihrer Alternativen bewusst werden, erwägen, wie Sie mit Herausforderungen in der Vergangenheit umgegangen sind, und darüber nachdenken, was Sie davon abgehalten hat, Risiken einzugehen.

Wir alle stehen vor der Herausforderung, ein Arbeitsleben anzuvisieren, in dem wir klarere Ziele vor Augen haben: Wir müssen mehr Sensibilität dafür entwickeln, wer wir sind, was uns wichtig ist, welche Wahlmöglichkeiten wir haben und welche Konsequenzen unsere Entscheidungen bergen. In der Realität bedeutet dies, dass Sie auch den Mut zum Neinsagen brauchen, dass Sie aktiv nach einem Arbeitsplatz suchen müssen, der es Ihnen ermöglicht, den Zielen nachzugehen, die Ihnen wichtig sind. Dabei müssen Sie weniger »normal« als vielmehr Sie selbst sein, ein Individuum, das den eigenen Lebensstil und die Definition seiner selbst verwirklicht.

Diese dritte Neuorientierung beinhaltet interessanterweise die philosophische Einsicht, dass es uns zur Erkenntnis zieht. Wenn Sie in die Zukunft blicken, eröffnet sich Ihnen die Freiheit und Möglichkeit, die Werte und eigenen Vorstellungen zu verfolgen, die Ihnen wichtig sind. Dazu müssen Sie die Grenzen, die Ihnen die Gesellschaft und Ihre Arbeitgeber auferlegen, aber auch die Freiheit erkennen, wie Sie mit diesen Grenzen umgehen. Aber Ihre Entscheidungen werden unvermeidliche Konsequenzen haben. Ihre Arbeit und Ihr Arbeitsumfeld sind Bereiche, in denen Sie bei Ihrer Sinnsuche fündig werden können. Aber dazu brauchen wir alle vor allem Mut und ein Gespür für die Zukunft.

TEIL V   HINWEISE ZUR ZUKUNFT

Hinter den fünf Faktoren, die in einem komplexen Zusammenwirken die Zukunft unserer Arbeit bestimmen, stehen mehrere gewichtige Dinge, die wir im Kopf behalten sollten, wenn wir Entscheidungen treffen und akzeptable Kompromisse schließen. Diese Analyse enthält klare Botschaften, die wir an unsere Kinder weitergeben sollten, und an sie als demografische Gruppe richtet sich denn auch eine erste Reihe von Hinweisen.

Unser künftiges Arbeitsleben wird von den von uns aufgebauten Ressourcen und von unseren Entscheidungen bestimmt. Aber ebenso wichtig sind dabei die Bedingungen, unter denen wir arbeiten und leben. Diese werden von unseren Arbeit- oder Auftraggebern geprägt, seien es Kleinunternehmen oder die multinationalen Konzerne, die immer größere Teile der Welt umspannen. Sie werden maßgeblich unsere Arbeitsplätze und grob die Praktiken bestimmen, nach denen sie uns als Mitarbeiter auswählen, befördern, belohnen und weiterbilden. Die Unternehmenskulturen können die Veränderungen, die wir für mehr Entscheidungsfreiheit und größere Spielräume bei der Gestaltung unserer Arbeit brauchen, fördern oder behindern. Deshalb richtet sich die zweite Reihe an Hinweisen an die Unternehmen.

Das weiteste Umfeld, in dem wir tätig sind und unser künftiges Berufsleben gestalten, sind unser jeweiliges Land und seine Regierung. Politiker prägen ihren Bereich wie Wirtschaftskapitäne in Zeiträumen von Jahren, während unser Arbeitsleben Jahrzehnte dauert.

Es liegt also in der Natur der Sache, dass beide Gruppen mit Blick auf die Zukunft kurzfristiger denken, als wir es tun können. Auch haben Politiker, die wiedergewählt werden wollen, kaum Interesse daran, unangenehme Wahrheiten zur Zukunft allzu deutlich unters Volk zu bringen, zum Beispiel die, wie lange unsere Lebensarbeitszeit dauert und wie lange wir Rente beziehen werden. Die letzte Reihe an Hinweisen richtet sich folglich an Politiker und staatliche Stellen. Wie bei den übrigen geht es auch bei ihnen darum, die harten Fakten und ihre Bedeutung auf den Tisch zu legen. Sie sollen ein möglichst genaues und unvoreingenommenes Bild von der Zukunft vermitteln.

Leser mit guten Englischkenntnissen können sich diese drei Reihen an Hinweisen zusammen mit weiterem nützlichem Lesestoff auch herunterladen unter www.theshiftbylyndagratton.com.

11 HINWEISE AN KINDER, FIRMENBOSSE UND REGIERUNGEN

Hinweise an Kinder zur Zukunft der Arbeit

Ihr habt ein außergewöhnliches Leben vor euch. Viele von euch werden über 100 Jahre alt werden, was vor zwei Jahrzehnten noch undenkbar erschien. Und ihr könnt nicht nur auf ein langes Leben hoffen: Auch werdet ihr den Großteil eurer Lebenszeit produktiv arbeiten können, weil das Alter dank des medizinischen Fortschritts erst später beginnt.

Was fangt ihr mit eurem langen und produktiven Leben an? Eine Arbeit finden, die Spaß macht und Anregungen bereithält, ist für ein erfülltes Leben sehr wichtig. Während in der Vergangenheit viele in Großkonzerne eintraten, wird es meiner Ansicht nach in eurem Arbeitsleben mehr Möglichkeiten geben, sich ein eigenes Geschäft aufzubauen und dabei mit Menschen auf der ganzen Welt zusammenzuarbeiten. Dazu müsst ihr euch einen Bereich des Könnens und der Fähigkeiten suchen, in dem ihr gründliche Kenntnisse erwerben und es zu einer meisterhaften Beherrschung bringen könnt. Es sei daran erinnert, dass ihr dazu Zeit, Konzentration und Hingabe braucht, weil für den Erwerb wirklich gründlicher Fähigkeiten bis zu 10 000 Stunden Praxis benötigt werden. Ebenso müsst ihr gut und geübt mit Menschen anderer Nationalität umgehen können, und möglicherweise werdet ihr weit von eurem Heimatort entfernt leben. Vielfalt spielt in eurem Leben eine zentrale Rolle, denn euer Erfolg hängt verstärkt davon ab, wie kreativ und innovativ ihr arbeitet. Und

Innovation entsteht häufig in einem Beziehungsgeflecht, in dem große Vielfalt herrscht.

Eure Väter und Großväter – und Mütter und Großmütter, falls sie erwerbstätig waren –, brachten ihr Erwerbsleben gewöhnlich mit einer Art Arbeit zu. Über 60 Jahre eures möglichen Erwerbslebens hinweg werde ihr die Möglichkeit haben, eure Arbeit deutlich vielfältiger zu gestalten. Ihr könnt eine Laufbahn einschlagen und nach 20 oder sogar nach 40 Jahren in einen anderen Bereich überwechseln. Euer Leben wird nicht einfach so verlaufen, dass eine Ausbildung am Anfang, eine Erwerbstätigkeit in der Mitte und die Rente am Ende steht. Stattdessen könnt ihr mit einer mosaikartigen Erwerbsbiografie rechnen, in der Aus- und Weiterbildungen zu verschiedenen Zeiten wichtige Steinchen sind.

Die potenzielle Länge eures Lebens ist eine kennzeichnende Chance und Herausforderung eurer Generation, ebenso wie die Vernetzung mit Milliarden von Menschen auf dem ganzen Globus. Eure Handlungen, eure Ideen und eure Kreativität werden in zunehmendem Maß für andere transparent sein, dies alles dank einer Technologie, wie sie noch keiner Generation vor euch zur Verfügung stand. Diese gewaltige Vernetzung verschafft euch meiner Meinung nach das Potenzial, schwierige Probleme zu lösen, das Leben anderer gründlich nachzuvollziehen und euch in sie einzufühlen. Ihr werdet viel Zeit damit zubringen, mit anderen virtuell zusammenzuarbeiten, sodass ihr auch vor der großen Herausforderung steht, zu einigen wenigen innige Freundschaften aufzubauen, die euch für viele Jahre eures Lebens Kraft spenden können. Freundschaften haben das Leben eurer Eltern bereichert. Vergesst also nicht, mit ihnen auch euer Leben zu bereichern.

Als größte Herausforderung ist eure Generation mit der Frage konfrontiert, wie die schwindenden Ressourcen an Energie, Wasser und Boden genutzt und erhalten werden sollen. Viele der Privilegien an Technik, die ihr geerbt habt, sorgten für deren gefährliche Verknappung. Zu euren Lebzeiten werden Hunderttausende von Menschen überall auf der Welt damit beschäftigt sein, mit diesem Problem fertigzuwerden, wobei ihnen dazu eine Technologie zur Verfügung stehen wird, wie man sie sich heute kaum vorstellen kann. Aber Technik allein wird das Problem nicht lösen. Eure Generation muss sich entscheiden, mit welchen Kompromissen sie ihren Lebensstandard mit ihrer Lebensqualität in Einklang bringt. Die meisten Entwicklungen der letzten 100 Jahre dienten einer Erhöhung des Lebensstandards. Für euch besteht die Herausforderung nun darin, für euch selbst und für andere die Lebensqualität zu erhöhen.

Euch werden sich deutlich mehr Wahlmöglichkeiten bieten als früheren Generationen. Ihr werdet wählen können, woran, wie, wo und mit wem ihr arbeitet. Aber die Gestaltung eines Arbeitslebens ist mit Eigenverantwortung verknüpft. In einer Welt, die immer transparenter wird, werdet ihr mit den Konsequenzen des eigenen Handelns stärker konfrontiert werden als sämtliche Generationen vor euch. Das bedeutet, dass ihr euch bei Entscheidungen überlegen müsst, zu welchen Abstrichen ihr bereit seid. Ob ihr euch ein erfüllendes Arbeitsleben aufbauen könnt, hängt entscheidend von eurer Fähigkeit ab, drei Herausforderungen zu bewältigen:

Erstens: wie gut es euch gelingt, euer geistiges Kapital über die Zeit eures Erwerbslebens hinweg dazu zu nutzen, um euch in Kompetenzbereichen, die euch interessieren, zu Meistern zu entwickeln.

Zweitens: wie gut es euch gelingt, euer soziales Kapital in Form von Freundschaften und Netzwerken auszubauen. Die wertvollsten Verbindungsnetze werden in einem ausgewogenen Verhältnis aus innigen Freundschaften, aus Menschen, denen ihr vertrauen könnt, und weitläufigeren Netzwerken aus Menschen bestehen, die sich deutlich von euch unterscheiden.

Drittens: Ihr müsst euch zwischen zwei Polen bewegen: zwischen traditionellen Formen von Arbeit, in deren Zentrum Geld und Konsum stehen, und neuen Formen, die im Kern Möglichkeiten zu kreativer und produktiver Entfaltung sowie zu einem Leben bieten, das reicher an Erfahrungen ist.

Hinweise an Wirtschaftsführer zur Zukunft der Arbeit

Die nächsten beiden Jahrzehnte werden die Konzernchefs der Welt vor besondere Herausforderungen stellen. Viele der traditionellen Vorstellungen zur Arbeit werden stark ins Wanken geraten und manche sogar zusammenbrechen. Das Vertrauen in Wirtschaftslenker befindet sich im Allzeittief und wird den Erwartungen nach weiter sinken. Die Talentiertesten werden gemeinsam mit anderen globale Talentpools bilden, in denen sie ihren Bedürfnissen und Bestrebungen verstärkt Gehör verschaffen. Durch immer mehr Transparenz und verbesserte Informationsflüsse geraten diejenigen, die Führungsaufgaben übernehmen, verstärkt in den Blickwinkel der Öffentlichkeit. Derweil übernehmen Angehörige der Generation Y in der Geschäftswelt Aufgaben als Teamführer und machen beim Führungsstil und der Art der Arbeit eigene Bedürfnisse geltend. Alle diese Faktoren setzen Wirtschaftsführer zunehmend unter Druck. Auch wird es komplizierter und schwieriger werden, Nachwuchs auszuwählen und aufzubauen, der die notwendigen Fähigkeiten zur Führung von Teams und Gemeinschaften mitbringt, die vielfältiger und globaler zusammengesetzt sind und stärker im virtuellen Raum agieren. Die Führungsaufgaben der Zukunft werden sich darum drehen, Partner zu begeistern, ein komplexes Spektrum an Anteilseignern zu befriedigen und mit den sich abzeichnenden umwelttechnischen und gesellschaftlichen Herausforderungen fertigzuwerden. In fünf großen Bereichen zeigt sich Ihre Fähigkeit, eine Geschäftstätigkeit aufzubauen, die für die kommenden Jahrzehnte so gut gewappnet ist, dass sie von den Trends der Zukunft profitieren kann.

Erstens: Die immer stärkere Globalisierung bringt neue Märkte, aber auch einen verschärften Wettbewerb um Verbraucher und um kluge Köpfe mit sich. Diese Verbraucher und künftigen qualifizierten Mitarbeiter werden Produkte und Arbeitsformen nachfragen, die in mehrfacher Hinsicht innovativ sind. Innovation war früher eine Sache der Industriestaaten, wird aber künftig auf globaler Ebene erzeugt werden. Klar ist, dass Innovations- und Experimentierfreude in Unternehmen, die in Zukunft Erfolg haben werden, eine Schlüsselrolle spielen werden. Open Innovation wird zunehmend an Bedeutung gewinnen – und damit auch die Wege, über die sich Mitarbeiter und Kunden mit ihren Ideen an der Entwicklung von Produkten und Dienstleistungen beteiligen können.

Zweitens: Unter dem Druck der technischen Entwicklung und der Globalisierung wird die althergebrachte hierarchische Organisation von Arbeit rasch zu einer organischeren Form mutieren. Wir können erwarten, dass Arbeit vermehrt in kurz und lang laufenden Projekten erledigt wird, mit Know-how, das auch von außerhalb des Konzerns geschöpft wird. An Bedeutung gewinnen werden zudem »wirtschaftliche Ökosysteme«, kooperative Geschäftsbeziehungen in Form von Joint Ventures, Partnerschaften und Mikrounternehmen, die um einzelne Geschäftsbereiche herum angesiedelt sind. Die partnerschaftliche Nutzung dieser Ökosysteme wird für die Erneuerung und Innovationsfähigkeit des jeweiligen Geschäfts entscheidend sein. Es wird immer wichtiger werden, die Fähigkeiten der weltweit besten Köpfe anzuzapfen, die sich tendenziell eher für die Selbständigkeit als für einen Arbeitgeber entscheiden.

Die meisten Unternehmen pflegten zu ihren Mitarbeitern eine Art Eltern-Kind-Beziehung, bei der sie für sie Entscheidungen trafen wie die, wo, in welchen Zeiten, wie und woran diese arbeiteten. Aber in Zukunft werden qualifizierte Mitarbeiter verstärkt eine Beziehung unter Erwachsenen anstreben, um Entscheidungen über den Ort und die Ziele eher selbst zu treffen. Und wenn viele aus der Generation Z über 100 Jahre lang leben, werden Arbeitsbiografien von einer Länge von über 60 Jahren die Regel. Angesichts dieser Erwartungen wird Ihr Unternehmen die gängigen Annahmen zur Produktivität von Menschen über 60 und 70 revidieren müssen. Und auch wenn maßgeschneiderte Arbeitsverträge und eine vermehrte Flexibilität chaotisch erscheinen, werden diese dank technischer Plattformen zu einer gangbaren Option werden. Sie werden eine zukunftsträchtige Personalpolitik betreiben müssen, insbesondere mit Blick auf flexibles Arbeiten, individuelle Weiterbildung und eine auf Teamarbeit beruhende Erledigung der Aufgaben.

Zu erwarten sind auch geringe Veränderungen, was die Bedeutung der Bezahlung mit Blick auf die Motivation der Mitarbeiter betrifft. Ältere Forschungen zu den Vorstellungen der Generation Y deuten darauf hin, dass immer größerer Wert auf eine Arbeit gelegt wird, die als sinnvoll empfunden wird und die Entwicklungsmöglichkeiten beinhaltet. Und viele verstehen unter einer Arbeit von hoher Qualität zudem eine Beschäftigung, bei der aktiver entschieden werden kann, in welchem Verhältnis Berufs- und Privatleben zueinander stehen. Gefragt sein wird ein 60-jähriges Arbeitsleben, das als ein Mosaik auch Auszeiten, Lernen *und* Arbeiten als Kernbausteine umfasst. Ihre Fähigkeiten, diese Wünsche nach Flexibilität zu bedienen, werden bei der Gewinnung von qualifizierten Mitarbeitern wichtig sein.

Und schließlich entstanden viele Unternehmen im traditionellen Geist des Konkurrenzkampfs als Basis für den Erfolg. Aber Wettbewerbsvorteile werden immer auch aus der Fähigkeit erwachsen, innerhalb des jeweiligen wirtschaftlichen Ökosystems kooperative Partnerschaften aufzubauen. Einer Unternehmenskultur, die auf Kooperation, Vertrauensbildung und Einbeziehung setzt, kommt damit entscheidende Bedeutung zu. Ob der Aufbau einer solchen Kultur gelingt, wird maßgeblich davon abhängen, inwieweit Sie und Ihr Team von anderen als eine kooperative Gemeinschaft wahrgenommen werden, und welche Vorbilder Sie schaffen. Neben den zukunftsweisenden Strategien, die Sie entwickeln, wird auch wichtig sein, welche Impulse Sie mit Ihrem persönlichen Verhalten Ihren Mitarbeitern in einer immer transparenteren Welt geben werden.

Hinweise an Regierungen zur Zukunft der Arbeit

Für die kommenden Jahrzehnte können wir einen bedeutenden Wandel in der Arbeitswelt erwarten: Die technische Entwicklung, die Globalisierung, der gesellschaftliche Wandel, die demografische Entwicklung, die steigende Lebenserwartung und die Energieressourcen stellen alle Regierungen auf der Welt vor eine Vielzahl von Herausforderungen.

Zunächst einmal wird die Globalisierung, die Indien den Aufstieg zum Backoffice und China zur Produktionsstätte für die entwickelte Welt beschert hat, weiter für Veränderungen sorgen. In den kommenden Jahrzehnten wird sich ein wachsender Anteil an hochwertiger und wissensintensiver Beschäftigung in die Schwellenländer verlagern. Dies wird zu einem Boom an Sparinnovationen, wie sie genannt wurden, und zu einer rasanten Globalisierung der Innovationen sowie der Forschung und Entwicklung führen.

Zudem wird die technische Entwicklung zusammen mit der Globalisierung dafür sorgen, dass über fünf Milliarden Menschen über das Internet und potenziell über die Rechnerwolke, die den Großteil des weltweiten Wissens birgt, untereinander vernetzt sind. Diese Hypervernetzung schafft an der Basis gewaltige Möglichkeiten zu raschen Bildungsfortschritten und zur Formierung von Online-Communitys. Die Fähigkeiten eines Staates, allen, insbesondere den jüngeren Bürgern Zugang zu einem Computer und zur Rechnerwolke zu verschaffen, gibt seiner Produktivität und Innovationskraft langfristig den entscheidenden Auftrieb. Regionen, in denen den Kindern der Zugang zum Wissen der Rechnerwolke verwehrt bleibt, geraten rasch ins Hintertreffen.

Vor diesem Hintergrund sind auch rasante technische Fortschritte beim Erwerb der Fähigkeiten und Kenntnisse zu erwarten, die für hochwertige Beschäftigung immer wichtiger werden. Computersimulationen, elektronisches Lernen und ein gemischtes Lernen werden das traditionelle Lernen im Unterrichtsraum rasch ablösen. Angesichts der rasanten Entwicklungen mit Blick auf den innovativen Wissenserwerb an der Basis steht zu erwarten, dass die traditionellen Vorteile bestimmter Standorte erodieren, weil sich weltweit vernetzte Talentmärkte herausbilden. Jeden jungen Menschen darin zu unterstützen, mit den sich rasch entwickelnden Lerntechnologien vermarktbare Fähigkeiten zu erwerben, muss für die Regierungen besondere Priorität haben.

Qualifizierte mit besonders hoch bewerteten Fähigkeiten (zum Beispiel in den Bereichen Biotechnologie, erneuerbare Energien oder Design) werden sich verstärkt zu Clustern zusammenscharen. Es ist abzusehen, dass diese Cluster an Hochqualifizierten für die wirtschaftliche Gesundheit einer Region immer wichtiger werden. Auch wenn diese eher aus sich selbst heraus als planvoll entstehen, spielt die Bereitschaft einer Regierung, Ausbildungs- und Kultureinrichtungen von hoher Qualität zu unterstützen, beim Prozess ihrer Förderung und Einbindung eine Schlüsselrolle.

Als Nächstes werden auch gesellschaftliche Faktoren Einfluss darauf haben, wie Arbeit in den kommenden Jahrzehnten erledigt wird. In zahlreichen Ländern schwindet das Vertrauen der Bürger in die Institutionen, Konzerne und Regierungen und wird wahrscheinlich weiter schwinden. Angesichts der zunehmenden Transparenz und des verbesserten Zugangs zu Informationen wird sich diese Entwicklung den Erwartungen nach wahrscheinlich weiter verschärfen. Wenn die Generationen Y und Z die staatsbürgerliche Reife erlangen, werden Menschen mit gemeinsamen Zielen ihren Anliegen auf weltweiter Basis Gehör verschaffen. Ermöglicht wird dies durch die immer besseren technischen Mittel, durch die grenzüberschreitende Zusammenschlüsse entstehen.

Auch bei den Faktoren Demografie und Langlebigkeit sind weitreichende Folgen zu erwarten. Ein bedeutender Anteil der Generation Z wird Schätzungen nach über 100 Jahre alt werden. Binnen einer Generation wird dies unsere Vorstellungen von Arbeit, von Alter und vom Altwerden verändern. Viele gesunde Angehörige der Generation Z werden bis in ihre 70er und 80er erwerbstätig bleiben wollen. Die Regierungen werden sich vordringlich darum kümmern müssen, wie sie diese Bestrebungen unterstützen können. Notwendig werden auch eine Überprüfung der gegenwärtigen Rentensysteme und ein genaueres Hinschauen, wie die Menschen für ihr Alter vorsorgen. Aber während viele in der entwickelten Welt bedeutend länger leben werden, dürften die Geburtenraten in den meisten Regionen der Welt stagnieren. Der wachsende Anteil der über 60-Jährigen in vielen entwickelten Ländern erlegt den Jüngeren dort bald unerträgliche Lasten auf. Um diese zu erleichtern, ist es besonders wichtig, die Grenzen für die Zuwanderung von Hochqualifizierten und von potenziellen Beschäftigten im pflegerischen und betreuenden Bereich zu öffnen.

Und schließlich wird sich das Problem der schwindenden Energieressourcen bedeutend auf die Zukunft der Arbeit auswirken. Wenn die Energiepreise steigen und eine CO_2-Steuer Realität wird, werden die Unternehmen bei der Erledigung von Arbeit neue Wege gehen müssen. Zu erwarten sind hier vermehrte Büroarbeit zu Hause, eine rasante Zunahme von Arbeit über das Internet sowie die Rückkehr von Produktionsstätten auf den Heimatmarkt. Beschleunigt wird dieser Wandel, wenn die Unternehmen darauf verpflichtet werden, die Verantwortung für ihren Kohlendioxidausstoß zu übernehmen.

ANHANG

Danksagung

Die hier niedergelegten Erkenntnisse darüber, wie sehr sich Arbeit in Zukunft verändern wird, sind das Ergebnis einer engen Zusammenarbeit zwischen Forschern und Führungskräften. Mein Forschungsteam zur Zukunft der Arbeit unter Leitung von Dr. Julia Goga-Cooke war eine große Quelle der Inspiration. Besonders wichtig war Julias Fähigkeit, in ein am Ende hochkomplexes Projekt Wissen, Spaß und Spannung hineinzubringen. Ebenso danke ich Tim Cooke, der meine ersten Manuskripte mit Adleraugen durchgesehen hat. Max Mockett brachte in die Analyse ein fundiertes Wissen zu historischen Trends, insbesondere zur industriellen Revolution, mit ein. Und er diente als rechte Hand bei der langwierigen Aufgabe, die fünf Trends der Zukunft zu einer kohärenten Erörterung zu verarbeiten. Ich danke zudem Rose Abdollahzadeh für ihre fachkundigen Hinweise zur Rolle der Migration in der Globalisierung. Andreas Voigts Wissen zum Wesen der Kooperation war ebenfalls ein sehr nützlicher Prüfstein. Mit Marzia Aricòs großartigen grafischen Darstellungen haben wir uns mustergültig der Außenwelt präsentiert. Marzias Arbeitsergebnisse sind in der App und auf der Website zu sehen. Meine fantastische Bereichsleiterin und Referentin Tina Schneidermann half mir, Freiräume zu schaffen, um diese Gedanken in einem Buch niederzulegen. Jayna Patel unterstützte mich mit ihrem fantastischen Organisationstalent.

Mein Forschungsteam war für dieses Unternehmen von zentraler Bedeutung, aber ohne die Führungskräfte, die sich uns im Forschungsverbund *Future of Work* angeschlossen hatten, wären viele der hier niedergelegen Gedanken nie an die Oberfläche gedrungen. Mein besonderer Dank gilt an dieser Stelle der Gruppe, die im Oktober 2009 an der London Business School zusammenkam. Ihre Einblicke waren für die Erstellung der Alltagsszenarien der Zukunft von besonderer Bedeutung. Bei über 200 Beteiligten ist es schwierig, allen Mitwirkenden einzeln zu danken, aber im Verlauf der Studie profitierte ich besonders von den Einsichten und Gedanken von Ian Gee, Mathew Hanwell, Bill Parsons, Nigel Perks, Heather Sawyer, Bethany Davies Swanson, Ari-Pekka Skarp, Andrea Elliot, Stephen Sidebottom, Hala Collins, Balaji Ethirajan, James Chapman, Eric Brunelle, Dawn Crew, Joan Coyle, Paul Kane, Nupur Singh, Ritu Anand, Jane Hodgen, Elly Tomlins, David Dalpe, Gail Sulkes, Yves Zischek, Mandy Bromley, Karen Rivoire und Stephen Remedios.

Finanziell unterstützt wurde der Forschungsverbund *Future of Work* unter anderem von den teilnehmenden Unternehmen. Wie ein Großteil meiner Forschungsarbeit profitierte auch dieses Projekt sehr von der finanziellen Unterstützung von Singapurs Ministry of Manpower. Ebenso danke ich Mitgliedern der Regierung, insbesondere Leo Yip, Peck Kem Low, Shirlyn Ng und Alvin Teo, die mir in Gesprächen Einblicke in die asiatische Arbeitswelt gaben. Die Beteiligung asiatischer Mitglieder am Forschungsverbund *FoW* war sehr wichtig, um eine globale Sichtweise der Problematik zu entwickeln. Dank schulde ich ebenso meiner Kollegin Heidi Baker Kingman aus Singapurs Gruppe des Hot Spots Movement für ihre Unterstützung und Einsichten.

Die London Business School bot mir in den letzten 20 Jahren eine geistige Heimat. An dieser Einrichtung der weltweiten Spitzenklasse zu unterrichten und Mitglied einer Gemeinschaft herausragender Gelehrter zu sein, erlebe ich als ein großes Privileg. Mein besonderer Dank geht hier an den Leiter der Gruppe Organisational Behaviour, Professor Madan Pillutla, und den Dekan der Fakultät, Sir Andrew Likierman, die ein höchst anregungsreiches und verständnisvolles geistiges Umfeld schufen. Danken möchte ich auch Julian Birkenshaw für seine Unterstützung über das Innovation Centre sowie

Michael Blowfield für seine Hinweise zur Problematik der Kohlendioxidemissionen.

Ich bin mit großartigen Freunden gesegnet, die mir zuhörten, mit mir debattierten und mir Hinweise gaben, als ich meine Gedanken zur Zukunft der Arbeit zu formulieren begann. Mein besonderer Dank geht hier an Peter Detre, Tammy Erickson, Gita Piramal, Peter Moran, Gary Hamel, Dominic Houlder und Dave Ulrich.

Und meine Familie ist immer eine Quelle der Inspiration und Unterstützung: meine Söhne Christian und Dominic Seiersen, meine Mutter Barbara Gratton und meine Geschwister Jack, Richard und Heather.

Unsere Kinder, Barbaras Enkel – die »regenerative Generation« – zeigten mir auf, wie wichtig es ist, sich mit der Zukunft der Arbeit auseinanderzusetzen. Ihnen ist dieses Buch denn auch gewidmet.

Und schließlich danke ich auch meiner großartigen Agentin Caroline Michel und meiner Lektorin Helena Nicholls von HarperCollins. Sie sorgten dafür, dass das Verfahren bei der Entstehung dieses Buch so reibungslos und elegant ablief.

Mehr über die Wende in die Zukunft erfahren

Mir ist sehr daran gelegen, Menschen und Organisationen darin zu unterstützen, künftige Entwicklungen der Arbeitswelt zu erkennen und ihre berufliche Zukunft zu planen. Hoffentlich konnte Ihnen dieses Buch dafür als Ausgangspunkt dienen. Damit Sie diese Erkundungsfahrt leichter fortsetzen können, haben wir mehrere Quellen zusammengetragen. Eine erste Anlaufstelle finden Sie unter www.theshiftbylyndagratton.com. Wer gut Englisch beherrscht, kann sich dort das kurze Arbeitsbuch *Future of Work Workbook* herunterladen. Hoffentlich ist es hilfreich. Ich habe es für das Wahlpflichtfach entwickelt, das ich an der London Business School unterrichte. Es kann Ihnen Orientierungshilfe bei einigen Entscheidungen geben, die Sie treffen müssen. Unter dieser Website können Sie zudem einige von mir erstellte Videos zur Wende in die Zukunft herunterladen.

Hinweise zur Zukunft der Arbeit können Sie schließlich auch direkt auf Ihrem Mobiltelefon empfangen: Laden Sie dazu das Programm *The Shift* aus dem App Store herunter. In einer Kombination aus Text, Bildern und einem Video zeigt es, wie sich die Zukunft der Arbeit darstellt und wie Sie sich am besten auf sie vorbereiten. Sie können auch eigene Hinweise einbringen und so Freunde und Kollegen mit Ihren besonderen Tipps versorgen.

Wenn Sie alles Gewünschte unter www.shiftbylyndagratton.com/app heruntergeladen haben, können Sie auch die Website unserer Bewegung »Hot Spots Movement« – www.hotspotsmovement.com – aufsuchen. Bestellen Sie dort kostenfrei unseren monatlich erscheinenden *Hot Spots Newsletter*, wenn Sie sich über weitere Entwicklungen auf dem Laufenden halten wollen.

Sollte Ihr Unternehmen mehr Unterstützung brauchen: Mitglieder meines Teams des Forschungsverbundes *Future of Work* sind in den USA, in Europa und Asien niedergelassen. Sie helfen Unternehmen weltweit dabei, sich zukunftsfest zu machen und dazu eine eigene Signatur zu entwickeln. Wir leiten *Workshops*, forschen, schreiben *Berichte* und bereiten *Geschäftsprofile* vor. Wenn Sie mehr über unseren Ansatz und unsere Kompetenzen erfahren wollen, schicken Sie eine E-Mail an tina@hotspotsmovement.com. Dort können Sie einen Gesprächstermin vereinbaren.

Sehr gerne würden wir Ihre Vorstellungen und Erkenntnisse zu Ihrer Zukunft der Arbeit oder der Ihres Unternehmens erfahren. Sie können mir über Twitter folgen, sich der Gruppe *Shifts group* auf Facebook und LinkedIn anschießen oder mir einfach eine Nachricht senden: lyndagratton@theshift.com.

Über die Autorin

Lynda Gratton ist Professorin für praktisches Management an der London Business School. Dort unterrichtet sie Studenten der Wirtschaftswissenschaften in einem Wahlpflichtfach zur Zukunft der Arbeit. 2009 wurde sie von *The Times* zu einem der 20 weltweit bedeutendsten Vordenker in Sachen Wirtschaft gekürt. Die *Financial Times* bezeichnete sie als den Managementguru mit dem wahrscheinlich größten Einfluss auf die Zukunft. Das Magazin *Human Resources* stufte sie als die Nummer zwei in der Welt des Personalmanagements ein. Zudem wurde sie mit dem indischen Tata Award für Verdienste in Sachen Humanressourcen ausgezeichnet. 2010 berief sie das amerikanische Human Resource Institute zu einem ihrer Mitglieder. Lynda Grattons Lehrveranstaltungen an der London Business School ziehen Teilnehmer aus der ganzen Welt an. Ihr Programm zur Umstrukturierung von Organisationen gilt als das beste der Welt. Von ihr sind sechs Bücher und zahlreiche Artikel erschienen, unter anderem für die *Financial Times*, das *Wall Street Journal*, die *Harvard Business Review* und die *MIT Sloan Business Review*. Ihre Veröffentlichungen und ihre Forschungsarbeit wurden vielfach ausgezeichnet. Ihre Bücher sind in über 20 Sprachen erschienen. Lynda Gratton berät Unternehmen in Europa, den USA und Asien und sitzt neuerdings im Beratungsausschuss in Sachen Humankapital des Stadtstaates Singapur. Sie ist Begründerin des Hot Spots Movement (www.hotspotsmovement.com), das Tatkraft und Innovation in Unternehmen bringen soll. Diese Initiative unterhält Büros in London, Singapur und Kalifornien, hat über 5000 Mitglieder und berät weltweit über 40 Unternehmen und Regierungen.

Anmerkungen

Deutsche Übersetzungen zu den angegebenen Titeln siehe in der Literatur (S. 359 ff.).

Einführung: Die Zukunft der Arbeit vorhersagen

1 T. S. Ashton: *The Industrial Revolution (1760 – 1830)*; E. J. Hobsbawm: *The Age of Revolution.*
2 N. F. R. Crafts und C. K. Harley: »Output growth and the British industrial revolution«.
3 D. S. Landes: *The Wealth and Poverty of Nations.*
4 J. A. Schumpeter, *Capitalism, Socialism and Democracy.*
5 Philosophen wie Nick Bostrom vom Institut Future of Humanity an der Universität Oxford heben die Bedeutung von Prognosen hervor. Eine Übersicht zu dessen Denken siehe N. Bostrom: »The future of humanity«. Siehe ebenso Institute Faculty of Philosophy, Future of Humanity Institute, James Martin 21st Century School, Oxford University: www.nickbostrom. com.
6 W. Gibson: »The science in science fiction«.
7 R. L. Heilbroner: *Visions of the Future.*
8 V. Smil: *Transforming the Twentieth Century.*
9 Die Zahlen von 2004 stammen von der Bevölkerungsabteilung der Vereinten Nationen.
10 Nikolai Dmitrijewitsch Kondratjew war ein sowjetischer Wirtschaftswissenschaftler. Seine Gedanken gelangten über Schumpeter in den Westen. Nach Kondratjews Theorie entwickelt sich der Kapitalismus nicht nur in kurzzeitigen, sondern auch in längeren Zyklen, die 50 bis 75 Jahre umfassen. Im jeweiligen Aufschwung des Langzeitzyklus fallen die Perioden des Wohlstands länger und robuster, die Rezessionen dagegen kürzer und flacher aus. Im Abschwung dieses Zyklus sind die Perioden des Wohlstands kürzer und instabiler, während die Rezessionen krasser und hartnäckiger währen. Das Ende jedes Aufschwungs markierte bislang ein gewaltiger Aufbau von Vermögenswerten, auf den ein verheerender Kurssturz folgte. Als solche Crashs können die Zusammenbrüche der Aktienwerte von 1929 und von 2008 gelten. Auf den Wertverfall folgte jeweils eine Krisenzeit, der »Kondratjew-Winter«, wie er häufig genannt wird. Dabei muss sich das System an neue Geschäftsmodelle, Produktionsmethoden und technische Entwicklungen anpassen. In einer Lernkurve wird dabei ein neues ökonomisches Paradigma geschaffen.

1 Die fünf Faktoren der Zukunft

1 M. R. Smith und L. Marx (Hg.): *Does Technology Drive History?* Siehe hier insbesondere Robert Heilbroners Kapitel »Do machines make history?«.
2 Siehe hierzu den eindringlichen Hinweis in R. Reich: *The Future of Success.*
3 B. K. Gills und W. R. Thompson: *Globalization and Global History.*
4 Dank dieser Institutionen konnten in vielen Ländern natürliche und künstliche Handelsschranken abgebaut werden. Bei den natürlichen Schranken, die der Globalisierung entgegenstanden, handelte es sich im Allgemeinen um die hohen Kosten des Warentransports und der Informationsübermittlung. Künstliche Barrieren ergaben sich aus staatlichen Einfuhrzöllen und -quoten zum Schutz eigener, in der Entwicklung begriffener Industrien. Durch

Anreize bei der Marktliberalisierung und durch Investitionen in Transporttechniken wie der Containerverschiffung gelang es den entstehenden internationalen Institutionen, den Welthandel auf neue Grundlagen zu stellen.

5 WTO, International Trade Statistics, 2007.

6 T. Erickson: *What's Next, Gen X?*

7 National Center of Health Statistics, 2000.

8 www.internetworldstats.com.

9 I. Sawhill und J. E. Morton befassen sich in *Economic Mobility* mit dem Einkommen von Männern zwischen 30 und 39 (geboren vom April 1964 bis zum März 1974) im Jahr 2004. Die Studie wurde vom Pew's Economic Mobility Project vorbereitet und basiert auf dem Census/BLS des Current Population Survey (CPS) mit Ergänzungsdaten vom März.

10 T. Erickson: *What's Next, Gen X?*.

11 So William H. Frey, ein Analyst der Denkfabrik Brookings Institution Think Tank.

12 E. Rosenthal: »Empty playgrounds in an aging Italy«.

13 O. V.: »Aging populations in Europe, Japan, Korea, require action«.

14 Bei den Geburtenraten können wir im Allgemeinen erwarten, dass in einer Region mit steigendem Bildungsniveau der weiblichen Bevölkerung die Anzahl der Geburten sinkt.

15 T. Erickson: *Plugged In.*

16 Zu den Faktoren, die das Geistesleben der Menschen ständig veränderten, gehören Entwicklungen wie Sprache, Alphabetisierung, Urbanisierung, Arbeitsteilung, Industrialisierung, Wissenschaft, Kommunikation, Transport und Medientechnologien.

17 A. Maslow: *Motivation and Personality*, S. 91.

2 Zersplitterung: eine Welt im Dreiminutentakt

1 Schon 1998 beobachteten Psychologen, wie sehr Führungskräfte durch die neuen Technologien bei der Arbeit zunehmend gestört wurden.

2 J. Diamond: *Collapse.*

3 S. Klein: *Zeit.*

4 R. E. Goodin et al.: *Discretionary Time.*

5 Nach dem Autor, Musiker und Neurowissenschaftler D. Levitin: *This is Your Brain on Music*, hat ein Experte oder Meister in seinem Wissens- oder Fertigkeitsbereich 10 000 Stunden Praxis absolviert.

6 R. E. Goodin et al.: *Discretionary Time.*

7 Der Soziologe Richard Sennett malt ein lebendiges Bild, wie die mittelalterlichen Handwerker ihre Kunst erlernten und wie zeitgenössische Meister Konzentration und Zeit als Bausteine für den Erwerb ihres Fachkönnens nutzen. Siehe hierzu R. Sennett: *The Craftsmen.*

8 Siehe hierzu die Anleitungen zur Zubereitung von Gerichten der Mittelmeerküche in E. David: *A Book of Mediterranean Food.*

9 J. Child und A. Prud'Homme: *My Life in France.*

10 Dieses schöne Beispiel greift auch R. Sennett: *The Craftsmen*, S. 182f. (dt. Ausgabe S. 250ff.) auf.

11 C. Mainemelis und S. Ronson: »On the nature of play«.

12 1965 prognostizierte Intel-Mitbegründer Gordon Moore, dass sich die Anzahl der Schaltkreiskomponenten pro Computerchip weiterhin »mindestens zehn Jahre« (alle 18 oder 24 Monate) verdoppeln würde.

13 Untersuchungen von 2009 zum Einsatz von Technik am Arbeitsplatz in den Unternehmen zeigten, dass Videokonferenzen spärlich verbreitet waren. Software wurde kaum heruntergeladen, die Desktop-Virtualisierung steckte noch in den Kinderschuhen, und die Rechnerwolke wurde in den Unternehmen fast gar nicht genutzt. 2010 gab es in diesem Bereich bedeutende Aktivitäten, bei der Entwicklung von Software in der Betaversion wie bei der

Evaluierung, aber es blieb noch viel zu tun. 2010 herrschten wachsende Besorgnisse mit Blick auf die Sicherheit der Rechnerwolke. Gartner: http://www.gartner.com/technology/initiatives/cloud-computing.jsp, 2010. The Cloud Security Alliance: »Top Threats to Cloud Computing«, www.cloudsecurityalliance.org/topthreats/csathreats.v1.0.pdf.

14 In einem Video auf TED verspricht der Supererfinder Pranav Mistry, er könne mit dem von ihm entwickelten Gerät »Sixth Sense« eine nahtlose Verbindung zwischen der physischen und digitalen Welt herstellen. Dies soll uns ein intuitiveres Arbeiten ermöglichen. Mit Blick auf die Zukunft der Technik ist TED eine besonders nützliche Informationsquelle: http://www.ted.com/talks/pranav_mistry_the_thrilling_potential_of_sixthsense_technology.html.

15 In seiner *Technology Review* bezeichnete das MIT 2009 den *»intelligent software assistant«* (intelligenten Software-Agenten) als eine seiner Zukunftstechnologien.

16 In der Liste der weltgrößten Unternehmen der *Financial Times* (*FT* Global 500) stieg die Anzahl der Firmen aus Brasilien, Indien China und Russland zwischen 2006 und 2008 von 15 auf 62.

17 Für das Wachstum multinationaler Konzerne gibt es zahlreiche weitere Beispiele. So wurde Lenovo, der heute größte PC-Hersteller der Volksrepublik China, 1984 als reine Vertriebsfirma gegründet. 2004 kaufte er die PC-Sparte von IBM und stieg zum weltweit viertgrößten PC-Hersteller auf. Und die South African Breweries (SAB) war 1990 noch eine lokale Brauerei und avancierte bis 2010 zu einem der drei größten Bierhersteller der Welt.

18 Auch wenn diese rasante Entwicklung der Schwellenländer erst Mitte der 1990er-Jahre einsetzte, deuten alle Trends darauf hin, dass ihr Aufstieg sich weiter beschleunigt. Nach Adrian Wooldridge vom *The Economist* gibt es dafür vier Ursachen. Die Unternehmen in den Schwellenländern erhalten vermehrt Zugang zu den Kapitalmärkten, sodass sie Mammutfusionen bewerkstelligen können, zu denen vormals nur Unternehmen in den Industrieländern in der Lage waren; sie verfügen über riesige und wachsende Reservoirs an Arbeitskräften und Verbrauchern; sie erwerben massenhaft Qualifikationen und suchen kontinuierlich nach neuen Märkten; und einige der herausragenden Unternehmen der westlichen Welt schauen sich bereits in den Schwellenländern als Impulsgeber von Innovation und Wachstum um. So arbeiten beispielsweise 20 Prozent der besonders qualifizierten Mitarbeiter des Telekommunikationsriesen Cisco in dessen Innovationszentrum in Bangalore.

19 Die Daten stammen von der Bevölkerungsabteilung der Vereinten Nationen.

20 Tatsächlich soll die Erwerbsbevölkerung in den stärker entwickelten Ländern Prognosen zufolge zwischen 2010 und 2030 von 835 auf 795 Millionen sinken, während die der schwächer entwickelten Regionen um ungefähr eine Milliarde Menschen steigen soll.

3 Isolation: Quelle der Einsamkeit

1 Forschungen haben gezeigt, dass von allen Aspekten der Arbeit die Beziehungen zu den Kollegen am meisten geschätzt werden. Siehe hierzu G. S. Lowe und G. Schellenberg: *What's a Good Job?*.

2 O. V.: »I Have a Best Friend at Work«.

3 Siehe hierzu beispielsweise die Studie J. Fowler und N. Christakis: »Alone in the crowd«.

4 M. Horx: *Wie wir leben werden*.

5 Vielleicht werden diese »transhumanen« Menschen Beziehungen im Cyberspace als ebenso herzlich und offen empfinden wie wir gegenwärtig direkte Kontakte.

6 Der wechselseitige Einfluss von Arbeit und Privatleben kann positiv wie negativ wirken. Siehe hierzu beispielsweise F. J. Crosby, *Juggling*; J. H. Greenhaus und N. J. Beutell: »Sources of conflict between work and family roles«.

7 Siehe zum Beispiel E. F. van Steenbergen, N. Ellemers und A. Mooijaart: »How work and family can facilitate each other«.

8 Bei unseren Forschungen stellten meine Kollegen und ich fest, dass sich dieser positive Zyklus – insbesondere vom Privatleben zur Arbeit – äußerst nützlich auf das Wohlbefinden und die Widerstandsfähigkeit gegen Stress bei der Arbeit auswirken kann. Wenn wir zu Hause Erfüllung, Rückhalt und Fürsorge erfahren, sind wir gegen Arbeitsstress offenbar bestens gefeit.

9 Der Weltzustandsbericht des Bevölkerungsfonds der Vereinten Nationen von 2007.

10 P. Manning: *Migration in World History*, S. 5.

11 R. King: *People on the Move*.

12 UNDP Human Development Report (Weltentwicklungsbericht des Entwicklungsprogramms der Vereinten Nationen) von 2009, S. 21.

13 Ebenda, S. 25.

14 Philippine Overseas Employment Administration, Overseas Employment Statistics, 2009.

15. K. Sayre: *Unearthed: The Economic Roots of our Environmental Crisis*.

16 Während der industriellen Revolution verdoppelte sich der Energieverbrauch ungefähr alle 75 Jahre. Bis zum 20. Jahrhundert hatte sich diese Zeitspanne auf 25 Jahre verkürzt. 2010 machten knapp sieben Milliarden Menschen weniger als ein Prozent der Gesamtbiomasse auf der Erde aus, verbrauchten aber fast ein Viertel der globalen Nettoprimärproduktion und nutzten ungefähr 35 Prozent der Erdoberfläche, um ihre Produktionen sicherzustellen. Siehe hierzu H. Haberl et al.: »Quantifying and mapping the human appropriation of net primary production in the Earth's terrestrial ecosystems«; N. Ramankutty et al.: »Farming the planet«.

17 http://www.grida.no/publications/rr/food-crisis/page/3571.aspx.

18 2005 räumte Exxon ein, dass alle leicht erschließbaren Erdöl- und Gasquellen entdeckt worden seien und dass es deutlich schwieriger werde, die künftige Versorgung sicherzustellen: http://www.boston.com/news/world/articles/2005/12/11/price_rise_and_new_deep_water_technology_opened_up_offshore_drilling/.

19 S. Shafiee und E. Topal: »When will fossil fuel reserves be diminished?«.

20 N.A. Owen, O.R. Inderwildi und D.A. King: »The status of conventional world oil reserves«.

21 http://www.eia.gov/oiaf/aeo/woprices.html.

22 Dieser Preis spiegelt nicht genau die potenziell besonders schwierigen Förderbedingungen wider. So liegt der Großteil des Erdöls in den USA im Golf von Mexiko, einer Region, in der regelmäßig Hurrikane wüten. So verwüsteten beispielsweise die Hurrikane Katrina und Rita 167 Bohrinseln. Das Öl muss aufwendig aus großer Meerestiefe gefördert werden, mit einigen Risiken, wie die Explosion der BP-Ölplattform 2010 und die nachfolgende Ölpest zeigten. Klar ist, dass die traditionellen Formen der Energie zunehmend schwerer erschließbar, seltener und damit auch teurer werden.

23 Drakonische Maßnahmen zum Energiesparen erscheinen unvermeidlich. Sie dürften allerdings auf Widerstände bei Hunderten von Millionen Menschen stoßen, die dadurch ihr Wirtschaftswachstum gefährdet sehen könnten. Weder aus wirtschaftlicher noch auch politischer Sicht ist zu erwarten, dass China und Indien daran gehindert werden können, auf der Leiter des Wohlstands weiter nach oben zu steigen. Wir können folglich erwarten, dass die Industrialisierung in den kommenden Dekaden weiter voranschreitet und der Druck zur Modernisierung in den betreffenden Ländern aufrechterhalten bleibt. Schätzungen zufolge könnten deswegen die Länder, die sich gegenwärtig industrialisieren, den erhöhten Energiebedarf bis 2050 zu fast 90 Prozent verantworten: http://www.iea.org/techno/etp/etp10/English.pdf. Zudem bedeutet diese Wachstumsrate, dass sich ohne ein strukturiertes Bündel an Anreizen, Leitlinien zum Energieverbrauch und Maßnahmen zum Klimaschutz die Förderung von leicht erschließbarem Öl und Gas rasch als unzulänglich erweisen wird, um den künftigen Wohlstand zu sichern. Zwar gibt es in vielen Teilen der Welt noch große Lager an Kohle, aber auch deren Förderung und Nutzung sind wegen der Schwierigkeiten beim Transport und der Umweltbelastung letztlich Grenzen gesetzt. Während alternative Energiequellen wie Biodiesel oder alternative Kraftstoffe beim Energiemix eine deutlich größere

Rolle spielen könnten, sind Experten überzeugt, dass es keinen Königsweg gebe, um das angespannte Verhältnis zwischen Angebot und Nachfrage zu verbessern. Als Konsequenz ist absehbar, dass das Angebot an fossilen Energieträgern in den nächsten beiden Jahrzehnten nur schwer mit der Nachfrage Schritt halten wird.

24 http://www.statistics.gov.uk/cci/nugget.asp?id=12.

25 http://www.tuc.org.uk/work_life/tuc-17223-f0.cfm.

26 T. Erickson: *What's Next, Gen X?.*

27 National Center of Health Statistics, 2000.

28 A. Giddens: *The Transformation of Intimacy*, S. 96. Das Zitat siehe die deutsche Ausgabe S. 109 f.

29 K. O'Hara: *Trust.* Die Zahlen siehe S. 312.

30 R. Putnam: *Bowling Alone.*

31 Wie die Psychologin Denise Rousseau gezeigt hat, sind Verletzungen von Arbeitsverträgen, die nicht explizit festgeschrieben wurden, eher die Regel als die Ausnahme. Siehe hierzu S. L. Robinson und D. M. Rousseau: »Violating the psychological contract«.

32 R. E. Lane: *The Loss of Happiness in Market Democracies.*

33 P. Brickman und D. T. Campbell: *Experienced Utility and Objective Happiness.*

34 C. Fischer: »Changes in leisure activities, 1890–1950«.

35 C. Shirky: *Cognitive Surplus.*

36 R. Putnam: *Bowling Alone.*

37 M. Gui und L. Stanca: *Television Viewing, Satisfaction and Happiness.*

4 Ausgrenzung: die neuen Armen

1 D. Bolchover: *Pay Check.*

2 J. Twenge: »The age of anxiety?«.

3 S. Dickerson und M. Kemeny: »Acute stressors and cortical responses«.

4 Ängstliche Menschen arbeiten tendenziell weniger innovativ und flexibel, weil ihre Ängste ihre Fähigkeit zu Veränderung und Anpassung negativ beeinflussen. Allerdings gibt es Mittel zur Linderung solcher Ängste.

5 E. Goffman: *The Presentation of Self in Everyday Life.*

6 Women in Business Institute, London Business School: *The Reflexive Generation.*

7 G. A. Akerlof und R. J. Shiller: *Animal Spirits.*

8 Solche Geschichten und Erzählungen lassen sich von Politikern wirkungsvoll ausschlachten. So erreichte beispielsweise das wirtschaftliche Vertrauen in Mexiko einen Höhepunkt unter der Präsidentschaft von José López Portillo, der einen Mythos von Mexiko als dem »Underdog« aufbaute, eine Geschichte vom Triumph der Schwachen über die Starken und Arroganten. Portillo veröffentlichte zugleich ein Buch über einen Aztekengott, der in einer Umbruchzeit wiedererscheinen sollte. Es wurde zur Grundlage für eine Geschichte um Mexikos künftige Größe, zufällig gestützt durch die Entdeckung größerer neuer Ölreserven in Mexiko. Die Erzählung und Vorstellung eines bislang unvorstellbaren Reichtums beflügelte die kollektive Fantasie des Landes: Es stürzte sich in Ausgaben, als sei der Reichtum bereits erreicht. Das tatsächliche Bruttoinlandsprodukt wuchs während der sechs Jahre von Portillos Präsidentschaft um 55 Prozent, schwächelte aber nach seinem Ausscheiden aus dem Amt. Eine Inflationsrate von 100 Prozent und wachsende Arbeitslosigkeit waren die Folgen. S. Finnel: »Once upon a time, we are prosperous«.

9 Wie Akerlof und Shiller in *Animal Spirits* bemerken, sind die »Geschichten von jungen Leuten, die mit dem Internet ein Vermögen machten, [...] Neuauflagen der Geschichten aus der Zeit des Goldrausches im 19. Jahrhundert«. Zitat siehe dt. Ausgabe, S. 90.

10 Akerlof und Shiller: *Animal Spirits*, S. 113 (Originalausgabe S. 73).

11 US Department of Labor: *Dictionary of Occupational Titles.*

12 R. Reich: *The Future of Success*, Zitat siehe die dt. Ausgabe, S. 16f.

13 R. Reich: The *Future of Success*, dt. Ausgabe, S. 17.

14 A. Wooldridge: »The world turned upside down«.

15 Allerdings heben sich Indiens wachsende Wirtschaftszonen in Bangalore, Hyderabad, Mumbai und Teilen Neu-Delhis rasch vom übrigen Land ab. Auch wenn es in China ebenfalls wirtschaftliche Ungleichgewichte gibt, so ist das Problem in Indien deutlich stärker ausgeprägt. 2010 hat es jedenfalls noch keine ausreichende Beachtung gefunden. Offenbar schafft es Indien nicht, sich als ein zusammenhängendes Ganzes zu entwickeln. Das Land schreckte davor zurück, seine regionalen Kompetenzen zum Aufbau einer gemeinsamen Plattform für Entwicklung zu nutzen. Während das landesweite Bruttoinlandsprodukt pro Kopf 2010 bei 978 Dollar lag, betrug es in bestimmten Regionen wie im Bundesstaat Bihar nur 200 Dollar. Siehe hierzu A. Kapoor: »Regional disparity in India«. Tatsächlich vertrat Rafiq Dossani von der Stanford University deswegen sogar die Auffassung, dass Indiens Technologie- und Dienstleistungssektor – den am schnellsten wachsenden Wirtschaftsbereichen – eine breite Basis zur Rekrutierung von Mitarbeitern fehle, wie sie die chinesischen Produzenten besitzen. Siehe hierzu R. Dossani: *Origins and growth of the software industry in India.*
Ein besonders vielsagender Aspekt davon ist die Tatsache, dass 2010 93 Prozent der chinesischen Erwachsenen lesen und schreiben konnten, während die Alphabetisierungsrate in Indien nur bei 66 Prozent lag. Siehe hierzu United Nations Development Programme Report, 2009, S. 171. Wenn es nicht gelingt, die Masse der Bevölkerung in die Bildungsanstrengungen einzubeziehen, könnte die Globalisierung die inneren wirtschaftlichen, politischen und sozialen Ungleichgewichte weiter verstärken.

16 Martin Woolf bezeichnete dies in einem Artikel in der *Financial Times* als das Paradigma der »Grille und der Ameise«. Siehe hierzu http://www.ft.com/cms/s/0/202ed286-6832-11df-a52f-00144feab49a.html.

17 R. Florida: *Who's Your City?*.

18 Wie Richard Floridas Forschungen zeigen, gab es tatsächlich 2008 grob zwei oder drei Dutzend Standorte, die in der globalen Wirtschaft dominierten. Die bevölkerungsreichste war die indische Region zwischen Delhi und Lahore mit 120 Millionen Menschen. In acht Regionen lebten über 50 Millionen Menschen, in weiteren zwölf 25 bis 50 Millionen und in 33 zwischen zehn und 25 Millionen Menschen. Die Bevölkerungsdichte ist natürlich nur ein rudimentäres Maß für die Wirtschaftstätigkeit. Einige große Regionen können hauptsächlich als Produktionsstätten fungieren, während kleine Städte wie Helsinki eine gewaltige Innovations- und Produktivkraft entfalten können.

19 M. Mandel: »The failed promise of Innovation in the US«.

20 R. Florida: *The Rise of the Creative Class*, S. 74.

21 R. Florida: *Who's Your City?*, S. 74.

22 http://www.unhabitat.org/programmes/guo/documents/Table4.pdf.

23 Seit 1990, als in den Armutsvierteln der Städte weltweit 720 Millionen Menschen lebten, hat sich die Zahl der Slumbewohner verdoppelt.

24 M. Davis: *The Planet of Slums.*

25 UNDP Human Development Report (Weltentwicklungsbericht des Entwicklungsprogramms der Vereinten Nationen) von 2005, S. 60.

26 Wirtschaftliche Ungleichgewichte erzeugen wirtschaftliche, politische und soziale Probleme. Viele Kommentatoren vertreten allerdings den Standpunkt, dass das Problem der Ungleichheit nicht nur durch eine neue Aufteilung von Einkommen zu lösen ist. Es geht auch um Einbeziehung und Chancengleichheit. Es genügt nicht, im Nachhinein durch Mechanismen der Umverteilung zu verhindern, dass die Armen auf dem Land ins finanzielle Abseits geraten. Um Wachstum auf lange Sicht zu garantieren, müssen Regierungen sicherstellen, dass in dieses Wachstum alle einbezogen werden. In Indien wurden die ländlichen Gemeinden durch den National Rural Employment Guarantee Act ermächtigt, allen ländlichen Haushalten für 100 Tage im Jahr eine Beschäftigung anzubieten, um die lokale Dorfinfrastruktur

zu verbessern. Dieses Modell reicht weiter als die einfache Vergabe von Mitteln aus der Stadt. Sie fördert die Entwicklung von handwerklicher Kompetenz und den Aufbau von Eigentum auf dem Land, wobei Wissen vor Ort und technische Anstöße aus wirtschaftsstärkeren Regionen zusammenfließen. Derzeit sind derlei Modelle nur begrenzt verbreitet, gewinnen aber in dem Maß Auftrieb, in dem ihr Nutzen sichtbar wird. Die Regierungen in Afrika und Lateinamerika sowie die Chinas und Indiens wären gut beraten, die Verbreitung solcher innovativen Praktiken möglichst voranzutreiben.

27 http://www.who.int/whr/1998/media_centre/50facts/en/index.html.

28 Als 2004 eine Personengruppe nach ihrem gewünschten Renteneintrittsalter befragt wurde, nannten 24 Prozent einen Zeitpunkt vor ihrem 60. Lebensjahr. Weitere 25 Prozent wollten sich in einem Alter zwischen 61 und 65 Jahren, 16 Prozent in einem zwischen 66 und 75 Jahren und 34 Prozent nie zur Ruhe setzen. Siehe hierzu Concours Group: *The New Employee/Employer Equation.*

29 HSBC Insurance: *The Future of Retirement Study.*

30 So der Wirtschaftswissenschaftler John Shoven von der Stanford University. Bis 2009 waren die Pensionsvermögen unter dem Einfluss des Babybooms in den USA von unter zwei Prozent im Jahr 1950 auf fast 25 Prozent des nationalen Reichtums Ende 1993 angestiegen. In den nächsten 15 Jahren bis 2008 blieb das System der privaten Rentenversicherer eine wichtige Quelle des Sparens in der US-Wirtschaft. Da die Babyboomer allerdings massenhaft aus dem Erwerbsleben auszuscheiden begannen, wurden die Pensionsfonds erstmals insgesamt Nettoverkäufer anstatt -käufer von Vermögenswerten. Infolgedessen fielen die vom privaten Rentensystem aufgebauten Rücklagen ungefähr ab dem Jahr 2010 drastisch, sodass das System als Ganzes bis 2024 zum Nettoverkäufer wird.

31 Wie Studien des Oxford Institute of Ageing gezeigt haben, sind über 60-Jährige stärker von Langzeitarmut bedroht als andere Altersgruppen, weil sie ohne ausreichende Vorsorge aus dem Erwerbsleben ausscheiden: Es fehlt ihnen finanztechnisches Know-how, sie überschätzen die finanzielle Robustheit ihrer Altersvorsorge und haben unterschätzt, wie alt sie werden. Siehe hierzu http://www.ageing. ox.ac.uk/research/themes/work/longevity.

32 D. Willetts: *The Pinch.*

33 http://www.thisismoney.co.uk/work/article.html?in_article_id=487225&in_page_id=53 928&position=moretopstories.

34 J. Rifkin: *The End of Work.*

35 http://www.ipcc.ch/publications_and_data/ar4/syr/en/spms2.html.

36 http://www.grida.no/publications/vg/climate2/.

37 http://www.ipcc.ch/publications_and_data/ar4/syr/en/spms2.html.

38 http://www.actoncopenhagen.decc.gov.uk/en/ambition/evidence/4-degrees-map/.

39 http://www.guardian.co.uk/business/2007/dec/09/water.climatechange.

40 http://www.unep.org/dewa/vitalwater/index.html.

41 http://www.mckinsey.com/App_Media/Reports/Water/Charting_Our_Water_Future_ Full_Report_001.pdf.

5 Kreatives Mitgestalten: die Vervielfältigung von Initiative und Tatkraft

1 C. Leadbeater: *We-Think.*

2 Zum Ausdruck »kognitiver Überschuss« *(cognitive surplus)* siehe C. Shirky: *Cognitive Surplus.*

3 D. McGregor: *The Human Side of Enterprise.*

4 A. Maslow: *The Farther Reaches of Human Nature.*

5 Mehr zum Unternehmen Kooperation siehe beispielsweise Howard Rheingold zur Kraft der Zusammenarbeit: http://www.ted.com/talks/howard_rheingold_on_collaboration.html.

6 S. E. Page: *The Difference.*

7 Ebenda.

8 Die Weltbank beschäftigt auf internationaler Ebene 200 Mitarbeiter, die sich damit befassen, wie die Informations- und Kommunikationstechniken zur Entwicklung der Länder beitragen können. Einzelne Länder unternehmen ebenfalls einen Vorstoß: So bemühte sich zum Beispiel das ägyptische Ministerium für Kommunikations- und Informationstechnologie aktiv darum, den Zugang zur Elektronik mit der Entwicklung entsprechender Techniken auf kommunaler Ebene auszuweiten. Siehe hierzu http://www.mcit.gov.eg/news.aspx.

9 Zur Förderung der wissensbasierten Wirtschaft versorgte das ruandische Ministerium für Bildung Kinder im ganzen Land mit über 100.000 X0-Rechner, die bedeutendste Initiative dieser Art von allen afrikanischen Nationen. Siehe hierzu http://www.globalpost.com/dispatch/education/100408/rwandas-schoolyard-tech. Unterschiede beim Grad der Vernetzung zwischen den Regionen werden sich tief greifend auf die jeweilige Wirtschaft und auf die Bevölkerung auswirken.

10 http://globaltechforum.eiu.com/index.asp?layout=rich_story&channelid=5&categoryid=1 5&doc_id=10370.

11 http://www.ulib.org/ULIBAboutUs.htm.

12 http://www.e-learningforkids.org/aboutus.html.

13 http://www.facebook.com/note.php?note_id=76191543919.

14 http://www.google.com/adplanner/static/top1000/.

15 *Economist* special report, 1/30/2010, Bd. 394, Issue 8667.

16 L. J. Shrum, R. S. Wyer jr. und T. C. O'Guinn:»The use of priming procedures to investigate psychological processes«.

17 R. Kubey:»Television and the quality of life«.

18 C. Shirky: *Cognitive Surplus*.

19 P. Anderson:»More is different«.

20 D. Tapscott und A. D. Williams: *MacroWikinomics*.

21 T. Erickson: *What's Next, Gen X?*.

22 Siehe hierzu die eindringliche Darstellung in J. Rubin: *Why Your World is About to Get a Whole Lot Smaller*.

23 Weltbank: die Indikatoren der weltweiten Entwicklung über Google Public Data.

24 http://www.eia.doe.gov/oiaf/ieo/pdf/ieoreftab_1.pdf.

25 Wichtig ist hier allerdings der Hinweis, dass 2010 der Energieverbrauch pro Kopf in China und Indien bedeutend unter dem in den USA oder in Russland lag. Den Vorhersagen nach soll der individuelle Energieverbrauch noch für viele Jahrzehnte unter dem des durchschnittlichen Konsumenten in der entwickelten Welt bleiben. 2010 verbrauchte der durchschnittliche Amerikaner fünfmal so viel Energie wie der durchschnittliche Chinese und fast 15-mal so viel wie der durchschnittliche Inder.

6 Soziales Engagement: der Siegeszug der Solidarität und des Ideals vom ausgewogenen Leben

1 J. Rifkin: *The Empathic Civilization*.

2 Der Hausunterricht hat in den USA zwischen 1999 und 2007 um ungefähr 75 Prozent zugenommen. Siehe hierzu http://www.usatoday.com/news/education/2009-01-04-homeschooling_N.htm. Auch wenn die Gründe vornehmlich moralischer und religiöser Art sind, spielten bei den Betrachtungen auch Faktoren wie Zeit für die Familie, das Wohlergehen des Kindes und die Finanzen der Familie eine zunehmende Rolle.

3 Women in Business Institute, London Business School: *The Reflexive Generation*.

4 A. Giddens: *Modernity and Self-Identity*.

5 G. Sheehy: *Passages*.

6 A. Comfort: *The Joy of Sex*.

7 1995 offenbarten Daten von Catalyst Research, dass in den USA 0,2 Prozent der Unternehmen auf der Liste *Fortune* 500 weibliche Chefs hatten. Zehn Prozent der Verwaltungsratssitze waren mit Frauen besetzt. 2009 war der Prozentsatz an weiblichen Geschäftsführern auf drei Prozent und der der Verwaltungsratsmitglieder auf 15 Prozent gestiegen. Im Jahr 2000 gab es drei weibliche Firmenchefs unter den Unternehmen auf der Liste *Fortune* 500 in den USA. 2010 waren es bereits 15. Obwohl nur die USA betreffend, sind diese Daten für viele Länder auf der ganzen Welt repräsentativ. Weltweit waren 2010 unter fünf Prozent der Firmenchefs Frauen. Quellen zu Frauen in der Arbeitswelt siehe Catalyst Research Catalyst, 2009; Catalyst Census: *Fortune* 500 Women Board Directors (2009); Catalyst Census: *Fortune* 500 Women Executive Officers and Top Earners (2009); Bureau of Labor Statistics, unveröffentlichte Tabellen aus dem 2009 Current Population Survey (2010). Die Analyse der künftigen Trends spricht kaum für einen dramatischen Wandel. So errechnete beispielsweise 2009 die britische Kommission für Gleichstellung und Menschenrechte (Equality and Human Rights Commission), dass es beim gegenwärtigen Tempo der Fortschritte 70 Jahre dauern würde, bis Frauen in den Verwaltungsräten der Unternehmen, die im wichtigsten britischen Aktienindex FTSE 100 gelistet sind, gleich stark vertreten wären. Siehe hierzu Equality and Human Rights Commission, *Sex and Power Report*, S. 4.

8 Third Bi-annual European PWN Board Women Monitor, 2008.

9 A. Giddens: *The Transformation of Intimacy*, S. 60.

10 Ebenda, S. 111.

7 Mikrounternehmertum: Ein kreatives Leben gestalten

1 http://www.alibaba.com.

2 J. Hagel III., J. Seely Brown und L. Davison: *The Power of Pull*.

3 J. Hagel III., J. Seely Brown und L. Davison: *The Big Shift Index*.

4 T. Malone: *The Future of Work*, S. 81.

5 C. Leadbeater: *We-Think*, S. 219.

6 Lasse Gjertsen begann seine Laufbahn als Autodidakt.

7 Die Gruppe Witness arbeitet unter dem Motto: »Sehen, filmen, verändern«.

8 E. Brynjolfsson und A. Saunders: *Wired for Innovation*.

9 W. Nordhaus: »Traditional productivity estimates are asleep at the (technological) switch«.

10 Diese Kombination bildete die Erfolgsformel für Unternehmen wie Apple, Google, Nokia, IBM oder BMW. Als eine Konsequenz bestehen die Vermögenswerte eines Unternehmens mit einer steigenden Produktivität bei den Innovationen immer weniger in physischen und immer mehr in immateriellen Anlagen. Im Juni 2010 hatte Apple beispielsweise eine Marktkapitalisierung von 234 Milliarden Dollar, womit es als eines der wertvollsten Unternehmen weltweit galt, mit gewaltigen Marktanteilen in der Computer-, Musik- und Mobilfunkindustrie. Sein letztes Produkt, das iPhone 4, verkaufte sich am ersten Tag 1,5 Millionen Mal.

11 So kostete beispielsweise die Rechnerleistung, für die 1987 4000 Dollar bezahlt werden musste, um 2007 noch 38 Dollar.

12 Bei einer Erhebung des Pew Global Attitudes Projects wurden im Jahr 2009 Chinesen gefragt: »Ist die wirtschaftliche Lage gut oder schlecht?« 84 Prozent antworteten »gut«. In den USA, in Frankreich, Spanien, Großbritannien und Japan lag dieser Prozentsatz bei unter 18 Prozent. Die Inder waren fast ebenso zuversichtlich: 66 Prozent bewerteten die Lage als gut.

13 A. Maddison: *Chinese Economic Performance in the Long Run*.

14 Bei ihrem Sparverhalten wurden die Chinesen stark von Lee Kuan Yew beeinflusst, dem langjährigen Premierminister Singapurs. Lee hatte 1955 den Sozialversicherungssparplan Central Provident Fund (CPF) aufgelegt. Arbeitnehmer und Arbeitgeber mussten jeweils fünf Prozent ihres Einkommens in den Fonds einzahlen, mit ständigen Steigerungen: 1983 war der Anteil auf jeweils 25 Prozent – insgesamt 50 Prozent – angewachsen. Die eingezahlten

Summen wurden investiert. Hauptsächlich dank des CPF lag die nationale Bruttosparquote Singapurs mehrere Jahrzehnte lang bei nahezu 50 Prozent. Dieses Modell der hohen Sparquote wurde zum Vorbild für China, das Singapurs Sparleistung nachahmte und damit jahrzehntelang ein bedeutendes Wirtschaftswachstum erzielte.

15 G. A. Akerlof und R. J. Shiller: *Animal Spirits.*

16 Nicht überraschend belegen in der Liste der *Financial Times* der weltweit wertvollsten Unternehmen von 2010 zwei chinesische Banken (die Industrial and Commercial Bank of China und die China Construction Bank) je einen der obersten zehn Plätze.

17 Diese Verbesserung der Position in der Wertschöpfungskette spiegelte sich in der chinesischen Industrieproduktion wider. 2008 beantragte beispielsweise das Telekommunikationsunternehmen Huawei mehr Patente als jede andere Firma in diesem Jahr. Und nicht nur Chinas Unternehmen investieren in die aufstrebende Wissensökonomie des Landes. So unterhielten 2010 die Unternehmen der *Fortune* 500 in dem Land 98 (und in Indien 63) Forschungs- und Entwicklungseinrichtungen.

18 Die zehn wichtigsten Regionen Chinas stellen 16 Prozent der landesweiten Bevölkerung, beherbergen aber fast 45 Prozent der Universitäten und sorgen für 60 Prozent der technischen Innovationen des Landes. Siehe hierzu T. Li und R. Florida: »Talent, technology innovation and economic growth in China«.

19 China und Indien gehen das Problem inzwischen allerdings an und richten ein wachsendes Augenmerk auf die Ausbildung von Führungskräften. Im Ranking der Wirtschaftsfakultäten der *Financial Times* – gebildet anhand eines dreijährigen Bewertungsdurchschnitts – tauchen unter den 20 besten der Welt auch drei aus Schwellenländern auf: Hongkong, University of Science and Technology Business School (6), die Indian School of Business (13) und die China Europe International Business School (17). Siehe hierzu http://rankings.ft.com/businessschoolrankings/global-mba-rankings.

20 2005 erschien eine Studie von McKinsey, wonach nur 25 Prozent der Hochschulabgänger in den Ingenieurwissenschaften, nur 15 Prozent der Finanz- und Buchhaltungsspezialisten und nur zehn Prozent der Abgänger mit allgemeineren Abschlüssen in Indien ausreichend qualifiziert waren, um den Standards für eine Einstellung in einem multinationalen Konzern zu genügen. Im Augenblick liegt die Qualität indischer Universitäten bedeutend unter der westlicher Hochschulen. Im Jahr 2010 offenbarte eine Studie des indischen Unternehmens Aspiring Minds, dass nur vier Prozent der indischen Ingenieure ausreichend qualifiziert waren, um in einem Unternehmen für Software-Produkte zu arbeiten. Nur 18 Prozent konnten nach einer sechsmonatigen Fortbildung in einem Unternehmen für IT-Dienstleistungen beschäftigt werden. Siehe hierzu »The engineering gap«, in: *The Economist*, 30/1/2010, 394 (866).

21 A. L. Saxenian: *Silicon Valley's Immigrant Entrepreneurs.*

22 Im Jahr 2010 wurde der Geldtransferservice M-PESA von über 9,5 Millionen Kenianern genutzt. Dabei überwiesen diese den Gegenwert von elf Prozent von Kenias jährlichem Bruttoinlandsprodukt.

23 Westliche Unternehmen investieren immer stärker in die Schwellenländer. Gleichzeitig hat eine wachsende Anzahl von westlichen multinationalen Konzernen ihren Sitz außerhalb der westlichen Welt. Manche unterhalten eine Vielfalt von Einrichtungen. Die Medizintechniksparte von General Electric investierte 50 Millionen Dollar und Cisco über eine Milliarde in Forschungs- und Entwicklungszentren in Bangalore. Das Forschungs- und Entwicklungszentrum von Microsoft in Peking ist das größte außerhalb der USA. A. Wooldridge: »The world turned upside down«.

24 P. F. Drucker: *The Essential Drucker.*

25 W. Sanderson und S. Scherbov: »Rethinking Age and Aging«.

26 Ältere haben heute tendenziell weniger Gebrechen als Menschen gleichen Alters in früheren Jahrzehnten. Inzwischen gibt es Hinweise darauf, dass auch der geistige Abbau später einsetzt. University of California, Berkeley, und Max Planck Institute for Demographic Research, Human Mortality Database, siehe www.mortality.org und www.humanmortality.de, abgerufen am 1. Februar 2008.

Vereinte Nationen (UN), Hauptabteilung für Wirtschaftliche und Soziale Angelegenheiten, Abteilung Bevölkerungsfragen, World Population Prospects: The 2004 Revision (2005).

27 R. Kurzweil: *The Singularity is Near.*

28 Bei einer globalen Studie von 2005 zeigten sich einige Unterschiede in den Ländern, aber generell gibt es fünf Gründe, warum Menschen in späteren Jahren noch arbeiten wollen: aus finanziellen Gründen, um weiterhin geistige Anregungen zu bekommen, um körperlich aktiv und in Kontakt zu anderen zu bleiben und schließlich um sich mit sinnvollen oder nützlichen Dingen zu beschäftigen. Der interessante Aspekt besteht darin, dass in der Gruppe der Befragten im Durchschnitt alle fünf Gründe gleich wichtig waren. Siehe hierzu HSBC Insurance: *The Future of Retirement Study.*

8 Die erste Neuorientierung: vom oberflächlichen Generalisten zum Meister in Serie

1 So eröffnete beispielsweise Ford 1911 sein erstes Werk außerhalb der USA. Dagegen eröffnete Philips 1924 in Brasilien, 1927 in Australien und 1930 in Indien Niederlassungen.

2 Wir müssen in Netzwerke aus gut geschulten Einzelnen, die jeweils verschiedene Kompetenzen beitragen, hineinpassen können, ungefähr so wie in den Gilden in *World of Warcraft* ... »Sie lernen Zusammenarbeit schätzen, weil diese die Gelegenheit zu schnellerem Lernen bietet: durch die Konzentration auf mehrere eigene Stärken in der Konfrontation mit den unterschiedlichen Sichtweisen und Erfahrungen anderer, die ergänzende Stärken haben. Das ist letztlich der kraftvollste Beitrag von WoW. Dieses Arrangement sorgt während des gesamten Spiels für einen verstärkenden Effekt. Spieler suchen sich andere Spieler, die diese Sichtweise teilen, und machen größere Fortschritte als andere, die eher konventionelle Ideen ins Spiel einbringen.«

3 D. Bolchover: *Pay Check: Are Top Earners Really Worth It?.*

4 Ebenda.

5 http://www.businessweek.com/technology/content/aug2010/tc2010082_406649.htm.

6 Den Bericht des britischen Unternehmerverbands CBI zum Fachkräftemangel siehe http://www.cbi.org.uk/pdf/20091123-cbi-shape-of-business.pdf.

7 http://www.deccanherald.com/content/84978/indian-bpo-facing-hugechurn.html.

8 http://english.peopledaily.com.cn/90001/90778/90860/6857605.html.

9 http://www.computerworld.com/s/article/9121385/U.S._agency_sees_robots_replacing_humans_in_service_jobs_by_2025.

10 Siehe beispielsweise die Analyse zu Innovation und Fachkompetenzen des britischen Wirtschaftsministeriums von 2010: R. Talwar und T. Hancock: *The Shape of Jobs to Come.*

11 Basisinitiativen können sich rasch und mit breiter Unterstützung über Websites mit Petitionen wie http://petition.co.uk/ oder über Plattformen wie Facebook formieren.

12 D. Bornstein: *How to Change the World*; C. Leadbeater: *The Rise of the Social Entrepreneur.*

13 http://www.census.gov/epcd/www/smallbus.html.

14 http://stats.bis.gov.uk/ed/sme/.

15 Siehe zum Beispiel unter http://www.kickstarter.com/.

16 http://www.gototurkey.co.uk/health-and-spas.html.

17 http://www.euromonitor.com/Industry_Trend_Hippocratic_holidays. (Seite ist inzwischen nicht mehr verfügbar)

18 So ist um die Bucht von San Francisco herum beispielsweise einer von jeweils sechs der 1,6 Millionen Arbeitsstellen im Bereich Biomedizin in den USA angesiedelt.

19 http://www.newscientist.com/article/dn19254-green-light-for-fi rstembryonic-stem-cell-treatment.html.

20 http://business.timesonline.co.uk/tol/business/career_and_jobs/graduate_management/article5792471.ece.

21 http://beta.thehindu.com/opinion/lead/article4752.ece?homepage=true.

22 http://www.upiasia.com/Society_Culture/2009/07/14/chinas_college_grad_employment_statistics/3617/.

23 R. Florida: *The Rise of the Creative Class*. Unter Verweis auf Florida siehe ebenso den Titel des deutschen Zukunftsforschers M. Horx: *Wie wir leben werden*, S. 131ff.

24 Ebenda, S. 130.

25 R. Florida: *The Rise of the Creative Class*.

26 L. Gratton: *Hot Spots*.

27 Bedenken sollte man wohl auch den qualitativen Unterschied zwischen Fachkönnen und künstlerischer Begabung. Ein schlechter Arzt kann sich durch intensive Schulung zu einem guten fortbilden, und auch bei Anwälten spielt die Aus- und Weiterbildung eine große Rolle. Schwieriger dürfte die Ausbildung zu einem guten Designer oder Künstler werden, da diese Berufsgruppen vor allem auf Begabungen angewiesen sind. Zudem müssen sie den Zeitgeist treffen und neue Trends erspüren können. So etwas lässt sich schwerer vermitteln als Fachkenntnisse in anderen Disziplinen.

28 R. Reich: *The Future of Success*. Zur »erkauften Zuwendung« siehe die deutsche Ausgabe S. 266ff.

29 M. Horx: *Wie wir leben werden*, S. 127.

30 Ebenda.

31 http://news.bbc.co.uk/1/hi/uk_politics/5273356.stm.

32 R. Sennett: *The Craftsman*.

33 S. Ghoshal und J. Nahapiet: »Social capital, intellectual capital and the organizational advantage«.

34 Zu dieser Einschätzung siehe D. Levitin: *This Is Your Brain On Music*, und im Anschluss daran M. Gladwell: *Outliers*.

35 C. Mainemelis und S. Ronson: »On the nature of play«.

36 Abramis bezieht sich auf eine Studie mit 589 Angestellten: »Ich fasse es nicht, dass mich jemand dafür bezahlt, dass ich meinem Hobby nachgehe.« Siehe »Play in Work«, in: *American Behavioural Scientist* 33 (3) (1990), S. 353–373. Das Zitat siehe S. 364.

37 M. Csikszentmihalyi und J. LeFevre: »Optimal experience in work and leisure«; E. L. Deci und R. M. Ryan: *Intrinsic Motivation and Self-Determination in Human Behaviour*; F. Massimini und A. Delle Fave: »Individual development in a bio-cultural perspective«.

38 M. Csikszentmihalyi: *Creativity*.

39 J. Elster: »Self-realization in work and politics«.

40 J.-P. Sartre: *Das Sein und das Nichts*, S. 552ff.

41 H. Ibarra: *Working Identities*.

42 »Der Körper der Frauen«.

43 L. Gratton und S. Ghoshal: »Beyond best practice«.

44 Y. Moon: *Different*.

45 Robert Thompsons Werkstatt lag in den wilden Heidemooren Yorkshires in Nordengland.

46 http://www.dwheeler.com/sloc/redhat71-v1/redhat71sloc.html.

47 Zum Ausdruck »Basar« von Eric Raymond siehe http://catb.org/esr/writings/homesteading/cathedral-bazaar/.

48 T. Malone: *The Future of Work*.

49 2010 war Sermo die größte Online-Ärzte-Community in den USA.

50 Lawlink ist eine der größten Websites für Anwälte in den USA.

51 T. Malone, R. Laubacher und M. S. S. Morton (Hg.): *Inventing the Organizations of the 21st Century*.

52 Die britische staatliche Statistik zur Lebenserwartung siehe unter http://www.cdc.gov/nchs/hus.htm. Nach dem Artikel in der medizinischen Fachzeitschrift *The Lancet* können den gegenwärtigen Hochrechnungen zufolge über die Hälfte aller Kinder, die seit 2000 in den Industriestaaten zur Welt kamen, auf eine dreistellige Lebenserwartung hoffen. Die ausgewerteten Trends zeigen, dass in vielen westlichen Staaten die meisten über 100-Jähri-

gen leben werden, wobei die Hälfte aller 2007 geborenen Kinder in den USA eine Lebenserwartung von 104 Jahren hat. Siehe hierzu http://abcnews.go.com/Health/WellnessNews/
half-todays-babies-expected-livepast-100/story?id=8724273.

53 T. Erickson: *Retire Retirement*, S. 79.

54 http://news.bbc.co.uk/1/hi/magazine/7401326.stm.

55 In »The Bookend Generations«, http://www.ft.com/cms/s/0/b147d61a-5b9e-11de-be3f-
00144feabdc0.html, wird diese Studie angeführt: https://www.worklifepolicy.org/index.
php/action/PurchasePage/item/278.

56 C. Christensen, M. Horn und C. Johnson, *Disrupting Class*.

57 C. L. Wright und B. L. Stewart: »Exploring corporate e-learning research: what are the opportunities?«; L. Tai, *Corporate E-learning*.

58 US Department of Education, Office of Planning, Evaluation, and Policy Development: *Evaluation of Evidence-Based Practices in Online Learning*.

9 Die zweite Neuorientierung: vom Einzelkämpfer zum innovativen Brückenbauer

1 Diese Kombination aus sozialem und geistigem Kapital steht im Zentrum des bahnbrechenden Artikels von S. Ghoshal und J. Nahapiet: »Social capital, intellectual capital and the
organizational advantage«.

2 Schon auf unterster Stufe zeigt sich die phänomenale Stärke der großen Masse: Das kleine
Stück Software reCaptcha soll – nach Art des Turing-Tests – unterscheiden, ob es sich bei
einem Gegenüber um einen Menschen oder eine Maschine handelt. Dem Gegenüber werden entstellte Wörter vorgelegt, die es identifizieren muss. Tatsächlich werden 200 Millionen Captchas von Menschen rund um den Globus gelöst. Und um die Zeit der Nutzer nicht
sinnlos zu vergeuden, wird dieser Dienst dazu eingesetzt, Bücher und Zeitungen zu digitalisieren, die Computer nicht entziffern können. Siehe hierzu http://www.google.com/
recaptcha/learnmore.

3 L. Gratton: *Glow*.

4 L. Gratton, *Hot Spots*.

5 http://www.horsesmouth.co.uk/.

6 M. S. Granovetter: »The strength of weak ties«.

7 S. E. Page: *The Difference*.

8 http://en.wikipedia.org/wiki/List_of_crowdsourcing_projects.

9 L. Festinger: »Informal social communication«.

10 M. Kilduff und W. Tsai: *Social Networks and Organizations*.

11 R. E. Lane: *The Loss of Happiness in Market Democracies*.

12 Ein Ranking zu den Städten der USA siehe R. Florida: *Who's Your City?*.

13 M. T. Cicero: *On the Good Life*.

14 Ebenda, S. 188.

15 Ebenda, S. 189.

16 Ebenda, dt. Übersetzung, S. 56.

10 Die dritte Neuorientierung: vom unersättlichen Konsumenten zum begeisterten Produzenten

1 Bei dieser Studie befragten mein Forschungsteam und ich Führungskräfte des höheren
Managements in Europa zu ihrer Arbeit und ihrem Leben.

2 R. Florida: *The Great Reset*.

3 Für den Zeitraum von 2010 bis 2035 lässt sich eine Steigerung des Weltenergieverbrauchs um fast 50 Prozent vorhersagen. Für die Mehrheit dieser Zunahme werden die Entwicklungsländer verantwortlich sein. Siehe hierzu http://www.eia.doe.gov/oiaf/ieo/highlights. html. Als Konsequenz werden die CO_2-Emissionen um über 30 Prozent steigen. Siehe http://www.oecd.org/dataoecd/45/29/42414080.pdf. Die globale Temperatur der Atmosphäre steigt dadurch um ungefähr 0,2 Grad Celsius pro Jahrzehnt. Siehe http://www.ipcc. ch/publications_and_data/ar4/syr/en/mains3-2.html. Dies wirkt sich unmittelbar und spürbar auf die regionalen und globalen Ökosysteme und auf die Volkswirtschaften aus. Zu erwarten sind zudem vermehrte Gesundheitsprobleme, mehr Lebensmittelverknappungen, mehr Waldbrände und längere Dürreperioden. Siehe hierzu http://www.actoncopenhagen. decc.gov.uk/en/ambition/evidence/4-degrees-map/. Auch wird sich das Bevölkerungswachstum gravierend auf den Zugang zu sauberem Wasser auswirken. Hier wird sich die Nachfrage ähnlich entwickeln wie beim Öl. Die Verknappung der Trinkwasserreserven wird zunehmend für gesellschaftliche und politische Spannungen sorgen: Bis 2025 werden zwei von drei Menschen auf der Erde in wasserarmen Gebieten leben. Siehe hierzu http://www. unep.org/dewa/vitalwater/index.html.

4 http://www.businessweek.com/news/2010-02-25/china-2009-private-car-ownership-jumps-34-to-26-million-units.html. (Artikel ist nicht mehr verfügbar)

5 A. Maslow: *Motivation and Personality.*

6 Tatsächlich war dies schon 2010 der Fall: Arbeiter in mehreren chinesischen Fabriken beschwerten sich über ihre Lebenslage und über zu wenig Zeit für Familie und Freunde.

7 S. Lebergott: »Labour force and employment trends«.

8 P. Brickman und D. T. Campbell: »Hedonic relativism and planning the good society«.

9 Der Nobelpreisträger Daniel Kahneman und seine Kollegin Jackie Snell bestätigten in ihren Forschungen den Trend, dass wir Leckerbissen, die wir zu oft bekommen, allmählich nicht mehr wertschätzen. D. Kahneman und J. Snell: »Predicting a changing taste: Do people know what they will like?«.

10 R. E. Lane: *The Market Experience*, S. 309.

11 Ebenda.

12 Ebenda, S. 149.

13 T. Scitovsky: *The Joyless Economy.*

14 T. Kasser et al.: »The relations of material and social environments to late adolescents' materialistic and prosocial values«.

15 D. J. Bem: »Self perception theory«.

16 R. E. Lane: *The Market Experience*, Kap. 6.

17 Siehe hierzu K. und D. Houlder, *Mindfulness and Money.* Dominic Houlder ist ein Kollege an der London Business School.

18 A. Campbell et al.: *The Quality of American Life.*

19 R. E. Lane: *The Market Experience*, S. 96.

20 J. T. Mortimer und J. Lorence: »Work experience and occupational value socialization«.

21 P. Koestenbaum und P. Block, *Freedom and Accountability at Work.*

22 Der Ausdruck diente als Titel für E. Fromm: *The Escape from Freedom.*

23 R. Reich: *The Future of Success.*

24 Ebenda.

25 Ebenda, S. 249.

26 Ebenda, S. 47.

27 Koestenbaum, S. 51.

28 L. Gratton: The Democratic Enterprise.

29 D. Held: *Models of Democracy.*

30 Diese Reibungen spiegeln wohl deutlich den »kulturellen Rückstand« wider, wie Robert Lane es nannte: »Die meisten setzen weiterhin betont auf diejenigen Themen, denen sie ihre gegenwärtigen herausragenden Positionen verdanken. Unter diesen Umständen besitzt der Einzelne in keinerlei praktischem Sinn die Freiheit, gegen eine Kultur anzugehen, die ihn

auferzieht. Außerdem wird das Arbeiten im System direkt belohnt: Die unmittelbaren Belohnungen (Verstärkungen) in Form von mehr Geld sind verlockend und sogar so bestechend,
dass sie davon abhalten, über den Tellerrand hinaus zu blicken«. Siehe hierzu R. E. Lane: *The
Market Experience*, S. 60.

31 Nach dem deutschstämmigen Anthropologen Alfred Louis Kroeber durchlaufen Kulturen
Lebenszyklen. Jede Kultur entwickelt kennzeichnende Besonderheiten, die zur Grundlage
ihres Erfolges werden. Die Größe jeder Kultur verschwindet, wenn sie ihre Möglichkeiten
erschöpft. Wenn ihre Themen ohne Erneuerung und Experimentieren ständig wiederholt
werden, ist das Ende nahe. Kulturen gehen nicht an großen katastrophalen Ereignissen
zugrunde, sondern an mangelnder Anpassungsfähigkeit, an einer eintönigen Wiederholung
dessen, was schon zuvor erprobt worden ist.

32 Dies ist die Überzeugung der Marketing-Professorin Y. Moon: *Different*.

33 Dieser notwendige Wandel spiegelt sich auch in einem Buchtitel wider: R. Florida: *The Great
Reset*.

34 Zu den Szenarien von Shell siehe die Website des Konzerns.

Literatur

Akerlof, G. A.; Shiller, R. J.: *Animal Spirits: How Human Psychology Drives the Economy, and Why It Matters for Global Capitalism*, Princeton, New Jersey 2009 (dt.: *Animal Spirits: Wie Wirtschaft wirklich funktioniert*, Frankfurt a. M. 2009).

Anderson, P.: »More is different«, in: *Science* 177 (1972), S. 393–396.

Ashton, T. S.: *The Industrial Revolution (1760 – 1830)*, Oxford 1948.

Bem, D. J.: »Self perception theory«, in: Berkowitz, L. (Hg.): *Advances in Experimental Social Psychology*, Bd. 6, New York 1972.

Bolchover, D.: *Pay Check: Are Top Earners Really Worth It?*, London 2010.

Bornstein, D.: *How to Change the World: Social Entrepreneurs and the Power of New Ideas*, Oxford 2007 (dt.: *Die Welt verändern. Social Entrepreneurs und die Kraft neuer Ideen*, 3. Aufl., Stuttgart 2009).

Bostrom, N.: »The future of humanity«, in: Olsen, J. K. B.; Selinger, E.; Riis, S. (Hg.): *New Waves in Philosophy of Technology*, New York 2009.

Brickman, P.; Campbell, D. T.: »Hedonic relativism and planning the good society«, in: Appley, M. H. (Hg.): *Adaptation-Level Theory: A Symposium*, New York 1971, S. 287–302.

Brickman, P.; Campbell, D. T.: *Experienced Utility and Objective Happiness*, Princeton, New Jersey, 1971.

Brynjolfsson, E.; Saunders, A.: *Wired for Innovation: How Information Technology Is Re-shaping the Economy*, Cambridge, Mass., 2010.

Campbell, A. et al.: *The Quality of American Life*, New York 1976.

Child, J.; Prud'Homme, A.: *My Life in France*, New York 2006.

Christensen, C.; Horn, M.; Johnson, C.: *Disrupting Class: How Disruptive Innovation Will Change the Way the World Learns*, New York 2008.

Cicero, M. T.: *On the Good Life*, London 1971 (dt.: *Über die Freundschaft*, München 1976).

Comfort, A.: *The Joy of Sex*, London 2004 (dt.: *Die Spiele der Liebe*, Stuttgart/München 1988).

Concours Group: *The New Employee/Employer Equation*, 2004.

Crafts, N. F. R.; Harley, C. K.: »Output growth and the British industrial revolution: a restatement of the Crafts-Harley view«, in: *Economic History Review* 45 (4) (1992), S. 703 – 730.

Crosby, F. J.: *Juggling: The Unexpected Advantages of Balancing Career and Home for Women and Their Families*, New York 1991.

Csikszentmihalyi, M.: *Creativity: Flow and the Psychology of Discovery and Invention*, New York 1997 (dt.: *Kreativität: Wie Sie das Unmögliche schaffen und Ihre Grenzen überwinden*, 8. Aufl., Stuttgart 2010).

Csikszentmihalyi, M.; LeFevre, J.: »Optimal experience in work and leisure«, in: *Journal of Personality and Social Psychology* 56 (1989), S. 815 – 822.

David, E.: *A Book of Mediterranean Food*, Harmondsworth 1970.

Davis, M.: *The Planet of Slums*, New York 2008 (dt.: *Planet der Slums*, Berlin 2007).

Deci, E. L.; Ryan, R. M.: *Intrinsic Motivation and Self-Determination in Human Behavior*, New York 1985.

Diamond, J.: *Collapse: How Societies Choose to Fail or Succeed*, New York 2005 (dt.: *Kollaps: Warum Gesellschaften überleben oder untergehen*, Frankfurt a. M. 2010).

Dickerson, S.; Kemeny, M.: »Acute stressors and cortical responses: a theoretical integration and synthesis of laboratory research«, in: *Psychological Bulletin* 130 (3) (2004), S. 355 – 391.

Dossani, R.: »Origins and growth of the software industry in India«, Working Paper, Stanford University, Shorenstein APARC, 2005, http://aparc.stanford.edu/people/rafiqdossani.

Drucker, P. F.: *The Essential Drucker*, London 2008 (dt.: *Was ist Management? Das Beste aus 50 Jahren*, 5. Aufl., München 2007).

Elster, J.: »Self-realization in work and politics: the Marxist conception of the good life«, in: *Social Philosophy and Policy* 3 (1986), S. 97, http://journals.cambridge.org/action/displayAbstract ?fromPage=online&aid=3093292.

Equality and Human Rights Commission: »Sex and Power Report«, 2008.

Erickson, T.: *Plugged In: The Generation Y Guide to Thriving at Work*, Maidenhead 2008.

Erickson, T.: *Retire Retirement: Career Strategies for the Boomer Generation*, Boston 2008.

Erickson, T.: *What's Next, Gen X? Keeping Up, Moving Ahead, and Getting the Career You Want*, Boston 2010.

Festinger, L.: »Informal social communication«, in: *Psychological Review* 57 (1950), S. 271–282.

Finnel, S.: »Once upon a time, we are prosperous: the role of storytelling in making Mexicans believe in their country's capacity for economic greatness«, unveröffentlichter Aufsatz (Senior Essay), Yale University 2006.

Fischer, C.: »Changes in leisure activities, 1890–1950«, in: *Journal of Social History* 27 (3) (1994), S. 453–475.

Florida, R.: *The Great Reset: How New Ways of Living and Working Drive Post-Crash Prosperity*, New York 2010 (dt.: *Reset: Wie wir anders leben, arbeiten und eine neue Ära des Wohlstands begründen werden*, Frankfurt a. M. 2010).

Florida, R.: *The Rise of the Creative Class: And How It's Transforming Work, Leisure, Community and Everyday Life*, New York 2002.

Florida, R.: *Who's Your City? How the Creative Economy Is Making Where to Live the Most Important Decision of Your Life*, New York 2008.

Fowler, J.; Christakis, N.: »Alone in the crowd: the structure and spread of loneliness in a large social network«, in: *Journal of Personality and Social Psychology* 97 (6) (Dezember 2009).

Fromm, E.: *The Escape from Freedom*, New York 1941 (dt.: *Die Furcht vor der Freiheit*, 11., überarb. Aufl., Frankfurt a. M. 1980).

Gartner: http://www.gartner.com/technology/initiatives/cloud-computing.jsp, 2010.

Ghoshal, S.; Nahapiet, J.: »Social capital, intellectual capital and the organizational advantage«, in: *Academy of Management Review* 23 (2) (1998), S. 242.

Gibson, W.: »The science in science fiction«, in: *Talk of the Nation*, 30.11.1999, Timecode 11:55, NPR.

Giddens, A.: *Modernity and Self-Identity: Self and Society in the Late Modern Age*, Palo Alto, Calif., 1991.

Giddens, A.: *The Transformation of Intimacy: Sexuality, Love and Eroticism in Modern Societies*, Palo Alto, Calif., 1992 (dt.: *Wandel der Intimität: Sexualität, Liebe und Erotik in modernen Gesellschaften*, Frankfurt a. M. 1993).

Gills, B. K.; Thompson, W. R.: *Globalization and Global History*, London 2006.

Gladwell, M.: *Outliers*, London 2008 (dt.: *Überflieger: Warum manche Menschen erfolgreich sind – und andere nicht*, Frankfurt a. M./New York 2009).

Goffman, E.: *The Presentation of Self in Everyday Life*, London 1990 (dt.: *Wir alle spielen Theater: Die Selbstdarstellung im Alltag*, 8. Aufl., München/Zürich 2010).

Goodin, R. E. et al.: *Discretionary Time: A New Measure of Freedom*, Cambridge 2008.

Granovetter, M. S.: »The strength of weak ties«, in: *American Journal of Sociology* 78 (6) (1973), S. 1360.

Gratton, L.: *Glow – Creating Energy and Innovation in Your Work*, London (UK), San Francisco (US) 2009.

Gratton, L.: *Hot Spots: Why Some Teams, Workplaces and Organisations Buzz with Energy – and Others Don't*, London (UK), San Francisco (US) 2007.

Gratton, L.: *The Democratic Enterprise: Liberating Your Business with Freedom, Flexibility and Commitment*, London 2004.

Gratton, L.; Ghoshal, S.: »Beyond best practice«, in: *Sloan Management Review* 46 (3) (2005), S. 49–57.

Greenhaus, J. H.; Beutell, N. J.: »Sources of conflict between work and family roles«, in: *Academy of Management Review* 10 (1985), S. 76–88.

Gui, M.; Stanca, L.: *Television Viewing, Satisfaction and Happiness: Facts and Fiction*, University of Milano-Bicocca, Department of Economics, Working Paper Series 167 (2009).

Haberl, H. et al.: »Quantifying and mapping the human appropriation of net primary production in the Earth's terrestrial ecosystems«, in: *Proceedings of the National Academy of Sciences, USA*, 104 (31) (2007), S. 12942.

Hagel III., J.; Brown, J. Seely; Davison, L.: *The Power of Pull: How Small Moves, Smartly Made, Can Set Big Things in Motion*, New York 2010.

Hagel III., J.; Brown, J. Seely; Davison, L.: *The Big Shift Index*, Deloitte Center for the Edge 2009.

Heilbroner, R. L.: »Do machines make history?«, in: Smith, M. R.; Marx, L. (Hg.): *Does Technology Drive History? The Dilemma of Technological Determinism*, Cambridge, Mass., 1994.

Heilbroner, R. L.: *Visions of the Future: The Distant Past, Yesterday, Today, Tomorrow*, New York 1995.

Held, D.: *Models of Democracy*, Cambridge 1996.

Hobsbawm, E. J.: *The Age of Revolution: Europe 1789 – 1848*, London 1962 (dt.: *Europäische Revolutionen*, Zürich 1962).

Horx, M.: *Wie wir leben werden. Unsere Zukunft beginnt jetzt*, Frankfurt a. M./New York 2005.

Houlder, K.; Houlder, D.: *Mindfulness and Money: The Buddhist Path to Abundance*, London 2002.

HSBC Insurance: *The Future of Retirement Study*, 2005.

Ibarra, H.: *Working Identities: Unconventional Strategies for Reinventing Your Career*, Boston, Mass., 2003.

Kahneman, D.; Snell, J.: »Predicting a changing taste: Do people know what they will like?«, in: *Journal of Behavioral Decision Making* 5 (3) (1992).

Kapoor, A.: »Regional disparity in India: why it matters«, 2009: http://blogs.hbr.org/cs/2009/06/regional_disparity_in_india_wh.html.

Kasser, T. et al.: »The relations of material and social environments to late adolescents' materialistic and prosocial values«, in: *Developmental Psychology* 31 (1995), S. 907–914.

Kilduff, M.; Tsai, W.: *Social Networks and Organizations*, London 2003.

King, R. et al.: *The Atlas of Human Migration: Global Pattern of People on the Move*, London 2010.

Klein, S.: *Zeit. Der Stoff, aus dem das Leben ist. Eine Gebrauchsanleitung*, 3. Aufl., Frankfurt a. M. 2006.

Koestenbaum, S.; Block, S.: *Freedom and Accountability at Work: Applying Philosophic Insight into the Real World*, San Francisco, Calif., 2001.

Kubey, R.: »Television and the quality of life«, in: *Communication Quarterly*, London 1990.

Kurzweil, R.: *The Singularity is Near*, London 2006.

Landes, D. S.: *The Wealth and Poverty of Nations: Why Some Are So Rich and Some So Poor*, New York 1998 (dt.: *Wohlstand und Armut der Nationen: Warum die einen reich und die anderen arm sind*, Bonn 2010).

Lane, R. E.: *The Loss of Happiness in Market Democracies*, New Haven 2000.

Lane, R. E.: *The Market Experience*, Cambridge 1991.

Leadbeater, C.: *The Rise of the Social Entrepreneur*, London 1996.

Leadbeater, C.: *We-Think: Mass Innovation Not Mass Production*, London 2008.

Lebergott, S.: »Labour force and employment trends«, in: Sheldon, E.; Moore, W. (Hg.): *Indicators of Social Change*, New York 1968, S. 97–143.

Levitin, D.: *This is Your Brain on Music: Understanding a Human Obsession*, London 2007 (dt.: *Der Musik-Instinkt: Die Wissenschaft einer menschlichen Leidenschaft*, Heidelberg 2009).

Li, T.; Florida, R.: »Talent, technology innovation and economic growth in China«, *The Martin Prosperity Institute*, Toronto 2006, abrufbar unter creativeclass.com.

Lowe, G. S.; Schellenberg, G.: *What's a Good Job? The Importance of Employment Relationship*. CPRN Study No. W12005, 2005.

Maddison, A.: *Chinese Economic Performance in the Long Run*, Paris 1998.

Mainemelis, C.; Ronson, S.: »On the nature of play: ideas are born in fields of play – towards a theory of play and creativity in an organizational setting«, in: *Research in Organizational Behavior* 27 (2006), S. 81–131.

Malone, T.: *The Future of Work: How the New Order of Business Will Shape Your Organization, Your Management Style, and Your Life*, Boston, Mass., 2004.

Malone, T.; Laubacher, R.; Morton, M. S. S. (Hg.): *Inventing the Organizations of the 21st Century*, Cambridge, Mass., 2003.

Mandel, M.: »The failed promise of Innovation in the US«, in: *BusinessWeek*, 03.06.2009.

Manning, S.: *Migration in World History*, London 2004 (dt.: *Wanderung Flucht Vertreibung: Geschichte der Migration*, Essen 2007).

Maslow, A.: *Motivation and Personality*, New York 1954 (dt.: *Motivation und Persönlichkeit*, 11. Aufl., Reinbek bei Hamburg 2008).

Maslow, A.: *The Farther Reaches of Human Nature*, New York 1972.

Massimini, F.; Delle Fave, A.: »Individual development in a bio-cultural perspective«, in: *American Psychologist* 55 (1) (2000), S. 24.

McGregor, D.: *The Human Side of Enterprise*, London 1960 (dt.: *Der Mensch im Unternehmen*, 3. Aufl., Wien 1973).

Moon, Y.: *Different: Escaping the Competitive Herd*, New York 2010.

Mortimer, J. T.; Lorence, J.: »Work experience and occupational value socialization: a longitudinal study«, in: *American Journal of Sociology*, 84 (1985), S. 1361–1385.

Nordhaus, W.: »Traditional productivity estimates are asleep at the (technological) switch«, in: *Economic Journal*, Bd. 107 (444), September 1997, S. 1548–1559.

O. V.: »Aging populations in Europe, Japan, Korea, require action«, in: *India Times*, 2000, http://www.globalaging.org/health/world/overall.htm, abgerufen am 15.12.2007.

O. V.: »I Have a Best Friend at Work: The twelve key dimensions that describe great workgroups«, in: *Gallup Management Journal*, 26.05.1999, Item 10, Part 11.

Owen, N. A.; Inderwildi, O. R.; King, D. A.: »The status of conventional world oil reserves: Hype or cause for concern?«, in: *Energy Policy* 38 (2010), S. 4743.

Page, S. E.: *The Difference: How the Power of Diversity Creates Better Groups, Firms, Schools and Societies*, Princeton 2007.

Putnam, R.: *Bowling Alone: The Collapse and Revival of American Community*, New York 2000.

Ramankutty, N. et al.: »Farming the planet: 1. Geographic distribution of global agricultural lands in the year 2000«, in: *Global Biogeochemical Cycles* 22 (2008), GB1003, S. 19.

Reich, R.: *The Future of Success: Working and Living in the New Economy*, New York 2001 (dt.: *The Future of success: Wie wir morgen arbeiten werden*, München/Zürich 2002).

Rifkin, J.: *The Empathic Civilization: The Race to Global Consciousness in a World in Crisis*, Cambridge 2009 (dt.: *Die empathische Zivilisation: Wege zu einem globalen Bewusstsein*, Frankfurt a. M. 2010).

Rifkin, J.: *The End of Work: The Decline of the Global Labor Force and the Dawn of the Post-Market Era*, New York 1995 (dt.: *Das Ende der Arbeit und ihre Zukunft: Neue Konzepte für das 21. Jahrhundert*, 2. Aufl., Frankfurt a. M. 2007).

Robinson, S. L.; Rousseau, D. M.: »Violating the psychological contract: Not the exception but the norm«, in: *Journal of Organizational Behavior* 15 (1994), S. 245.

Rosenthal, E.: »Empty playgrounds in an aging Italy«, in: *International Herald Tribune*, 2006, http://www.iht.com/articles/2006/09/04/news/birth2.php

Rubin, J.: *Why Your World is About to Get a Whole Lot Smaller*, New York 2009.

Sanderson, W.; Scherbov, S.: »Rethinking Age and Aging«, in: *Population Bulletin*, Dezember 2008.

Sartre, J.-P.: *Das Sein und das Nichts. Versuch einer phänomenologischen Ontologie*, Hamburg 1962.

Sawhill, I.; Morton, J. E.: *Economic Mobility: Is the American Dream Alive and Well?*, Washington, DC, 2007.

Saxenian, A. L.: *Silicon Valley's Immigrant Entrepreneurs*, San Francisco, Calif., 1999.

Sayre, K.: *Unearthed: The Economic Roots of our Environmental Crisis*, Notre Dame 2010, http://ocw.nd.edu/philosophy/environmentalphilosophy/unearthed/chapter-6-the-rising-tide-of-human-energy-use.

Schumpeter, J. A.: *Capitalism, Socialism and Democracy*, Nachdr., New York 1975 (Originalausgabe 1942) (dt.: *Kapitalismus, Sozialismus und Demokratie*, 8., unverändert. Aufl., Tübingen 2005.

Scitovsky, T.: *The Joyless Economy*, New York 1977.

Sennett, R.: *The Craftsmen*, London 2008 (dt.: *Handwerk*, Berlin 2008).

Shafiee, S.; Topal, E.: »When will fossil fuel reserves be diminished?«, in: *Energy Policy* 37 (1) (2009), S. 181–189.

Sheehy, G.: *Passages – predictable crisis of adult life*, New York 1976 (dt.: *In der Mitte des Lebens: Die Bewältigung vorhersehbarer Krisen*, München 1989).

Shirky, C.: *Cognitive Surplus: Creativity and Generosity in a Connected Age*, London 2010.

Shrum, L. J.; Wyer jr., R. S.; O'Guinn, T. C.: »The use of priming procedures to investigate psychological processes«, in: *Journal of Consumer Research* 24 (4) (1998), S. 447.

Smil, V.: *Transforming the Twentieth Century: Technical Innovations and Their Consequences*, Oxford 2006.

Smith, M. R.; Marx, L. (Hg.): *Does Technology Drive History? The Dilemma of Technological Determinism*, Cambridge, Mass., 1994.

Steenbergen, E. F. v.; Ellemers, N.; Mooijaart, A.: »How work and family can facilitate each other: Distinct types of work-family facilitation and outcomes for women and men«, in: *Journal of Occupational Health Psychology* 12 (2007), S. 179–199.

Tai, L.: *Corporate E-learning: An Inside View of IBM's Solutions*, Oxford 2008.

Tapscott, D.; Williams, A. D.: *MacroWikinomics: Rebooting Business and the World*, London 2010.

The Cloud Security Alliance: »Top threats to Cloud computing«, www.cloudsecurityalliance.org/topthreats/csathreats.v1.0.pdf.

Twenge, J.: »The age of anxiety? Birth cohort change in anxiety and neuroticism, 1952–1993«, in: *Journal of Personality and Social Psychology* 79 (6) (2007), S. 1007–1021.

US Department of Education, Office of Planning, Evaluation, and Policy Development: *Evaluation of Evidence-Based Practices in Online Learning; A Meta-Analysis and Review of Online Learning Studies*, Washington, DC 2009, abrufbar unter http://www.ed.gov/rschstat/eval/tech/evidence-basedpractices/finalreport.pdf.

Willetts, D.: *The Pinch: How the Baby Boomers Stole Their Children's Future*, London 2010.

Women in Business Institute, London Business School: *The Reflexive Generation: Young Professionals' Perspectives on Work, Career and Gender*, London 2009.

Wooldridge, A.: »The world turned upside down«, in: *The Economist* (Sonderbericht zur Innovation in Schwellenländern), 17.04.2010, siehe unter Economist.com/specialreports.

Wright, L.; Stewart, B. L.: »Exploring corporate e-learning research: what are the opportunities?«, in: *Impact: Journal of Applied Research in Workplace E-learning* 1 (1) (2009), S. 68–79.

Register